BIOCOSMOS

BIOCOSMOS

Alcides Vidal

Library of Congress Control Number: 2022914629
ISBN: Hardcover   978-1-6698-4213-2
                 Softcover   978-1-6698-4212-5
                 eBook   978-1-6698-4211-8

Print information available on the last page.

Rev. date: 08/12/2022

To order additional copies of this book, contact:
Xlibris
844-714-8691
www.Xlibris.com
Orders@Xlibris.com
845783

Contents

CAPITULO II

ETAPAS POR DONDE LA VIDA PASA 209

CAPITULO III

ENUNCIADOS DEL TEOREMA DE VIDA LIMITADA 302

CAPITULO IV

CAPITULO V

Preámbulo

Creíamos que la Tierra era el único planeta habitado y que sería el centro para el desarrollo de la vida. Estábamos muy engañados. Los científicos y estudiosos han descubierto muchos otros planetas que muy bien pueden estar albergando algún tipo de "Vida" en su interior; hasta nos está pareciendo que esa característica es natural y abundante en el cosmos. Razón por la que todas las especies que hoy habitan el Planeta Tierra perduran, adecuándose muy bien al ecosistema terreno, desarrollándose genética y biológicamente. Entre todas ellas la Especie Humana es la que mejor se adaptó y juntamente con su desenvolvimiento trajo a relucir el instinto humano de perversidad, asociado al egoísmo de su ambición desenfrenada, cuando prepotentemente se apropió de todo el hábitat terreno, ignorando por completo que todas las demás especies vivientes también tienen la misma oportunidad y derecho para compartirlo.

El humano de hoy, como el "Rey Terrenal", vive confortablemente bien, como si tuviera vida eterna o como si hubiera sido hecho de hierro, olvidándose por completo que nació terráqueo y como tal, un día tiene que morir. A pesar de conocer su fragilidad, no admite ser un simple y endeble ser mortal. Contrariando, prefiere vivir con la esperanza de un día adquirir lo imposible, longevidad y, sumergido en su sueño pasajero de esperanzas, aún aspira que en algún tiempo más, pueda descubrir el secreto de la vida longa.

El humano de hoy, a pesar de estar viviendo el abrumador mundo tecnológico que lo llena de ambiciones, manifiesta no saber que existe la posibilidad de extender su vida por un tiempo mayor, construyendo su propio "Segundo Mundo" para continuar viviendo más tiempo y mejor. Frente a esa hipótesis hoy y posibilidad mañana, es de esperar que no escatimará esfuerzos para ser participe en él, cuando tendrá la posibilidad de hacer realidad la migración de la Raza Humana para otros ambientes de Sistemas Solares diferentes, creando alternativas para que la Especie Humana continúe existiendo como tal, ya que el Rumbo al Final del Planeta Tierra se encuentra en curso acelerado, como largamente está siendo noticiado.

Esta obra aborda estos y muchos otros temas más.

El autor

AlcidesVidal@outlook.com

Introducción

En 2016 anunciamos que el Planeta Tierra (**PT**) ya se encontraba en el proceso de su eminente y definitivo Rumbo-al-Final[1] (**RF**). Hoy, regresamos para traer un tema correlato observando al don vida en un ámbito mucho mayor, vida fuera del PT, bajo el título Biocosmos[2]. Así entendiendo, defendemos la teoría que define la existencia de todas las condiciones de vida también en otros mundos o planetas, Biocosmos. Consecuentemente brota la Teoría del Fenómeno

---

1   Rumbo al Final, La Agonía del Planeta, Alcides Vidal, mayo 2016, USA. Xlibris. Páginas 40 -49.

2   NOTA: **Biocosmos fue u**tilizado por la primera vez en el libro *"Rumbo al Final, La Agonía del Planeta"*, Copyright mayo 2016, Alcides Vidal, USA. Xlibris. Páginas: 95 - 101. Biocosmos, teoría que define a los organismos vivientes que aparecen al reproducirse desde células de otros organismos vivientes y no desde una materia no viviente. Biocosmos, es la biodiversidad en el cosmos, idéntico a lo que la Biología viene a ser para el PT. Biocosmos, vida de especies en diferentes niveles de desarrollo viviente, dentro y fuera de las fronteras del PT, como siendo un fenómeno físico, viviente y evolutivo. Biocosmos es la innegable manifestación del desarrollo de la biodiversidad y de las características de habitabilidad cósmica. Biocosmos, ciencia que demuestra que la habitabilidad terrena es apenas una entre miles de millares de millones de ambientes que existen albergando algún tipo de vida en sus más diversas manifestaciones y expresiones, siendo el principal entre todos ellos el propio PT, de donde la EH es oriunda.

Biocósmico[3] (**TFB**) transformándose en la "Ciencia de la Biocosmos[4]" objetivando hacer entender mejor la existencia de la Vida Extra Terrestre (**VET**) con la presencia de las Especies Extra Terrestres (**EET**) integrando la Biocosmos y ya contemplando que la Especie Humana (**EH**) en el PT pertenece al ExoPlanetaTierra (**ExoPT**), si visto desde fuera de nuestro Sistema Solar.

Como punto de partida, esta obra afirma que el "Sistema Vida" (**SV**) no es característica exclusiva del PT. Al igual que defiende y apoya todo tipo de estudio que confirme que la EH es oriunda del PT[5].

Es claro y notorio que el PT posee un SV singular[6] y entendemos también que es extremadamente sensible. Igualmente sabemos que ofrece el ambiente adecuado para que la calidad de vida sea incondicional para todos, como ningún otro planeta del Sistema Solar[7] pueda superarlo, a no ser que

---

3   **Fenómeno Biocósmico**. Teoría del Fenómeno Biocósmico (**TFB**). La propia "BIOCOSMOS = Biología en el Cosmos". Biología del Griego Bíoç = bíos VIDA y Åoуíα = logia. ESTUDIO o ciencia. Biología, estudia la vida de individuos y del conjunto de especies existentes en el PT y ahora, fuera de ella, centralizando el foco en la vida orgánica, con miras en VET, EET y en los MEX.

4   **Ciencia de la Biocosmos**. Es el estudio de la vida desde el ángulo de vista extraterrenal, Vida fuera del PT o Vida Extraterrestre (VET) (Biocosmos), especies Extraterrestres (EET), como ejemplo los sistemas vida en los MEX.

5   **Rumbo al Final**, La Agonía del Planeta, Alcides Vidal, mayo 2016, USA. Xlibris. Páginas 81-86

6   Referencia: Enciclopedia Británica Barsa, William Benton, Editor, 1971, Rio de Janeiro, São Paulo. Página 382.

7   **Solar System**, el PT es parte del Sistema Solar. Existen otros o, muchísimos Sistemas Solares. Fuente: Internet Link: solarsystem.Nasa.gov

exista algún Exoplaneta[8] como excepción. A pesar de existir la bondad terrena, el "Representante de la Especie Humana" (**REH**), conocedor de esa realidad, a ciegas, echa por tierra esa singularidad, instituyendo posturas y acciones agresivas que destruyen el medio ambiente natural; manifestando así falta de respeto y consideración para con la "Madre Tierra". Lo peor, demuestra que no posee acción protectora y no planea instituir medidas preservadoras para con su hábitat[9]. Igualmente, sabiendo que es el medioambiente el que lo abriga y ampara, para "Vivir Más Tiempo y Mejor" (**VMTM**) en comunión con todos, en los actuales y futuros tiempos, no muestra señales de cambio. De ahí el cuestionamiento[10]: ¿Hasta cuándo ese ser humano continuará omiso y sin manifestación, actuando como un individuo que no ha recapacitado aún, olvidándose ver y medir el tamaño de su culpabilidad?

Los flagelos provocados al hábitat terrestre[11] nada más son que el resultado de la odiosa mano destructora del hombre terrenal quién, a pesar de saber muy bien cuál es la finalidad de estar habitando este maravilloso planeta y, con seguridad mejor entendiendo que su existencia es para completar su

---

8   Exoplaneta. Mundo fuera del Sistema Solar, MEX. Planeta que se encuentra localizado fuera del ámbito del Sistema Solar, teniendo su propio Sistema Solar y formando parte de otro Sistema Planetario. Planeta que puede hospedar algún tipo de vida en su interior. Fuente: Habitabilidad Planetaria, Wikipédia, la enciclopedia libre, Internet Link: pt.wikipedia.org/wiki/Habitabilidad_planetaria

9   Fuente: Enciclopedia Británica Barsa, William Benton, Editor, 1971, Rio de Janeiro, São Paulo, Brasil. Página 382.

10   Polución terrestre. El autor reconoce que existen personas consientes y a ellas las respeta y congratula.

11   Polución terrestre. Quemadas en el Amazonas, Brasil. Contaminación de los mares, aire y de los alimentos. Rumbo al Final, La Agonía del Planeta, Alcides Vidal, 2016, Xlibris. Páginas 198 -245.

ciclo biológico a cabalidad, viviendo bien, continua con su provocación al equilibrio ambiental, sin expectativas claras para detenerse y sin posicionarse sobre si tiene o no remordimiento y culpabilidad, mientras el RF sigue su curso.

El lado paradójico de esta situación lo arrastramos desde la obra anterior[12] cuando anunciamos que la EH ha llegado al límite de su progreso cerebral para utilizar su inteligencia, habilidad y sabiduría al máximo[13]. Así siendo, hemos noticiado en la obra RF[14] que, *"La Especie Humana logra el Grado D"*, máximo grado de desarrollo cerebral que una especie viviente puede conseguir en el PT, llegando al increíble "Grado Dios" (**GD**[15], **GG**[16]). La EH del GD.

Igualmente encontrando dificultades para definir mejor el Proceso Vida (**PV**) o, el Sistema Vida (**SV**) y frente a la abundancia de condicionantes para poderla explicar, continuaremos utilizando los alcances del "Teorema de la Vida Limitada, (Teorema Vida'L) (**TVL**)"[17] como instrumento

---

12   Rumbo al Final, La Agonía del Planeta, mayo 2016, USA. Páginas 102-107. Copyright 2016,r Alcides Vidal.

13   Rumbo al Final, La Agonía del Planeta, mayo 2016, USA. Páginas 102-107. Copyright 2016, Alcides Vidal. La Especie Humana ha logrado el "Grado D".

14   Rumbo al Final, La Agonía del Planeta, Alcides Vidal, mayo 2016, USA, Páginas 102 - 107.

15   **GD** La EH logra el "**Grado D**". Rumbo al Final, La Agonía del Planeta, mayo 2016, USA. Páginas 102-107. Copyright 2016, Alcides Vidal.

16   **GG** La EH logra el **GD**. God's Grade (**GG**). Rumbo al Final, La Agonía del Planeta, mayo 2016, USA. Páginas 102-107. Copyright 2016, Alcides Vidal.

17   El Teorema de la Vida Limitada - "**TVL**". Rumbo al Final, La Agonía del Planeta, mayo 2016, USA. Copyright 2016, Alcides Vidal. Páginas: 27-33 y 40-50.

auxiliador en nuestra disertación, herramienta presentada y utilizada desde la obra anterior[18].

Queriendo justificar con argumentos claros algunos principios filosóficos y realidades a flor de luz, vamos continuar utilizando los enunciados de la Ley de la Biocosmos[19] con postulados auxiliadores bajo el mismo título: "Ley de la Biocosmos"[20], para mejor entender el tema.

La Lucha por el Equilibrio Biológico[21] se mantendrá eternamente porque esta es una característica de todo mundo altamente viviente. La verdad se manifestará con la llegada sustentable de la Vida en Dos Mundos[22]. Época cuando el REH, podrá dar sus pasos largos hacia adelante, en términos de Expectativa de Vida Humana en el PT. Existiría de esta forma una esperanza más por aspirar continuar con Vida en el Segundo Mundo (V2M), el Mundo científico (Mundo_c), como una clara

18 Rumbo al Final, La Agonía del Planeta, Alcides Vidal, mayo 2016, USA. Páginas 27 – 32.

19 Rumbo al Final, La Agonía del Planeta, mayo 2016, USA. Páginas 102-107. Copyright 2016 por Alcides Vidal. "Leyes de la Biocosmos". Páginas 384-392.

20 **Lei de la Biocosmos**, tratando asuntos pertinentes sobre la Biocosmos – Biodiversidad en el Cosmos, Vida en el Cosmos, teoría que define la existencia de los organismos vivientes que aparecen al reproducirse desde células de otros organismos vivientes y no desde una materia no viviente. Biocosmos, ciencia madre de las ciencias. Biodiversidad, algo idéntica a lo que la Biología viene a ser para el PT. Biocosmos, vida de especies en diferentes niveles de desarrollo biológico fuera y dentro del PT. El PT forma parte de la Biocosmos.

21 Fuente: Enciclopedia Británica Barza, William Benton, Editor, 1971, Rio de Janeiro, Sao Paulo. Página 383.

22 Vida en Dos Mundos. Vivir en Dos Mundos. El Mundo_n, el Mundo_c y el Mundo_sC. Rumbo al Final, mayo 2016, USA.

manifestación de que la Lucha por el Equilibrio Biológico es útil y necesaria[23].

Así siendo, presentamos la introducción del tema que explica la posibilidad sobre la existencia de la progresión de la "Vida" para un Segundo Mundo (**M2**), un Mundo Virtual (**MV**). Mundo que se concretizará con la realización de la "Vida Real" (**VR**) en un MV, Vida en Dos Mundos[24] (**V2M**). Con el advenimiento del MV, que nada más es la iniciación de la vida en el Mundo_c[25], cuando la EH tendrá una segunda oportunidad para continuar viviendo en su PT y para no ser apresurado en su afán de migrar rápidamente para otros planetas, es cuando vendrán nuevas exigencias cotidianas para continuar VMTM en este M2, V2M y hasta en el M3 con las futuras generaciones de humanos.

La posibilidad de hacer realidad las Migraciones Planetarias (**MP**)[26]**,** como opción y alternativa, es ambición realizable, ya que esta proeza está en la pauta mundial de las naciones en condiciones de realizar esta hazaña, que ya no es más cosa del otro mundo, sobre todo cuando es analizado con responsabilidad el fenómeno de la sobrepoblación humana

---

23 Rumbo al Final, La Agonía del Planeta, mayo 2016, USA. Copyright 2016 por Alcides Vidal. "Migraciones Planetarias", Páginas 102-107.

24 Vida en Dos Mundos. Vivir en Dos Mundos. Vida en el Mundo_n y en el Mundo_c (excepcional y ambiciosamente en el Mundo_sC). Inicialmente publicado en Rumbo al Final, La Agonía del Planeta, mayo 2016, USA. Copyright 2016, Alcides Vidal. Páginas 102-107.

25 Mundo_C. Mundo construido por el REH con ayuda de la ciencia médica, para extender la vida VMTM. Explicado más adelante en capítulo aparte.

26 Rumbo al Final, publicado en mayo 2016, USA. Alcides Vidal.

en el PT[27] que muestra parámetros alarmantes frente a la realidad mundial. El PT llegaba al año 2010 con siete (7) billones de habitantes, ya en esta década debe superar los ocho (8) billones y en algunas décadas más pasará de los diez (10) billones de habitantes[28]. Serán los tiempos cuando la EH soportará el verdadero impacto de las consecuencias de su obra destructora, realizada en el pasado, mientras el PT gira en su órbita habitual en su definitivo e imparable RF[29], como muy bien fue alertado en la obra anterior en 2016.

Importante resaltar a los países más poblados del PT: China, India, Estados Unidos, Indonesia y Brasil. La población de China, al iniciarse este milenio (año 2000) era de 1.268.853.362 habitantes, 10 años más tarde saltó para 1.452.180.168 habitantes. Observando que en el siglo pasado, China tenía 773.119.728[30] habitantes, esto ya representaba un cuarto de la población mundial[31]. Si continuáramos con nuestras proyecciones para dos siglos más adelante (año 2222) China demostrará que duplicó su población. Por lo

---

27 La Superpoblación del Planeta. Inicialmente publicado en la obra Rumbo al Final, La Agonía del Planeta, mayo 2016, USA. Copyright 2016, Alcides Vidal. Páginas: 122-125, 126-120 y 127-130.

28 La Superpoblación del Planeta. Población Mundial Actual según Worldometer, en 25-01-2022 fue 7.957.984.059 habitantes. Internet Link: worldometers.info/es/población-mundial y Reloj de la Población mundial al iniciarse el 2022: Internet Link: countrymeters.info/es/World

29 La Superpoblación del Planeta. Publicado en la obra Rumbo al Final, La Agonía del Planeta, mayo 2016, USA. Copyright 2016, Alcides Vidal. Páginas 122-125. Población china: Link: countrymeters.info (china).

30 The World Almanac and Book of Facts 1968, Centennial Edition New York, Estados Unidos (USA). Pagina 479.

31 China: O sea, solamente en la primera década de este milenio los chinos aumentaron más de 61 millones (61.287.933). China iniciaba el año de 2015 con 1.368.766.000 habitantes y llegaba al año 2022 con 1.451.920.987 habitantes.

que las estimativas globales calculan en 8.500 millones los habitantes en el PT en el año 2030. Toda esta expectativa no es un parecer ambiguo, por lo contrario, demuestra una realidad alarmante y preocupante; ya que en los últimos 50 años China tuvo un aumento poblacional superior a los 595.647.000 habitantes. Esto representa más del doble de la actual población del Brasil, incluyendo Ecuador, Uruguay y Bolivia juntos. Lo admirable es que en apenas cinco décadas, la población china ya se había duplicado, llegando al año 2022 con 1.452.180.168 habitantes[32].

Estamos abordando estos temas en razón de que una pequeña parcela de los representantes de la EH da indicios de estar consiguiendo VMTM. Razones por las cuales este trabajo se sumerge en un viaje interplanetario y sin fronteras, trayendo luz a todos los estudios que esclarecen viejos tabús y penetran en asuntos donde hasta la ciencia es temerosa en manifestarse con autoridad, cuando presenta el sofisticadísimo Fenómeno Biocósmico[33].

---

32 The World Almanac and Book of Facts 1968, Centennial Edition New York, Estados Unidos (USA). Pagina 479. y Reloj de la Población Mundial: Internet Link: countrymeters.info/es/China

33 Fenómeno Biocósmico. Teoría del Fenómeno Biocósmico (**TFB**). La propia "BIOCOSMOS = Biología en el Cosmos". Biología viene del Griego Bíoç = bíos VIDA y Ãoyía = logia. Estudio o ciencia. Biología, estudia la vida de individuos y del conjunto de especies existentes en el PT y ahora, fuera de ella, centralizando el foco en la vida orgánica y con miras en los MEX.

Partiendo de las premisas ya anunciadas podríamos resumir diciendo que el estudio de la Biocosmos[34], un concepto sobrenatural mayor, que afirma la existencia de vida también fuera del PT, con Vida Extra Terrestre (**VET**) y Especies Extra Terrestres (**EET**), en planetas solares y en los Mundos fuera del Sistema Solar, Exoplanetas[35]", Mundos Exoplanetários (**MEX**)[36], es de extrema importancia en este momento de vida que el PT experimenta, reconocer y entender bien el estudio biocósmico.

Este enunciado tal vez puede contradecir algunas teorías, libros, autoridades, autores, escritores y hasta a la clase científica; más, creemos que es obligatorio y muy oportuno discutirlo hoy.

"El PT donde la EH apareció para iniciar su
constante e imparable proceso de evolución
viviente, no es más el planeta grandemente

---

34 Biocosmos: Biodiversidad en el Cosmos y vida en el Cosmos. Biocosmos, teoría que define a los organismos vivientes que aparecen al reproducirse desde células de otros organismos vivos y no desde una materia inerte. Biocosmos, biodiversidad en el cosmos, idéntico a lo que la Biología viene a ser para el PT. Biocosmos, vida de especies en diferentes niveles de desarrollo viviente y evolutivo, dentro y fuera de las fronteras del PT. Biocosmos, la innegable manifestación del desarrollo de la biodiversidad y de las características de habitabilidad esparza en el cosmos. Biocosmos, ciencia que demuestra que la habitabilidad terrena es apenas una entre miles de millares de millones de ambientes que existen albergando algún tipo de vida en sus más diversas manifestaciones y expresiones, el principal, el propio PT, de donde la EH es oriunda.

35 Exoplanetas - Planetas fuera del Sistema Solar. Planetas que pueden albergar el SV en su interior, con la posibilidad de existir Inteligencia. Inteligencia Extra Terrenal (IET).

36 NASA–Exoplanetas - Conjunto de planetas fuera del Sistema Solar. Exoplanetas o Planetas Extrasolares, planetas fuera del Sistema Solar que la NASA controla, en 2020, existían 4.158 planetas confirmados, 5,144 eran probables Exoplanetas (en definición) y ya se habían catalogado 3.081 Sistemas Planetarios. A mediados de 2021 existían 4.461 exoplanetas confirmados, los posibles exoplanetas, subieron para 7,695 y los Sistemas Planetarios descubierto eran 3.318. NASA, Exoplanets and Internet **Link:** solarsystem. Nasa.gov

viviente como fue en un principio. El PT se ha debilitado, está maltratado, ha envejecido, está herido y muy comprometido raudamente se traslada en su definitivo Rumbo al Final, en el lento proceso de La Agonía del Planeta[37].

Esta situación nos lleva a considerar al fenómeno del "Rumbo al Final, la Agonía del Planeta", como un problema potencial Biocósmico sin precedentes y con serias consecuencias para la vida en su interior, especialmente para la EH.

El PT tiene edad suficiente para no ser más el jovencito entre los planetas. Según A. I. Oparin[38], la vida en el PT comenzó hace más de 3.000 millones de años, claro, evolucionando desde el más pequeño microbio hasta las más complejas y variadas especies que hoy habitan el PT, con destaque a la EH que hasta ha alcanzado el poderío del GD. Aun así, no sabemos cómo surgió la vida, cómo aparecieron esos primeros microbios, cuándo y dónde[39], el interés por saberlo persiste. Y hoy, nos es difícil entender como todo ocurrirá, si llevamos en consideración la seriedad del RF.

---

37 Rumbo al Final, publicado en mayo 2016, USA.

38 A.I. Oparin - Aleksandr Ivanovich Oparin. Fuente, página web, Internet Link: http://curiosidades.batanga.com/4358/5-teorias-del-origen-de-la-vida.

39 Stanley Miller. Año 1950, Stanley Miller, estudiante investigador, diagramó un experimento destinado a corroborar la hipótesis de Oparin, que presumía como condiciones de partida: la ausencia o escases de oxígeno libre (es decir no combinado químicamente a otro compuesto) y la abundancia de los siguientes componentes químicos: C (carbono), H (hidrógeno), O (oxígeno), y N (nitrógeno). Miller comentando Oparin. La primera presentación de los trabajos de Miller fue realizada en el siguiente documento: "paper": "Miller S L, A Production of Amino Acids under possible primitive Earth conditions, Science 1953"; 117: 528-529. Internet Link: http://curiosidades.batanga.com/4358/5-teorias-del-origen-de-la-vida .

¿Está la Especie Humana en peligro? Las primeras manifestaciones al respecto ya se hacen sentir en nuestro cotidiano y en el mundo terrenal como un todo, anticipando que esta situación, *"a la larga, se convertirá en un grito humano de clamor, sin precedentes y sin derecho a resonar"*[40].

Al respecto, lamentamos esa realidad, la EH mantiene su acción destructora, devastadora y constante contra el medio ambiente y, su fuerza incontenible tiene cada vez mayor repercusión, sin perspectivas de detenerse o de poderse arrepentir. Consecuentemente su participación demoledora continuará con la misma intensidad, ayudando siempre a poner más velocidad al proceso decreciente en el que el PT se encuentra en su definitivo RF, contribuyendo de esa manera para que todo el problema ya identificado, transcurra en un tiempo menor de lo previamente estimado en el inicio.

"El Ser Humano tiene su cuota de participación y su actuación es bien significativa en todo ese proceso; por no decir que su responsabilidad es mucho mayor. Sin embargo, a pesar de saberlo, finge no estar al tanto de la realidad"[41].

No obstante, creemos que esta situación podría ser minimizada en parte si el REH pudiera analizar antes y con

---

40 Rumbo al Final, publicado en mayo 2016, USA.

41 Rumbo al Final, publicado en mayo 2016, USA.

prioridad el efecto de su obra realizada hasta aquí. Su nuevo posicionamiento incentivaría para la creación de una nueva postura y, su diferente accionar exigiría concientización para recapacitar a tiempo ya que sus acciones, que apresuran el RF, pueden ser minimizadas, por lo menos en parte, eliminando cuotas de su gigantesca responsabilidad.

Algo curioso notamos al analizar el tema. Ponderamos que esta situación es una afirmación conflictiva, relatando que, *"paradójicamente el hombre está consiguiendo VMTM en cada día que pasa; que el promedio de Expectativa de Vida (**EV**) del Ser Humano[42], alrededor del mundo, ha aumentado significativamente, (…) y que hay abrumadores indicios para augurar convertir al presente Siglo (**S21**) en el de mejor EV para la EH en toda la historia de la humanidad[43]"*, mientras el PT, que alberga a la EH y a las demás especies, se encuentra en su definitivo Rumbo al Final (**RF**).

Así mismo ponderamos que la realidad presentada hasta aquí no será una situación generalizada. Por ejemplo, el Rumbo al Final es un proceso natural, tiene como el mejor aditivo la obra destructora del REH, pero este proceso transcurre en años solares (largo tiempo). Por el otro lado queda claro que:

> **"no basta VMTM[44], *sino que el hombre, fiel* REH en el PT, *necesita adquirir consciencia del significado de la vida y del papel que***

---

42 ONU – Organización Mundial, Informe anual, 2021.

43 Rumbo al Final, mayo 2016, USA.

44 Rumbo al Final, mayo 2016, USA. "Vivir Más Tiempo y Mejor".

juega la acción de mantener al PT saludable y conservado, (…). Con el pasar del tiempo el SH se ha olvidado de sus responsabilidades naturales y se ha apoderado del PT incondicionalmente y lo que es peor, lo está superpoblando a doquier."[45]

"Al mismo tiempo criticamos al SH por su actual rol en la vida en sociedad. De ahí que alertamos sobre el problema potencial reluciente al *"no estar recapacitando a tiempo sobre la verdadera finalidad de su existencia en el centro de este sistema viviente, ahora, integrante de la Biocosmos. El hombre continúa ignorando que es exactamente ese sistema viviente, el que hoy ultraja e ignora, fue el que permitió el origen de su especie y que fue el mismo que propició condiciones para que la EH se desarrolle incondicionalmente, hasta hoy. Razones que nos hacen concluir que el PT es el único sistema que propicia la existencia del ambiente viviente donde la EH podrá continuar habitándolo hasta el día de su fin*[46]*".* "*Esta situación es la que viene caracterizando al hombre de la Sociedad Moderna, calificada como una sociedad hambrienta por riqueza y por el bien material. Razones por las que esta obra*

---

45   Rumbo al Final, mayo 2016, USA.

46   Rumbo al Final, mayo 2016, USA.

trae a luz un problema que hoy merece ser llevado en consideración; indicando que éste es el momento en el cual deben aparecer las primeras manifestaciones de cambios de postura de esa sociedad, situación que colaborará para mejorar junto a muchos otros factores de la vida en sociedad y que con el tiempo, redundará en beneficio de la vida del propio PT. Consecuentemente también contribuirá con la mejora de la calidad de vida de todas las demás especies vivientes de manera general. Cambios estos que permitirán que la EH pueda VMTM y llena de esperanzas, para permanecer en los nuevos tiempos; cuando podrá ingresar al MV, de la V2M, el Mundo_c"[47].

Igualmente sentimos que fue mejor entendido el mensaje del libro anterior[48], alertando que el PT se encuentra en su definitivo RF y su recomendación para infiltrarse en la lontananza del estudio de la vida como un todo, penetrando en ámbitos Biocósmicos, para entender mejor lo que la vida realmente es y en la tentativa de descubrir sus orígenes, algo que resultaría realmente asombroso de verdad, manteniendo latente la opción de un día, realizar las MP, cuando ejemplares de los integrantes de la EH puedan migrar (mudarse), consiguiendo vivir también en otro mundo y muy ambiciosamente hasta en alguno de los MEX.

---

47 Rumbo al Final, publicado en abril 2016, USA. Mundo_c, tratado en capítulo aparte.

48 Rumbo al Final, mayo 2016, USA.

No menos importante es la propuesta del Código Biocósmico Básico (**CBB**) de Identificación Universal (**IdU**) (**CBBId**). "Vida'L–Código Biocósmico Básico", desarrollado en capítulo separado. Diversos conceptos que ayudaran en la mejor definición y explicación del Fenómeno Biocósmico, tema principal de la obra.

Localizándose en el tiempo

"Aceptamos que las especies vivientes no fueron hechas de improviso como lo afirman algunos libros, teorías y creencias. Ellas son el producto del lento e imparable proceso de evolución biológica y genética, asociado al amparo imprescindible del fenómeno ambiental"[49].

A través de cuentos de nuestros antepasados sabemos que un hacedor, con el barro moldeó una estatua, dándola vida con un soplo y llamándolo Adán. De este ser extirpó una costilla (pudo ser de la derecha o de la izquierda, no fue detallado) y de ella hizo otro ser, una hembra, llamándola Eva. Con la aparición de estos dos primeros SH se tendría que escribir la primera ley que los gobiernen y así el primer capítulo de la primera constitución humana nacía. Igualmente, las escrituras bíblicas, libros (66) reunidos en uno mayor llamado Biblia (*La Biblia Sagrada*)[50] hacen mención que Jesús iría nacer en Belén

---

49   Percepciones Originales, 2008, USA, Alcides Vidal, Página. 15.

50   *Holy Bibly, Containing the Old and New Testament, New York: American Bible Society, 1897.* Biblioteca del autor.

(Mateos 2:4-5), que María, la mujer de José, dio a luz un niño, el 24 de diciembre del año uno (0001), o sean más de 2.022 años atrás. Realmente Jesús nació en Belén (*Mateos 2:1*). La historia lo llamó "El Niño Manuelito", Jesús, un niño como cualquier uno de la época más que ya demostraba dotes de inteligencia fuera de lo común; cuentan que discutía con los doctores. Creció (*Lucas 2:40*) y desapareció en su juventud. Ya como un adulto (*Lucas 3:23*) reaparece en la misma tierra donde había nacido, haciendo algunas proezas anormales para la época y para el nivel cultural de los pueblos de la región. De boca en boca las generaciones reprodujeron esa hazaña, haciéndola parte principal de la historia de la humanidad. Entre algunas de sus otras obras realizadas encontramos que: multiplicó los panes y resucitó a Lázaro. Luego lo mataron, crucificándolo (*Mateos 27:35*) (*se entregó para ser muerto, afirma Daniel Farfán*[51]) la misma historia habla que resucitó (Mateos 28:6). Ratifican que resucitó y que luego subió a los cielos (*Actos 1:9-10*). Todo esto ocurrió hace apenas 2.022 años[52]. Con estas y otras hazañas, descritas en el libro llamado Biblia, éste pasó a ser el hijo de Dios y luego más tarde, el propio Dios[53].

> *"Tradicionalmente el hombre viene afirmando que fue un Ser Supremo, con su voz, hizo todo lo que existe hoy, como: luz, agua, tierra en general y a él mismo. Pero el*

---

51 Colaboración Daniel Vidal Farfán: Creyente practicante (entrega el diezmo sagradamente, 10% de su salario) conocedor de la Biblia y sigue fielmente lo que ahí está escrito.

52 Información, Colaboración: *"Jesús es el asunto principal de toda la Biblia y detalles de su vida fueron previstos por el Profeta Isaías 700 años antes de Jesús nacer"* decía Daniel Vidal Farfán en su correo electrónico de clarificación, en febrero 2015.

53 You are God, Exlibris, Boston, Massachucetts, USA, 2009, paginas 25-28.

ser humano pensador y diferente de estos días (M2, GD), sabiamente desconfía que haya sido hecho por una mano divina. Prefiere creer más en los poderes procreativos, evolutivos y en el linaje heredado de sus progenitores como los únicos autores de su creación; ya que confía en su padre y en su madre porque inevitablemente luce los rasgos genéticos[54] que heredó de ambos y que nadie lo podrá cambiar. Asimismo, el humano actual, desconfía de la curiosa creencia popular de los demás, pasando a investigar y buscar información científica sobre su razón de ser y de su existencia. En su intuito por descubrir y entender bien sus orígenes, el del mundo donde vive y ambiciosamente de parte del universo, lee, estudia, investiga y pregunta para llegar a obtener su propia conclusión. Pero lo que sorprendentemente descubre es que no hay nadie en este mundo quien pueda dar buena respuesta o una convincente explicación sobre su existencia. Tampoco podría encontrar alguien quien lo haga cambiar de opinión. Por todo, sorprendido ante sus profundas interrogantes sin respuestas, deduce que está solo en el PT[55]".

---

54 Hoy en día, las informaciones biológicas y genéticas del humano, reflejadas en la frecuencia de la Energía Vital, el ADN y el Genoma Humano lo dicen todo. El factor de la frecuencia de la Energía Vital pasará a ser un componente más de la característica de la vida terrenal.

55 Encorajándote, Alcides Vidal, USA, 2014, Páginas 17-18.

Se pasaron más de 2022 años desde la aparición del calendario actual (calendario cristiano) y millones de millones más de existencia del ambiente de la aparición del sistema de la habitabilidad en el PT. Dentro de los poderes de las leyes terrenales, viviendo los actuales tiempos, sin usar barro, ante los ojos del mundo, no de una costilla, sino con apenas una o dos células[56], el hombre actual, de la G2M, del GD[57], puede hacer una copia de un individuo, animal o planta, pudiendo ser hombre (macho) o mujer (hembra) a gusto, no para llamarla Eva ni Adán, pero sabe que su apellido es Clon.

Igualmente, el hombre de la G2M del GD hoy, sube a los cielos demostrando la posibilidad de realizar los viajes fuera del PT, con naturalidad y así proyecta una nueva trayectoria futura mucho más longa, para la realización de los posibles viajes migratorios hacia otros mundos y de forma ilimitada hasta llegar a los MEX.

En ese sentido, desde 2021 ya existen naves: americana *"Perseverancy Rober"*, la de la Unión de Emiratos Árabes (**EAU**) y otra de China, estacionadas en territorio marciano, donde el *"Ingenuity helicopter"* (USA) rudimentaria e increíblemente sobrevolaba su superficie, señalando un momento pionero y sin precedentes en la historia de la humanidad.

Bajo la mira empresarial en el campo de los negocios, el lado visionario de los emprendedores se sustenta en la posibilidad de realizar grandes negocios en el futuro, cuando se podrán

---

56 ADN, Células - BiRefNotas_22002 (Anexo III).

57 Rumbo Al Final, la Agonía del Planeta, 2016, "La Especie Humana logra el Grado Dios (GD)", Paginas 102-107.

llevar expedicionarios para fuera de la órbita terrestre. Luego más, llevando a todos los que puedan y quieran experimentar la vida fuera de las orbitas terrestre.

Es así como surgieron varios millonarios demostrando interés en este tipo de negocio y muchos ya salieron adelante, transformándose en el grupo de pioneros en esta área. Entre algunos de los visionarios, construyendo billonarios negocios, interesados y focalizando la corrida espacial, encontramos a los siguientes: Elon Musk[58], billonario, inventor sudafricano y canadiense americano, que en 2021-2022 fue reconocido como el empresario más rico del mundo. Richard Branson, 70 años, billonario inglés y fundador de la empresa Virgin Galactic del grupo Virgin y, en esta corrida, el 11 de julio de 2021, Richard Branson[59], realizaba su sueño. Jared Isaacman[60], billonario norteamericano. Jeff Bezos[61], billonario americano, su carrera espacial lo inició en la *Blue Origin* y Yusaku Maezawa[62], billonario japonés, entre muchos otros.

---

58   Elon Musk, fundador de la SpaceX, relacionado con otras empresas como *Tesia Motors, OpelAl, Neuralink, Solar City y Zip2.* .

59   Richard Branson, con sus 70 años de edad, hacía realidad su sueño de infancia, volando hasta llegar a la altitud de gravedad cero, a bordo de su propia nave, *SpaceShipTwo*, construida por su empresa *VirginGalactic*, en USA. Vuelo de corta duración, una hora, más que resultó ser de larga trascendencia histórica; su aterrizaje bien sucedido fue en Nuevo México. Este evento fue calificado por la opinión pública e internacional, como el inicio de los viajes turísticos al espacio.

60   Jared Isaacman CEO de la empresa Shift4 Payments, Astronauta Comercial, comandante de misión, seleccionado por la empresa SpaceX.

61   Jeff Bezos billonario americano, dueño de la Blue Origen, fundador de Amazon.com, su carrera espacial lo inició en la Blue Origin.

62   Yusaku Maezawa viajó como turista espacial a bordo de la Soyus MS-20, hacia la Estación Espacial Internacional. Según afirmaba la empresa SpaceX en 2018, sería el primer pasajero comercial en visitar la Luna, transportado por el propulsor BFX, previsto para 2023.

El 2021 fue un buen año para identificarlo en la historia como un periodo productivo en el campo del pionerismo espacial. En nuestra línea de raciocinio aparecía más una evidencia y un precedente, abriendo la posibilidad para la realización de los vuelos Interespaciales, con la misma frecuencia de los hoy viajes intercontinentales. La empresa de Elon Musk, con su propulsor Falcon_9, Proyecto Inspiration_4, conducía su cápsula Space-X Crew Dragón al espacio, dando continuidad a la corrida espacial con vuelos tripulados. Así, el visionario Jared Isaacman[63] comandó más una misión para asombrar al mundo. Con cuotas de nervosismo y espanto, vimos como esa capsula, llevando en su interior cuatro personas, dos mujeres y dos hombres, desplegando del Centro Espacial Kennedy[64], Florida, hacia el espacio, fuera del PT, haciendo realidad un viaje de cuatro días. Fue un periplo que orbitó el PT y superó altitudes, ya que la capsula giraba más arriba de la órbita de la propia Estación Espacial Internacional (ISS)[65]. Los tripulantes: Cris Sembroski, 42, jubilado de la Fuerza Aérea Norteamericana, ingeniero; Sian Proctor, 52, pedagoga, profesora de geociencias en Arizona, es activista que encoraja y empodera el papel de la mujer negra en la industria espacial; Jared Isaacman[66], 39, billonario, visionario,

---

63 **Jared Isaacman** CEO de la empresa Shift4 Payments, Astronauta Comercial, comandante de misión seleccionado por la empresa SpaceX.

64 Centro Espacial Kennedy, Plataforma de lanzamientos de propulsores de la NASA que conducen Capsulas espaciales con, satélites, cargueros, etc.

65 Estación Espacial Internacional (**ISS**) que estará en funcionamiento hasta el 2030, según el administrador Biden-Harris. NASA hq-newsletter@nasa.gov, de 04/02/2022.

66 **Jared Isaacman,** CEO de la empresa Shift4 Payments, Astronauta Comercial, comandante de misión seleccionado por la empresa SpaceX.

piloto y empresario; Hayley Arceneaux[67], 30, fueron los que experimentaron las primeras sensaciones que generaciones venideras realizaran con más naturalidad y constancia. Ellos se convertían en los primeros civiles (turistas) en alcanzar altitudes jamás experimentadas antes, considerando que fue realizado por un grupo de personas que no eran astronautas de profesión.

El 29 de abril de 2021, la Administración Espacial Nacional China (**CNSA**)[68] lanzó el primer módulo de su futura estación espacial, Tianhe o Tiangong (Armonía de los Cielos)[69], transportando dos módulos listos. Igualmente fue muy alentador cuando en 17 de setiembre de 2021, tres astronautas chinos regresaban del espacio, en su capsula especial, sujeta al paracaídas, después de permanecer por tres meses en el espacio, donde construyen parte de la futura Estación Espacial Tiangong[70] de China. Un mes después, el 15 de octubre de 2021, nuevamente la CNSA[71], China, realizaba su misión llamada "Shenzhou-13" (Embarcación Divina o Palacio en el cielo), llevando al espacio una capsula con tres astronautas a

---

67 Hayley Arceneaux sobreviviente de cáncer óseo, usa prótesis en una pierna, de profesión médica, trabajando en el Hospital infantil Sta. *Jude Children's en Menphis*.

68 Administración Espacial Nacional China (**CNSA**), equivalente a la NASA para los americanos, administra la estación Tiangong, en órbita entre 340 y 450 Km., sobre la superficie terrestre.

69 Tiangong: Estación espacial Tiangong, Administración Espacial Nacional China (**CNSA**), equivalente a la NASA para los americanos, administra la estación Tiangong. Fuente: Internet Link: es.wikipedia.org/wiki/Estacion_espacial_Tiangong.

70 Estación Espacial Tiangong. En chino, Palacio Celestial, estación espacial lanzada al espacio en 2011. Luego vino el Proyecto 921-2, Tiangong-2, lanzado en 15 de setiembre de 2016.

71 Administración Espacial Nacional China (**CNSA**), equivalente a la NASA para los americanos, administra la estación Tiangong.

bordo, para permanecer más tiempo, 183 días, avanzando la construcción de la Estación Espacial Tiangong de China. El astronauta Zhai Zhigang, 55, fue el comandante de la misión y quienes lo acompañaron fueron: La astronauta Wang Yaping, 41 y el astronauta Ye Guangfu, 41. Igualmente noticioso fue cuando el cinco de junio del 2022 China mandaba tres astronautas al espacio para continuar con la construcción de su futura Estación Espacial Tiangong, de esta vez por seis meses. (Los astronautas son: Cal Xuzhe, Chen Dong y Liu Yang). Los tres astronautas daban inicio a la construcción de la segunda parte de la estación, con la llegada del módulo, el 24 de julio del 2022, modulo que pesaba 20 toneladas. De este modo China corre para dejar lista su estación y así poder dar continuación a sus proyectos ambiciosos en el campo espacial.

No menos importante, el 13 de octubre de 2021, fue el viaje del astronauta, William Shatner, 90, convertido como el más viejo en volar fuera del PT, realizando con suceso el viaje del proyecto de la empresa Blue Origen, del billonario Jeff Besos[72].

Así siendo, no más será noticia ver con los propios ojos los vuelos tripulados hacia fuera del PT, ya que, como dijimos antes, se transformarán comunes, como si se estuviera viajando del Continente Europeo para el americano. En síntesis, el pionerismo para las futuras Migraciones Interplanetarios (**MI**), que es asunto definido en esta obra en capítulo aparte, se va clareando.

---

72   Jeff Bezos billonario americano, dueño de la Blue Origen, fundador de Amazon.com, su carrera espacial lo inició en la Blue Origin.

Hemos conjeturado sucintamente mucho del pasado, ahora vamos proyectarnos hacia el futuro, en la misma escala de proyección. Hagámoslo en apenas dos mil años adelante preguntando: ¿Es imaginable lo que el hombre del GD, podrá hacer en el año 4022? Definitivamente la respuesta es ¡No! Así siendo, veamos algo del porqué de todo esto: En la actualidad nos admiramos de la grandiosidad de las pirámides de Egipto, de las culturas mayas, aztecas e incas y ni siquiera sabemos cómo y para que fueran construidas. Todas esas culturas desaparecieron del mapa, así como millones de años antes desaparecieron del PT los dinosaurios, gigantescos animales.

Encontramos vestigios de culturas o pueblos antiguos, con cuatro, seis o más milenios de antigüedad y jamás un descubridor murió al inspeccionar o estudiar los restos o vestigios. Mas, en el futuro, en cuatro, seis o más milenios, muchos, si no todos los envueltos podrán morir, contaminados o irradiados por los vestigios que encontraron del resultado de la obra del mayor habitante, REH del GD del M2 en el PT.

Sin ir muy lejos, hace apenas 500 años, los habitantes del viejo continente, (asiáticos, europeos, africanos y otros) no sabían de la existencia del Continente Americano y viceversa. A pesar de haber descubierto América, ellos aún continuaban pensando que habían llegado a las Indias.

Como cuenta la historia, recién allá por los idos de los años 1519 el Imperio Azteca era invado y sometido a los dominios del imperio español. Ocurriendo lo mismo, en 1532, con el Imperio Incaico, en el sur de América, implantándose la colonia y el virreinato español, en su máxima expresión, por siglos.

A pesar de que la EH ha adquirido el GD, no sabe y no tiene detalles o documentos probando todo lo que nos es contado como historia, consecuentemente, la verdad de lo narrado por la historia hasta hoy, aun es discutible. ¿Qué podemos pensar entonces en tiempos mayores, como uno, dos o tres milenios atrás? Premisa que también lo aplicamos cuando nos proyectamos hacia el futuro, en las mismas proporciones del "T-E".

Seguidamente y como asunto relevante y conclusivo iniciaremos desarrollando el tema mayor, abarcando el fenómeno de la Biocosmos, como el foco de la existencia de vida también fuera del PT, pensando en la VET formando las EET.

Capitulo I

Biocosmos

"Estamos descubriendo planetas y hasta nuevas galaxias; se conjetura que no vivimos solos en el universo y se deduce que hay mucha vida en él"[73].

Entendiendo el fenómeno **Biocosmos**[74].

La busca por descubrir Vida Extra Terrestre (**VET**) es constante y por hoy, apenas confiamos en lo que los científicos anuncian a través de las noticias propagadas.

---

73 Percepciones Originales, 2008, Alcides Vidal, Pág. 15.

74 **Biocosmos,** Rumbo al Final, 2016, Alcides Vidal, EEUU, páginas 95-101. Biocosmos – Biodiversidad en el Cosmos, teoría que define a los organismos vivientes que aparecen al reproducirse desde células de otros organismos vivientes, jamás desde una materia no viviente. Biocosmos, biodiversidad como la Biología es para el PT. Biocosmos, vida de especies en diferentes niveles de desarrollo viviente fuera y dentro del PT; también, fenómeno físico viviente y evolutivo como la innegable manifestación del desarrollo de la biodiversidad como característica biocósmica. Biocosmos, ciencia que demuestra que las especies vivientes terrenales son apenas una entre miles de millares de ambientes albergando algún tipo de vida en sus más diversas manifestaciones y expresiones, donde uno de ellos y el original es el PT, de donde la EH es oriunda.

El hecho de que astrónomos, estudiosos, científicos y muchos otros estén constantemente descubriendo nuevos planetas, lunas[75] y exoplanetas[76] nos hace creer que "VIDA no es exclusividad del PT", al contrario, es fácil creer que existe abundante vida[77] lejos de aquí y nos hace entender que ya estamos en el camino correcto y muy cerca de los fantásticos y contundentes descubrimientos para su confirmación oficial. Apenas para tener una idea inicial, hasta la fecha ya fueron catalogados 4.461 Mundos Exoplanetários (**MEx**) y suman 3.310 los Sistemas Planetarios, según informe de la *NASA*[78].

> ***"Científicos y pesquisidores de la agencia espacial, NASA y de otras instituciones, utilizaron la Ecuación de Drake para calcular la cantidad de mundos potencialmente habitables llegaron al increíble número de 300 millones de planetas habitables que pueden existir en la Galaxia, estima NASA***[79]***".***

Como es de nuestro absoluto conocimiento el PT se encuentra integrando el famoso Sistema Solar, que se estima se formó a unos 4.600 millones de años atrás. Este sistema es un

---

75 Lunas: solamente Saturno tiene 82 lunas.

76 Exoplanetas – Planetas fuera del Sistema Solar. Planetas formando parte de otros sistemas solares y hasta de nuevos sistemas planetarios. Planetas que pueden tener IET. Fuente: NASA, nasa.gov *exoplanets, biosignaturs*. Fuente: NASA, nasa.gov *exoplanets, biosignaturs*.

77 Rumbo al Final, La Agonía del Planeta, 2016, Alcides Vidal.

78 NASA: The National Aeronautics and Space Asministration (NASA). Agencia independiente en los Estados Unidos, Govierno Federal responsable por los programas espaciales civiles.

79 Fuente, Internet Link: revistagalileu.globo.com/Ciencia/Espaco/noticia/2020/11/300-milhoes-de-planetas-habitaveis-podem-existir-na-galaxia-estima-nasa.html.

grupo planetario que solamente tiene una estrella conocida y principal, el Sol, única estrella que produce su luz propia. En el Sistema Solar todos los planetas grandes y planetas enanos, giran en su alrededor.

Es parte de nuestro CH la existencia de los ya tradicionales planetas, que inicialmente fueron bien descritos en la biblia. Siglos se pasaron, hoy son conocidos ocho (8) planetas bajo el Sistema Solar, más también ya fueron descubiertos cinco (5) "*dwarfplanets*", rodeados por más de 200 lunas, saturados por 1.113.527 asteroides catalogados y por 3.743 cometas que la NASA observa y controla. En ese universo, ansiosamente la ciencia espera descubrir Vida Extraterrenal (**VET**) y va más allá, ya imagina que encontrará civilizaciones inteligentes o avanzadas, similares a la existen en el PT, donde el GD fue adquirido por la EH. Estas hipótesis, de ser realidad, vendrán para derrumbar viejos tabús y para enrumbar a la ciencia definitivamente en ese frente, estudiando la vida en los Mundos Biocósmicos (**MB**). Mientras tanto, las usuales misiones interespaciales, tripuladas o no, continuaran su proceso, objetivando fornecer, cada vez más, mejores y buenos datos para ampliar el sustento de los estudios científicos ya existentes, consolidándolos con las nuevas descubiertas.

Bajo esa premisa, a mediados del año 2021 existían tres naves terrenas en suelo marciano demostrando la capacidad de la EH del GD y el interés internacional por descubrir nuevos mundos y vida en ellos. De ese modo se iniciaba la abertura de rutas para las futuras Migraciones Interplanetarias (**MI**), introductoriamente presentadas en este libro bajo el título de Migración Interplanetaria y la consecuente Colonización Planetaria, en ámbito Biocósmico[80].

Estas y otras son las razones fundamentales que exigen el profundo estudio del Fenómeno Biocósmico, donde básicamente Biocosmos es Bio = Biología en el cosmos - Biodiversidad en el Cosmos. Palabra inaugurada en el libro Rumbo al Final, USA, 2016[81].

Biocosmos usado para explicar y contextualizar la existencia de cualquiera señal de Vida en el Cosmos, Biología Cósmica (Biocosmos), Biodiversidad[82] que se desarrolla en el Cosmos, vida en el Cosmos, existencia de vida en el universo y mundos vivientes en el cosmos. Vida de las especies en sus diferentes y diversos niveles de desarrollo evolutivo existente dentro y fuera del PT y dentro y fuera del Sistema Solar, resumiendo también, vida en Exoplanetas[83]. Apenas trayendo a la memoria el primer exoplaneta[84] descubierto fue "51 Pegasi b"[85], el 6 de octubre del año 1995, realizado por el observatorio de Haute-Provence, Francia y desde entonces, hoy, superan los 5.060 exoplanetas confirmados y localizados en más de 3.793

---

80   **Biocosmos** Traído a luz en el libro Rumbo al Final, abril 2016, USA, Paginas 95-102.

81   **Biocosmos** Palabra inaugurada en el libro Rumbo al Final, publicado en abril 2016, USA, Paginas 95-102.

82   La biodiversidad para este caso engloba en su definición a las siguientes especies vivientes: humana, animal y vegetal más su medio ambiente en el Planeta Tierra (incluyendo la Biocosmos).

83   **Exoplanetas**–Planetas fuera de nuestro Sistema Solar, con algún indicio de señal de vida.

84   Exoplaneta. Planeta que se encuentra localizado fuera del Sistema Solar, pudiendo tener su propio Sistema Solar y está formando parte de otro Sistema Planetario.

85   "51 Pegasi b" Es el primer planeta descubierto que orbitaba una estrella, su Sol. Descubrimientos de esta índole se iniciaron allá por el año 1992.

Sistemas Planetarios[86]. Ellos fueron descubiertos gracias a la presencia de poderosísimos telescopios, inicialmente como el de la Misión Kepler y sus instrumentos, luego el Telescopio Hubble[87] y hoy con el poderosísimo Telescopio James Webb (**JWeBB**), cuya primeras fotos fueron reveladas por la NASA el 12 y 13 de julio del 2022.

Biocosmos abarca el conjunto de mundos vivientes bajo nuestro Sistema Solar y fuere de él, como son los integrantes de los MEX. Bajo esa visión existirán muchos otros mundos con algún tipo de particularidades para permitir habitabilidad que por hoy son desconocidos más que podrán ser descubiertos por la ciencia humana del GD, cuando se demostrará que existen planetas con similares características a todo lo que la Biología viene a ser con relación al PT.

Biocosmos, connotación idéntica a lo que la Biología es para el PT; es la Biodiversidad en el Cosmos, vida en el universo cósmico; teoría que define a los organismos vivientes[88] que aparecen al reproducirse desde células de otros organismos vivientes y no desde una materia inerte; de ahí que Biocosmos es el fenómeno físico viviente y evolutivo finito existente en el universo. Biocosmos es un sistema físico, viviente y evolutivo en sus más diversos niveles de evolución presentes en diferentes

---

86 Exoplaneta. NASA Link exoplanets.nasa.gov Planeta que se encuentra localizado fuera del Sistema Solar, pudiendo tener su propio Sistema Solar y está formando parte de uno de los 3.793 Sistemas Planetarios catalogados hasta hoy por la NASA.

87 Telescopio Espacial Hubbel gran proveedor de imágenes, datos de los resultados de los estudios con la información disponible del Telescopio Espacial Hubbel.
Fuente: Frutos do Passado Sementes do Futuro, Alcides Vidal, Editora Érica, Brasil.

88 Los organismos vivientes. Biogénesis teoría de los organismos vivientes que aparecen desde otros organismos vivientes y no, desde una materia no viviente.

lugares del universo, desde el previo al primitivo hasta a los más desarrollados y evolutivos, actualmente en evidencia.

Biocosmos, Ciencia de la Biocosmos, Ciencia de la vida universal que como tal, fue poco llevada en consideración y jamás discutido con seriedad y profundidad[89]. Biocosmos, ciencia, madre de las ciencias universales, ciencia que puede demostrar que el PT es apenas uno entre miles de millares de mundos y ambientes que vienen albergando algún tipo de vida en sus más diversas manifestaciones y expresiones de existencia, como en los MEX. Biocosmos, ciencia que merece el reconocimiento general de la clase científica y de los estudiosos del fenómeno Biocósmico, por ser la innegable manifestación del desarrollo de la biodiversidad y de las características de habitabilidad cósmica, donde uno de ellos, como ejemplo singular, es el PT dentro del Sistema Solar. La Biocosmos trata de la existencia de vida en el cosmos.

El PT es miembro integrante de la Biocosmos. Gracias a su destaque evolutivo en calidad de habitabilidad, el PT encabeza la lista de planetas habitables, exactamente por su singularidad y por permitir el desarrollo que alcanzó la EH, en conjunto con las demás. Consecuentemente caracteriza a la EH como siendo oriunda del PT.

El PT se encuentra localizado en la zona de habitabilidad de nuestro Sistema Solar, así como los exoplanetas se encuentran en sus respectivos Sistemas Planetarios. El PT muy bien puede

---

89   **Biocosmos**. Inicialmente "Biocosmos" fue incluido en la obra Rumbo al Final, 2016 y, ahora, tratamos al Fenómeno Biocosmos en un ámbito mayor, con la importancia que se merece, dentro del espacio que esta obra la dedica.

ser considerado entre los mejores lugares, ostentando el Sistema de Vida (**SV**), dentro de la Biocosmos, donde la biodiversidad encontró un ambiente ideal para desarrollarse al máximo. Al mismo tiempo, el mundo real en la que la EH habita es por hoy realmente un mundo virtualmente biocósmico. Todos los mundos posiblemente fueron habitados en el pasado y continuarán siendo habitables por un tiempo mayor.

Para entender mejor lo que realmente la Biocosmos es, primero se hace necesario saber y reconocer la existencia de miles de millares de planetas en la vía láctea con características parecidas al PT, consecuentemente pueden albergar algún tipo de vida. Existen planetas nuevos, recientemente descubiertos, dentro del Sistema Solar, al cual el PT pertenece; así como también fueron descubiertos otros planetas, con órbitas fuera del Sistema Solar, a ellos los estamos llamando en esta obra de Mundos Exoplanetarios[90] (**MEx**).

Los MEx[91] fueron calificados por la ciencia, por el Mundo científico y con el apoyo de los estudiosos de la propia NASA, como mundos que, en su gran mayoría, albergan algún tipo de vida en su interior y de tal modo, son parte de la Biocosmos.

Es exactamente a ese universo de Exoplanetas, formando verdaderos nuevos Sistemas Planetarios y hasta nuevos Sistemas Solares, y, ya incluyendo futuros, otros mundos, que pronto vendrán a ser descubiertos, los estamos agrupando

---

90 **NASA–Exoplanetas** Conjunto de planetas fuera del Sistema Solar. Existen muchos sistemas solares ya descubiertos y cuantidades mayores aún por descubrir.

91 **MEX** Mundo Exoplanetário - NASA–Exploración de Exoplanetas. Internet Link: https://exoplanets.nasa.gov Actualizado en 20 de agosto de 2021.

en este estudio como siendo los integrantes de la Biocosmos, los MB.

Como muy bien documenta el mundo científico, se estima que el Universo nació o, que haya aparecido hacen 13.8 billones de años[92] (**a.h.**)[93]. Igualmente aseveran también que las primeras estrellas hayan surgido hace 13.6 billones años (**a.h.**). Entonces, durante todo ese tiempo, muchos mundos se fundaron, esto es, aparecieron, como también otro tanto ya desapareció y muchos más están por nacer. Durante ese tiempo es cuando se formaron los ahora, MEX, integrando la Biocosmos.

El Mundo científico juntamente con la propia NASA está usando la palabra *Biosignatura*[94] para conectar Biología con el mundo allá fuera, extraterrenal. Decimos Biosignatura porque llega a resumir, en una sola palabra, el resultado del estudio del analice realizado en moléculas extra terrestres, que pueden tener en su composición señales de vida, en sus más diversas manifestaciones, confirmando la importancia y existencia del Sistema Biocósmico.

La existencia, la característica y la localización de los exoplanetas son los mejores ejemplos para entender mejor la

---

92 MIT (Massachusetts Institute Technology) Instituto de Tecnología de Massachusetts (MIT) Boston, Massachusetts, USA. Marzo 2014.

93 a.h. (A.H.) Abreviatura de "antes hoy" para decir que el tiempo mencionado corresponde a "n" tiempos transcurrido hasta hoy.

94 **Biosignatura. Fuente:** NASA usa a palabra "*Biosignatur*", cuando analiza moléculas que pueden tener señales Biocósmicas. NASA–Biosignature Estudio de moléculas extra terrestres, para descubrir la posibilidad de encontrar señales de vida, para confirmando la existencia del Sistema Biocosmos.

Vida Universal, la propia, bendita Biocosmos. Así siendo, los exoplanetas comienzan a ser más estudiados, consecuentemente van adquiriendo mayor importancia desde la segunda década de este milenio.

En 11 de mayo de 2016 astrónomos de la NASA noticiaban que la misión Kepler había descubierto 1.284 planetas nuevos orbitando otras estrellas, de los cuales nueve se encontraban en la zona de habitabilidad[95]. También en enero del 2020 la NASA anunciaba la descubierta de un planeta similar al nuestro, el "TOI 700d"[96], que está próximo de la Tierra, a apenas 100 años luz[97], según manifiesta la información de los científicos del Laboratorio de Propulsión de la NASA, en Hawái. Zona donde también fue descubierto el "TOI-561b", un planeta rocoso, como si fuera el más antiguo entre los ya descubiertos. Se estima que éste tenga 14 billones de años, según comentarios de Lauren Weiss, de la Universidad de Hawái (**UH**).

Apenas por citar como ejemplo podemos identificar algunos Exoplanetas: El "PSR B1257+12 b", descubierto en 1994; el GJ436b y el "55 Cancri e", descubiertos en 2004; el HD189733b, descubierto en 2005; el HD 17156 b, descubierto en 2007; el Wasp-12b, descubierto en 2008; el Kepler-7b, descubierto en 2009; el planeta Kepler-16b, el Kepler-22b y

---

95   NASA–Zona de habitabilidad. No tan caliente y ni tan frio, permitiendo la existencia de vida.

96   **NASA**–El planeta "**TOI 700d**", fue descubierto el 6 de enero de 2020. Está próximo de la Tierra, a apenas 100 años luz, según informa el Laboratorio de Propulsión de la NASA, en Hawái.

97   NASA–Velocidad Años Luz La distancia recorrida por la luz en el espacio hacia la Tierra es de 300,000 Km por segundo o, 5.8 trillones de segundos por año.

el KOI-55b, descubiertos en 2011; el Kepler-36b, descubierto en 2012; el GJ504b descubierto en 2013; GJ15Ab descubierto en 2014; el Kepler-452b y el GJ1132 b, ambos, descubiertos en 2015; Kelt-9b, descubierto en 2017; el GJ15Ac, descubierto en 2018; el "AU Microscopi b" y el TOI-849b, descubiertos en 2020[98]. Solamente en febrero de 2020, estudiantes de Astrología[99] descubrieron más 17 planetas nuevos y así sucesivamente los descubrimientos son constantes, dado a la gran cantidad de exoplanetas existentes formando el universo de la Biocosmos y al propio interés de los científicos y estudiosos alrededor del mundo; claro, no dejando de lado el grande avance tecnológico en la fabricación de más y mejores herramientas (telescopios, cámaras, satélites, etc.).

Entre los Exoplanetas o Planetas Extrasolares, planetas fuera de nuestro Sistema Solar que la NASA controla, finalizando el 2020, existían 4.158 planetas confirmados, 5.144 eran probables Exoplanetas (en definición) y ya se habían catalogado 3.081 Sistemas Planetarios. A mediados de 2021 existían 4.461 exoplanetas confirmados, los candidatos, posibles exoplanetas, subieron para 7.695 y los Sistemas Planetarios eran 3.318[100]. Hoy, se confirma la existencia de muchos más.

---

98   NASA Planeta "TOI 700d", descubierto el 6 de enero de 2020, próximo de la Tierra, a apenas 100 años luz, según informa el Laboratorio de Propulsión de la NASA, en Hawái.
Wikipedia: En 2018 la sonda Kepler detectó 2.398 planetas confirmados y detectaba también 3.601 posibles planetas y 2.165 estrellas binarias. Internet Link: pt.wikipedia.org/wiki/Lista_de_exoplanetas_descobertos_usando_a_sonda_Kepler

99   **NASA**–Estudiante de Astrología descubrieron 17 planetas nuevos. *Science Daily*, 28 de febrero de 2020.

100 **NASA**–Exploración de Exoplanetas, Internet Link: https://exoplanets.nasa.gov Actualizado en 20 de agosto de 2021.

En algunos de los Exoplanetas, exactamente en la zona llamada de habitabilidad o zonas habitables[101], ya se han encontrado partículas de agua, agua líquida, en algo así como lagos y océanos, si comparados con lo que conocemos en el PT.

Dentro de nuestro Sistema Solar la noticia esperada del planeta Marte llegó en setiembre del año 2015, cuando la NASA anunciaba al mundo que habían descubierto la existencia de agua en la superficie del Planeta Marte, el Planeta Rojo. Este hallazgo aumentó el entusiasmo para que las naciones ricas planearon sus misiones tripuladas hacia ese planeta, en preparación para las futuras Migraciones Interplanetarias, tópico básicamente presentado en el Libro Rumbo al Final, 2016[102] y, continuado en éste, presentado más adelante.

Igualmente traemos recuerdos de la nave *Curiosity*, que partió con destino al Planeta Marte, en 2012, arribando el primer robot en 2018, para estudiar partes del Planeta Rojo. Y, no podríamos olvidarnos de la misión *Viking* de la década de 1970. Más histórico aun cuando quedamos inducidos recordar a la añorada sonda *Mariner* de 1965, como obras del pionerismo científico interplanetario. Razón por la que fue una gran noticia el anuncio de la NASA que había programado para el mes de mayo de 2018 enviar la misión tripulada bautizada de "*In Sight*" para el Planeta Marte (PM)[103].

---

101 **NASA**–Zonas habitables son lugares donde no es muy caliente y no es muy frio, ambientes que permiten la existencia de agua, consecuentemente pueden ser habitables o pueden tener algún tipo de vida en su interior.

102 **Marte**–El Contexto del PT, Rumbo al Final. Página 16-18.

103 Fuente,   Internet   Link: NASA   http://www.nasa.gov/press-release/ nasa-targets-may-2018-launch-of-mars-insight-mission

El 30 de julio de 2020 Estados Unidos llevó adelante su larga misión *"Mars 2020"* que viajó por siete meses la distancia de 472 millones de Kilómetros, a unos 19 mil kilómetros por hora, hasta aterrizar en suelo marciano, pasando por los siete minutos de terror, *"the seven minutes of terror"*, como la NASA llamó al momento previo al aterrizaje.

Lo que los científicos esperan de la misión "Mars 2020" es encontrar *biosignaturas*[104] en los sedimentos de las rocas colectadas por el robot *Perseverance*, diseñado para realizar ese tipo de trabajo en el estudio del suelo marciano. De este modo quedaban abiertas las puertas para que futuras misiones puedan explorar mejor el suelo marciano, en la tentativa de llevar vida humana y de las demás especies para el famoso Planeta Rojo, dentro del programa de las Misiones interplanetarias. Y, las novedades continuaron ya que en la órbita del Planeta Marte se encontraban naves no tripuladas, de tres misiones espaciales de países diferentes (EEUU, China y de la Unión de Emiratos Árabes) que partieron en 2020 rumbo al Planeta Marte.

La mejor noticia fue la del jueves 18 de febrero de 2021, cuando pudimos ver, con nuestros propios ojos, cuando el *"Robot Mars 2020"*, de la NASA, permitía que el *Rover Perseverance* (*"Perseverancy Rober"*) y un pequeño helicóptero, llamado *Ingenuity*, aterrizaron en suelo Marciano, exactamente en el medio del gigantesco cráter *Jezero*. Resultando ser éste el laboratorio más avanzado, jamás enviado al espacio, con la intención de estudiar vestigios de la posibilidad de haber

---

104 NASA – Usa *biosignaturas para referirse a las señales de VET* recibidas del cielo.

existido vida en el pasado, por lo menos microbiana, en suelo marciano[105].

Seguidamente, el 30 de abril del 2021, *"Perseverancy Rober"* era la primera máquina terrestre en presenciar el vuelo del pequeño helicóptero, *"Ingenuity helicopter"*, en suelo marciano, transmitiendo todo lo que focalizaba. Iniciándose así una conexión Marte Tierra, con la llegada de las primeras e increíbles primeras fotos del panorama marciano.

Así comenzaban los experimentos en suelo marciano realizado por el pequeño helicóptero *Ingenuity* (1.8 Kilogramos de peso), cuyo vuelo fue tele controlado desde el PT. Apenas a título de curiosidad, este proyecto supera los $2.7 billones en inversiones.

Luego vinieron las naves de las misiones de la Unión de Emiratos Árabes y de China. Estas coincidencias o simultaneidad de tres misiones a Marte en el mismo periodo se deben a que Marte, en su órbita natural, se encuentra más cerca del PT. Oportunidad que no se podría dejar de aprovecharla. Todo ese esfuerzo significó aprovechar que sus órbitas no son circulares y si, elípticas y así aprovechar la menor distancia entre la Tierra y Marte que de tiempos en tiempos ocurre[106].

---

105 TV – Todas la emisora de TV mostraron esta hazaña. Igualmente la Internet hizo su parte.

106 En 2003 el Planeta Marte estuvo en su punto más cercano al PT, apenas unos 55.758.000 kilómetros de distancia. En media el planeta Marte se encuentra a 225 millones de kilómetros de distancia, según afirman los científicos de la NASA; siendo la distancia máxima de 402,3 millones de kilómetros.

Sucintamente, lo que superficialmente se puede observar en el Planeta Marte es que el suelo es grandemente rocoso y que está cubierto por un polvo (como si fueran cenizas coloradas) cubriendo la superficie, constatándose vientos y mudanzas del clima. Con frecuente abundancia de polvo la vida, como en el PT, se hace difícil; quedando la opción de una vida subterránea o de realizarla seleccionando el mejor lugar, geológica y ambientalmente diferente y el mejor que pudiera existir.

Lo importante de todo esto es que no solamente los Estados Unidos están interesados en estudiar el Planeta Marte, también los chinos ya aterrizaron su nave en el Planeta Rojo. No quedándose atrás los Emiratos Árabes y luego viene Rusia, que no podría quedarse de observador, ya que existen grandes intereses en participar activamente.

Razones ampliamente justificadas para que la Ciencia de la Biocosmos se enrumbe hacia adelante para traernos explicaciones con las que podremos concluir con nuestras definiciones de lo que realmente la vida en el PT es y sobre la existencia de vida en otros planetas de nuestro Sistema Solar y hasta en los propios MEX.

Noticias de eventos suscitándose fuera del PT fueron abundantes en los últimos tiempos. Naves que partieron del PT actualmente orbitan otros planetas, telescopios espaciales operando en tiempo integral es común y así las actividades científicas no se detienen. Razones porque las noticias, abundantes, no siempre son tratadas con la importancia que se merecen por la gran mayoría. Apenas como ejemplo, analicemos lo siguiente: Debería representar la mayor noticia del año, más apenas algunos segundos de espacio en la TV fue utilizado para noticiar lo siguiente:

Durante la "Misión Juno" NASA, hacia el planeta "Júpiter", viajando a casi 76 mil Km por hora, un rango de 826.92 millones de Km., el 7 de junio de 2021, los instrumentos de la "Misión Juno", consiguieron captar frecuencias sonoras que vendría desde *Jovian*[107], luna *Ganymede*, luna de Júpiter. El audio tiene duración de 50 segundos, informaba el investigador principal, Scott Bolton, Southwest Research Institute, San Antonio, USA[108]. La onda sonora captada tiene características de ser producido por radio frecuencia electromagnética, similares a las existentes en el PT. Al mismo tiempo las imágenes más recientes de la luna Ganymede demuestran cierta similitud con el PT, observándose algo así como océanos y atmósfera, elementos fundamentales

---

107 "Jovian" es derivado de Júpiter, segundo planeta más grande del Sistema Solar y el primero en ser descubierto científicamente. Planeta o grupo de ellos con características especiales y muy similares al del PT.

108 Créditos: NASA/JPL-Caltech/SwRI/MSSS Image processing: Kevin M. Gill CC BY Publicación 17 de diciembre de 2021, NASA's Juno Spacecraft 'Hears' Jupiter's Moon https://www.nasa.gov/feature/jpl/nasa-s-juno-spacecraft-hears-jupiter-s-moon

para compararlo con el PT. Realmente una verdadera *tecnosignatura*[109].

Igualmente, en marzo del 2022 la NASA noticiaba que había recibido otra onda sonora que venía de un agujero negro. Según la NASA esta frecuencia sonora vendría de 144 cuadrilón[110] de tiempos del lugar de su origen.

El año 2021 se fue dejando el mejor legado histórico de documentos e imágenes de planetas, estrella, lunas y hasta de nuevos Sistemas Solares. En 2022 la NASA colocó en órbita solar al Telescopio James Webb, del cual, después apreciar sus primeras imágenes, reveladas en julio del mismo año, solo nos queda esperar sorpresas y tal vez más indicios confirmando el sustento de la Biocosmos de esta obra. Ahora solo nos resta esperar por las novedades que nos depararán los próximos años. Lo importante es que la ciencia está haciendo su parte, descubrir señales de vida fuera del PT no es tarea fácil, ella lleva tiempo ya que el Ambiente Biocósmico es inimaginablemente gigante.

---

109 Definición: *"tecnosignatura"* Señales electromagnéticas recibidas del cielo, teniendo como origen, probablemente tecnología de determinada civilización de VET. Se espera que sean de civilizaciones inteligentes, confirmando la VET, o que pueda venir de algún MEX. **Fuente:** Exoplanetas. NASA Internet Link: http://www.nasa.gov/press-release/exoplanets .

110 Quadrillion times: equivale a 1,000,000,000,000,000.
    NASA Internet Link: http://www.nasa.gov/press-release/ .

Ambiente Biocósmico

Listamos una seria de nuevos planetas apenas como ejemplo probatorio demostrando la existencia de otro grupo de planetas que integran los MEX[111] y, como la obra afirma, Biocosmos es existencia de señal de Vida en el Cosmos, Biología Cósmica (Biocosmos[112]), biodiversidad cósmica y finalmente, vida en el Cosmos, entonces, el Ambiente Biocósmico es real y existe, integrando los MB mereciendo que este concepto sea incluido en el cotidiano de los estudiosos y de la propia ciencia de manera general.

Como se puede verificar, Biocosmos es algo complejo para poderla explicar con pocas palabras, más aún cuando abarcamos magnitudes cósmicas, hasta intentando penetrar en los MEX[113]. No obstante, podemos resumir diciendo que

---

111 MEX – Mundo Exoplanetário. Conjunto de planetas que se encuentran localizados fuera del Sistema Solar y fuera del Sistema Planetario que conocemos. Mundos en diferentes Sistemas Solares y Sistemas Planetarios.
Fuente: NASA Internet Link: http://www.nasa.gov/press-release/exoplanets .

112 **Biocosmos** - Rumbo al Final, 2016, Alcides Vidal, EEUU. Biocosmos – Biodiversidad en el Cosmos. Biodiversidad, Vida en el Cosmos. Teoría que define a los organismos vivientes de reproducción celular entre organismos vivos y, no desde una materia no viviente. Biocosmos, Biodiversidad, idéntico a la Biología para el PT. Biocosmos, vida de especies en diferentes niveles de desarrollo viviente también fuera del PT. Biocosmos, fenómeno físico viviente y evolutivo. Biocosmos es la innegable manifestación del desarrollo de la biodiversidad y de la característica de la habitabilidad cósmica. Biocosmos ciencia que demuestra que somos apenas uno entre miles de millares de ambientes que vienen albergando algún tipo de vida en sus más diversas manifestaciones y expresiones, como el PT; de donde la EH es oriunda.

113 **MEX** Mundos Exoplanetarios, Exoplaneta. NASA–Exoplanetas Conjunto de planetas fuera del Sistema Solar. Exoplanetas o Planetas Extrasolares, planetas fuera del Sistema Solar que la NASA controla, en 2020, existían 4,158 planetas confirmados, 5,144 eran probables Exoplanetas (en definición) y ya se habían catalogado 3,081 Sistemas Planetarios. A mediados de 2021 existían 4,461 exoplanetas confirmados, los posibles exoplanetas, subieron para 7,695 y los Sistemas Planetarios descubierto eran 3,318.

Biocosmos es también ciencia enigmática y filosófica que requiere un entendimiento profundo, desde varios alcances, magnitudes, ambientes de complejidad, ángulos de visión e incluyendo a las formas y grados de evolución biológica[114].

Objetivamente observando la vida que llevan los integrantes de la EH del GD en el PT, podemos concluir diciendo que para ellos la vida está siendo poco valorizada, o, el fenómeno vida no está recibiendo la importancia que se merece, sobre todo en la etapa de la juventud, cuando la mayoría, jamás se detiene un instante para pensar bien en lo que realmente la vida es, significa y representa, ignorando su sagrada importancia. De ese modo, realmente pierde la oportunidad de recapacitar al respecto, porque el tiempo sigue su curso, conduciendo hacia el final. La verdad es que no usa un ápice de un instante para meditar sobre la verdadera importancia que la vida tiene, sobre todo con relación a la vida de las especies, que incluye a la EH, al propio PT y hasta a la vida en otros planetas, como en los MEX.

Bajo el ambiente Biocósmico, la vida bien vivida, donde quiera que ella exista, deja huellas para poderla seguir, entender y comprender. La vida mal vivida construye lagunas donde todos se pueden ahogar. El resultado del enunciado es que las huellas del bienestar de la vida son caminos por donde todos pueden transitar y las lagunas son apenas dificultades

---

114 **Bronowiski**, *The Ascent of Man, BACK BAY BOOKS*. Little, Brown and Company, Boston/New York/London. Página 293. **Bronowiski**, en su obra nos recuerda: *"... la teoría de la evolución fue concebida dos veces, por dos hombres al mismo tiempo y en la misma cultura"* refiriéndose a **Alfred Russel Wallace** (1823–1913) y a **Charles Robert Darwin** (1909-1882).

para poderlas superar y para aprender con ellas la retomada del bien. Contrariamente, los caminos del bien jamás se detendrán cuando encuentran dificultad, pero una laguna podría crear un rio para desaguar en el mar, dejando en su sendero otro camino, renovado. Oportunidad propicia para sumergirse en las profundidades del tema, dado a que en los actuales tiempos se hace necesario recapacitar sobre la importancia de la vida, en lo que ella realmente es, significa y representa, ya que el SH apenas está limitando su actuación en VMTM, como si eso fuera su única ambición y misión. Momento propicio para preguntar: ¿Qué es la vida? Pregunta fácil de formularla pero difícil de responderla, más esta obra la está explicando a cabalidad y ya abarcando el Fenómeno Biocósmico.

Todo Sistema Vida (**SV**), Sistema Biocósmico[115], nace para completar un proceso genéticamente evolutivo. La existencia de un ser es la señal de tener y existir vida; consecuentemente una realidad se hace verdad cuando afirmamos que todo el que nace muere; entonces, vida es morir también. Por consiguiente, vida es sinónimo de mortal, porque las especies integrantes de la Biocosmos hoy, están integrando Mundos inminentemente vivientes; mundo donde los unos devoran a los otros, pero un día, siempre todos morirán y, devorados desaparecerán.

---

115 Sistema Biocósmico - Teoría que define a los organismos vivientes. Teoría que estudia a la Biodiversidad en el cosmos. Biodiversidad en el Cosmos, vida en el Cosmos, vida de especies en diferentes niveles de desarrollo viviente fuera y dentro del PT. Sistema Biocósmico, fenómeno físico viviente y evolutivo. Sistema Biocósmico, ciencia que demuestra que somos apenas uno entre miles de millares de millones de ambientes que albergan algún tipo de vida en sus más diversas manifestaciones y expresiones, como el PT; de donde la EH es oriunda.

Así siendo, el universo por si sólo es vida, el PT es vida, el animal es vida, incluyendo al hombre, el vegetal es vida, el agua es vida y el fuego es vida, por lo que todos estos componentes son encontrados en un ambiente Biocósmico.

Vida es una etapa dentro del ciclo de existencia de un "ente"[116] en la Biocosmos, en el PT y en todo hábitat natural. "Ente"[117] es una materia evolutiva viviente, feto en desarrollo o en evolución y semilla en germinación, encontrados en todo ambiente Biocósmico. Al mismo tiempo, ente es también encontrarse en un proceso degenerativo y de degradación, en el camino a su extinción, fenómeno considerado natural en el ambiente Biocósmico.

Para que un ser viviente exista, dentro del ambiente Biocósmico, primero tiene que nacer de una célula, materia evolutiva que aparece (nace) se desarrolla (crece), se multiplica (aumenta) y luego pierde lo más importante de su estructura, la Energía de la Vida y lo hace en circunstancias cuando, esa energía, que acciona al organismo viviente, sale de él gradualmente, abandonando al cuerpo donde permaneció en su esplendor, para perder intensidad en su viaje al infinito, en busca de una nueva reabsorción energética o realizar su integración en

---

116 **Ente** - El término entidad o ente, en su sentido general se emplea para denominar todo aquello cuya existencia es perceptible por algún sistema animado, véase; ontología, lógica o semántica. Una entidad puede por lo tanto ser concreta, abstracta, particular o universal. Es decir, las entidades no son sólo los objetos cotidianos como sillas o personas, sino también propiedades, las relaciones, los eventos, números, conjuntos, proposiciones, mundos posibles, creencias, pensamientos, etcétera.

117 **Ente,** Etimología de Ente: Ente deriva del latín medieval ens, entis (nominativo y genitivo de singular: ente, del ente), participio presente del verbo intransitivo ese: ser. Que a su vez proviene de entitas, entitatis (igualmente caso nominativo y genitivo de singular: entidad, de la entidad).

otros ambientes donde pueda encontrar cuerpos para poderse reintegrar como tal, dentro de las exigencias que rigen las Leyes de la Biocosmos.

- *La vida tiene que ser cuidada, protegida y preservada, siempre[118] Importante cuidar de la vida, aunque se tenga que pagar caro por ella. La vida no tiene precio. Recapacitemos sobre el don vida, siempre.*

- *Vida es Nacer. ¿Cómo nació el universo? ¿Cómo nació la Tierra? ¿Cómo nació el hombre? ¿Cómo nacieron los animales? ¿Cómo nacieron las plantas? Todo, pero absolutamente todo lo que ayer nació y hoy vive, ciertamente morirá en un tiempo venidero[119].*

- *El presente es vida. Vida es la manifestación de la real existencia. Y, reflexionar sobre ella es muy importante. Siempre en la vida hay que detenerse un instante para reflexionar; instante cuándo llegará el momento de la determinación.*

- *Importante reservar un tiempo para evaluar periódicamente lo ocurrido en ese trajinar, para poder reencontrar un denominador común. Importante valorizar todo lo que fue realizado en la vida hasta hoy; de ese modo se podrán obtener créditos para continuar viviendo mejor.*

---

118 VIDA, de quien quiere que ella sea y donde quiera que ella se desarrolle.

119 **Fuente:** Encorajándote, 2014, USA, Alcides Vidal, ¿Qué es Vida? Pág. 87-88. You are God, 2008, USA.

¡Los méritos adquiridos tienen que pertenecer al ejecutor, siempre![120]

¿Quiénes componen el Sistema Biocósmico (**SB**)[121]? Los componentes del SB entre otros, son: el PT; la Especie Humana (**EH**) y las demás especies; bien como la variedad de vida existente en otros planetas del Sistema Solar y, saliendo de este ámbito, en toda VET, como en los MEX[122] y en otros mundos también.

Dentro del ámbito de la EH, a un nivel superior o un Primer Plano, siempre está el PT, lleno de vida. Es exactamente esa condición de vida la que permite el desarrollo de la Biodiversidad Terrena, la existencia de las especies que aparecieron en él, formando parte de un Mundo Menor (Interno, sub mundo) donde las sub vidas en su interior se desarrollan. Razones por la que la EH la habita, desarrollando su evolución biológica con espontaneidad, sin ninguna dificultad pronunciada y

---

120 Fuente: Encorajándote, Alcides Vidal, Xlibris, 2014, USA, ¿Qué es Vida? Pág. 87-88.

121 Sistema Biocósmico - Teoría que define a los organismos vivientes que aparecen al reproducirse desde células de otros organismos vivientes y no desde una materia no viviente. Teoría que estudia a la Biodiversidad en el cosmos, a la vida en sus más diversas manifestaciones y expresiones, como la Biología significa en el PT. Biodiversidad en el Cosmos, vida en el Cosmos, vida de especies en diferentes niveles de desarrollo viviente fuera y dentro del PT. Sistema Biocósmico, ciencia que demuestra que la EH es apenas una entre miles de millares de millones de otras especies que están siendo albergadas en algún otro planeta.

122 MEX - Mundo Exoplanetário - NASA–Exoplaneta, planeta fuera del Sistema Solar. Exoplanetas o Planetas Extrasolares, planetas fuera del Sistema Solar. En 2020, La NASA controlaba 4.158 planetas, 5.144 eran probables Exoplanetas (en definición) y ya se habían catalogado 3.081 Sistemas Planetarios. Al iniciarse 2022 existían más de 4.461 exoplanetas confirmados y los posibles exoplanetas, subieron para 7.695. Los Sistemas Planetarios descubierto eran 3.318.

haciéndolo incondicionalmente y sin restricciones, como es de suponer, también ocurrirá con los SV en los MEX.

Dentro del ambiente Biocosmos, vida es el corto tiempo que tiene un "ente" que adquirió ese don para desarrollarse, ramificarse, generarse, degenerarse y para luego perderla. Todo ente viviente, sea en el PT o en cualquier otra parte de la Biocosmos, tiene su fin obligatorio con el advenimiento de la infalible muerte. Morir es el proceso que no sólo ocurre con los integrantes de la EH, sucede también con todos los integrantes de las demás especies que existen y habitan el PT y en un ambiente mayor como en los MEX, las especies también mueren.

En un ambiente Biocósmico vida es también el espacio, la circunstancia, la condición que contiene a todo los elementos básicos para que un ser celular inicie su ciclo viviente y se pueda mantener en constante evolución, por lo que se resume que el universo por sí sólo es vida. Lo que también nos hace concluir que ninguna manifestación viviente será eterna, donde quiera que ella se encuentre (en esta o en las otras galaxias de la familia Biocosmos) y hasta en los MEX.

Se observa a través del tiempo que la vida en el PT se desarrolla en pequeños sub mundos; donde uno es comida del otro; los unos comen a los otros; donde los unos pisotean a los demás; donde los unos repliegan a un segundo plano a los otros; donde los unos comen y los otros mueren de hambre[123]; donde los unos viven bien y los otros muy mal; en fin, los unos

---

123 Fuente: A pesar de existir opciones: (Asamblea General de la ONU Estado mundial de la agricultura y la alimentación 2013)

adelante y los otros atrás; es el caso del REH, el hombre en el PT, donde los unos ricos, integrantes de una minoría viven bien y los otros, mayoría, pobres, mueren en la miseria y en la inanición. Lo que hace concluir que el PT es un mundo inminentemente invadido por los "unos" y los "otros", al final de cuentas es como si la EH no hubiera existido. (Claro, nos estamos refiriendo al hombre (el Rey de la increíble EH en PT, del GD), inventor del dinero y acumulador de riqueza; que solo sirve para ir al cementerio con honras fúnebres.) Tal vez esta situación solo pueda ser característica la EH en el PT, deseable es que en los MEX[124] esa situación haya sido superada o que jamás haya existido.

En 20 marzo del 2022, presenciamos *inlocuo* la prepotente invasión rusa a Ucrania, cuando la segunda potencia bélica mundial abusivamente invadía una nación soberana, apenas para mostrar "poderío". Consecuencia, miles de muerto desde los soldados de frente de batalla hasta algunos de sus generales. Sin contar con la mayor fuga de la historia de la humanidad, en tan corto tiempo, de ciudadanos indefensos corriendo de las balas *putinianas*, viendo sus ciudades ser destruidas, por el simple placer de un gobernante.

Para el caso de este estudio la vida es el desarrollo de una etapa dentro del ciclo de existencia de un ser integrante de la Biocosmos, en su propio planeta o en los MEX. Así siendo,

---

124 MEX - Mundo Exoplanetário - NASA–Exoplaneta planeta fuera del Sistema Solar. Exoplanetas o Planetas Extrasolares, planetas fuera del Sistema Solar. La NASA, en 2020, controlaba 4.158 planetas, 5.144 eran probables Exoplanetas (en definición) y ya se habían catalogado 3.081 Sistemas Planetarios. Al iniciarse 2022 existían más de 4.461 exoplanetas confirmados y los posibles exoplanetas, subieron para 7.695. Los Sistemas Planetarios descubierto eran 3.318.

el tiempo presente es vida como la manifestación de la real existencia, mostrando características de la evolución biológica, dentro de un cuerpo viviente que se arruga y camina hacia su fin y, juntamente con su especie, hacia su extinción[125] porque, hasta una estrella muere (al consumir todo su combustible), quedando inerte y sufriendo un colapso gravitacional. Los planetas integrantes de los MEX también tienen su Rumbo al Final (mueren). Por eso, la Vida en un Sistema Biocósmico continuará siendo un enigma, pudiendo ocurrir lo mismo hasta en los mejores ambientes de los MEX. Pero los Ambientes Biocósmicos, resistirán para mantenerse vivos ante las inclemencias Biocósmicas, que es el pasar del tiempo.

Ciencia de la Biocosmos

La Ciencia de la Biocosmos[126] o, la Biocosmos como Ciencia estudia a profundidad toda señal o manifestación de todo tipo de vida existente en un ambiente dentro y fuera del PT, resumido en el "Macro Sistema Biocosmos (**MSB**)". Así siendo y considerando que la ciencia se apoya en evidencias mensurables y en resultados que fueron vivenciados, no podríamos salir apresuradamente pregonando a mil voces la existencia de vida en otros planetas y en especial en los MEX, sin antes obtener y construir una base mínimamente

---

125 Fuente de consulta: "Encorajándote", 2014, Estados Unidos (USA).

126 **Biocosmos -** Biodiversidad en el Cosmos, vida en el Cosmos. Ciencia de la Biocosmos, biodiversidad en el cosmos así como la Biología es para el PT. Vida de especies en diferentes niveles de desarrollo viviente fuera y dentro del PT. **Biocosmos**, fenómeno físico viviente y evolutivo; ciencia que demuestra que somos apenas uno entre miles de millares de ambientes que vienen albergando algún tipo de vida en sus más diversas manifestaciones y expresiones en el cosmos.

sustentada para un raciocinio comprobatorio y demostrativo a cabalidad.

Así siendo, bajo la misma perspectiva entendemos muy bien que con esta obra estamos caminando rápido demás al presentar el MSB en su máxima expresión y por eso pedimos comprensión. Lo hacemos conscientemente y ponderando el entusiasmo que nos caracteriza, por confiar que todo lo presentado aquí sea una contundente realidad de hoy en adelante. Con todo, con la presentación de esta introducción confiamos mucho que la importancia de la Ciencia de la Biocosmos sea realmente traída al panel del debate y conducida al estudio científico, juntamente con todas nuestras otras propuestas.

No lejos de la realidad la NASA afirma saber que solamente existe vida en el PT, mas **no niega** que están estudiando planetas similares al PT, dentro del Sistema Solar y fuera, como en los MEX, donde creen que puedan descubrir signos de vida, analizando señales orgánicas en las *biosignaturas* que vendrán para corroborar esperanzas de encontrar sistemas de vida fuera del PT, VET con EET.

Igualmente observamos que con el apoyo y el avance de la ciencia estamos consiguiendo presentar ideas y estudios con resultados mensurables, relacionados con el SB, destacando también que la EH es Oriunda de este planeta, el PT. Al mismo tiempo subrayamos que la EH ha adquirido el Grado Dios **(GD),** o *God Grade* **(GG)**, en desarrollo cerebral, inteligencia o intelecto y conocimiento; grado límite en desarrollo cerebral, tópicos que merecen ser llevados en consideración científicamente.

Entonces, es muy importante y oportuno entender bien que ningún SB es eterno. Los "Mundos Habitados" se encuentran en constante proceso de evolución y esa evolución solo puede ser realizada bajo dos sentidos: 1). Progresivamente, hacia adelante (arriba, subiendo, progresando) y mejorando, 2). Regresivamente, degenerativamente, hacia atrás (abajo, descendiendo, cayendo), empeorando y degradándose. En otras palabras, los "Mundos Habitables" progresan creciendo, ascendiendo y mejorando su sistema de habitabilidad o, por lo menos manteniendo un estándar de lo que son y tienen, y luego degeneran, declinando con sus características de habitabilidad, para enrumbarse en su definitivo Rumbo al Final, que pueden ser muy bien documentados utilizando el TVL, estampando el resultado en el gráfico de la Curva de la Vida Planetaria (**CVP**), técnicas presentadas en capítulo aparte.

Continuaremos afirmando que el estudio de la Biocosmos, como una ciencia, se hace muy necesario y es oportuno iniciarlo en los actuales tiempos. Es razonable afirmar que existe vida en otros planetas y en los MEX y, no lo podemos negar. Ya dijimos que la presencia de vida no es característica reinante y exclusiva del PT. Todo el fenómeno vida explosionó en el universo para concentrarse en el PT, con mayor evidencia, verdad; más también, ha ocurriendo lo mismo con otros planetas del Sistema Solar, en otros Sistemas Planetarios y en los propios MEX también. No siendo más esta característica exclusiva del PT.

La vida en los demás planetas del Sistema Solar y en la de los MEX tiene que ser diversa en todos los aspectos y debe ser como lo es en el PT. Igualmente importante es contemplar los fenómenos generacionales, evolutivos y hasta moleculares, desarrollados en un ámbito Biocósmico, que también tendrán similitud. Bajo el mismo sentido de analizar la situación, los fenómenos degenerativos, con sus respectivas extinciones de especies, incluyendo a los propios MEX, que están siendo contemplados en el analice, también serán parecidos a todo lo existente en el PT. Razones por las que concluimos que todo sistema vida nace y tiene su final, donde el PT ya está en su eminente Rumbo al Final, aunque la EH demuestre progresos en su cotidiano vivir, otros planetas seguirán el mismo curso.

La ciencia jamás detuvo el estudio que pueda probar, con evidencias, la existencia de VET. Continúa en ese sendero y así lo hará siempre. Pronto estará confirmando, con evidencias mensurables e irrefutables, que vida no es apenas característica del PT y si, de muchos otros planetas, dentro del Sistema Solar como también en el conglomerado de los MEX, donde los Seres Biocósmicos (**SB**) relucen.

Así concluyendo, será la Ciencia de la Biocosmos la que definirá con clareza todas las señales, formas y estilos de vida existentes fuera del PT, especialmente la de los ambientes existentes en otros sistemas solares como en los MEX. En resumen, diremos que será la Ciencia de la Biocosmos[127] la que estudiará con profundidad toda señal, toda manifestación y todo tipo de vida existente en los ambientes fuera del PT y en especial en los MEX.

Seres Biocósmicos

Los Seres Biocósmicos (**SB**)[128] son los integrantes de las especies vivientes encontrados en todo mundo habitado, en el PT, en otros planetas del Sistema Solar y en los propios MEX. Por hoy, el más importante ser Biocósmico conocido es el representante e integrante de la EH habitando el PT, el hombre, actualmente, ostentando el GD. Es por esa existencia que aparece el Fenómeno Biocósmico.

---

127 Ciencia de la Biocosmos - Teoría que define a los organismos vivientes que aparecen en los mundos, al reproducirse desde células de otros organismos vivientes y, no desde una materia "no viviente". Ciencia de la Biocosmos estudia a la Biodiversidad en el cosmos, como la Biología es para el PT. Biodiversidad en el Cosmos, vida en el Cosmos, vida de especies en diferentes niveles de desarrollo viviente fuera y dentro del PT. Sistema Biocósmico, fenómeno físico viviente y evolutivo; ciencia que demuestra que somos apenas uno entre miles de millares de millones de ambientes que vienen albergando algún tipo de vida en sus más diversas manifestaciones y expresiones, uno de ellos y el original es el PT; de donde la EH es oriunda.

128 Los Seres Biocósmicos (SB) son especies vivientes que están contempladas en la Biocosmos - Biodiversidad en el Cosmos y vida en el Cosmos. Teoría que define a los organismos vivientes que aparecen reproduciéndose desde células de otros organismos vivientes y no desde una materia no viviente. Biodiversidad en el cosmos, como la Biología es para el PT; vida de especies en diferentes niveles de desarrollo viviente fuera y dentro del PT; fenómeno físico viviente y evolutivo; ciencia demostrando que somos uno entre miles de millares de ambientes que albergan algún tipo de vida en sus más diversas manifestaciones y expresiones.

Como redundantemente venimos afirmando, el hombre pertenece a la especie que es "oriunda del PT"[129] que pasa por un periodo evolutivo asombroso, cerebral e intelectualmente también, que ha llegado atingir el GD o GG de desarrollo intelectual y cerebral. Así, dentro de la EH encontramos unos destacándose más, llevando la delantera y otros, quedándose atrás. El hombre, por hoy, está siendo el precursor interplanetario en busca de los demás SB.

Los integrantes de las demás especies existentes en el PT también son los primeros seres descubiertos en la Biocosmos, esto porque el REH es quien los está descubriendo. De igual manera, todas las demás especies existentes en este planeta son también contempladas como integrantes de la familia Biocosmos, donde no se discrimina especies por el tipo o grado de evolución. En niveles de vida todas las especies pertenecen a los SB, especies vivientes ocupando su lugar tal como ellas son y todos los SB son contemplados como siendo especies con igualdad de importancia y consideración.

Excluyendo a los representantes de la EH y a todas las demás especies existentes en el PT, es muy difícil imaginarse cómo serán los otros SB en magnitudes Biocósmicas. La verdad es que, independientemente del mundo habitado y de cualquier lugar de expansión Biocósmica, el mundo viviente tiene que estar poblado por los representantes del "Reino Animal" y del "Reino Vegetal", con abundancia del "Reino Mineral", en sus más diversas formas y grados de evolución.

---

129 Fuente-1: Rumbo al Final, Alcides Vidal, Xlibris, 2016, EE-UU Páginas 87 - 94. Fuente-2: Frutos do Passado – Sementes do Futuro", Editora Érica, Brasil. Alcides Vidal, 1993.

Bajo el principio de la Ley de la Biocosmos *"no existe especie que haya detenido su evolución"*. Todas las especies vivientes cumplen obligatoriamente el proceso de evolución, o sea, tienen que desarrollarse. Lo que puede ocurrir diferentemente con algunas especies, como por ejemplo microbios, porque invernan por largos períodos de tiempo. El proceso de evolución no siempre es notado a simple vista, por ser un proceso silencioso y lento, que sólo ocurre a nivel celular y en el gen; "el tiempo es el único que puede demostrar los grados de evolución que las especies pasan"; obedeciendo también que "la transformación biológica es un fenómeno obligatorio, constante e impostergable, dentro de la Biocosmos".

El Ser Biocósmico (**SB**) es clasificado como siendo un animal, cuando definitivamente es un "Organismo (Eucariota), Multicelular y Heterotrófico". Los animales, o, "Organismos Eucariotas" son los que poseen células con núcleo celular delimitado por la cobertura nuclear, cariotecal. En este caso el material genético no es disperso en el citoplasma como ocurre en las bacterias (organismos procariotas). De igual modo los organismos o animales son "Multicelulares" porque todos están formados por más de una célula. Consecuentemente "no existen animales unicelulares", a no ser que los podamos encontrar en algún MEX, como producto de alguna biotecnología. Los animales o, organismos "Heterotróficos" son seres vivos y, son incapaces de sintetizar su propio alimento o comida y, para poder auto ayudarse en su alimentación tienen la particularidad de ser obligados a ingerir otros seres vivos (comida viva y pronta).

También los animales son "Vertebrados" (animales que poseen columna vertebral), en el PT son los siguientes: Anfibios, Aves, Mamíferos, Peces y Reptiles. Consecuentemente existen también los "Animales Invertebrados" (animales que no poseen columna vertebral), siendo animales grandes, pudiendo llegar hasta diez metros, como también existen pequeños y microscópicos.

Se estima que en el PT el 95% de todas las especies de animales pertenezcan a la familia de los invertebrados. Naciendo así la incógnita cuando se piensa en los MB y en la VET, especialmente en la vida de los habitantes de los MEX.

De igual manera son "**Animales Carnívoros**" por alimentarse con la carne de otros animales. En el ambiente del PT podemos citar a los siguientes: agua viva, cocodrilo, leopardo, oso, serpiente, tiburón, tigre, etc. Contrariamente existen también los "**Animales herbívoros**", por alimentarse de vegetales o algas, capaces de digerir celulosa (membrana dura, ausente en la composición orgánica de los animales) presente en los vegetales (celulosa[130]). En el PT los animales herbívoros son los caballos, carneros, cebras, grillos, jirafas, langostas, vacas y más. De igual manera existen los "**Animales Omnívoros**" (que comen de todo) se alimentan de animales, vegetales y algas. En el ámbito del PT encontramos a los ratones, cucarachas, los chanchos o puercos, los SH y otros.

Resumiendo, los animales pueblan la biocosmos, acompañados por los vegetales, sobre un Reino Mineral consolidado. Así,

---

130 ADN, Células, Celulosa - BiRefNotas_22001 (Anexo III).

nada está bien definido en los ambientes Biocósmicos, donde podremos encontrar animales parecidos a los existentes en el PT como también muy diferentes, hoy inimaginables y raros.

De manera general, los Seres Vivos, o sea los SB, integrantes de todas las especies Biocósmicas[131], son una copia de una célula y de la otra, que básicamente lo estamos presentando en la Tabla "Vida Limitada (**Vida'L**) Código Básico Biocósmico de Identificación Universal (**BBIdC**) (Ver Cromosoma PT-GD-ADN-ID)[132].

Un SB es el conjunto de materia energizada que obedece a una estructura muy compleja y naturalmente bien organizada, en un acumulado de células energizadas. Consecuentemente la Materia está interrelacionada con el proceso de un sistema que propicia la sistemática comunicación energética, realizada por la acción de la relación molecular. Proceso éste que también es completado por la realización de una interacción con el medio

---

131 Las Especies Biocósmicas (**EB**). Fuente: NASA: NASA ATROBIOLOGY STRATEGY 2015 - "1 Identifying Abiotic Sources of Organic Componentes"; "6 Constructing Habitable Worlds", Page 121; "V How Should Astrobiology Approach Perturbations to Planetary Biospheres by Technology Civilizations on Earth and Elsewhere in the Universe?" Page 149. Internet Link, doc: astrobiology.nasa.gov/nai/media/medialibrary/2016/04/nasa_Astrobiology_Strategy_2015_FINAL_041216.pdf

Las Especies Biocósmicas (**EB**) están contemplados en la **Biocosmos** - Biodiversidad en el Cosmos. Vida en el Cosmos, Biocosmos, como la Biología es para el PT. **Biocosmos**, vida de especies en diferentes niveles de desarrollo viviente fuera y dentro del PT. **Biocosmos**, fenómeno físico viviente y evolutivo. **Biocosmos** demuestra que somos apenas uno entre miles de millares de ambientes que albergan algún tipo de vida en sus más, uno de ellos es el PT; de donde la EH es oriunda.

132 **CBBId** - Código Básico Biocósmico de Identificación Universal (BBIdC) (Ver título: Código Biocósmico Básico de Identificación). El *"Basic BiocosmicIdentificationCode, Prefix* (**BBIdC**)"), nace con base en conclusiones obtenidas de los estudios que definieron el GENOMA Humano (**GH**), con el intuito de obtener un código que genéricamente identifique un ser, a través del contenido y trayectoria encontrado en los datos almacenados en sus cromosomas. Consulte la tabla incluida como anexo.

ambiente, ya que el medio ambiente favorece un intercambio energético, material y químico. Interacción ésta que se realiza en forma cadenciosa y ordenada, permitiendo adquirir capacidad y funciones básicas, las vitales. Una característica predominante encontrada en los SB.

En este proceso son los aminoácidos y las proteínas[133] las que intervienen en la creación del *Ácido DesoxirriboNucleico*[134] (**ADN**[135]). Igualmente, se estima que existan 20 tipos de aminoácidos diferentes en el SV y en la composición de los SB. Los aminoácidos pueden combinarse de diferentes maneras para crear hasta 250 mil tipos de proteínas diferentes. Además, los códigos genéticos pueden ser mezclados y aparejados para producir más proteínas, lo que multiplica el número de combinaciones de proteínas, que, dentro de las células, actúan diferentemente en función de su propia actividad y de su medio ambiente. (**Vida'L BBIdC**[136]).

---

133 ADN - BiRefNotas_22002 (Anexo III). El ADN es responsable por transmitir los rasgos hereditarios del ser vivo.

134 **ADN** - Ácido Nucleico contiene partes genéticas empleadas en el crecimiento y funcionalidad de los organismos con vida. Es responsable por transmitir los rasgos hereditarios del ser vivo.

135 **ADN** –Acido Desoxirribonucleico. ADN contiene Información Precisa y se convirtió en la molécula de almacenamiento de la información. ADN y ARN son capaces de autoduplicarse (copiarse a sí mismas). PROTEÍNAS.

136 Código Biocósmico Básico de Identificación - CBBId - Código Básico Biocósmico de Identificación Universal (BBIdC) (Ver título: Código Biocósmico Básico de Identificación). El **BBIdC** nace con base en conclusiones obtenidas de los estudios que definieron el GENOMA Humano (**GH**), con la finalidad de obtener un código que genéricamente identifique un ser a través del contenido y trayectoria encontrado en los datos almacenados en sus cromosomas (ADN). **ADN** Ácido Nucleico conteniendo parte genéticas empleadas en el crecimiento y funcionalidad de los organismos con vida. Es responsable por transmitir los rasgos hereditarios del ser vivo.

Las funciones básicas de la materia en los SB pueden ser las siguientes: poderse nutrir, desarrollarse, relacionarse y hasta de reproducir al llegar a unirse parte de él con parte del otro, pasando de esta genial manera a formar un segmento de los integrantes de los elementos que caracterizan el MSB. Así siendo, los SB actúan y funcionan por sí mismos, sin perder su nivel estructural y ni su fuerza energética hasta llegar a su fin, la propia muerte, una realidad biocósmica.

Estas y otras son las causas y razones por lo que un ser vivo es llamado también **organismo**[137]. A propósito, corroborando este concepto la Dra. Patricia Sáenz Montoya dice: "*Del punto de vista personal, todo lo que incluye vida tiene un manejo de energía*". Complementando, el Dr. Miguel Marzal Meléndez[138] agrega:

> "*yo soy más científico y de repente me voy más a lo molecular*" y explica: "*Si uno analiza un átomo y ve que alrededor de él hay electrones que forma una fuente de energía y si uno piensa que una molécula está formada por muchos átomos, entonces esa molécula ahora, tiene energía; si uno piensa que una partícula está formada por varias moléculas, ahora eso incrementa y todas esas partículas ahora*

---

137 Organismo - ADN secuencia del material genético que posee un organismo o una especie en particular. El Genoma en los seres eucariotas comprende el ADN conteniendo en el núcleo, organizado en cromosomas y el genoma de orgánulos celulares. . **ADN** Ácido Nucleico conteniendo parte genéticas empleadas el crecimiento y funcionalidad de los organismos con vida. Es responsable por transmitir los rasgos hereditarios del ser vivo.

138 Dr. Miguel Marzal Meléndez, científico y profesor de Universidad Cayetano Heredia, Lima Perú, 2008-2014. Entrevista para www.IntiTV.com, Periodista Alcides Vidal.

forman parte de una estructura de una célula, por ejemplo. Y, finalmente, la célula termina teniendo esa energía; hay una interacción eléctrica entre las moléculas; entonces, si uno piensa o si uno va de lo más pequeño, imaginémonos que es el átomo y después va aumentando a una célula, un tejido, un órgano, un individuo, entre individuos y entre una comunidad, podríamos decir que la energía que inicialmente está en una molécula, o en un átomo, ahora es energía, mucho mayor cuando se trata (se presenta) entre individuos; por eso pienso que: definitivamente, la interacción energética si se da, y está presente, es parte de la vida cotidiana, influye y afecta."[139].

"Los seres humanos somos tan complejos que no solamente somos células, sino que estamos rodeados de emociones, de estímulos ambientales que justamente hacen de que cada uno sea bastante particular, de repente eso es lo que hace la diferencia". **Dra. Adriana Paredes Arredondo**[140]"

---

139 Dra. Patricia Sáenz Montoya y el Dr.Miguel Marzal Meléndez, Científicos de Universidad Cayetano Heredia, entrevista Periodista, Alcides Vidal, Reportaje de IntiTV, Lima, Perú 2011, apoyo Dr. Adolfo Vidal (director del Banco de Sangre, Hospital Cayetano Heredia), que hoy en Paz descansa y de Dios goce.

140 Dra. Adriana Paredes Arredondo, Universidad Cayetano Heredia, entrevista con el Periodista Alcides Vidal, Reportaje de IntiTV (Canal de TV www.intitv.com), Lima, Perú 2011, apoyo Dr. Adolfo Vidal Escudero (director del Banco de Sangre, Hospital Cayetano Heredia).

"Cuando uno construye preguntas a veces parece que en ese momento no tienen mucha relación, pero fue el tiempo que nos ha dicho todo lo contrario, que pequeñas preguntas que uno las construye terminan siendo una realidad a posterior y cuando se va avanzando, y conociendo más de la ciencia, de las células, las moléculas, los organismos y las interacciones, así que no descartaría nada" **respondía el Dr. Meléndez al ser interrogado sobre la presencia de la Frecuencia Energética de nuestro cuerpo y su posible uso futuro como identificación personal (UID) que proponía el interlocutor en la rueda de prensa en la Universidad UPCH - Universidad Peruana Cayetano Heredia[141]".**

Estamos afirmando que la vida de los integrantes de la EH evolucionó en el PT, que continua en ese sentido y que no se detiene. Así siendo, esta aseveración positiva trae consigo algunos cuestionamientos inmediatos: ¿De dónde vino la materia prima para vivificarla? ¿Dónde surgieron las primeras células? ¿Cómo heredamos el Biocosmic's ADN (B's ADN) o ADN Biocósmico?, entre muchos otros cuestionamientos más.

Continuando con las respuestas a los cuestionamientos anteriores y con las acciones trazadas en esta obra, primeramente

---

141 NOTA. Rueda de prensa en la Universidad UPCH - Universidad Peruana Cayetano Heredia, Laboratorio de Inmunopatologia Experimental - LID 115. 2011 Lima, Perú.

diríamos que: Una de las respuestas nace del estudio realizado en restos de meteoritos, que en forma de lluvia cósmica penetraron por la atmosfera terrestre al PT, trayendo en sus entrañas, como real *biotransporters*[142], al elemento básico de la vida reinante en la Biocosmos, el ADN Biocósmico (B'sADN) integrando el cuerpo de los SB. En el interior de esos fragmentos se pudieron encontrar señales, *biosignaturs*[143], que, de una o de otra manera, son materia que contiene, o que tenga condiciones de crear a la membrana común entre los SB, la Membrana Celular Biocósmica (**MCB**) o, la prosapia.

La Membrana Celular Biocósmica (**MCB**) forma parte del cuerpo de todos los SV[144], sean ellos de origen animal o vegetal, SB. Consecuentemente la MCB estará presente en todos los seres vivos (animales y plantas), formando los SB.

Los SV, en el SB, nada más son que, células unidas entre sí, con una única finalidad, la de engendrar un ser vivo en desarrollo; un ser que podrá pasar por adaptaciones generacionales y de generacionales naturales y obligatorias; porque el medio ambiente así lo exige o porque el propio organismo así lo requiere. Toda especie viviente, dentro de la Biocosmos, pasa por estas situaciones, obligatoriamente, independientemente donde el planeta que posee vida se encuentre localizado.

---

142 *Biotransporter* transportador de moléculas vivientes o, restos de ellas, de un mundo diferente para el PT.

143 **NASA**–Exploración de Exoplanetas, Internet Link: https://exoplanets.nasa.gov Actualizado en 20 de agosto de 2021. **Fuente:** NASA usa a palabra *"Biosignatur"*, cuando analiza moléculas que pueden tener señales Biocósmicas
Fuente: NASA usa a palabra *"Biosignatur"*, cuando analiza moléculas que pueden tener señales Biocósmicas.

144 Fuente: Frutos del Passado Sementes del Futuro, Érica, Brasil, 1993 Pagina 19.

en el PT, entre 3.800-4.000 millones de años. Lo que serviría como un primer sustento científico para la afirmación de que "La EH es oriunda del PT", respaldando lo anunciado en la obra Rumbo al Final, 2016.

Como es fácil de concluir, toda especie viviente tiene el objetivo principal de "mantenerse vivo", de cualquier manera y a cualquier precio, todo, para preservar su especie. Para poder hacer realidad esta finalidad y dentro de lo posible, todo individuo de una especie viviente vive agrupado en sociedad, con el intento de mantenerse protegido y vivo, preservando su especie, mientras su medioambiente así lo permita.

Del mismo modo, toda especie obedece ciertos principios innatos, manteniendo las bases heredadas de las propias sociedades vivientes de donde proviene. Ya los SB, integrantes del fenómeno Biocosmos, Biodiversidad[151] Cósmica[152], dependen mucho del lugar de su origen, de las inclemencias de su hábitat y de otros factores, tal vez aún desconocidos hasta hoy, para mantenerse vivas, sobreviviendo como especie de un modo general.

---

151 **La biodiversidad** para este caso engloba en su definición a las siguientes especies vivientes: humana, animal y vegetal más su medio ambiente en el Planeta Tierra con el foco en la Biocosmos.

152 Los Seres Biocósmicos están contemplados en la **Biocosmos** - Biodiversidad en el Cosmos. Vida en el Cosmos. Teoría que define a los organismos vivientes que aparecen al reproducirse desde células de otros organismos vivientes y, no desde una materia no viviente. Biodiversidad en el cosmos, algo idéntica a lo que la Biología viene a ser para el PT. **Biocosmos**, vida de especies en diferentes niveles de desarrollo viviente fuera y dentro del PT. **Biocosmos**, fenómeno físico viviente y evolutivo. **Biocosmos** es la ciencia que demuestra que somos apenas uno entre miles de millares de ambientes que vienen albergando algún tipo de vida en sus más diversas manifestaciones y expresiones, uno de ellos y original es el PT; de donde la EH es oriunda..

El PT es un laboratorio viviente sin igual que pertenece al Sistema Biocósmico. Del mismo modo, es de suponer que en el PT se encuentra la gran mayoría de estilos y tipos de vida existentes en la biocosmos. Por ejemplo, son abundantes las especies de vida subterránea, especies de vida subacuática, especies de vidas en bajas temperaturas, especies de vidas en altas temperaturas, especies de vidas en los subterráneos de los mares, especies de vidas en el lodo, especies de vidas dentro de otros cuerpos vivientes u organismos, etc. Todos estos estilos de vida, podrán ser encontradas en la biocosmos, con marcadas diferencias en el grado de evolución ambiental y genético. Por ejemplo, algunos exoplanetas podrán tener solamente vida subterránea, sobre todo en aquellos de altas temperaturas; otras especies tendrán vida acuática, otras en la superficie, como la EH en el PT, y así sucesivamente. Diríamos que todos los tipos de vidas existentes en la actualidad en el PT reflejan todos los estilos de vidas existentes en los demás mundos vivientes y en los MEX. De igual forma testificamos a través de la historia y de los estudios científicos, que en el PT vivían dinosaurios, existía vida vegetal con harbares gigantes y así encontraremos muchas muestras más que podrán ser encontradas en los exoplanetas.

La vida en los exoplanetas[153] no podrá ser diferente a algún tipo de vida de alguna especie viviente en el PT. El PT nada

---

153 Exoplanetas - Planetas fuera del Sistema Solar. Planetas que pueden albergar el SV en su interior, con la posibilidad de existir Inteligencia. Inteligencia Extra Terrenal (**IET**). Exoplanetas, planetas fuera del Sistema Solar. La NASA, en 2020, controlaba 4.158 planetas, 5.144 eran probables Exoplanetas (en definición) y ya se habían catalogado 3.081 Sistemas Planetarios. Al iniciarse 2022 existían más de 4.461 exoplanetas confirmados y los posibles exoplanetas, subieron para 7.695. Los Sistemas Planetarios descubierto eran 3.318.

más es que un mundo poblado por la Diversidad-Cosmos-Biótico (**DCB**)[154] de especies vivientes que simbolizan al SB[155]. Algo así, como si el PT fuera un macro laboratorio o semillero Biocósmico.

En el PT existen muchos buenos ejemplos de especies que nos pueden auxiliar en este tema y que los podemos utilizar para mejor imaginarnos cómo vivirán las culturas extraterrestres; o cómo serán las vidas en los exoplanetas o como la vida es definida Biocósmicamente estudiada.

La Biocosmos es un sistema de culturas vivientes donde cada sistema es característico y diferente uno del otro, exactamente por la variación y la diferenciación del ecosistema de su Ecocosmos en su particular Sistema Planetario que lo incorpora y como miembro Exoplanetário, los que vienen a ser los MEX.

Hablar de VET suena como algo bíblico, tal vez apocalíptico o que estemos hablando de los "ETs y OVNIS". A estos ejemplos no los estamos abordando como tales en nuestro estudio. El foco es Biocosmos y la EH del GD en los MB.

Desde este Milenio (**M2**) somos afortunados integrantes de la Generación que vivió en dos Milenios (**G2M**). Somos

---

154 **Diversidad-Cosmos-Biótico (DCB)** La Diversidad del Cosmos Biótico, la Diversidad de la Vida en el Cosmos; es el sustento de la teoría de los organismos vivientes provenientes de otros organismos vivos y que no lo son desde una materia que no sea la viviente. **DBC**, Explica también la constitución de los seres vivos sobre la base de células y el papel que éstas tienen en la constitución de la vida y en la descripción exacta de las principales características que poseen todos los seres vivos donde quiera que ellos tengan adquirido vida; para esta obra incluyendo a la Biocosmos.

155 **Biótico** Relativo a la vida o, que permite su desarrollo biológico.

la generación que adquirió el GD en inteligencia con su desarrollo cerebral y somos aquella generación que iniciará la construcción de las primeras rutas para la realización de la Migración Exoplanetária. Con el avance tecnológico alcanzado por los logros de la G2M, que obtuvo el GD, podemos observar mucho más lejos. También, hasta podríamos decir que nuestra sabiduría comienza donde la imaginación de los antiguos y primeros escritores termina, para proyectarnos al más allá, ya en pensamientos Biocósmicos.

Para facilitar el entendimiento de los tipos, estilos y niveles de las vidas exoplanetarias intentemos primero entender algo en el PT. Para este entendimiento vamos utilizar algunos ejemplos terrenales que, con la didáctica, nos puedan ayudar explicar mejor la proyección de cómo será la VET de las EET, sobre todo en los MEX.

Vamos concordar que los animales terrenales no hablan. Para entender mejor vamos ponernos de acuerdo que, todo puede ser verdad porque no entendemos los ruidos que ellos generan, como puede ser también por la limitación que ocurre en la captación de las percepciones que podrá existir en algunos tipos de comunicación. Más también, no podemos negar que los animales se comunican de una o de otra manera. Esto es un entendimiento consensual. Entonces, el hecho de existir algún tipo de comunicación entre los demás animales hace de ellos especies que puedan vivir en una sociedad, relativamente bien o perfectamente organizada. No vamos poner en juego si la EH sabe todo lo que debe saber de los animales. Igual de importante es traer al debate la "Ley de la Sobrevivencia". Ley que siempre estará siendo testada y puesta en práctica, desde el nacimiento de una criatura hasta la llegada de su fin, su muerte. Esta ley también es conocida como la "Ley del más fuerte". Leyes relacionadas con la vida, en un mundo donde parece ser regla que uno come al otro. O, uno, obligatoriamente es alimento del otro. Resumiendo, pertenecemos a las especies que nacieron para que uno sea comida de los otros, en diferentes especies y categorías de entendimiento. Así se completa el ciclo de auto sustentabilidad, en pro de la vida.

Bajo el analice que venimos realizando vamos usar como un ejemplo superficial y práctico, el desarrollo de la vida utilizando algunas especies terrenales, tomando como base la vida de algunas especies existente en el PT y vislumbrando la vida en otros planetas, dentro del Sistema Solar y fuera de él.

Especies Biocósmicas

El hombre del GD, miembro de la G2M de la EH en el PT, pertenece a las Especies Biocósmicas (**EB**)[156] y hoy por hoy, es el principal actor Biocósmico, pero también es natural comprender que no es y ni será el único.

---

156 Las Especies Biocósmicas (**EB**) están contemplados en la **Biocosmos,** Biodiversidad en el Cosmos. Vida en el Cosmos. Teoría que define a los organismos vivientes que aparecen al reproducirse desde células de otros organismos vivientes y, no desde una materia no viviente. Biodiversidad en el cosmos, algo idéntica a lo que la Biología viene a ser para el PT. **Biocosmos,** vida de especies en diferentes niveles de desarrollo viviente fuera y dentro del PT. **Biocosmos,** fenómeno físico viviente y evolutivo. **Biocosmos** es la ciencia que demuestra que somos apenas uno entre miles de millares de ambientes que vienen albergando algún tipo de vida en sus más diversas manifestaciones y expresiones, uno de ellos y original es el PT; de donde la EH es oriunda.

Bajo esta perspectiva, el REH habitando el PT y ostentando el GD, también pasa a obtener otra denominación, la de Especie ExoTerrenal (**ExoT**), por pertenecer a la Especie Exoplanetária, miembro del Sistema Solar.

Por todo lo que viene realizando el REH en el PT, ahora ExoT, sobre todo, manteniéndose en su activa travesía hacia la descubierta y futura conquista de otros mundos, actualmente se transforma en el "pionero cósmico", un "Dios Biocósmico" (**DB**) o un *Biocosmic God* (**BG**) para los habitantes de otros planetas, EET, incluyendo a las existentes en algunos de los MEX. Probablemente hasta que aparezca alguna otra civilización avanzada que pueda superarlo.

Con el pasar del tiempo tendremos todos estos pronunciamientos confirmados, que llegaran con las respuestas positivas o refutaciones de lo que hoy gustaríamos tenerlo con clareza y seguridad. Será con el pasar del tiempo que obtendremos afirmaciones y será cuándo podremos mensurar, cuanto de cierto o, cuanto de errado estábamos con nuestras anticipadas definiciones en el PT y en esta obra. Más, el ostentador del GD en el PT y fuera, el del grado DB, solo será posible y así será considerado, desde que no exista, en algún MEX o fuera, algún otro tipo de inteligencia, por más mínima que ella fuera. Ahora, de existir MB con culturas avanzadas, ahí, el REH, inicialmente del GD, ExoT, tendrá que presentarse y negociar como una Sociedad Biocósmica Pacífica (**SBP**)[157] para que su presencia no sea vista como un Problema Potencial Biocósmico (**PPB**) invasor o colonizador, como fue sometido el Continente Americano, cuando descubierto a mediados del primer milenio (**M1**).

Las Especies Biocósmicas (**EB**) que habitan el PT, también contemplado como ExoT, donde se reproducen, con la tentativa de poder perpetuar el desarrollo de sus especies, lo hacen de igual manera como todas las especies que habitan en los otros mundos, dentro del Sistema Solar, fuera y en los MEX[158]. No obstante, según afirma la Ley de la Biocosmos, las especies no son eternas, tienen su final obligatorio, desaparecerán de su ambiente de donde hoy son autóctonas y abundantes.

---

157 Sociedad Biocósmica Pacífica (**SBP**). Ante la presencia de civilizaciones avanzadas, el REH tendrá que presentarse como REH pacífica (aunque la intención sería otra) y como una verdadera EH, Especie Biocósmica (**EB**) mimbro y parte de la **Biocosmos**, fenómeno físico viviente y evolutivo, ciencia que demuestra que somos apenas uno entre miles de millares de ambientes que albergan algún tipo de vida en sus más diversas manifestaciones y expresiones. Fuente: NASA – NASA ASTROBIOLOGY STRATEGY 2015 - "1 Identifying Abiotic Sources of Organic Componentes"; "6 Constructing Habitable Worlds", Page 121; "V How Should Astrobiology Approach Perturbations to Planetary Biospheres by Technology Civilizations on Earth and Elsewhere in the Universe?" Page 149. Internet doc: astrobiology.nasa.gov/nai/media/medialibrary/2016/04/nasa_Astrobiology_Strategy_2015_FINAL_041216.pdf

158 Las Especies Biocósmicas (**EB**). Fuente: NASA – NASA ASTROBIOLOGY STRATEGY 2015 - "1 Identifying Abiotic Sources of Organic Componentes"; "6 Constructing Habitable Worlds", Page 121; "V How Should Astrobiology Approach Perturbations to Planetary Biospheres by Technology Civilizations on Earth and Elsewhere in the Universe?" Page 149. Internet Link doc: astrobiology.nasa.gov/nai/media/medialibrary/2016/04/nasa_Astrobiology_Strategy_2015_FINAL_041216.pdf Las Especies Biocósmicas (**EB**) están contemplados en la **Biocosmos** - Biodiversidad en el Cosmos. Vida en el Cosmos, algo idéntica a lo que la Biología viene a ser para el PT. **Biocosmos**, vida de especies en diferentes niveles de desarrollo viviente fuera y dentro del PT. **Biocosmos**, fenómeno físico viviente y evolutivo. **Biocosmos** es la ciencia que demuestra que la EH es una entre miles de millares de ambientes que albergan vida en sus más diversas manifestaciones y expresiones.

El Sistema Biocosmos está formando por especies del Reino Animal y del Reino Vegetal, dentro de un Reino Mineral abundantemente y presente en su máximo esplendor. Razón por la que la Biocosmos es única y singular, obedece principios naturales y básicos donde quiera que la vida exista. Así siendo, la vida en los MEX no podrá ser muy diferente a algún tipo de vida existente en el PT y donde las EB estarán poblando y ya integrando un ExoT.

Así siendo, vamos utilizar como un ejemplo de vida de una EB, el de algunas especies existentes en el PT. En esa búsqueda, que mejor seleccionar al grupo de los insectos, como las <u>hormigas</u> y las <u>abejas</u>, para imaginarnos mejor como pueden ser los sistemas vida en otros planetas o, como una especie podría vivir en algunos de los MEX.

Apenas como ejemplo inicial podemos citar algunas especies del conjunto animal, también formando parte de las especies ExoTerrenales (**ExoT**), pertenecientes al grupo de los insectos, como las HORMIGAS, que pertenecen a la familia *homicida* del latín *hormican*.

Las Hormigas. Las hormigas son seres que forman parte de la especie de los insectos, que habitan el PT. Viven organizadas y en sociedad, reunidos en una estructura construida por ellos mismo que se llama hormiguero. Se destacan las hormigas obreras y la reina. Todas viven en iguales condiciones de vida que las demás especies y tienen que soportar las mismas inclemencias.

Claramente notamos que las hormigas demuestran que tuvieron que aprender a sobrevivir. También podríamos decir, dentro de la familia de las hormigas existen sub especies o razas; unas microscópicas, pequeñas, medias, grande (*sauva* en Brasil y "*rongueras*" en Perú), etc. No pertenecen a un único tipo en formato, o estilo de vida o lugar donde residen. Ellas pueblan el PT viviendo en total armonía con su entorno. De manera general poseen objetivos vivientes en común y dentro de un padrón de sociedad bien organizado para sobrevivir y también para enfrentar inclemencias en un mundo altamente competitivo y donde todavía tienen que luchar por la sobrevivencia, como ocurre con las otras especies en el PT.

Como colonias, las hormigas tienen la misión de mantener una actividad colectiva plena para continuar viviendo dentro de su específico y muy limitado ecosistema terrestre, como siempre lo hicieron a través del tiempo, por no decir, desde cuando aparecieron.

Como es natural, ellas también fueron optimizando su sistema de vida para perdurar por más tiempo, enfrentando adversidades que la naturaleza propicia y hasta para soportar progresivas evoluciones genéticas a las que están muy propensas.

Las hormigas tienen el poder de comunicarse entre ellas con gran facilidad y fluencia. Lo hacen en largas distancias, si contemplado el espacio y la distancia, superando adversidades que siempre tienen que vencer. Ellas practican la comunicación direccionada a determinados grupos. Practican también la opción de la comunicación múltiple y la individualizada. El Sistema de Comunicación que las hormigas usan no es con gritos y ni con mímicas. Ellas tienen su poderoso y auténtico "Biológico Sistema de Comunicación" (**BSC**). Unas transmiten sus señales y otras las captan, pudiéndolas re direccionar.

Las hormigas no objetivan desarrollar mejor el olfato para pasar a sentir olores en distancia. Ellas utilizan su desarrollado lado tele olfativa, captada por sus propias antenas de su poderoso BSC Hormiga Network (**HNet**) todo lo que produzca su entorno. Entonces, su sistema de comunicación también es usado para captar olores a larga distancia. Son también bien estratégicas y tácticas para mejor llevar en adelante sus misiones.

Las hormigas viven debajo de la superficie o dentro de la tierra, donde construyen verdaderas metrópolis, perfectamente proyectadas, contemplando los mínimos detalles para una vida segura, duradera y con perspectivas de expansión futura, considerado alternativas de integración.

Las viviendas de las hormigas, los hormigueros, son construidos con planeamiento, organización y disciplina colectivamente. Podríamos decir que ellas obedecen un sistema que facilite el tránsito, en condiciones normales, de emergencia y en la conexión con otros hormigueros vecinos.

Igualmente, las hormigas tienen perfecta noción del tiempo, por no decir que dominan los métodos de las previsiones de los fenómenos climáticos naturales. Anuncian el cambio de clima, con 24 y 48 horas de anticipación, sin fallar.

Como ninguna otra especie, las hormigas tienen el increíble poder de recuperación de accidentes, amputaciones, fracturas, cortes, rasgaduras, disgregación de partes, etc. Imagínese el poderío o, lo que podría hacer el REH, del GD y perteneciente a la G2M, si fuera poseedora de esas características. También ya es oportuno pensar en un Exoplanetário poseyendo ese poder.

Igualmente, las hormigas desarrollaron un sistema de macro visión y a distancia, la tele visión, no necesitando mover la cabeza para mirar para todos los lados y a larga distancia.

Del mismo modo las hormigas conocen la técnica de poder vencer y con facilidad, a la gravedad terrena. Su locomoción es veloz si contémplanos: tamaño, Tiempo – Espacio (T-E).

Igualmente, las hormigas cuando deciden mudar de lugar, migrar para lugares descosidos o distantes o, simplemente llegar a la orilla del otro lado del rio, se juntan organizadamente, una a una, y van formando una bola con sus cuerpos, hasta que todas se hayan unido para rodar en dirección hacia el rio, donde flotan mientras son conducidas por la corriente, a la deriva, hasta llegar a la orilla del otro dado o, a un lugar que crean sea el ideal para retomar su proceso viviente.

Bajo la misma temática vamos resaltar algo de Las Abejas.

Las abejas. La palabra "Abeja" proviene del latín *apiculan*y y son animales que pertenecen al grupo de los insectos y a la Orden de los himenópteros, tienen también su propio y exclusivo sistema de vida, viviendo en colonias o colmenas, donde dos individuos se diferencian de las demás, la Reina, hembra y el zángano, macho, las otras son las obreras, mayoría absoluta. En la colonia reina la disciplina que permite mantenerlas, limpias, comidas, trabajando para continuar viviendo en su respectivo ecosistema terrenal.

En el PT "*existen más de veinte mil diferentes especies de abejas catalogadas*", afirma la Dra. Denise de Araujo[159]. Todas tienen un objetivo en común, preservar su especie y para eso se organizan en sociedad.

Las Abejas poseen su propio Biológico Sistema de Comunicación (**BSC**) Abeja Network (**ANet**), así como las hormigas tienen.

De la misma forma como estos dos ejemplos de especies terrenales ya citados, podríamos utilizar otros ejemplos más, con otras especies, como demostración y muestras que proyecten imaginarse cómo sería la VET, en los MEX y en el resto de la Biocosmos, de manera general.

Como podemos concluir, apenas usando como ejemplos de las dos especies citadas, ya podemos imaginarnos como

---

159 Dra. Denise de Araujo. Universidad de São Paulo, ESALQ, Piracicaba-SP, Brasil. Entrevista para TV São Pedro. Periodista Alcides Vidal. Internet Link: www.INITV.com

son las demás especies que lograron desarrollarse para vivir en comunidad en el PT y proyectándose más lejos, como podrían ser las EB fuera del PT, especialmente las integrantes en los MEX.

¿Están las otras EB preocupadas en vestirse, comer en una mesa, ir a la escuela, aprender a leer, estudiar, ser profesionales, tener dinero, comprar, etc. etc.? No, el único integrante biocósmico, como especie terrenal, ahora adquiriendo el GD, el hombre, el de la EH en el PT, es el único quien puede tener ese tipo de preocupación.

El hombre progresó en el tiempo hasta que llegó al estado actual, obteniendo el GD. Consecuentemente cambió paradigmas, instituyó padrones, creó obstáculos, impuso límites, inventó herramientas, se dedicó a construir sus inventos, para vivir exclusivamente en un Mundo científico (**Mc**), que el mismo creó. Superpoblando el PT luego dará inicio a las Migraciones Exoplanetárias, rumbo a otro planeta, siempre en misión de invadir, si es que así le sea permitido.

La excepción entre la vida de todas las especies es la aparición de la "EH". Esta especie aparece para ser la raza autóctona del PT. Raza con características genéticas y evolutivas especiales, con gran poder de evolución, que se desvió de los dogmas naturales y de los objetivos de sobrevivencia inicial y natural para enrumbarse en un nuevo estilo de vida, cambiante a través de generaciones, hasta ostentar el increíble GD. Pero el hombre del GD, no es un Santo Canonizado, él es un ser de instintos perversos, malo, ambicioso y egoísta.

"En el Simposio del Mundo Animal (SMA), por consenso, se llegó a la conclusión final de que el peor animal en el PT es el Hombre (El fiel REH)[160]*".*

Nada modesto, el hombre se destaca. Ahora, ostentando el GD, privilegiado por esa inteligencia y aliado al buen don de su raciocinio extremo, ya hasta se considera un ser superior y omnipotente. El hombre quiere hacer del PT, de los cielos y de algunos planetas dentro del Sistema Solar, su propiedad. (Si es que ya no lo hizo o si ya se repartieron, en el papel, entre las naciones ricas, teóricamente).

Es de esperar que la EH continúe la secuencia de mudanzas generacionales con inimaginables cambios, difíciles de ser descritos con la situación que tenemos hoy. Creemos que las mudanzas generacionales sean con base en lo que aún está por venir y en los alcances de la obtención del resultado de la obra construida por la generación del **GD** que vendrá para contribuir.

Observamos cuanto cambió el modus vivendi del hombre y, jamás observamos cuanto cambió el mismo modus vivendi de las hormigas, de las abejas y de las demás especies, del Reino Animal y Vegetal. Al mismo tiempo que no hemos contabilizado cuantas especies terrenales fueron extinguidas en el PT, con la intervención de los representantes de la G2M, del GD, por la mano del hombre.

---

160 **Encorajándote**, Alcides Vidal. USA, 2014. Página 15.

El ser humano mudó su estilo de vida; progresó tecnológicamente llegando a la era de la conquista del espacio; instituyó el protocolo Internet desde 1995, como medio de comunicación, al digitalizar la información para poderlo almacenar, transportar, procesar, transmitir y rehusar; implantó la red de comunicación inalámbrica y mucho más.

Igualmente, descubrió curas para sus males y enfermedades y aprendió a realizar operaciones y trasplantes de órganos, entre otras realizaciones fantásticas. Con todo, el hombre no consigue comunicarse con sus parientes lejanos en ADN, como las hormigas y las abejas, a pesar de que ellas también tienen su propio sistema de comunicación, ANet y HNet, que es natural, que no necesita ser previamente instalado, porque ellos son bionaturales y forman parte de su propio organismo, trayéndolos con ellos desde cuándo obtuvieron el don de poder existir.

El ser humano del GD, integrante de la G2M, no ha podido crear una interface o un protocolo que unifique las comunicaciones existentes, las biocomunicaciones, entre seres del PT. Claro, no podemos negar que el hombre del GD tenga condición de realizar esa hazaña. De hacerlo realidad, ese condicional podría ser manejado para facilitar la Comunicación Biocósmica (**CoB**), incluyendo la Comunicación Bioexoplanetária (**CoBEX**). Tal vez la evolución de la EH pueda estar siendo conducida para actuar en esa línea. Usar las Nano Biomáquinas que incorporadas al organismo humano actúen como un todo, auxiliando la expansión del poder mental, corporal, sensorial y extrasensoria[161].

En 2008, cuando publicamos el libro Percepciones Originales[162] tratamos el tema de la Inteligencia Artificial (**IA**), que adquiría velocidad en su desarrollo, popularidad y expectativas de su implantación, entre sus posibles usuarios. Pero se observó que fue poco lo realizado hasta entonces. En ese campo dijimos también que, en casi dos décadas, la IA gatea y, con nuestra proyección de casi dos décadas atrás, concluíamos que quedaría pospuesta su aplicabilidad total para las décadas venideras. Al mismo tiempo que justificábamos diciendo que no perdemos las esperanzas de que un día, la Real Inteligencia Artificial (**RIA**), sea hecha realidad como obra del exponente de la EH del GD, realizándose la interacción entre BioMáquina (**BM**) y SH y, SH y BM, completándose uno al otro, o sea, comunicándose y actuando en conjunto, en épocas cuando se construirán los primeros prototipos de la BioNanoMáquina (**BNM**).

> *"Todos los avances tecnológicos serán asociados a la fuerza mental y podrán ser integrados al poder de nuestros órganos sensoriales, con bastante naturalidad. Llegará el día cuando nuestra capacidad telepática y exteroceptiva se ampliará increíblemente, en momentos cuando estos inventos se conecten explorando la integración mente-biochip o*

---

161 **Fuente:** Original Perceptions, Alcides Vidal, Xlibris, USA, 2008.

162 **Fuente:** Original Perceptions, Alcides Vidal, Xlibris, USA, 2008.

hombre-biomáquina y viceversa. Toda esa manifestación de inteligencia y de poder microbiosensorial, nada más será el inicio de la verdadera combinación entre la energía orgánica vital y la microbiomáquina, que unidos, crearán así un innovador poder auxiliador para ampliar la capacidad percepcional, mental e intuitiva que esta obra muy bien viene a resaltar[163].

Realmente, ahora, con la EH ostentando el GD y como integrante de la G2M, ya como ExoT, se espera alcanzar lo antes inalcanzable, dentro de los límites de una sociedad que ha conseguido el GD en el PT, bajo el proceso del conocimiento almacenado en la BM a disposición de la RIA.

Retornando al asunto, hemos usado algunas especies como ejemplos, con las hormigas y abejas que están aquí, cerca de nosotros, más somos incapaces de podernos comunicar con esas dos especies y hasta parece que estamos inhabilitados para poder recibir y entender, por lo menos algo de las señales que ellas nos envían constantemente. Entonces: ¿Qué podemos esperar con la opción de la Comunicación Biocósmica?

Concluyendo parcialmente el tema, sobre las Especies Biocósmicas (**EB**), observamos que la vida de las especies es una variable común dentro del mundo Biocósmico y que, no más, la Vida queda concentrada solamente dentro del PT. Existe vida en algunos de los otros planetas, aun dentro del

---

163 Fuente: Página 17. Original Perceptions, Alcides Vidal, Xlibris, USA, 2008. Alcides Vidal.

Sistema Solar y, de igual manera el Fenómeno Vida[164] está presente en los MEX también. Es cuando surgen los primeros cuestionamientos: ¿Cómo el hombre, fiel REH en el PT, podría comunicarse con otros seres vivos dentro del ámbito de la inmensidad Biocósmica, especialmente con los propios habitantes de los MEX?

> *"La capacidad interpretativa y de raciocinio son los dones importantes que demarcan las diferencias entre el ser humano y las demás especies, pero hace entender que ello no debe ser un factor dominante y ni de convencimiento de superioridad"*[165]

Con los dos ejemplos usados anteriormente encontramos que, tanto las hormigas como las abejas tienen su propio sistema de comunicación, su BSC, ANet y HNet. Ambos sistemas de comunicación funcionan sin instrumentos y a perfección. Mas el hombre, fiel REH, simplemente los ignora o, realmente no sabe de su existencia, dando la impresión de no tener voluntad para pensar al respecto y ni de desarrollar

---

164 **Biocosmos** - Biodiversidad en el Cosmos. Vida en el Cosmos, algo idéntica a lo que la Biología viene a ser para el PT. **Biocosmos**, vida de especies en diferentes niveles de desarrollo viviente fuera y dentro del PT. **Biocosmos**, fenómeno físico viviente y evolutivo. **Biocosmos** es la ciencia que demuestra que somos apenas uno entre miles de millares de ambientes que vienen albergando algún tipo de vida en sus más diversas manifestaciones y expresiones, uno de ellos y original es el PT; de donde la EH es oriunda. Fuente: NASA – NASA ATROBIOLOGY STRATEGY 2015 - "6 Constructing Habitable Worlds", Page 121; "V How Should Astrobiology Approach Perturbations to Planetary Biospheres by Technology Civilizations on Earth and Elsewhere in the Universe?" Page 149. Internet doc:
astrobiology.nasa.gov/nai/media/medialibrary/2016/04/nasa_Astrobiology_Strategy_2015_FINAL_041216.pdf

165 Fuente: Original Perceptions, Xlibris, USA, 2008, Alcides Vidal.

capacidad para entender y saber cómo todo funciona en realidad, en la tentativa de encontrar respuestas y formas para la comunicación universal entre especies, dentro del sistema mayor que es la Comunicación Biocósmica.

Como podemos observar, el humano no puede comunicarse con las hormigas y ni con las abejas, aquí, en el PT. Entonces, ese mismo hombre ¿Podrá comunicarse con un ser de algún MEX?

¿Cómo el REH, en el PT, la del GD podría comunicarse con algún ser de las otras culturas vivientes, dentro del Sistema Solar, en otros Sistemas Planetarios, en los Exoplanetas y en la propia Biocosmos como un todo, de manera general?

No es un chiste, más puede tener seriedad y hasta llegar a ser realidad la siguiente propuesta: Tal vez resulte ser más fácil que una hormiga sea la primera en establecer comunicación con algún extraterrestre que el hombre lo pueda hacer con sus instrumentos.

Sabemos muy bien y estamos presenciado por décadas que todas las Estaciones Terrenas están configuradas con gigantescas y súper poderosas Antenas Parabólicas fabricadas para captar señales venidas del espacio sideral (Estaciones Extra Terrenas), como siendo señal de vida en algún otro planeta o en un exoplaneta. Igualmente existen los Giga telescopios, como el Telescopio James Webb (**JWeBB**) desde el 2022, para ver cada vez más lejos, usados para continuar descubriendo más

Exoplanetas y otros detalles más. Inclusive prueba que la REH, en el PT es vista por este telescopio como un verdadero ExoT. Entonces, siempre llegamos a un interrogante general: ¿Para qué están siendo fabricados, instalados y usados todos esos instrumentos?

Aún es temprano para poder explicar y obtener noticias de que los habitantes de los Exoplanetas también tengan enrumbado en el grado y línea de evolución como la EH del GD y de la G2M, alcanzó y continuará alcanzando en el PT, ya como ExoT.

Los Exoplanetarios probablemente optaron por implantar sistemas de comunicación diferentes, pudiendo ser más naturales, eficientes y beneficiosos para su hábitat y para ellos mismo, si comparado con las tecnologías de comunicación humana, instituidas en el PT, con base en frecuencias magnéticas y electromagnéticas, que no son nada saludables. Como también existe la posibilidad de que los Exoplanetarios hayan enrumbado por el desarrollo tecnológico, similar a la tecnología utilizada por la EH, del GD, en el PT. En este último caso y de ser verdad, en el desarrollo tecnológico de la comunicación exoplanetária, aun existiría el impase de la compatibilidad de tecnologías. Bajo esta observación agruparíamos el problema en muchos factores, como: el tamaño de las ondas electromagnéticas[166], para transmitir, que se propagan en la atmosfera caracterizándose por su complemento y su frecuencia, medido en Hertz (**Hz**),

---

166 **Ondas electromagnéticas:** *Cartas na Mesa - Empresa Empresario Informática, Editora Érica, Brasil, 1992, Alcides Vidal, Pag.360.*

agrupados en Kilo Hertz, Mega Hertz, Giga Hertz, Tera Hertz, etc., o frecuencia, o un espectro mayor o menor del complemento de honda, o del grado de compactación o encriptación, etc. Situaciones que exigen convenios, padrones, protocolos y detalles que son características muy difíciles de poderlos hacer realidad, sin previa predefinición.

Los pertenecientes a la sociedad de la G2M, pueden muy bien y correctamente entender este impase tecnológico, de la forma como lo estamos explicando a seguir. Apenas como ejemplo ilustrativo de las dificultades que existían en el pasado para realizar la comunicación por instrumentos, recordemos un poco los tiempos idos, no muy lejanos, apenas en la última década del milenio pasado, cuando se tenía dificultad, o mejor diciendo, no era fácil unir las diversas tecnologías de comunicación de datos existente en el PT, cuando existía el software que estaba asociado a un determinado hardware, necesitando un instrumento específico para cada situación. No era fácil la comunicación aun existiendo abundancia de software para comunicarse entre microcomputadores (PCs), como ejemplo, recordamos los siguientes[167]: *Blas 10.5 (CRG, USA), CarbonCopy y Plus (Microcom, USA), Close-Up (Norton, USA), Co-Sesion 5.0 (Triton, USA), Procom-Plus (Data Storm, USA), AOL*, y así, muchísimos más.

Del mismo modo, en aquellas épocas ya existían redes de comunicación en todo el mundo, como las redes públicas y las redes privadas, red de productos y redes de datos, redes

---

167 Software para comunicación entre PCs: *Cartas na Mesa - Empresa Empresario Informática, Editora Érica, Brasil, 1992, Alcides Vidal, Pag.527-531.*

locales y redes de área extensa o redes remotas, redes de baja
y redes de alta velocidad, redes homogéneas y heterogenias,
redes de múltiple interface y redes de interface única, redes
de un fabricante y de redres de múltiplos fabricantes, redes
publica de datos y redes privadas, redes de comunicación
por paquetes o aplicativos, redes jerarquías, redes Ethernet,
redes arcanet, redes tokenring, red AOL, redes vsat, redes de
telefonía, redes de télex y redes de fax, redes de tv, redes de
radio, rede de sistemas, redes de satélites (futuras, antes del
año 2000)[168], existía abundancia de redes que no conversaban
entre sí. Hoy, todo esto parecerá un absurdo[169].

Recién en 1995 se pudo unificar protocoles que venían de las
redes de comunicación existiendo en el mundo y así nació
la hoy famosa Internet, el protocolo HTTP, como padrón
de "comunicación universal" terrícola, del GD, porque
anteriormente existía una diversidad de protocolos y uno
no reconocía al otro (no conversaban entre ellos). Hoy, el
SH del GD disfruta de la tecnología 5G, que insinúan a los
representantes de la G2M olvidarse de las dificultades y de los
esfuerzos desplegado en el milenio pasado, en esa área.

Simplificando y mudando el foco del ejemplo, vamos establecer
una rápida comparación en el aspecto construcción. La EH
del GD, construye casas, edificios y rascacielos. Como se sabe,
la construcción es direccionada para vencer la gradad terrenal,
todo para arriba y de preferencia, con estructura a sísmica.

---

168 REDES DE COMUNICACION: *Cartas na Mesa - Empresa Empresario Informática,
    Editora Érica, Brasil, 1992, Alcides Vidal, Pag.394.*

169 Fuente: Libro *Cartas na Mesa - Empresa Empresario Informática, Editora Érica, Brasil,
    1992, Alcides Vidal, Pag.394.*

Ya, en el caso de los Exoplanetarios, ellos, con su inteligencia que los caracteriza pueden haber optado por la construcción subterránea, con viviendas en la sombra eterna, debajo de su suelo, en profundidades adecuadas para cada caso. Como es de imaginar, la construcción seria direccionada para favorecer la fuerza gravitacional de su planeta, construyendo todo para abajo, subterráneamente. Siendo así, los Exoplanetarios, de este estilo de vida en sociedad, tendrían sus ciudades por debajo de la superficie. La posibilidad existe. Ya mencionamos a las hormigas viviendo en el PT. Ellas optaron por vivir y formar sus hormigueros, por debajo del suelo. Bajo el mismo sistema de vida podríamos incluir a las lombrices y a muchísimos otros más. Biocosmicamente la posibilidad no es descartada con facilidad.

Finalmente, bajo el mismo analice se puede esperar también que los Exoplanetarios construyan también para arriba de los rascacielos conocidos en el PT, tal vez aprovechando que la gravedad en su planeta sea en menor intensidad que la ejercida en el PT. Del mismo modo, Exoplanetarios cercanos a su estrella mayor, su Sol, Rey de su Sistema Planetario, con relativa abundancia de calor, pueden haber optado por vivir protegidos de los rayos de su Sol y del calor, construyendo sus viviendas por debajo del agua, en sus lagos o mares. En fin, son innumerables los ejemplos de alternativas probables que podríamos citar, como opción existente en los ambientes de las EB.

Ya es sabido que la EH atingió el GD, grado máximo que una especie puede alcanzar en el PT. Del mismo modo desconocemos o es muy difícil de imaginarse el grado de inteligencia de los Exoplanetarios. Igualmente, imposible de suponer, si existe inteligencia entre los Exoplanetarios y cuanto desarrollaron, cuál sería el grado de innovación en tecnología al que llegaron. La hipótesis es que los Exoplanetários pueden estar adelante, si comparado con la EH del GD, con inteligencias superiores, algo así como una inteligencia Súper Grado Dios (**SGD**). Del mismo modo y bajo el mismo analice, existe la posibilidad de que ellos puedan ser también muy inferiores en el desarrollo cerebral, si comparada con la de los terráqueos, humanos del GD. Ambas de las posibilidades no pueden ser descartadas jamás.

Aunque los habitantes en los Exoplanetas hayan desarrollado asustadora tecnología, ella siempre será muy diferente a la realizada por la EH del GD en el PT. Apenas como ejemplo didáctico, de algo que nos pueda ilustrar, básicamente podríamos citar algunas diferencias imaginables entre las tecnologías de los Exoplanetarios y los terrícolas, a seguir: Toda la tecnología desarrollada en el PT usa la fuerza de los motores para vencer la gravedad. La tecnología empleada por los habitantes en los Exoplanetas podría usar la propia gravedad como aditivo para obtener fuerza y así poder vencer distancias y ganar altura, de modo diferente. De ser realidad, existiría una gigantesca diferencia de tecnologías y de grado de inteligencia, haciendo realidad la hipótesis de que el REH, del GD pueda progresar para obtener el SGD.

También, los terrícolas usan la voz y el grito o aparatos como el teléfono, TV, Internet, etc. para comunicarse. Los

Exoplanetários pueden usar apenas la telepatía o cualquier otro sistema de comunicación natural que los diferencie.

En el PT se usa Radio Frecuencia para transmitir voz a larga distancia (OC, OM, FM, etc.) y el oyente, obligatoriamente tiene que poseer un Radio Receptor, de preferencia a pilas, para captarlo (sintonizando). Mas ese proceso obedece a una específica frecuencia, o a un rango de frecuencias previamente seleccionado. Los Exoplanetarios pueden usar apenas una única frecuencia, la Frecuencia Universal (**FU**), que se moldea automáticamente de acuerdo a las necesidades y circunstancias, funcionando sin limitación. O, hasta pueden captar ondas magnéticas, emitidas por instrumentos, directamente con su propio sistema sensorial.

Los terráqueos escriben en un papel o superficie para estampar un mensaje o algo que quieren decir, transmitir o guardar. Los Exoplanetarios pueden hacerlo estampando el mensaje directamente en las mentes de los otros.

Como podemos observar, en ejemplos básicos, encontramos algo que hoy es inimaginable y difícil de describir.

Una señal de comunicación electrónica o electro magnética, de un planeta al otro, nunca llegará, pero una señal de vida entre ellos si se podría obtener, pronto.

El poder y el beneficio de la compatibilidad en la Comunicación Biocósmica, debería existir y tendrá que existir. Sin, debería, más no existe. Ahí radica la ignorancia en el PT con respecto a lo existente extraterrenalmente.

Es de suponer que cualquier sistema viviente, existiendo en lo sofisticado de los ambientes Biocósmicos, tenga como única finalidad, mantener viva sus especies y que ellas puedan vivir al máximo, mientras su Ecocosmos así se lo permita.

Ahora, el grado evolutivo en el campo de la tecnología es asunto de profunda discusión y análisis previo. En lo hipotético, si alguna de las culturas, de algún Exoplaneta, se haya desarrollado tanto, en la línea de la tecnología de la comunicación por instrumentos, ciertamente esa tecnología será muy diferente a la existente en el PT. Las inteligencias jamás podrán ir solamente en una única dirección. Menos aún en términos Biocósmicos, donde cada mundo es un mundo diferente, particular y único.

Todas estas son las razones que nos lleva a pensar que, bajo un ambiente mayor, dentro del MSB, no habrá cultura viviente de seres inteligentes, tiernos (niños), preocupados en ir a la escuela para aprender a leer, ni culturas preocupadas en fabricar instrumentos, máquinas, armas, y naves inter espaciales.

Es de suponer que algunas de las culturas en el SB tendrán un foco, la de cumplir su meta viviente que simplemente se resume en completar su ciclo viviente satisfactoriamente y manteniendo su hábitat intacto, con la consignación de siempre dejar un espacio similar al que encontraron, para que sus generaciones venideras la disfruten al igual que ellos.

Razones por las que venimos noticiando que la vida terrenal es diferente, porque en ella, el REH, el hombre, muy inteligente, del GD o GG, cambió el sistema de vida que debería mantener desde su origen, implantando un sofisticado sistema, tan exigente y de Orden Mundial, diferente. Es innegable que el hombre está consiguiendo gigantescos "progresos" pero todo ese logro terminará en un simple raciocinio preguntando: ¿Para qué?

Analizando otro cuestionamiento: ¿Para qué sirvieron tantos logros adquiridos por la raza humana del GD, en el PT, si en todo su ciclo viviente nada hizo para mejorar y mudar su estilo de vida y su accionar contra la madre naturaleza? La EH no ha podido mejorar (nace, crece y tiene que morir) y no ha logrado su objetivo natural de vida, se desvió de sus orígenes.

Las demás especies, los otros animales, no hacen lo que el REH, ser humano del GD, está realizando. Como es fácil de observar, los insectos, aquí representados por las hormigas y las abejas, están viviendo muy bien y como debería ser; así como los demás animales de las otras especies lo hacen también. Todos ellos apenas están muy incomodados con la presencia de los integrantes de la EH, el hombre, invadiendo cada vez más sus hábitats.

Esas otras especies no están preocupadas en fabricar, inventar y hacer algún objeto o máquina, ellas cumplen al pie de la letra la Ley de la Madre Naturaleza, Ley de la Biocosmos y con buenos resultados, les va muy bien. Esto porque el REH aún no ha invadido la totalidad del espacio que les pertenece como especies, por ahora.

Con toda seguridad, si el hombre no hubiera aparecido en el PT todo habría sido mejor para las otras especies. ¿Cómo sería el hombre sin la presencia de las otras especies, los animales en su entorno, es decir, si viviera solo? O, contrariamente: ¿Cómo sería la vida de las demás especies sin la presencia del REH?

Imaginemos un Exoplaneta, lleno de vida, biodiversidad en su más amplio desarrollo de evolución, pero, sin la EH. Ese mundo que se imagina, es el mundo que probablemente exista en los MEX.

Fríamente observando lo que es la vida terrenal actual, claro, con foco en la presencia de la EH, se puede notar algo como si otra EH hubiera venido para habitar el PT, y esto, solamente analizando estos últimos mil años; pero es muy claro saber que no es así. Es la misma EH, aquella que viene desde el principio, de aquel hombre ancestral y luego del mismo hombre que habitaba en las cavernas[170]. Lo que pasa es que el hombre, en su afán de demostrar que es inteligente, ambicioso, líder y poderoso, primero comenzó a utilizar mejor los descubrimientos realizados en las eras pasadas, como el control del fuego; luego inventó sus rusticas herramientas, pasando para el cultivo de vegetales y la domesticación de algunas especies de animales para

---

170 Pagina web: Hipertexto de la Área de la Biologia- UNNE. Diseño y mantenimiento J.S.Raisman y Ana M. Gonzalez – Origen, Historia y evolutiva de la vida. http://www. biologia.edu.ar/introduccion/origen.htm.
Por ejemplo, restos que tienen una edad de 3.960 millones de años, provenientes de la región canadiense del Ártico.

su controlado sustento alimentar cotidiano. Seguidamente pasó a inventar masivamente y actualmente vive el auge del mundo de las Patentes, esto es, el uso egoísta de la propiedad intelectual sumado a la invención del dinero repartido en mundos capitalistas que, con ello, viene el dominio y el poder de los más fuertes (ricos) y la sumisión de los pobres o más débiles y vulnerables a los poderosos, con la institución del capitalismo perverso y enraizado; todo, sumado a un racismo sin precedentes en la historia de la humanidad en el PT, dando origen al representante actual, ostentando el GD. Hasta parece que la Vida en la actual sociedad humana no podría existir sin la utilización de los inventos del hombre y sin el dinero. Idea y concepto totalmente erróneo.

Ocurre que el hombre de los actuales tiempos ya nació en una sociedad diferente a las sociedades en donde el objetivo y foco era la vida en armonía con su hábitat y con la continuación natural del ciclo de la vida. Pero con la inteligencia, que llegó al GD y, el uso del legado del conocimiento adquirido (aquí llamado de conocimiento heredado **CH**), el hombre de hoy tiene la oportunidad de analizar el rumbo de la vida terráquea, pero por su propia reacción que refuta su propia inteligencia, no lo quiere hacer. La ambición de continuar haciendo, inventando y ganando más y más riqueza es mayor. Lo que rápidamente se puede resumir en: "superpuebla el PT descontroladamente; viviendo en una sociedad de un extremado consumismo y perteneciendo a una cultura totalmente capitalista" realidad que no conduce a un futuro mejor, sino, a algo peor, hasta porque la clase pobre está en constante crecimiento y siempre siendo mayoría.

Claro, estas afirmaciones sólo podrán ser totalmente aceptadas o integralmente refutadas en los tiempos venideros, cuando comiencen a intensificarse los problemas que vienen como consecuencias de lo presentado aquí. Lo que nos hace concluir que: El fiel REH, el hombre, inventó mucho y construyó demasiado. Pero una pregunta, que podría ser calificada de ingenua, hay todavía por hacer: ¿Para que servirán los inventos concebidos por el hombre, si la vida sólo exige armonía en la especie y de vivir en comunión con el medio ambiente, para poderse desarrollar en el tiempo? Todo esto está ocurriendo como producto del resultado del esfuerzo mental de los representantes de la EB, en el PT.

Todas las EB, para mantenerse vivas, existiendo y pudiéndose desarrollar como tales, dependen del medio ambiente adecuado y muy equilibrado. Mantener al medio ambiente del PT equilibrado tiene que ser misión primordial para los representantes de la EH del GD y al que parece no es así. No es por acaso que existen organizaciones mundiales preocupas con resolver los problemas existentes con el medio ambiente del PT. En la Cúpula del Clima en París[171], todos los participantes demostraron estar de acuerdo que deben cumplir rígidamente las metas de cortes de Dióxido de Carbono (CO_2)[172] para garantizar que el calentamiento global del planeta no pase

---

171　Fuente: "Fuente ONU - BAN Ki-moon - Secretario General, Naciones Unidas. Objetivos de Desarrollo del Milenio: Informe de 2012.

172　**Cumbre del Clima de París** - COP21, La Conferencia de las Partes diciembre 2015, Lanzamiento de la Alianza Solar Internacional - Comunicado de la Presidencia de la República (Le Bourget, 30 de noviembre de 2015), anticipándose a la conferencia.

de dos grados en este siglo[173]. Pasado el tiempo, ya en la COP26[174] en Glasgow, Escocia, 2021 el mismo problema continuaba en el centro de los debates.

Bajo la misma preocupación mundial, finalizando noviembre de 2021, líderes, presidentes de los 20 países del Grupo de las naciones más ricas del mundo (G20), se reunieron en Roma, con los siguientes objetivos: - Eliminar las emisiones de gases contaminantes, buscando mantener el calentamiento global en 1.5°C, hasta mediados del presente siglo; - Adaptarse con la finalidad de proteger a las comunidades naturales y su hábitat; - Implantar un sistema de financiamiento en el orden de US$ 100 billones, por año; - Trabajar en conjunto para obtener las metas. Igualmente se discutió sobre la aplicación de impuestos, proporcionalmente a la cantidad que produce cada nación de contaminación ambiental, sin llegar a un entendimiento común. Más, el problema con el medio ambiente jamás dejará de existir en la pauta de las sesiones del G20 y en las cumbres de la ONU[175] (UN)[176]. *En estos momentos tenemos el mayor agujero de ozono en la historia",*

---

173 Fuente Cúpula del Clima de las Naciones Unidas (COP), Lima, Perú diciembre 2014. Revista Veja Brasil, diciembre 2014, páginas 94 y 95.

174 COP26: Conferencia de la Organización de las Naciones Unidas sobre los Cambio Climáticos de 2021.

175 ONU Organización de Naciones Unidas, creada el 24 de octubre de 1945 con la finalidad de crear y mantener la armonía mundial.

176 ***Organización de Naciones Unidas (ONU)***, Nueva York, 2000, Objetivos de Desarrollo del Milenio Informe de 2012. Ban Ki-Moon – Secretario General.

manifestó Craig Long, del Centro de Pronóstico Ambiental de NOOA[177].

Paralelamente, el 31 de octubre de 2021, se iniciaba en Glasgow, Escocia, la Conferencia de la Organización de las Naciones Unidas (**ONU**)[178], sobre la Cumbre del Cambio Climático (**COP26**)[179], extendiéndose hasta el día 12 de noviembre del mismo año. La pauta de las reuniones ocurrió bajo el contexto de la urgencia climática mundial, objetivando mantener el calentamiento global del PT en +1.5°C, que viene como el anuncio más ambicioso del Acuerdo de Paris[180] que proponía metas para mantener el calentamiento global en +2°C. Así, desde 1995 en Alemania, año tras año se viene discutiendo en las COPs[181] asuntos relacionados con el cambio climático en el PT. Razón por la cual, las Especies Biocósmicas (EB), para mantenerse como tales, necesitan del medio ambiente

---

177 Referencias: EFE. 20.10.2006 - 02:38h - El agujero en la capa de ozono bate récords de profundidad y tamaño.
http://www.20minutos.es/noticia/164355/0/capa/ozono/agujero/

178 **ONU:** *Organización de las Naciones Unidas, creada para promover la cooperación internacional, en 24 de octubre de 1945, finalizando la Segunda Guerra Mundial. Formado por 193 naciones y dos observadores. (www.un.or - www.un.int)*

179 *COP26: Conferencia de la Organización de las Naciones Unidas sobre los Cambio Climáticos de 2021.*

180 **COP21**: COP21, Paris, participación de 196 países iniciándose el 12 de diciembre de 2015 y extendiéndose hasta el 4 de noviembre del 2016. Acuerdo que para implantarlo requería de acuerdos económicos y una transformación social mundial.

181 BiRefNotas_22014 - Metas del Milenio (2015) ONU. Agenda 2030 – United Nations Development. Internet Link: undp.org (2021). Development Goals: 1) No Poverty, 2) Zero Hunger, 3) Good health and well-being, 4) Quality education, 5) Gender Equality, 6) Clean water and sanitation, 7) Affordable and Clean energy, 8) Decent work and economic growth, 9) Industry, innovation and infrastructure, 10) Reduce Inequalities, 11) Sustainable cities and communities, 12) Responsible consumption and production, 13) Climate action, 14) Life below water, 15) Life on land, 16) Peace, justice and strong institutions and 17) Partnerships for the goals. Internet Link: undp.org/sustainable-development-goals? .

adecuadamente equilibrado, que a la larga resulta ser un prerrequisito vital para su existencia.

El hombre del GD, miembro de la G2M de la EH en el PT, pertenece a las EB y hoy por hoy, principal actor Biocósmico[182], colabora para que el PT salga de su línea de naturalidad, cuando el PT fue identificado por encontrarse en su Rumbo al Final, un fenómeno natural más que en este caso, ese proceso se encuentra fuertemente acelerado por la acción del propio REH en el PT, increíblemente, destruyendo su propio hábitat. No obstante, las EB, en mayoría, perduraran, aunque tengan que migrar o invadir otros planetas.

Presencia Biocósmica

Ya fueron descubiertas muchas señales de vida en ambientes fuera del PT. Inicialmente los estudios fueron realizados vía biosignaturas[183] obtenidas y después con base en el análisis

---

182 Las Especies Biocósmicas (**EB**) están contemplados en la **Biocosmos como siendo la** Biodiversidad en el Cosmos. Vida en el Cosmos, algo idéntica a lo que la Biología viene a ser para el PT. **Biocosmos**, vida de especies en diferentes niveles de desarrollo viviente, fuera y dentro del PT. **Biocosmos**, fenómeno físico viviente y evolutivo, ciencia que demuestra que la EH es apenas una entre miles de millares de especies en ambientes que vienen albergando algún tipo de vida en sus más diversas manifestaciones y expresiones, una de ellas y original es la EH en el PT; de donde es oriunda.
Fuente: NASA – NASA ATROBIOLOGY STRATEGY 2015 - "1 Identifying Abiotic Sources of Organic Componentes"; "6 Constructing Habitable Worlds", Page 121; "V How Should Astrobiology Approach Perturbations to Planetary Biospheres by Technology Civilizations on Earth and Elsewhere in the Universe?" Page 149. Internet Link doc: astrobiology.nasa.gov/nai/media/medialibrary/2016/04/nasa_Astrobiology_Strategy_215_FINAL_041216.pdf

183 **Biosignaturas** Muestra contenida en restos que ingresaron al PT o que fueron traídos del espacio por astronautas del Cosmos. NASA – Usa *biosignaturas para referirse a las señales de VET* recibidas del cielo.

fotográfico o de imágenes. Hoy, el objetivo científico es descubrir donde estarán marcando presencia las EET; cuáles serán sus diversos estados y niveles de evolución; cómo será el SV de manera general y finalmente, cómo serán, si verdaderamente los Seres Biocósmicos (**SB**)[184] existen, confirmando la VET de manera general, Biocosmos y el PT siendo considerado como ExoT.

La Presencia Biocósmica es la confirmación de la VET que se evidencia con la existencia de los SB. Ellos marcan presencia y son parte de la Biocosmos[185]. Realmente, la biodiversidad en el cosmos es algo idéntico a lo que la Biología es para el PT. Biocosmos, vida de especies en diferentes niveles de desarrollo viviente dentro del PT y fuera de él. Biocosmos, fenómeno físico-viviente-evolutivo, ciencia que demuestra que el PT es apenas uno entre miles de millares de millones de ambientes que vienen albergando algún tipo de vida en sus más diversas manifestaciones y expresiones. Para muestra basta citar al PT de donde la EH es oriunda y donde el REH alcanzó el GD. Por lo que redundantemente preguntaremos: ¿Por qué no puede ocurrir exactamente lo mismo en otros planetas?

---

184 **Presencia Biocósmica** manifestada por la propia Biocosmos, Biodiversidad en el Cosmos. Vida en el Cosmos. VET y EET.

185 **Biocosmos** - Biodiversidad en el Cosmos. Vida en el Cosmos. Teoría de la Biocosmos que define a los organismos vivientes que aparecen al reproducirse desde células de otros organismos vivientes y, no desde una materia no viviente. Biodiversidad en el cosmos, como la Biología es para el PT. **Biocosmos**, vida de especies en diferentes niveles de desarrollo evolutivo también fuera del PT. **Biocosmos** ciencia que demuestra que el PT es apenas uno entre miles de millares de ambientes que vienen albergando algún tipo de vida en sus más diversas manifestaciones y expresiones.

Poco a poco estamos entendiendo lo que la Biocosmos es y todo lo que representa el concepto de la Presencia Biocósmica[186] con relación al PT. Al mismo tiempo estamos entendiendo como está siendo la manifestación de la existencia de diferentes niveles del Sistema Vida (**SV**) en su máxima expresión, en diferentes, distantes y distintos lugares del espacio sideral. El ejemplo básico y plausible sobre esa afirmación es la propia presencia y existencia del PT, la EH, las demás especies y las plantas. Entonces, para tratar sobre el SV en los MB es muy importante primero, penetrar en los ambientes de los albores donde todo ocurrió y luego, en las razones de su existencia, siempre, dentro de un ámbito que abarque todas las EB como un todo, dentro del concepto de la VET.

El SV dentro del ámbito Biocósmico existe en planetas, lunas, astros, cometas, satélites naturales, cinturones o anillos de planetas, en los MEX, otros mundos, o en otro tipo de medio ambiente que puede albergar alguna señal de vida o donde se pueda encontrar alguna EB habitándolo.

Desde la antigüedad se comenta la posibilidad de existir vida en el Planeta Marte, por lo que ya es popular la terminología, los marcianos, habitantes de ese planeta. Igualmente se sospecha existir vida en el Planeta Venus. Inclusive se imagina existir vida en la Luna Europa, del grupo de lunas de Júpiter; del mismo modo se cree que exista en Titán y Encelada, que son las lunas de Saturno, donde es de imaginarse que podrá descubrir la existencia de alguna señal de vida. Ahora

---

186 **Presencia Biocósmico:** *Biodiversidad en el Cosmos o Vida en el Cosmos:* vida fuera del PT.

saliendo de nuestro Sistema Solar y entrando inclusive en otros sistemas planetarios, la posibilidad se multiplica.

Como bien podemos recordar, en mayo de 2011, la NASA notició que, en *"Encélado"*[187], luna de Saturno done podría estar existiendo vida, con similares características a la vida existente en el PT[188]. Igualmente recordamos cuando en 27 de enero del 2020, un estudio de la NASA concluía que el ambiente encontrado en Encélado es propicio para albergar vida, y, se confirma la similitud de vida con la existente en el PT. Noticia buena y animadora, dando relevancia al Fenómeno Biocósmico. Por hoy, todo es curioso, más que para la ciencia ya no puede ser más ignorado cualquier tipo de señal que puede venir del cielo.

En 2019 el Observatorio Parkes, un radiotelescopio gigantesco, en el Estado de Nova Gales del Sur, Australia, funcionando a más de 50 años, detectó una señal que supuestamente sus orígenes pueden estar próximo al exoplaneta "Centauri b", descubierto en 2016, planeta a 4.2 años luz del PT y que es 27% mayor o más grande que el PT. Ese planeta es calificado como propicio para albergar algún tipo de vida, ya que posee atmosfera como la que existe en el PT. Inclusive, en "Centauri b", no se puede descartar la posibilidad de existir vida inteligente y, puede haber partido de ahí la señal recibida anteriormente. Ese planeta ya puede ser considerado como un segundo PT.

187 **NASA,** Planetas y lunas: Encélado, pequeña Luna de Saturno de más o menos 500 kilómetros de diámetro.

188 **NASA,** Planetas y lunas: Lovett, Richard A. (31 de mayo de 2011). Según imágenes enviadas por la Sonsa Cassini

El exoplaneta "Centauri b" está localizado en un área potencialmente de planetas habitables. Razón por la cual, en el ambiente laboral de la NASA, fue intrigante la señal sonora de tres minutos de duración, que llegó de un sistema estelar que se encuentra localizado más cerca del Sol. Por lo que los científicos pasaron a estudiar la extraña señal de ondas magnéticas como un indicio de VET e Inteligente (**IET**) como lo podría demostrar la *tecnosignatura*[189] recibida.

"Fue una señal que apareció una vez y no volvió a repetirse. Tenía una frecuencia diferente a la que emiten los dispositivos terrestres, como satélites y espacio naves", **decía la investigadora, Dra. Mar Gómez**[190], **para la BBC.**

Apenas para recordar, el Observatorio Parkes, fue utilizado para recibir imágenes del aterrizaje de la Apolo 12 en la Luna, el 19 de noviembre de 1968, habiendo iniciado su trayectoria al espacio el 14 de noviembre del mismo año, saliendo desde el Centro Espacial John F. Kennedy, siendo transportado por la fuerza de los motores del Saturno V. Este observatorio constantemente busca inteligencia extraterrestre (**SETI**) llamadas de *tecnosignaturas*. Igualmente, el "Proyecto Breakthrough Listen", que se dedica a la observación y analice

---

189 NASA – Usa *tecnosignatura y biosignaturas para referirse a señales de VET.*
Definición: *"tecnosignatura"* Señales electromagnéticas recibidas del cielo, teniendo como origen, probablemente tecnología de determinada civilización (VET). Se espera que sean de civilizaciones inteligentes, confirmando la VET.

190 Mar Gómez, doctora, investigadora en ciencias físicas por la Universidad Complutense de Madrid, España. Respondiendo una entrevista para la BBC de Londres. **NASA, Planetas y lunas:** Lovett, Richard A. (31 de mayo de 2011).

de la busca de señales de vida en el Universo, también está investigando las mismas señales recibidas.

Felizmente, a cada día que pasa hay más científicos defendiendo la realización de búsquedas de señales de VET con más seriedad y constancia, hambrientos por tener por lo menos algunas *tecnosignaturas*.

Conocemos razonablemente bien el PT y la vida en él. Más, desconocemos de la vida exoplanetária, sobre todo en los MEX, como siendo parte de la Biocosmos. Razón suficiente para que inicialmente estudiemos profundamente la vida que ocurre en el PT; poniendo atención en todo lo malo o peor que va ocurriendo en él. Más aún, sabiendo que es innegable el curso de su RF, la agonía del planeta. Como también son preocupantes muchos de los otros factores que participan secundariamente para apresurar ese fenómeno. Las razones explicadas proyectan problemas calamitosos, inmensurables, de grande transformación y repercutiendo en el PT como un todo, afectando su sistema viviente, inclusive su biodiversidad y, lamentablemente toda esa problemática pasa por desapercibida. Por todo lo explicado, que mejor este momento para sumergirse en su estudio.

Con el advenimiento de la modernidad, propiciada por la EH que en evolución cerebral alcanzó el GD, o GG, aparecieron nuevos y gigantescos problemas globales, que en la actualidad han obligado al ser humano, en su conjunto, participar más y activamente en la búsqueda de alternativas de solución, que en algunas veces adquirieron buenos resultados y en otros, no, continuando la situación como está. Del mismo modo es fácil de observar que los problemas con el PT, en su esencia, son totalmente ignorados por la gran mayoría. Consecuentemente esta situación no es noticiada, tampoco traída al foro de discusión por el mundo científico, escondiéndola del debate público científico.

Son problemas que vienen a tono en situación cuando observamos que la EH no solamente se apropió del PT superpoblándolo, sino que extinguió especies (animal y vegetal), invadió hábitats y el espacio que pertenecía a las otras especies vivientes, perjudicándolas. Frente a esta realidad concluimos culpando al hombre por crear y alimentar ese problema y porque *"impidió que las demás especies vivientes, también oriundas y dueñas del PT, pudieran continuar su evolución genética y biológica, naturalmente"*. Lo triste de esta realidad es el retardo de la evolución natural de las demás especies, por no decir que la obra humana, o su presencia, lo ha paralizado. Dase así la impresión de que la evolución genética y biológica, en situación egoísta, solo debería ocurrir entre los integrantes de la EH y jamás con las demás especies. Grave error que las generaciones venideras tendrán que reconocer e intentar explicar, porque solucionar jamás podrán, el problema es irreversible. Razón por la cual decubrimos que todas las especies vivientes en el PT han paralizado su proceso evolutivo, si comparado con lo que ocurrió, en proporciones evolutivas, con la propia EH, que ya hasta atingió el GD de desarrollo cerebral y de inteligencia y hasta está pudiendo VMTM.

En la obra Rumbo al Final trajimos argumentos relacionados con el Sistema Vida (**SV**)[191], a luz de la existencia de la Habitabilidad Cósmica[192], consolidándolo en lo que es la Ciencia de la Biocosmos[193], que en esta obra continuamos desarrollándola como siendo su foco principal. Razones por las cuales aspiramos concientizar a la Sociedad Mundo para cambiar paradigmas y consolidar conocimientos, con el intuito de intentar desacelerar el ritmo del definitivo RF del PT, para continuar con una vida mejor[194]" y así poder proyectar la vida para que un día, la EH pueda VMTM en el novedoso Mundo_c y, pudiendo ser partícipe y actor del inicio de las Migraciones Interplanetarias, tratadas aquí en capítulo aparte.

La Presencia Biocósmica queda resumida en el ambiente inimaginable agrupado en la "Vida, Sistema Biocósmico" y los MB.

Visibilidad Cósmica

El fiel REH perdura Vislumbrando el Cosmos, mira hacia el cielo durante el día y puede ver al radiante astro Sol y

---

191 **Fuente:** Rumbo al Final, 2016, USA. Alcides Vidal, Página 57 - 80. Aparición de la vida terrenal. Enunciados relacionados con la vida cósmica.

192 **Fuente:** Rumbo al Final, 2016, USA. Alcides Vidal, Página 384 Leyes de la Biocosmos. Enunciados relacionados con la vida cósmica.

193 **Biocosmos:** *Biodiversidad en el Cosmos o Vida en el Cosmos.* Rumbo al Final, 2016, USA, Alcides Vidal. Páginas 95 -101.

194 **Rumbo al Final,** 2016, USA. Copyright © 2016 por Alcides G. Vidal. Número de Control de la Biblioteca del Congreso de EE.UU: Nº2016905480. ISBN 978-1-5144-8232-2 Tapa Blanda. Internet Link: www.Xlibris.com "Alcides Vidal".

ocasionalmente también puede ver a la luna. En las noches observa un cielo estrellado, encontrando dificultad para separar o identificar una estrella de un planeta. Es cuando aparece la ciencia como apoyo y con ella ingresa a un mundo mayor y sin fronteras, cuando, utilizando su inteligencia, en su máxima expresión, la del GD, medita y vislumbrando un horizonte, de esta vez, sin fronteras.

La verdad es innegable, la EH fue muy lejos y como ya fue noticiado, ha alcanzado el GD en desarrollo cerebral e inteligencia. Hoy, inventa sus herramientas, crea y fabrica la tecnología auxiliadora, pasando a beneficiarse de ella. Consecuentemente, el habitante terrenal puede ver más lejos de lo que sus ojos alcanzan o pueden observar naturalmente, gracias a la Tecnología creada por la EH del GD en el PT. Es cuando la visión humana alcanza distancias jamás imaginadas antes.

El hombre no esperaba que un día pudiera ver todo lo que hoy consigue observar, deleitándose con sus descubrimientos.

Con el apoyo tecnológico mira hacia el infinito de un cielo azul y fácilmente concluye que no está solo. Ahora su observación tiene la intención de un día hacer realidad las Migraciones Planetarias hacia los planetas que hoy puede ver, apenas imaginándose de lo que podrá encontrar en él. Con mucha razón, constantemente se pregunta ¿Hay vida fuera del PT? de ser verdad ¿Cómo será esa vida? y, ¿Qué es Biocosmos bajo ese contexto?

En el afán de crear y descubrir enigmas nació la tecnología de la G2M en el milenio anterior, creada por la EH y las primeras invenciones aparecieron, fabricándose todo tipo de maquinarias de grande utilidad, para auxiliarlo en al cotidiano de todos los representantes de la EH del GD en el PT.

En el conglomerado de las tecnologías auxiliadoras existentes en el PT, inventadas por los representantes de la EH, el hombre, para facilitar su labor, constantemente renueva su tecnología construyendo nuevas generaciones de componentes, sistemas y de máquinas.

Apenas como ejemplo de todo lo relatado citamos algunas: Aparatos Electrónicos, Aviones, Baterías, Biochips, Circuitos, Cohetes, Computadoras, Drones, Energía, Exoesqueletos, Generadores, Giroscopios, Hyperteslescopio, IBM Blue Brain, Impresoras 3D y 4D, Instrumentos Nucleares, Inteligencia Artificial, Internet, Laboratorios, Laser, LED, Li-Fi, Memorias, Microscopios, Motores, Nano tecnología, Nanotecnología, Naves Interplanetarias, Neuro prostética, Plasma, Plástico, Procesadores, Quirófanos, Reactores, Robots, Software, Súper Capacitores, Tecnología 5G, Telescopios, Transbordadores, Transistores, Wi-Fi y más.

De toda esa tecnología, para este caso, estamos seleccionando apenas al **Telescopio,** usándolo como ejemplo, por ser un instrumento de la Tecnología Auxiliadora, la macro herramienta científica, que auxilia al hombre del GD de la G2M en sus estudios e investigaciones para continuar descubriendo, sobre todo a los nuevos MEX y a los otros Sistemas Solares dentro de verdaderos nuevos Sistemas Planetarios.

Los **telescopios** como tecnología auxiliadora, son los instrumentos que permite al REH multiplicar su capacidad de ver. Razón por la que está viendo cada vez más lejos, consecuentemente descubriendo lo que antes sería imposible de hacerlo realidad sin ese auxilio.

Para estudiar mejor lo que la vida en el cosmos es, o sea, entender mejor al Fenómeno Biocosmos, también se vale de los diversos telescopios existentes en tierra y en el espacio, los mismos que diariamente están siendo usados por los estudiosos y científicos para explorar el espacio sideral. Uno entre los más famosos en el espacio, es el vello Telescopio Hubble[195].

El **Telescopio Hubble**[196], catalogado como uno de los telescopios más importantes fue construido en 1983, con expectativa de vida útil de 15 años y fue valorizado en casi tres billones de dólares.

El 24 de abril de 1990 la nave espacial Discovery condujo al espacio al **Telescopio Hubble**, que hoy se encuentra orbitando el PT a 547 kilómetros sobre el PT o 593 Kilómetros sobre el nivel del mar. Su tamaño, funcionando, es de trece metros por 4.2 metros de diámetro. Tarda una hora y media en completar

---

195 **Telescopio Hubble** – Cartas en la Masa – Empresa Empresario Informática, 1992, Editora Érica, Alcides Vidal, Pag.77. Hubble en homenaje al astrologo norteamericano Edwin P. Hubble que en 1929 descubrió la Exploración del Universo. Revista Superinterezante Nº 9, setiembre de 1991, pág. 62.

196 **Telescopio Hubble.** Es administrado por la empresa, Instituto de Ciencia del Telescopio Espacial. Esta empresa es aliada a la NASA, Estados Unidos, directora.

su órbita alrededor del PT. Ya pasó por cinco revisiones técnicas realizadas por los astronautas. El telescopio está yendo más allá de las expectativas[197] y, resistiendo morir en el espacio, en esta segunda década de este milenio, continúa funcionando y entregando buenos resultados.

Gracias a la capacidad de poder ver y de investigar en la lontananza del espacio sideral, el SH del GD, ha podido ver hasta el nacimiento de estrellas. Asombroso aún, este telescopio ha permitido ver la creación de agujeros negros[198]. Gracias al Telescopio Hubble, *"estamos viendo lo invisible"*[199]. Los primeros indicios de la existencia de los agujeros negros fueron apareciendo en junio de 1994, según noticiaba la revista Time[200].

El Telescopio Hubble resultó ser el más eficiente. Hasta la fecha ya ha tomado cerca de un millón y medio de fotos fantásticas y proporciona fotos tomadas desde 14 billones años luz de distancia.

Así como el Telescopio Hubble existen muchos otros en tierra. En Hawái se encuentra el **Keck Observatorio**, donde miembros del Proyecto *"Transiting Exoplanet Survey Satellite* (**TESS**)", de la NASA, realizan sus trabajos de investigación. El Telescopio **Canarias**, instalado en la Palma, isla Gran

---

197 La EH ya está viviendo su Segundo mundo o su Mundo Científico (Mc).

198 **Agujero negro**. El mayor misterio en el estudio científico. "Un absoluto monstro" de unos tres millones de veces más grande que el PT. Profesor Heino Falcke, Universidad Radboud, Holanda.

199 **Agujero negro**. France Córdova, Fundación Nacional de Ciencias de Estados Unidos, Directora.

200 **Agujero negro**. Revista TIME, Estados Unidos, junio de 1994.

Canaria, que costó 180 millones de dólares; Gran Telescopio **Sudafricano**, especial para observar galaxias en órbita. En órbita terrestre existen otros como el Observatorio **Chandra de Rayos X**, puesto en órbita por la NASA en 1999, con capacidad para fotografiar partículas. El telescopio de la NASA, **Sonda Kepler**, que tiene como misión investigar la existencia de vida en otros planetas. Para eso el Kepler posee un fotómetro ultrasensible capaz de medir cambios en el brillo de los cuerpos celestes. Igualmente, un sistema de telescopios de la NASA, muy singular, el "*Space Interferometry Mission (SIM)*" (conjunto de pequeños telescopios espaciales) consigue determinar con precisión la posición de las estrellas y la respectiva distancia con el PT, fue colocado en órbita en 2015 y está permitiendo descubrir nuevos planetas. También el Telescopio **Europeo**, aún en construcción, en el cual ya se invirtieron 1.17 billones de dólares; el futuro Telescopio Gigante de **Magallanes**, que tendrá un costo de 500 millones de dólares, cuando concluido; existiendo muchos otros telescopios más.

El modernísimo telescopio "*James Webb Space Telescope*"[201], conocido como el "Telescopio James Webb" (**JWebb, TJWebb, TWebb**), es el telescopio más sofisticado inventado por el REH del GD en el PT, existiendo en el espacio hoy, desde el 25 de diciembre de 2021.

La característica principal del TWebb es que está equipado con "*coronagraphs*", un sistema óptico especial fabricado

---

201 **NASA's** Webb Telescope Reaches Major Milestone as Mirror Unfolds:
   Internet Link: nasa.gov/press-release/nasa-s-webb-telescope-reachs-
   NASA Internet Link: apod.nasa.gov/ap160509 .

exclusivamente para esta misión que lo diferencia de los demás. Usa también luz infrarroja con la que podrá detectar MEX, en ámbitos Biocósmicos. En este proyecto fueron invertidos 10 billones de dólares, durante los 20 años que tardó su construcción. Inicialmente la Misión Webb fue programada para tener dos albos: focalizar el Sistema Planetario 51 Eridani, que se encuentra a 96 años luz de la Tierra y luego observar al Sistema Planetario HR 8799, distante de la Tierra en 133 años luz.

En su observación el TWebb, combinará el uso de la capacidad del espectroscópica del NIRSpec (Near Infra red Spectrograph) juntamente con la imagen de la NIRCam (NearInfrared Camera) equipada con el sistema de la MIRI (Mid-Infrared Instrument), para estudiar cuatro gigantescos exoplanetas en el "Sistema HR 8799". El otro albo del programa será investigar y analizar el gigante "Sistema 51 Eridani" cuando usará la NIRCam. Parte de este trabajo será realizado con misiones calientes. Dada a sus características se espera que sus descubiertas sean verdaderas revelaciones sobre algunos secretos que encierra el fenómeno Biocósmico, haciendo más notoria la Visibilidad Cósmica.

Antes de ser colocado en órbita el TWebb pasó por su revisión final el 11 de mayo de 2021 e, inicialmente fue programado por la NASA para ser colocado en órbita el 31 de octubre de 2021, más el evento fue cancelado. Recién el 25 de diciembre de 2021, subió al cielo para quedarse en su órbita definitiva, ocupando 25 metros cuadrados, resultando ser cinco veces más grande que el Telescopio Hubble, que vigoroso continua en operación.

El 7 de enero del 2022, la NASA anunciaba al mundo que el primer espejo (constituido de 18 segmentos) del TWebb había sido abierto con suceso. Al mismo tiempo la NASA publicaba un video didáctico explicando la funcionalidad operacional del TWebb. El video de simulación en su primera semana de publicado ya superaba la marca de un millón y seiscientos mil visitas. Esto prueba que el mundo está muy atento a toda noticia que venga del cielo, dando más importancia y credibilidad al fenómeno Biocósmico, foco de esta obra. Una semana después, en 14 de enero 2022, las noticias eran que el ya famoso TWebb tenía abierto (descubierto) todos sus espejos, realizada en una misión de angustia para los controladores en la NASA. Seguidamente el TWebb iniciaría la calibración de todos sus instrumentos antes de ubicarse en su órbita definitiva. La parte inusual, en términos de telescopios, es que el TWebb viajó 1.5 millón de kilómetros hasta colocarse en órbita alrededor del Astro Sol y no al del PT como usualmente los otros telescopios lo hacen. Quince días después la NASA confirmaba el 30 de enero de 2022, que el TWebb ya se encontraba en su órbita definitiva, orbitando al Sol. Al mismo tiempo, dos semanas después, ya teníamos foto del primer segmento del conjunto de espejos.

Desde mayo y junio del 2022 la NASA dejaba a los estudiosos y curiosos bajo expectativa de todo lo que el TJWebb podería presentar en sus primeras imágenes. Así siendo, la NASA notició con anticipación que el 12 de julio, 11 a.m., horario del Este, mostraría las primeras imágenes tomadas por el TWebb.

Para sorpresa mundial, un día antes (11 de julio), el propio, 46 Presidente de los Estados Unidos desde el 20 de enero del 2021, el Demócrata, Joe Biden, hacia su aparición en público para presentar al mundo la primera imagen pública tomada por el Telescopio James Webb (**JWebb**), impresionando a todos, inclusive a los propios científicos. Participó también del evento de presentación la Vice-presidenta, Kamala Harris. Luego el día siguiente (12) la NASA continuó la presentación de otras nuevas e increíbles imágenes, jamás vistas por el ojo humano, antes.

> "***Nueva ventana para ver el universo***", decía el Presidente Biden[202] elogiando al TJWebb.

> "***Se conocía una sola galaxia, hoy sabemos que son millones de millones***". Concluía el científico Harris Receive[203].

Como anticipamos, en adelante tendremos verdaderas reliquias fotográficas de partes del universo tomado por el TWebb, como colección en nuestro álbum de fotografías para las generaciones venideras, marcando el inicio de todo lo que se conseguirá hasta ese entonces.

---

202 The White House, 11/07/2022, Presiente Biden, presentando las primeas imágenes del James Webb Telescope (TJWebb) de la NASA.

203 The White House, 11/07/2022, Científico Harris Receive a Briefing on James Webb Telescope (JWebb) de la NASA.

Todos estos instrumentos, sobre todo aquellos para poder alcanzar mayores distancias en la observación inter estelar, son apenas ejemplos de la abundante tecnología existente en el PT, inventada, fabricada y realizada por la EH del GD. Herramientas con las que mejor consolidamos nuestros estudios para afirmar, aún con pequeños indicios, la existencia del Fenómeno Biocosmos de la VET con la presencia de las EET.

La tecnología de la EH del GD y el progreso en la fabricación de telescopios, entre muchos otros factores, ha permitido al REH del GD hacer realidad la "Visibilidad Cósmica" consolidándose con la gran cantidad de descubrimientos de nuevos planetas en el Sistema Solar y fuera de él también, como ejemplo, los MEX. Igualmente fueron descubiertos nuevos Sistemas Solares y hasta nuevos Sistemas Planetarios[204], superando los 3318.

Mundos Exoplanetários

Así como existe el Planeta Tierra (**PT**) orbitando el Sistema Solar, poseedor de un ambiente altamente habitable, donde la EH, juntamente con las demás especies, integrantes de la fauna y de la flora, aparecieron, existen en el universo muchísimos otros planetas más albergando algún tipo de vida y se espera que muchos de ellos tengan mucha similitud con el SV existente en el PT y estos son los llamados MEX.

---

204 Sistemas Planetários: A princípio del año 2022, ya sumaban 3.310 los Sistemas Planetarios o Sistemas Solares, descubiertos según la NASA, que más tarde subieron para 3.694, estrellas con uno o más planetas a su alrededor.

Juntamente con el PT existen más siete planetas bajo el mismo Sistema Solar. Ellos son muy conocidos: Júpiter, Marte, Mercurio, Neptuno, Saturno, Urano y Venus. A este grupo de planetas se les puede agrupar por algunas características que los destacan así: **Planetas jovianos**[205], entre ellos: Júpiter, Neptuno, Saturno y Urano. Los Planetas opuestos a los Jovianos, los Planetas que están más cerca del Sol: Marte, Mercurio, Tierra y Venus. Del mismo modo podemos agrupar a los cinco planetas más pequeños o **Planetas Enanos**: Ceres, Eris, Huamea, Makemake y Plutón.

Apenas como didáctica, la correcta posición de los planetas con relación a la distancia del centro, el Sol, es la siguiente: 1) Mercurio, 2) Venus, 3) Tierra, 4) Marte, 5) Júpiter, 6) Saturno, 7) Urano y 8) Neptuno. Igualmente no podemos dejar de mencionar, por hoy, hipotética posibilidad de existir, el noveno planeta, **Planeta-X**, juntamente con todos los otros planetas fuera del Sistema Solar conocidos como los Mundos Exoplanetários (**MEX**).

También existen los llamados Satélites Naturales, que nadas más son las lunas. Existen más de 200 lunas catalogadas por la NASA en el Sistema Solar. Las lunas están distribuidas de la siguiente manera: Saturno tiene 82 lunas, Júpiter 79 lunas, Urano 27 lunas, Neptuno 14, Plutón 5, Marte 2 y Tierra 1 (la luna). Entre todas estas lunas, **Ganimedes**, luna de Júpiter, es la de mayor tamaño en todo el Sistema Solar.

---

205 Planetas Jovianos: Planetas del Sistema Solar, que están más distantes del Sol.

Dentro del Sistema Solar, al que pertenece el PT, existe también la presencia de otros tipos de cuerpos en órbita, entre ellos encontramos más de 3.743 cometas conocidos y el increíble número de 1.113.527 de asteroides, también catalogados por la NASA.

Recién en el milenio pasado el Sistema Solar[206] dejó de ser el único, vital y el principal Sistema en el universo. Hoy día, con la ciencia implantada por el REH del GD, ya fueron descubierto innúmeros Sistemas Solares e inclusive nuevos Sistemas Planetarios[207] en el universo, de ahí la importancia de la Biocosmos que esta obra resalta.

Entonces, los planetas relacionados anteriormente no serían los únicos existentes. Igualmente, el PT no sería el único en poseer el Sistema Vida (**SV**). Razón por la que incluimos el estudio de la existencia de muchísimos MEX[208], mundos fuera del Sistema Solar.

---

206 **El Sistema Solar. NASA** 50 Years of Solar System Exploration: Historical Perspectives Internet Link: www.nasa.gov/connect/ebooks/50-Years-of-Solar-System-Exploration. html.

207 El Sistema Solar. Sistemas Planetários: A principios del año 2022, ya sumaban 3.310 los Sistemas Planetarios o Sistemas Solares, descubiertos según la NASA, que más tarde subieron para 3.694, estrellas con uno o más planetas a su alrededor. NASA 50 Years of Solar System Exploration: Historical Perspectives Internet Link: www.nasa.gov/connect/ebooks/50-Years-of-Solar-System-Exploration.html.

208 **MEX Mundo Exoplanetário** - NASA–Exoplaneta planeta fuera del Sistema Solar. Exoplanetas o Planetas Extrasolares, planetas fuera del Sistema Solar. La NASA, en 2020, controlaba 4.158 planetas, 5.144 eran probables Exoplanetas (en definición) y ya se habían catalogado 3.081 Sistemas Planetarios. Al iniciarse 2022 existían más de 4.461 exoplanetas confirmados y los posibles exoplanetas, subieron para 7.695. Los Sistemas Planetarios descubierto eran 3.318.

Los MEX, nuevos planetas, están formando parte de verdaderos nuevos "Sistema Planetarios", que a principios del año 2022, según datos de la NASA, superaban los 3.318[209] y de nuevos "Sistemas Solares" superando los 3.694 estrellas con uno o más planetas a su alrededor en el universo, integrando la infinidad de planetas, muy similares al PT, con seguridad, albergando algún tipo de vida en su interior y en sus más diversos estados, niveles y sistemas de evolución biológica.

Desde 1990 ya se han descubierto o identificados muchos otros planetas más y una cantidad mayor de ellos aún están por ser descubierto. El primer planeta descubierto, fuera del Sistema Solar, fue "51 Pegasi", en 1995. Igualmente existe el Planeta "Épsilon Eridani B" orbitando su Sol, a apenas 10.5 años luz de distancia desde el PT.

De estas singulares maneras es que se van descubriendo en el universo otros planetas, fuera del Sistema Solar, que los estamos llamando de los **MEX**, conjunto de planetas, dentro de su específico Sistema Central, Sistema Planetario, (Sistema Solar) al que pertenecen. Hasta la fecha ya fueron catalogados 4.461 MEX. Consecuentemente los MEX se encuentran fuera del Sistema Solar al que el PT pertenece.

Es de ese modo que observamos a los MEX, como mundos donde en algunos de ellos la vida de las especies se desarrolla con naturalidad también. En verdad, todo MEX es un mundo desconocido o que poco sabemos de ellos, más aún cuando mal conocemos nuestro propio PT, más que, en alguno de

---

209 **NASA,** Sistemas Planetarios en 2020 ya se habían catalogado 3.081. Al iniciarse 2022 los Sistemas Planetarios descubierto eran 3.318.

ellos, la ciencia del REH del GD podrá encontrar vida, VET y EET, consolidando a la propia Biocosmos.

Dentro del grupo de los MEX encontramos al planeta "Sweeps 10", estrella distante de su propio Sistema Solar (sol) girando en apenas 740 kilómetros, o sea gira en su órbita rápidamente, razón por la que fue llamado de "Zippy", por poseer un periodo corto de rotación alrededor de su estrella centro. Y así sucesivamente se están encontrando otros MEX con diferentes características, sea por la distancia de su centro o por su composición y características de su formación molecular y atmosférica. Como ejemplos podemos citar algunos: "Upsilon Andrómeda b", "CoKu Tau 4", (420 años luz del PT), "HD209458B" (planeta que pierde su tamaño constantemente), "HD189733b", "KIC 12557548 b", "UCF-1.01" (considerado el más pequeño entre los descubiertos), "GJ 667cC" (22 años luz del PT), "COROT-exo-3b" (similar en tamaño a Júpiter), los nuevos mundos llamados "Supe Tierra" (de dos a 10 veces el tamaño del PT), el "CoRoT-7B" (posee altas temperaturas, 2,200 grados Celsius), "HD 188753", "2005-BLG-390L b 0GLE" (probablemente el más frio, pudiendo ser el más lejano o distante que se conoce), "WASP-12b" (puede ser el más caliente 2.200 grados centígrados), "HAT-P1b" (450 años luz del PT) y muchos otros.

Entonces, los integrantes de los MEX aún son planetas o mundos desconocidos, por lo que los estamos abordando aquí como mundos que son muy difíciles de describirlos hoy, pues apenas existen en nuestras mentes como Mundos Virtuales (**MV**) analizados en el ámbito de un conocimiento de la EH que alcanzó el GD, para poderlos conocer y estudiar mejor. Así siendo, lo que podemos anticipar ahora son apenas resultados hipotéticamente imaginados de todo lo que pueda reinar en los MEX, por lo que son tratados como mundos desconocidos. Es obvio, la ciencia tiene que investigar, así como interesados tendrán que estudiar más, para poder concluir mejor sobre lo que verdaderamente podrá ser un MEX dentro del contexto del Fenómeno Biocósmico, de las EB, de la VET y de las EET.

Tal como aseveramos, los MEX son mundos desconocidos, más, desde el 25 de diciembre de 2021, ya existe un satélite construido por el REH, del GD, en órbita y de ojo en ellos. Es el Telescopio James WeBB[210] (**TWebb**) que llevó más de dos décadas para completar su construcción, a un costo superior de diez billones de dólares. Así, desde mediados del año 2022 la ciencia se perfilaba para recibir la información, cada vez más convincente de lo que el TWebb pueda mandar para el PT, y así convertir al 2022 como el año de las más contundentes descubiertas en la historia de la humanidad. Bajo esa óptica: ¿Qué podrá depararnos el fin de esta década como un todo?

Desconocemos el grado de desarrollo y evolución biológico en los mundos que se encuentran fuera del Sistema Solar. Difícil de imaginarse los tipos de seres que podrán existir en un MEX, razón por la que preguntamos: ¿Cuál será el tipo de vida y cuál el grado de evolución que esas sociabilidades pueden haber adquirido y desarrollado con el pasar del tiempo?

---

210 NASA's James Webb Telesope. Actualmente en plena actividad en su órbita solar. NASA Internet Link: apod.nasa.gov/ap160509
NASA's Webb Telesope Reaches Major Milestone as Mirror Unfolds: Internet Link: nasa.gov/press-release/nasa-s-webb-telescope-reachs- .

Difícil de hasta imaginarse sobre el grado de racionalidad, inteligencia, percepción y muchos otros factores más, que ellos podrían haber adquirido. Pueden ser animales mayores, menores o simplemente bacterias. Esto porque ya se han encontrado evidencias, como la bacteria de nombre "Bacillus 2-9-3". Esta bacteria es diez veces más antigua que la bacteria que se pensaba ser la más antigua anteriormente[211].

Contrariando al mundo bacteriano existieron grandes animales voladores con alas de hasta 6 metros de longitud, de los cuales también se han encontrado fósiles como el Argentavismagnificens que habitó el Planeta Tierra hacen aproximadamente 6 a 8 millones de años en la región que hoy es Argentina[212]. Como también pueden ser mundos de apenas vida vegetal o simplemente bacteriológica. Del mismo modo podemos encontrar un mundo con habitantes sumamente microscópicos. Como también podrían sorprendernos con animales gigantescos. Por todo, los MEX son mundos desconocidos, son ambientes bastos, aún complicados de ser entendido por la imaginación de una mente dentro del GD en el PT, en la actualidad. La esperanza es que muy pronto todo podrá ser mejor entendido, con la llegada de informaciones y evidencias para justificarlos mejor.

---

211 Fuente: British Library - Guiness World Records, 2002, ISBN 1-89251-06-0 Pag 86.

212 Fuente: Guinness World Records, 2000.

Lo que también se puede encontrar en un MEX[213] puede ser la presencia de especies que se han desarrollado biológicamente en proporciones similares al grado alcanzado por la EH en el PT. Entonces, ciertamente serán seres inteligentes. Lo que obligaría pensar, cuál será su coeficiente de inteligencia adquirido.

No nos sorprenderíamos se las sociedades Biocósmicas pudieran también ser integrantes de especies de una evolución extraordinaria, muy superior a la EH del PT. Pueden ser seres con inteligencias superiores al GD, o sea, pueden pertenecer al SGD, como la EH sueña alcanzar en este planeta. Como también pueden existir culturas compartiendo un mismo hábitat con especies en diferentes grados de evolución, como la situación reinante en el PT. Igualmente podrán existir especies dominantes, sin ser parecidas a la EH del GD. Todo es probable encontrar en un MEX. La imaginación queda corta cuando pensamos en el vasto universo de la ficción científica a la que nos conduce este raciocinio.

La EH al alcanzar el GD, intensifica estudios para acercarse más a la realidad biocósmica. Así siendo, cuanto más estudia, más cerca de su objetivo se encuentra. Si sus estudios demuestran la descubierta de la existencia de los MEX muy bien habitados por culturas inteligentes, entonces nuestro raciocinio cambiará, para imaginarnos cuanta más inteligencia

---

213 MEX - Mundo Exoplanetário - NASA–Exoplaneta planeta fuera del Sistema Solar. Exoplanetas o Planetas Extrasolares, planetas fuera del Sistema Solar. La NASA, en 2020, controlaba 4.158 planetas, 5.144 eran probables Exoplanetas (en definición) y ya se habían catalogado 3.081 Sistemas Planetarios. Al iniciarse 2022 existían más de 4.461 exoplanetas confirmados y los posibles exoplanetas, subieron para 7.695. Los Sistemas Planetarios descubierto eran 3.318.

ellos tendrán y cuál sería el poder evolutivo, inteligentemente hablando. En este caso, el hecho de que la EH haya conseguido el GD podrá estar en jaque o, sorpresivamente, reconocer la inteligencia desarrollada en el PT adquirida pela G2M, como la mayor, será entonces cuando podrá migrar para el "Súper GD" (**sGD**). Y, así siendo poder decir: "Los dioses éramos nosotros y no lo sabíamos".

Bajo este panorama y, en la hipótesis de existir inteligencia Biocósmica en los MEX, se abre un universo de opciones para raciocinar mejor. ¿Será que los habitantes, en algunos de los MEX, optaron por la construcción, la invención y la tecnología? O, caso contrario, será que optaron por el desarrollo meramente de la inteligencia espontanea, para, apenas, usar la naturaleza como fuente de actuación y para su convivio. Como también ellos pueden haber inventado la "Ciencia de los MEX[214]" (**CMEX**). Ahí, el raciocinio será mucho más complejo aún, para podernos imaginar en lo que todo ello venga reflejar. La verdad es que, en términos de la vida en los MEX, tenemos que imaginarnos que las vidas sean diferentes a la desarrollada en el PT. La EH transformó al PT en su propiedad, con su intervención y actuación. Aquí, es la EH es la única dominante. En los MEX puede ser otra la realidad.

El único temor que la EH tiene es cuando piensa en las especies con vidas que él no los puede ver. Como es el caso de la vida microbiana, que es abundante y muy peligrosa para su

---

214 MEX Mundos Exoplanetários - **NASA**–Exploración de Exoplanetas: https:// exoplanets.nasa.gov Actualizado en 20 de agosto de 2021. **Fuente**: NASA usa a palabra "*Biosignatur*", cuando analiza moléculas que pueden tener señales Biocósmicas

existencia y de ahí viene su único temor. Entonces, se espera también que en algunos de los MEX puedan estar plagados de microbios y bacterias, que podrían ser peligrosísimas. Ellas pueden ser maléficas, tremendamente mortales, exterminadoras y de grande letalidad. Como también, bien pueden ser benéficas y hasta beneficiando la salud. Nada es descartable en términos biocósmicos.

Este es el panorama que observamos ante la presencia de los MEX y sus habitantes como verdaderos SB. Los MEX[215] son mundos desconocidos, que por hoy están ocultos esperando que su interior sea descubierto por el REH del GD, de la G2M, muy pronto, cuando será el momento de consagración cuando la historia cambiará su definición para siempre, pasando a documentar la "Vida Exoplanetária" como un proceso natural Biocósmico.

Vida Exoplanetária

Si el fenómeno vida se desarrolló muy bien en el PT, no sería sorpresa que la vida en los MEX estaría desarrollándose en iguales condiciones y proporciones.

---

215 **MEX** – Mundo Exoplanetário. NASA–Exploración de Exoplanetas: https://exoplanets.nasa.gov Actualizado en 20 de agosto de 2021.

Definir la vida bajo el ámbito Biocósmico y vida en los Mundos Exoplanetários (**MEX**[216]), o sea, vida también en los posibles Planetas Habitables (**PH**) localizados fuera del Sistema Solar, es una responsabilidad extremadamente grande, compleja y complicada. Es muy difícil definir el Sistema Vida (**SV**) y la VET teniendo apenas como parámetros de consulta y comparación la experiencia adquirida en el PT. Más, de cualquier forma entendemos que vida, donde quiera que ella exista, siempre tendrá similitud con la vida existente en el PT. Esto porque, al todo, parece que los mundos, con o sin vida, tienen similares estructuras moleculares, bajo ese condicional: ¿Por qué los MB no podrían tener similitud con el SV y con la composición de las células vivientes (cromosomas y ADN), existentes en el PT?

Así siendo estudiaremos virtualmente el desarrollo del sofisticado SV de los organismos y de las especies, en escenarios virtuales, simulando determinados PH, fuera de nuestro Sistema Solar, sospechosos de albergar alguna señal de vida en su interior; confiando que el SV esté presente, por lo menos en algunos de los exoplanetas y que esa manifestada situación se encuentre representada en sus más diversas expresiones, opciones, niveles de existencia y de grande evolución, incluyen el progreso cerebral, el uso del conocimiento, como ocurrió

---

216 **MEX** Mundo Exoplanetário. Exoplanetas son los planetas que se encuentran localizados fuera de nuestro Sistema Solar. Existen muchos sistemas, muy similares a nuestro Sistema Solar. Por ahora, ellos también están siendo considerados como nuevos sistemas solares, con otros soles. Exoplanetas o Planetas Extrasolares, planetas fuera del Sistema Solar. La NASA, en 2020, controlaba 4.158 planetas, 5.144 eran probables Exoplanetas (en definición) y ya se habían catalogado 3.081 Sistemas Planetarios. Al iniciarse 2022 existían más de 4.461 exoplanetas confirmados y los posibles exoplanetas, subieron para 7.695. Los Sistemas Planetarios descubierto eran 3.318.

en el PT con la EH que ahora también está ostentando el GD integrando la G2M, conceptos que fuertemente ayudaran a mejor definir el SV y Biocosmos, con la participación de la ciencia empleando sus propias herramientas y conclusiones.

Las tendencias nos inducen creer que la vida micro biológica y la de las micro bacterias sea abundante en los PH del grupo de los MEX. Del mismo modo, otros tipos de vidas, aún desconocidos en nuestro planeta, podrían existir en algunos de ellos. Consecuentemente, por hoy, apenas podemos imaginarnos que las criaturas en los MEX sean similares a las existentes en el PT, en parte, como también sospechamos que otras especies sean marcadamente diferentes, en mil factores, que hoy aún nos es difícil de describirlas, apenas de imaginarnos. Bajo el mismo analice es de suponer que aun siendo especies similares siempre existirá acentuada diferencia, sobre todo llevando en consideración la línea de evolución que tuvieron que pasar y soportar en el tiempo y también por el grado de poder soportar las inclemencias del medio ambiente, que ciertamente marcarán notorias diferencias.

Ya corroboramos antes que los tipos de vida existentes en el PT nada más son que la mejor muestra Mega Biolaboratorial de los tipos de vida que podrán existir en los PH y de manera general en los MEX.

El PT realmente es un verdadero y gigantesco laboratorio biológico, por poseer diversidad incalculable de estilos de vida en menor y mayor abundancia y grado de evolución. Así, existen en el PT casi todas las muestras, formas y estilos de sistemas de vida existente en el resto de la Biocosmos. Resumiríamos diciendo que el PT posee, en muestra, todos los tipos y estilos de vida existentes fuera de él y en especial en algunos de los integrantes de los MEX.

Importante observar que hasta la fecha ya fueron descubiertos más de 4,461 exoplanetas. Muchos de ellos están localizados exageradamente distantes de su astro central, su Sistema Solar, o Sistema Planetario al que pertenecen. Así siendo, este grupo de planetas integrando a los MEX tendrán temperaturas exageradamente fría o simplemente ser una bola de hielo, eliminando la posibilidad de existir sustentabilidad del SV. Contrariamente, existe otro grupo de planetas integrando los MEX y que se encuentra exageradamente cerca de su astro central, Sistema Solar y así siendo, ellos serán planetas exageradamente calientes, superando los dos mil grados centígrados de temperatura. Más la esperanza de encontrar MEX, en condiciones similares al PT, existe en el grupo de planetas que se encuentra en una zona relativamente buena para albergar algún tiempo de vida. Son esos los MEX donde la ciencia, del GD en el PT, esta de ojo.

Dando continuación al analice sobre cómo podrá ser el SV, en algunos de los integrantes de los MEX, siguen algunas ideas.

Vida en superficie - La vida en superficie parece ser la natural y común en el PT. La influencia que este tipo de vida genera es muy alienante, como si fuera un padrón predominante del estilo de vida mayor. Sin embargo, la ciencia demuestra y prueba que existen otros sistemas de habitabilidad, más aún si penetramos en los SV en los MEX, mas, los desconocemos.

Vida submarina - La vida submarina es una prueba de fácil entendimiento. Este tipo de vida es mayor y abundante que la propia vida en superficie, es poco contemplada, más, en ambientes Biocósmicos, los análisis salen del entendimiento natural enrumbándose para una esfera mayor. Los SV en los MEX serán similares apenas diferenciándose en aspectos como grado de evolución, raciocinio y características físicas.

Vida subterránea - La vida subterránea hasta ahora, es poco valorizada en el PT, más que, en términos Biocósmicos puede ganar mucha importancia. Se sospecha que la Vida Subterránea pueda existir en algunos de los MEX con apenas o, predominantemente solo este estilo de vida.

Vida en ambientes muy fríos - La vida en ambientes muy fríos, en ambientes helados o de nieve perpetua es poco utilizado en el PT. Pueden existir algunos MEX donde el frio sea su mayor característica. Este SV obedece exigencias naturales de localización dentro de su Sistema Planetario, esto es, legos del centro de calor, su Sol.

Vida Bacteriana (VB) - La VB, vida microbiológica, o vida microscópica, habitando cuerpos vivos e inertes o, en materia adecuada para su proliferación, es otra opción. En el PT la VB se desarrolla en los organismos vivos y muertos. El REH es un mundo altamente cotizado por la VB. Analizado desde otro ángulo, puede ser también "Vida dentro de los propios organismos vivos" o el del empleo de cuerpos vivientes como mundo viviente para su proliferación.

Vida en ambientes artificialmente fluctuantes - La vida en las estaciones espaciales, especialmente construidas para ese fin, formando las ciudades artificiales, etc.

Vidas Hibridas - También encontramos la vida combinada entre diversos ambientes habitables. Igualmente, tan poco se puede descartar la vida en altas temperaturas, dentro del fuego. Estos tipos de vida podrán ser comunes fuera del PT. La Biocosmos nos depara muchas sorpresas.

Vida en los MEX o Mundos Nuevos. ¿Cómo será la vida en los MEX o Mundos Nuevos? Inicialmente esta es una pregunta imposible de ser respondida a plenitud ahora. Esto porque hasta la clase científica, la llamada a entregarnos en primera mano estas definiciones, se siente recelosa en pronunciarse al respecto con responsabilidad. De igual modo, los científicos mantienen un silencio intencional y comprensible, para manifestarse abiertamente sobre el tema y sobre la respuesta de la pregunta formulada. Hasta para opinar genéricamente de, si hay VET, son muy reservados. Ahora, esperar que los científicos respondan ¿Cómo será la vida en los MEX? En los actuales tiempos, sería apenas esperar por una respuesta genérica o ambigua. Más, las esperanzas de obtenerlas están viniendo raudamente.

Al mismo tiempo sabemos que existen libros y grupos de personas, no científicos, afirmando la existencia de la "*otra vida*", una vida mejor que la vida terrenal, según ellos, pero que sólo lo vivirán *postmortus*, vida en el más allá, teoría que no vendría al caso, por no ser la vida que nuestro estudio defiende, ya que estamos buscando entender mejor la vida en algunos planetas integrantes de los MEX, o en otros planetas fuera de este grupo, científicamente.

En lo que va del tiempo, los científicos y ni las autoridades de las naciones dedicadas a la realización de la conquista del espacio, que llevan el liderazgo, invirtiendo grandes cantidades de dinero para construir equipos, maquinas, satélites, *Gigatelescopios*, naves para investigar mejor y ver si pueden obtener alguna señal de existencia de seres vivientes fuera del ámbito del PT, no se han manifestado. Ellos no han sabido responder con exactitud a estos cuestionamientos o, puede ser que no lo quieren hacer en este específico tiempo, ya que esperan por una oportunidad mejor.

Entonces: Quiénes somos nosotros (escritores-investigadores-físicos-filósofos-personas-comunes) para escribir, hablar, afirmar, comentar y responder claramente: ¿Cómo será la vida en los MEX? Más, podemos reaccionar para no dejar una importante pregunta sin por lo menos ser comentada.

Sería egoísmo y mucha ingenuidad de nuestra parte decir que vida sólo existe en el PT. En el PT nada más somos que: "*frutos de semillas de otras vidas, que aparecieron en un Planeta Mayor, el Planeta Madre. Igualmente somos semillas del futuro intentando perpetuar la EH, la terrenal, aunque será muy difícil de*

realizarlo dentro del propio PT que va en su inminente Rumbo al Final"[217]

Igualmente, sería de mucha inocencia afirmar que en los principios de nuestra propia Primera Edad Terráquea-evolutiva, no fuimos diferentes, sobre todo en el aspecto físico, en el *modus vivendi* y en la capacidad intelectual. Importante entender y creer que a cada día que pasa experimentamos una micro evolución y cada vez con mayor ritmo, velocidad, intensidad y constancia, como siendo la manifestación de que ese proceso ya lo tenemos empotrado como un componente obligatorio, en las características que particularizan el ADN documentado en el Genoma Humano (**GH**)[218], donde viene embutido.

Tal como ocurre con el PT, con la situación del Rumbo al Final preguntamos: ¿Podría ocurrir lo mismo con algunos de los MEX? Sin, son fenómenos de realización obligatorio, ocurriendo en la magnitud de la Biocosmos.

Así siendo, poco a poco vamos hilvanando una idea, un concepto y una definición que se junta en el siguiente postulado:

217 **Frutos del Passado Sementes del Futuro**, Alcides Vidal. USA, 1993. Editora Érica.

218 Fuentes: Información detallada sobre el Instituto Nacional para la Investigación del Genoma Humano- NHGRI, el Proyecto Genoma Humano y el futuro de la genómica, visite el sitio web de NHGRI: www.genome.gov El Proyecto Genoma Humano: www.genome.gov/Research El Proyecto
ENCODE: www.genome.gov/ENCODE El Proyecto HapMap: www.genome.gov/HapMap Proyectos de Secuenciación: www.genome.gov/Sequencing La Celebración del Genoma:
www.genome.gov/About/April2003 Términos genéticos y definiciones:
www.genome.gov/glossary.cfm Investigación de las Implicaciones Éticas, Legales y Sociales: www.genome.gov/10001618/the-elsi-research-program/ .

"No somos los únicos seres vivientes en la Biocosmos. Somos habitantes del PT, del mismo modo como otras especies vivientes habitan en los MEX, donde también consideramos encontrar mucha vida en desarrollo".

Estas son las razones que explican la existencia de la Biocosmos y la teoría de que el PT no es el único que alberga presencia biológica, como los estudios así lo están demostrando, existen los PH.

Los MEX, Planetas Extrasolares, planetas fuera del Sistema Solar, ya pueden ser contados en millares. A mediados del 2020 existían 4.158 Exoplanetas confirmados. Aún en estudio o por ser definidos como tales, existían 5.144 y unos 3.081 candidatos (en la mira) para ser exoplanetas en diversos Sistemas Planetarios. Actualmente podemos decir que son más de quince mil los exoplanetas catalogados como tales y a cada día que pasa se descubre un nuevo Exoplaneta.

Entonces, volviendo al origen de la pregunta: ¿Cómo será la vida en los MEX? Podemos responder y con seguridad decir que, la vida en los MEX será muy pero muy diferente a la vida existente en el PT, al mismo tiempo también nos imaginamos que el SV pueda ser similar al del PT en la mayoría de Planetas Habitables (**PH**) que integran el complejo de los MEX, por no decir que en la mayoría será igual, biológica y genéticamente.

Del mismo modo, no se puede descartar la existencia de una vida muy superior a la que conocemos. Es por esta razón que decimos que es fácil imaginar que las posibles Especies Biocósmicas (**EB**) integrando y desarrollándose en los MEX, (en el medio de muchísimos Sistemas Solares y diversos Sistemas Planetarios[219]) serán y actuaran diferentemente unas de las otras, enfatizando mayores características y destacándose por el modo de vivir[220], dependiendo de la distancia desde donde ellos se encuentran de los ambientes al que pertenecen, como del centro de su Sistema Planetario, con respecto a su centro gravitacional del conglomerado Biocósmico tendrán sus originales características.

Todo ambiente habitable, en todo PH y en cualquiera de los lugares, dentro del Sistema Biocósmico, obligatoriamente tiene que poseer los elementos básicos (oxígeno y agua) para sustentar vida (células). Igualmente, los ambientes habitables no pueden ser demasiado calientes o extremadamente frio. Estos ambientes tendrán que ser suficientemente equilibrados en temperatura, de modo continuado y perdurable, manteniéndose por largos períodos, contabilizados por los Ciclos Luz Oscuridad (**CLO**), siempre dentro de un ambiente que engloba la Biocosmos.

---

219 Sistemas Planetários: A principios del año 2022, ya sumaban 3.310 los Sistemas Planetarios o Sistemas Solares, descubiertos según la NASA, que más tarde subieron para 3.694, estrellas con uno o más planetas a su alrededor.

220 **Biocosmos**, fenómeno físico viviente y evolutivo. **Biocosmos** es la ciencia que demuestra que somos apenas uno entre miles de millares de ambientes que vienen albergando algún tipo de vida en sus más diversas manifestaciones y expresiones, uno de ellos y original es el PT; de donde la EH es oriunda. Fuente: **NASA** – NASA ASTROBIOLOGY STRATEGY 2015 - "1 Identifying Abiotic Sources of Organic Componentes"; "6 Constructing Habitable Worlds", Page 121; "V How Should Astrobiology Approach Perturbations to Planetary Biospheres by Technology Civilizations on Earth and Elsewhere in the Universe?" Page 149. Internet doc: astrobiology.nasa.gov/nai/media/medialibrary/2016/04/nasa_Astrobiology_Strategy_2015_FINAL_041216.pdf

Cuando el lugar es apto para albergar alguna señal de vida, la biodiversidad nace primitivamente y luego inicia sus diferentes y prolongadas etapas de evolución en el tiempo, obligatoriamente, auto seleccionándose para poder preservar su existencia. Allí las especies aparecen, por la presencia de las Pioneras Células Peregrinas y siempre por la unión de dos células, que viven y proliferarán preservando genes, para luego morir y posteriormente desaparecer como integrantes de una especie.

Estamos dando ilimitada importancia al estudio de la Vida Exoplanetária ya que desde 2016 venimos tratando el termino SB como un tema relevante. Lo estamos estudiando y definiendo mejor, adecuando su importancia para traer noticias que vengan para engrandecerlo mejor[221].

La Presencia Biocósmica, para este caso, comprende el estudio de Seres Biocósmicos como un ser vivo integrante del proceso denominado "Sistema Biocósmico" (**SB**); proceso éste que obligatoriamente pasa por ciclos o eras que lo estamos denominando como las Etapas Biocósmicas.

Sucintamente el Sistema Vida (**SV**), de manera general, es existencia. Para eso estamos diferenciando el SV de especies entre todos los SB, con el único objetivo específico de centralizar estudios en la Especie Humana (**EH**), oriunda del PT, y en las de los SV en los MEX, que vienen a ser el albo en esta obra.

---

221 Libro. Rumbo al Final, publicado 2016, EEUU. "PT en el que apareció la Raza Humana dominante", Páginas: 13, 95, 99, 137, 156, 168, 311 y 313.

La EH, según lo anunciamos[222], apareció en el PT, consecuentemente es especie autóctona de este Planeta. Ya las Especias Exoplanetarias (**EEx**), merecen el estudio dedicado de parte de los científicos, estudiosos y que nuestro estudio de investigación sea más profundo, más que, poco o nada de información tenemos al respecto hoy. Así, la Vida en los MEX es posible que exista, diríamos que estamos a punto de confirmarla con verdaderas evidencias que obtendremos en el transcurso de esta década o en algunos años más. Razón por la que el año 2023 y los próximos pueden transformase en los años en los que se desvendaron los misterios que persistían en el PT del REH y del GD.

Cromosomas Biocósmicos

Los Cromosomas[223] Biocósmicos[224] (**CB**) son estructuras muy bien organizadas en el núcleo de las células biológicas y están formados por ADN y proteínas, donde se encuentra

---

222 Rumbo al Final, 2016, Estados Unidos. "PT en el que apareció la Raza Humana dominante", Páginas: 13, 95, 99, 137, 156, 168, 311 y 313.

223 **Cromosoma.** Cromosoma viene del griego *chroma* 'color' y *soma* "cuerpo" (se refiere a la tinta usada para identificarlo). La Especie Humana se identifica por sus Cromosomas Y-X, hombre-mujer. Así entendiendo, el Biocosmic's ADN (**B'sADN**) *identifica seres vivos en la Biocosmos*. **Cromosoma**; Wikipedia; História y definiciones, estructura y composición. Link: es.wikipedia.org/wiki/Cromosoma#Cromologia_de_descubrimientos. Fererencias BiRefNotas_22002 en Anexo III

224 **Biocósmicos** - Vida en el Cosmos, Biocosmos. Teoría que define a los organismos vivientes que aparecen al reproducirse desde células de otros organismos vivientes y no desde una materia no viviente. Biodiversidad en el cosmos, algo idéntica a lo que la Biología viene a ser para el PT. Biocosmos, vida de especies en diferentes niveles de desarrollo viviente fuera y dentro del PT. Biocosmos, fenómeno físico viviente y evolutivo. Biocosmos, ciencia que demuestra que somos apenas uno entre miles de millares de ambientes que vienen albergando algún tipo de vida en sus más diversas manifestaciones y expresiones, uno de ellos y original es el PT de donde la EH es oriunda.

la mayor parte de la información genética de un individuo. Consecuentemente los CB nada más son que cromosomas[225] universales, conteniendo diversas características y formas, siempre bajo códigos naturalmente generados y organizados a través de generaciones, prontos para trasmitir la información genética que conservan en el Biocosmos ADN (B'sADN)[226];

Los CB tienen como base al cromosoma-6[227], llamado de cromosoma humano por los estudiosos y científicos. El cromosoma-6 forma parte del grupo de los 23 pares de cromosomas del cariotipo humano. El REH en el PT pose dos copias del cromosoma[228] heredados del padre y de la madre respectivamente, durante el proceso realizado en el fenómeno de la reproducción sexual[229].

---

225 Cromosoma. -Hock, Robert; Furusawa, Takashi; Ueda, Tesuya; Bustin, Michael (February 2007), "HMG chromosomal proteins in development and disease". Link: ncbi.nim.nih.gov/pmc/articles/PMC2442274/ .

226 B'sADN - Elemento básico de la vida reinante en la Biocosmos, el ADN Biocósmico (B'sADN) está integrando el cuerpo de los SB.

227 Fuente: Nature – *The DNA sequence and analysis of human chromosome 6*. A.J.Mungall; S.A.Palmer; ... J.Rogers & S.Beck (ver lista completa de autores en el enlace siguiente, consultado el 28-01-2022) Link: www.nature.com/articles/nature02055 . Fuente: Cromosoma. Wikipédia, Cromosomas sexuales - Link: es.wikipedia.org/wiki/Cromosoma#Los_cromosomas_humanos.

228 Fuente: Nature – The DNA sequence and analysis of human chromosome 6. A.J.Mungall; S.A.Palmer; ... J.Rogers & S.Beck (ver lista completa de autores en el enlace siguiente, consultado el 28-01-2022) Link: www.nature.com/articles/nature02055

229 El cromosoma-6 contiene 170 millones de pares de bases (unidades de dos nucleobases unidas entre sí por el enlace del hidrógeno), totalizando 166.880.998 pares de bases, transformándolo así en el cromosoma más largo secuenciado hasta hoy. Fuente: Wikipedia – Link: es.wikipedia.org/wiki/Cromosoma_6_(humano). El Cromosoma-6 será la base para B'sADN - Elemento básico de la vida reinante en la Biocosmos, el ADN Biocósmico (B'sADN) integrando el cuerpo de los SB.

El REH en el PT posee 23 pares de cromosomas[230] contenidas en sus células somáticas, curiosamente separado por un sistema científico que determina lo siguiente: un par de cromosomas sexuales, "Y" y "X", del hombre y, otro par de cromosomas "X" y "X", de la mujer, más 22 pares de cromosomas autosomas. Estimándose que el REH posea 3.200 millones de pares de base ADN, conteniendo unos 20 a 25 mil genes[231].

Entonces, existe el sistema que determina el cromosoma XY[232] para el REH en el PT. Este no es el único sistema, existe el sistema que determina el "ZW" en especies como las aves y las mariposas. En este último caso ocurre todo lo contrario al anterior. El sexo masculino es homogamético "ZZ" y el femenino heterogamético "ZW". El tercer sistema es el que determina "XO" existente en especies como: peces, insectos, anfibios y otros, que carecen del cromosoma "Y", por lo que el sexo es determinado por la cantidad de cromosomas "X", así: el macho se identifica por "XO" y la hembra por "XX"[233].

---

230 Cromosoma. - Chromosome - Paz César y Miño. 1999. Citogenética humana: manual de prácticas de genética molecular y citogenética humana 2000 al 2006. Práctica 3: Cromatina Sexual; Laboratorio de Genética Molecular y Citogenética Humana, Departamento de Ciencias Biológicas, Facultad de Ciencias Exactas y Naturales y Facultad de Medicina. Pontificia Universidad Católica del Ecuador, Quito 1999. Link: geneticahumana.tripod.com/libros.html.

231 Bibliografía, Referencias y Notas en BiRefNotas_22002, ANEXO III.

232 Fuente: Cromatina Sexual. - Chromosome - Paz César y Miño. 1999. Citogenética humana: manual de prácticas de genética molecular y citogenética humana 2000 al 2006. Práctica 3: Cromatina Sexual; Laboratorio de Genética Molecular y Citogenética Humana, Departamento de Ciencias Biológicas, Facultad de Ciencias Exactas y Naturales y Facultad de Medicina. Pontificia Universidad Católica del Ecuador, Quito 1999. Link: geneticahumana.tripod.com/libros.html .

233 **Fuente:** Cromosoma. Wikipédia, Cromosomas sexuales - Link: es.wikipedia.org/wiki/Cromosoma#Los_cromosomas_humanos.

Consecuentemente para los Cromosomas Biocósmicos (CB), exclusivamente de las EET, deberá existir un sistema "cromosómico EET" para definir sus cromosomas, que se espera tengan similitud, por lo menos en su base estructural, si comparada con el ADN y Genoma del REH en el PT.

Así entendiendo, para universalizar el CB existe la necesidad de poseer, por lo menos una muestra, pudiendo ser sanguínea o celular, de por lo menos una EET, EB, para codificarlo y decodificarlo científicamente.

Importante resaltar que también existen los **Cromosomas artificiales**, aquellos que fueron alterados con herramientas de la ingeniería genética en el laboratorio, realizado por el REH del GD en el PT, para obtener un determinado resultado después de su respectiva integración[234].

Cada uno de los CB del REH en el PT son identificados a través de numeración secuencial de sus cromosomas que va de 1 a 22 integrado por los cromosomas "X" y "Y" que totalizan los 23 pares. Igualmente de cada número de cromosoma es cuantificado el total de "genes" y sus "bases" que son codificadas así: "nnn.nnn.nnn" seguido por la "descripción" y su "formato"[235]. Como modelo didáctico y apenas como

---

234 **Fuente:** Los cromosoma artificiales. Wikipédia. Cromosoma artificial de mamífero - Link: es.wikipedia.org/wiki/Cromosoma#Los_cromosomas_humanos "Cromosomas artificiales".

235 **Fuente:** cromosomas humanos. Wikipédia, Artículo principal viene del Genoma Humano. Crom Los cosos más sexuales - Link: es.wikipedia.org/wiki/Cromosoma#Los_cromosomas_humanos.

ejemplo, el cromosoma "1"[236], tiene 4.222 "genes", su "base" es "247.199.719" y su "formato" es Metacéntrico, grande. Así sucesivamente se continúa hasta llegar al cromosoma 22 que posee 1.816 "genes", con su "base" "49.528.953", "formato" acrocéntrico, pequeño. Finalmente el cromosoma "23" representado así: cromosoma "X" con 1.850 "genes", "base" "154.913.754", "formato" submetacéntrico, mediano y el cromosoma "Y" con 454 "genes", "base" "57.741.652" y su "formato" es acrocéntrico, pequeño[237].

Bajo el concepto de los CB, diríamos que los Cromosomas se asemejan al formato de la letra X alargada, siendo un brazo corto y el otro largo. Como ya fue dicho, esta parte de los cromosomas contiene la mayor parte del material genético del ser, muy bien protegido e integralmente preservado, o sea, están muy bien empaquetados.

Apenas haciendo un poco de historia resumida diríamos que los CB en el PT fueron descubierto cuando los científicos estudiaban la estructura de las células de los vegetas (la Celulosa). En ese estudio inicial participaron de la investigación los científicos, Eduardo Van Benenden (Bélgica, 1847-1910), (*embryologist and cytologist*) y Karl Wilhelm von Nägeli (Suiza, 1817-1891), (Biólogo y Botánico). Este trabajo finalizó en el siglo XIX del milenio pasado (M1). Más fue en el año

---

236 Fuente: Los cromosoma humanos Sanger Institute. Vertebrate Genoma Annotation {VEGA} database. Human Map View. Cromosome 1. Accedido en 12/12/2008; Los cromosoma humanos. Wikipédia, Artículo principal viene del Genoma Humano. Cromosomas sexuales - Link: es.wikipedia.org/wiki/Cromosoma#Los_cromosomas_humanos .

237 Fuente: Wikepedia, Link: es.wikipedia.org/wiki/cromosomas#Los_cromosomas_humanos, Revista Times, Enciclopedia Barza, Brasil.

1869 que Friedrich Miescher descubrió el ADN. La buena noticia llega en 1944 cuando los científicos: Dr. Oswald Avery, norteamericano, Colin Munro MacLeod, Geneticista canadiense, y Maclyn McCarty, geneticista norteamericano, descubrieron que el ADN es definitivamente el material hereditario[238]. Más, fue en el siglo XX cuando realmente se pudo definir la magnitud y la verdadera importancia y características de los CB. Todo, coronando en 2001 cuando se logró la secuenciación del GH, del REH en el PT[239].

Se entiende que la principal función de los Cromosomas sea la de transmitir la información genética contenida en el ADN de la célula madre para las células descendientes. Y, en este proceso y durante la división celular, el ADN se encuentra en un formato de cromosoma compactado, una maniobra que facilita genialmente su transferencia para las nuevas células.

¿Serán los Cromosomas Biocósmicos (CB) Cromosomas Peregrinadores o semillas de vida en el universo?

Como es observable, para facilitar su estudio y darles la clasificación adecuada los cromosomas se identifican por sus propias características, ubicación, forma, tamaño, composición, etc., así siendo los cromosomas están siendo agrupados en varias clasificaciones.

---

238 Fuente: Libro Frutos del Pasado Semillas del Futuro, Wikepedia, Enciclopedia Barza, Revista Times.

239 Fuente: Wikipedia, Historia y definiciones, Cromosoma. Link: es.wikipedia.org/wiki/ Cromosoma#Los_cromosomas_humanos ; Enciclopedia Barza, Brasil. Libro Frutos del Pasado Semillas del Futuro, Wikepedia, Enciclopedia Barza, Revista Times.

Genéricamente, para los científicos y pesquisidores los cromosomas[240] son estudiados bajo dos grandes grupos: 1)- **Cromosomas Eucariontes**[241] formados por dos cadenas de ADN repetidas en forma de espiral, que resultan ser mayores que los Procariontes, apareciendo en las células humanas. 2)- **Cromosomas Procariontes** que están formados por una única cadena de ADN y en forma circular, dentro de los nucleoides esparcidos en el citoplasma[242].

Igualmente los Cromosomas[243] también son estudiados bajo la identificación dentro de un cuadro mayor, agrupados en cuatro tipos de Cromosomas: 1) Eucariontes; 2) Metacéntricos, 3) Procariontes; 4) Submetacéntricos.

Así siendo: **1)** Los cromosomas Eucariotas o Eucariontes o de los seres vivos, son organismos provistos de núcleo celular ligeramente mayores y poseen doble cadena de ADN. 2) Los cromosomas Metacéntricos son cuando el centrómero se encuentra en la mitad del cromosoma, generando el brazo de

---

240 ADN secuencia del material genético que posee un organismo o una especie en particular. El Genoma en los **seres eucariotas** comprende el ADN conteniendo en el núcleo, organizado en cromosomas y el genoma de orgánulos celulares..

241 Fuente: Wikepedia, Células eucariotas. Internet Link: es.wikipedia.org/wiki/Células_ eucariotas ; Enciclopedia Barza, Brasil.

242 Cromosoma - Crow, Ernest W.; Crow, James F. (01 January 2002), "100 Years Ago: Walter Sutton and the Chromosome Theory of Heredity", Genetics 160.1.1. Oxford Academic. GENETICS, GSA. Interne Link: academic.oup.com/article/160/1/1/6089046/

243 JCB – *"The Journal of Cell Biology"*. Christensen, Morten O.; Larsen, Morten K.; Barthelmes, Hans Ullrich; Hock, Robert; Andersen, Claus L.; Kjeldsen, Eigil; Knudsen, Birgitta R.; Westergaard, Ole; Boege, Fritz; Mielke, Christian (April 2002), *"Dynamics of human DNA topoisomerases IIa (alfa) and IIb (beta) in living cells"*, JCB - The Journal of Cell Biology 157 (1): 31-44. Internet Link: rupress.org/jcb/article/157/1/31/32533/ Dynamics-of-human-DNA-topoisomerases .

similar tamaño[244]. Entre los pares de Cromosomas Humanos que poseen estructura metacéntrica están los siguientes: el cromosoma 1, 3, 19 y el 20. 3) Los cromosomas Procariontes son organismos sin núcleo celular, son de forma circular, solamente poseen una cadena de ADN y están ubicados dentro del núcleo, dispersos en el citoplasma de las células. 4) Los Cromosomas de los seres Eucariotas son importantes en los instantes cuando se crea un nuevo individuo de la especie por el sistema de la reproducción sexual. De modo general, los cromosomas Procariontes y los Eucariotas son diferentes entre sí, en formato y funcionamiento.

Del mismo modo, como los Cromosomas mantienen y transportan fragmentos largos de ADN, ellos están formando dos Cadenas de ADN, repetidas, llamadas Cromátidas, razón por la cual la forma como el ADN se presenta en el Núcleo Celular es llamado de "Cromatina"[245].

La cromatina es identificada como siendo la sustancia básica de todos los cromosomas del grupo de los Eucarióticos. Así, los estudios científicos con **cromatina** concluyeron con la afirmación de que los cromosomas tienen la responsabilidad de transmitir la característica genética de cada individuo, constituida exactamente en la cromatina, sustancia que forma el ADN, ARN y otras proteínas (ejemplo: proteínas Histonas y las no Histonas). A estas investigaciones se sumó el resultado de los estudios de la Ley de Mendel.

---

244 ADN, Células, Centrómero - BiRefNotas_22002 (Anexo III).

245 Cromatina identificada como sustancia básica de todos los cromosomas del grupo de los Eucarióticos. La Cromatina tienen la responsabilidad de transmitir la característica genética de cada individuo, integrando el ADN y ARN.

Ya el Cariotipo es el estándar cromosómico de una especie que se expresa a través de un código que obedece un patrón, que muy bien identifica las características de sus cromosomas. Así entendiendo, según resultados obtenidos por los científicos y estudiosos el Cariotipo es usado para referirse a un "cariograma", algo así como un esquema, mapa cariograma o citogenético, representando a los cromosomas de un individuo, demostrando la secuencia de una "célula metafásica".

Así, la célula del REH tiene 46 cromosomas (formados en 23 pares) con dos series de cromosomas (célula diploide (2n)). Donde, el 50 por ciento de ellos (la mitad) viene de la mujer (madre) y la otra parte del hombre (padre). De ahí aparece la afirmación de que el número Cromosómico de la EH es de 46 pares.

Los Cromosomas en los seres REH y en los SB[246], como estructuras biológicas, son los que caracterizan e identifican al individuo, en este caso específico, especialmente al perteneciente de la EH en el PT, definiendo cuando el ser es masculino y cuando es femenino. Para que esa condición pueda ocurrir existen los Cromosomas sexuales, conocidos como **alosomas**.

Razones por las que los "Cromosomas Alosomas" son los que realmente determinan las características sexuales de todo individuo y lo hacen a través de sus dos cromosomas: "Y X". La mujer tiene un par de cromosomas "X X", cromosoma "X

---

246 ADN, Células, Centrómero, Cromosoma - BiRefNotas_22002 (Anexo III).

Peregrinadores" y el hombre tiene los cromosomas del tipo "Y X". En total, el hombre tiene un par de 23 cromosomas de tipo "Y X", muy bien organizado característica que fue aprovechada para formar la estructurar de la propuesta del CBBId.

Bajo esta singular característica biológica, hoy por hoy, en el PT, la característica particular es que solamente el hombre posee el cromosoma "Y" y es en él donde la mayoría de las variaciones del ADN se producen. Así siendo, el Cromosoma "Y", identifica al hombre y el Cromosoma "X", a la mujer.

Como ya explicado, los cromosomas están formando pares y quedó bien definido que el par de cromosomas "X" "Y" identifica al hombre (el macho, sexo masculino) y el par de cromosomas "X" "X" identifica a la mujer (la hembra, sexo femenino).

Muy importante destacar que los cromosomas "Y" son los responsables por gran parte del proceso de las mutaciones en la información genética. Así siendo fue utilizando la base de esta estructura de cromosomas que definimos el "Vida'L Código Básico Biocósmico UId", más adelante presentado en detalles.

Actuando contrariamente a lo explicado antes, sobre los alosomas, ellos son los Cromosomas somáticos, llamados de autosómicos y son los que dan al ser las características "no sexuales". Por lo que los cromosomas somáticos marcan las diferencias genéricas de los componentes restantes, "no reproductores".

Concluyendo, los <u>Alosomas</u> son identificados como cromosomas sexuales y los cromosomas <u>autosómicos</u> como los que dan las características no sexuales al ser.

Como ya comentado, los Cromosomas se unen en un punto que pasó a llamarse de Centrómero. Es aquí donde nacen dos extensiones (brazos, en forma de "*Y*"), para la próxima unión; permitiendo de este modo la replicación celular y el resultado se asemeja, como si se estuviera formando una verdadera cadena, de esta vez, de cromosomas.

Para mejor estudiar las células[247] los científicos también han agrupado a los cromosomas de acuerdo a su forma. En el caso del REH en el PT y dependiendo de la ubicación del Centrómero en el cromosoma, ellos se identifican de la siguiente manera: 1) Cromosomas Acrocéntricos, (Centrómero está en el extremo, formando brazos largos y diferentes); 2) Cromosoma Metacéntrico, (Centrómero está cerca de la mitad); 3) Cromosoma Submetacéntrico (donde el Centrómero está ligeramente desplazado del centro); 4) Cromosomas Telocéntrico, (El centro está más cerca del extremo apareciendo solo un brazo).

Aparte de su morfología también es importante la observación del tamaño de cada uno de ellos, así quedando caracterizados todos los individuos de una especie.

Es de esta manera como se realiza la replicación celular y con ello, el crecimiento del organismo, o sea, por la multiplicación

---

247 ADN, Células, Centrómero, Cromosoma - BiRefNotas_22002 (Anexo III).

celular. Igualmente, la función de los cromosomas también es de propiciar la substitución de las células que pueden haber envejecido o tal vez se hayan damnificado con el pasar del tiempo o por circunstancias ajenas al proceso natural. Otra función importante es que los cromosomas también tienen que crear células reproductoras.

Todo el proceso ocurriendo con los cromosomas quedó documentado en el GH[248], desde el año 2003, cuando se concluyó su estudio.

Todo este raciocinio concluye en la siguiente abreviatura, *Biocosmic's ADN (B's ADN)*. El ADN *Biocósmico (B's ADN)*. *Biocosmic's ADN (B's ADN)* El ADN *Biocósmico (B's ADN)*[249]

Así entendiendo, los CB estarán presentes en los seres vivos, en toda la Biocosmos, con énfasis, en los seres existentes en los MEX. La incógnita por confirmar radica en si fuera del PT se mantiene la misma estructura del ADN o del ADN Biocósmico (**AB**), ya que como lo estamos llamando, no ha cambiado su estructura. Asunto que la EH del GD tendrá para desvendar. Será cuando el REH encontrará la situación que le permitirá también progresar del GD para la primera etapa del sGD bajo el mundo de la Célula Biocósmica de los SB[250].

---

248 **GH** Genoma Humano, incluido en Anexo al final.

249 **Biocosmos**: *Biocosmic'sADN (B'sADN)*. El ADN *Biocósmico (B'sADN)* es la marca biocósmica por medio de la cual se puede identificar un individuo, inicialmente, de la EH, como siendo oriunda del PT.

250 Fuentes y consultas realizadas en la lista "Bibliográfica, Referencias y Notas (BiRefNotas_ 22002, 22003 y 22018) en ANEXO III.

Célula Biocósmica

La Célula Biocósmica (**CB**) es la principal unidad estructural de un ser, sea él, animal o vegetal, en todo MB. En terminología científica, refiriéndose a la vida, la célula es materia que posee energía.

Cada CB es un sistema abierto que intercambia materia y energía con el medio ambiente de su entorno, el que permite su existencia. Una significativa característica de la célula es que en ella se pueden encontrar todas las funciones vitales para la existencia de un ser vivo en un ambiente Biocósmico, donde también encontramos al Cromosoma Biocósmico. Del mismo modo, ya observando a la CB dentro de los diferentes niveles de su complejidad biológica, diríamos que basta poseer una única CB, como elemento suficiente para constituir un organismo. Entonces, resumiendo, basta existir una CB para que pueda existir un ser vivo (obvio, éste será un ser vivo, unicelular). Por lo que se concluye también que la CB es la unidad fisiológica de la vida de un ser en todos los ambientes Biocósmicos.

Todas las CB proceden de células preexistentes, generadas por el proceso de división de éstas (Omnis célula, ex célula). Consecuentemente la CB es la unidad que da origen a todos los seres vivos, los Seres Biocósmicos (**SB**).

Importante comprender que los seres vivos y los SB, están compuestos por cuatro bioelementos o componentes básicos: 1) carbono, 2) nitrógeno, 3) oxígeno e 4) hidrógeno.

De igual manera se llega a la conclusión de que la presencia de los bioelementos llega a formar las Biomoléculas Orgánicas o a los principios inmediatos como: **a)** glúcidos, **b)** lípidos, **c)** proteínas, **d)** ácido nucleico, y **e)** Biomoléculas inorgánicas.

Las Biomoléculas Inorgánicas, por su vez, están constituidas por los siguientes sub componentes: **1)** agua, **2)** gases y **3)** sales minerales. Estas Biomoléculas Inorgánicas, obligatoriamente forman parte del organismo de todos los seres vivos en los ambientes Biocósmicos. Estas moléculas se repiten constantemente en todos los seres vivos y en los SB.

Así siendo, el origen de la vida procede de un antecesor común, que es característico en la Biocosmos, ya que sería improbable que las Células Biocósmicas (CB) hubieran aparecido aisladamente de los seres vivos y con las mismas moléculas orgánicas. Así siendo, la CB estará presente en todo cuerpo vivo en los ambientes Biocósmicos. Esta situación mejor será explicada en el estudio de la Teoría Celular Biocósmica, seguidamente explicado.

La explicación de la existencia de la CB viene para contribuir en el entendimiento de que la vida no puede ser una exclusividad del PT, razón de la existencia de la Biocosmos. Lo importante es definir cómo la CB ingresó al PT y cuando o, será que forma parte desde los orígenes.

Teoría Celular Biocósmica

La Teoría Celular Biocósmica (**TCB**) es parte fundamental y relevante de la Biología, expandiéndose hacia el Sistema Biocósmico. Razón por la que la estamos definiendo como la Teoría Celular[251] Biocósmica (TCB).

La TCB es la ciencia que explica la constitución de los seres vivos sobre la base de la presencia y existencia de las CB. Define también el papel importante que las células tienen en la constitución de una vida y en la composición de las principales características de los SB.

En un ambiente del Sistema Biocósmico basta aparecer una célula para existir un ser vivo, unicelular por cierto.

Importante llevar en consideración que la Membrana Celular (**MC**)[252] es común entre todos los seres vivos[253], sean ellos los del Reino Animal o del Reino Vegetal. Consecuentemente la MC estará presente en todos los seres vivos en la Biocosmos, como la Membrana Celular Biocósmica (**MCB**).

Ya sabemos bien que todos los seres vivos están constituidos por células y que dentro de cada célula se encuentran los

---

251 La Teoría Celular es una parte fundamental y relevante de la Biología. La Teoría Celular explica la constitución de los seres vivos sobre la base de la presencia y existencia de las células, y el importante papel que éstas tienen en la constitución de la vida y en la composición de las principales características de los seres vivos.

252 La Teoría Celular es una parte fundamental y relevante de la Biología. La Teoría Celular explica la constitución de los seres vivos sobre la base de la presencia y existencia de las células, y el importante papel que éstas tienen en la constitución de la vida y en la composición de las principales características de los seres vivos.

253 Fuente: Frutos del Passado Sementes del Futuro, Érica, Brasil, 1993 Pagina 19.

cromosomas. Esta afirmación encuentra su razón de ser cuando los científicos llegaron a sustentar resultados con el pronunciamiento de los estudios que crearon la "Teoría Celular", hoy, Teoría Celular Biocósmica (**TCB**).

Básicamente la TCB explica detalladamente algo así como si en el interior de las células existiera un verdadero microscópico laboratorio químico, donde se realiza la secuencia obligatoria de reacciones químicas, que son catalizadas por la presencia de enzimas, necesarias e indispensables para que se desarrolle la vida[254].

> *"Yo pienso que el hecho de poder conocer un poco la ciencia, con más profundidad, ha hecho con que a los investigadores les haya surgido esa curiosidad por saber qué más sucede y, ese qué más, nos incentiva a poder buscar y sacar de nosotros todos los conocimientos y adquirir nuevos conocimientos para poder dar una respuesta a toda la problemática de salud que se encuentran en el mundo y, parte de la ciencia es eso, llevar los conocimientos para aplicarlos en el bien de las personas"*[255]

---

254 Fuente: Rumbo al Final, "El Ser Viviente", Xlibris, 2016, Alcides Vidal. Fuente: Frutos del Passado - Sementes del Futuro", 1993, Editora Érica, Brasil. Alcides Vidal.

255 Fuente: Entrevista del Periodista Alcides Vidal con la Dra. Patricia Sáenz Montoya (Minuto 01:03). Cortesía IntiTV. Rueda de prensa. https://www.youtube.com/watch?v=UdMd7fu8kk0Uploadedon Jan 13, 2012. UPCH - Universidad Peruana Cayetano Heredia, Laboratorio de Inmunopatología Experimental - LID 115. Colaboración especial del Dr. Adolfo Vidal Escudero. Reportero interlocutor Alcides Vidal. Medio de comunicación IntiTV. Lima Perú, 2012.

nos decía en la entrevista la Dra. Patricia Sáenz Montoya[256].

La TCB es una parte fundamental y relevante de la Biocosmos que explica la constitución de los seres vivos sobre la base de células y el papel que éstas tienen en la constitución de la vida y en la descripción exacta de las principales características que poseen todos los seres vivos en el PT y de manera singular como característica común en la Biocosmos.

"Hacer ciencia básica, entender los principios, fundamentos, los mecanismos en los que se fundan en esas relaciones entre moléculas y células, y células y tejidos, es importante; pero definitivamente ese conocimiento (científico) ha avanzado muchísimo gracias al avance de la tecnología. Las grandes maquinas han sido transformadas a pequeños equipos, muy sofisticados pero que tienen mayor capacidad de resolución, son más sensibles y eso creo yo que ha permitido avanzar, en menor tiempo, más conocimiento con respecto a cualquier interacción entre moléculas"[257] **decía el Dr. Miguel Marzal Meléndez.**

---

256 Fuente: Rumbo al Final, "El Ser Viviente", Xlibris, 2016. Fuente: Frutos del Passado - Sementes del Futuro", 1993, Editora Érica, Brasil. Alcides Vidal.

257 Fuente: Entrevista del Periodista Alcides Vidal, Cortesía IntiTV Rueda de prensa. https://www.youtube.com/watch?v=UdMd7fu8kk0Uploadedon Jan 13, 2012.
UPCH - Universidad Peruana Cayetano Heredia, Laboratorio de Inmunopatologia Experimental - LID 115. Colaboración especial del Dr. Adolfo Vidal Escudero. Reportero interlocutor Alcides Vidal. Medio de comunicación IntiTV. Lima Perú, 2012.

Dando continuidad al tema vamos ingresar en el mundo de los Cromosomas Biocósmicos, dentro de la TCB, el ADN y ARN, como asuntos que se complementan y porque son argumentos apasionantes por naturaleza, siendo necesario abordarlos obligatoriamente para un mejor entendimiento del tema ya que también es el foco de la obra.

El estudio de la TCB se apoya en los siguientes principios: 1)- Todo tipo de célula contiene información necesaria para mantener el control de su propio ciclo de funcionamiento como siendo un organismo, para su especie y para su propio desarrollo. 2)- Todos los seres vivos están formados por células; y, como podría ser también, por la acción de la secreción dada entre ellas mismas. Entendiéndose que la célula es la unidad estructural de la materia viva y dentro de los diferentes niveles de complejidad biológica, una célula es suficiente para constituir un organismo, unicelular. 3)- Todos los tipos de células provienen de células predecesoras (preexistentes). Esta situación se realiza con la función de la división de las Omnis célula, ex célula. Lo que explica que esas células son la unidad de origen de todos los seres vivos en la Biocosmos. 4)- La célula es donde están comprendidos todos los principios y componentes de la materia viva, razón por la cual proviene el nombre de célula. 5)- Dentro de las células o en su entorno contiguo es donde se realizan todas las funciones vitales, como las secuencias obligatorias de reacciones químicas, catalizadas por la presencia de las enzimas, necesarias e indispensables para que se desarrolle la vida, manifestadas en los organismos que son controlados por sustancias que ellas mismas secretan, (ver nota)[258]. 6)- Toda célula posee la información hereditaria necesaria para el control de su propio ciclo del desarrollo, manteniendo la característica necesaria para el control del funcionamiento de un organismo idéntico de su especie, pudiendo realizar la transferencia de la información que posee para la siguiente generación de células. Factor que permite que la célula sea también la unidad genética del ser. Técnica utilizada en "Vida'L Código Biocósmico Básico Id"[259].

Por todo lo demostrado hasta aquí sería improbable concluir diciendo que las moléculas, propiciadoras de la aparición de la vida, hubieran aparecido aisladamente de los seres vivos y ya poseyendo las mismas moléculas orgánicas. Razones por las que la TCB se apoya en muchos y diversos principios[260] aplicados y existentes en un ámbito la Biocosmos.

Desde el siglo XIX la Teoría Celular viene siendo estudiada y discutida en el Mundo científico; o sea, no es un concepto nuevo. Mas, novedosos son los descubrimientos obtenidos gracias al esfuerzo que se viene realizando en los últimos tiempos, aliado al rápido advenimiento de la tecnología, que espantosamente llega para auxiliar en el esfuerzo incondicional y entusiasta de los científicos dedicados a esa misión.

---

258 **Nota:** Cada célula es un sistema abierto que intercambia materia y energía con el medio ambiente o con su entorno. Igualmente, en una única célula se pueden encontrar todas las funciones vitales de un ente. Basta una célula para existir un ser vivo, unicelular. La célula es la unidad fisiológica de la vida de un ser.

259 Asunto explicado en título aparte. Ver Técnica utilizada en "Vida'L Código Biocósmico Básico Id" en Anexo.

260 **Fuente:** Rumbo al Final, Xlibris, USA, 2016. Frutos del Passado - Sementes del Futuro", 1993, Editora Érica, Brasil. Alcides Vidal.

La Teoría Celular fue debatida desde el siglo XIX, pero fue Pasteur el que con sus experimentos sobre la multiplicación de los microorganismos unicelulares dio lugar a su aceptación rotunda y definitiva, póstumas felicitaciones para él.

Los conceptos de la materia viva y de la célula (biomolécula) están estrechamente ligados unas a otras. La materia viva se distingue de la no viva por su capacidad para metabolizar también por su singular poder de auto perpetuación y por su capacidad de multiplicación. Además, las materias cuentan con las estructuras propicias que hacen posible la ocurrencia de estas dos funciones. Entonces, si la materia metaboliza y se auto perpetua por sí misma, es porque ella tiene vida, dando así la razón de la existencia de los Seres Biocosmos (SB).

Fueron varios científicos los que presentaron iniciativas y definieron principios para darle a la materia una estructura adecuada de definición, hoy, utilizada por nosotros.

Penetrando un poco en la historia, la Célula[261] fue descubierta por **Robert Hooke**, en el año de 1665. Hooke, observó una muestra de corcho en el microscopio y no vio la célula tal y como la conocemos actualmente, él observó que el corcho estaba formado por una serie de celdillas de color transparente, ordenadas de manera semejante a las celdas de una colmena; para referirse a cada una de esas celdas él utilizó la palabra "célula". Hooke anunció su descubrimiento para la Royal Society of London, asunto que provocó el interés de muchos seguidores como Grew y Malpighi quienes

---

261 ADN, Células, Centrómero, Cromosoma - BiRefNotas_22002 (Anexo III).

hicieron algunas observaciones, incluyendo sus conclusiones. Pero estos descubrimientos apenas fueron entusiastas y eufóricos hallazgos que se detuvieron en el tiempo, quedando paralizados por casi dos siglos (173 años). Recién en 1838 la célula regresa a ser vista con la importancia que se merece y es cuando se inicia la discusión científica que jamás se detendrá. Fue la época cuando el botánico Scheleiden y el zoólogo Schwann verificaron que tanto la estructura de las plantas como de los animales estaban formadas por células (Reino Animal y Reino Vegetal). **Antón Van Leeuwenhoek**, realizó observaciones creando las bases de la morfología microscópica, apenas usando un simple microscopio fabricado por él mismo. Leeuwenhoek es considerado el primero en realizar importantes descubrimientos en este campo. Desde 1674 hasta su muerte Leeuwenhoek realizó numerosos descubrimientos. Introdujo mejoras en la fabricación de microscopios y fue el precursor de la biología experimental, la biología celular y la microbiología. **Javier Bichat,** al finalizar el siglo XVIII fue quien dio la primera definición de tejido (un conjunto de células con forma y función semejante). Más adelante, en 1.819, Meyer dio el nombre de Histología a un libro de Bichat titulado Anatomía General Aplicada a la Fisiología y a la Medicina. **Theodor Schwann** histólogo y fisiólogo y Jakob Schleiden, botánico, ambos científicos alemanes, se percataron de cierta fundamental característica en común en la estructura microscópica de los animales y las plantas, en particular observando la presencia de centros o núcleos, que el botánico británico Robert Brown había descrito en 1.831. Ellos verificaron que tanto la estructura de las plantas como la de los animales eran de células. Luego, juntos publicaron la obra: Investigaciones microscópicas sobre la concordancia de la estructura y el crecimiento de las plantas y los animales (1.839). Fueron ellos los que estructuraron el primer y segundo principio de la teoría celular histórica: *"Todo en los seres vivos está formado por células o productos secretados por las células"* y que, *"La célula es la unidad básica de la organización de la vida"*. **Rudolf Virchow** médico alemán, interesado en la especificidad celular de la patología (sólo algunas clases de células parecen implicadas en cada enfermedad) explicó lo que debemos considerar el tercer principio: *"Toda célula se ha originado a partir de otra célula, por **división** de ésta"*. Actualmente ya estamos en condiciones de añadir que la división es por **bipartición**, porque a pesar de ciertas apariencias extrañas, siempre la división es **binaria**. El principio popularizado por **Virchow** es en la forma de un axioma creado por **François Vincent Raspail**, *omnis célula es célula*. El postulado de Virchow implica en la continuidad de las estirpes celulares, que está en el origen de la observación por **August Weismann**, de la existencia de una línea germinal, a través de la cual se establece en animales (incluido el hombre) la continuidad entre padres e hijos y, por lo tanto, del concepto moderno de herencia biológica. **Santiago Ramón y Cajal** lograron unificar todos los tejidos del cuerpo en la teoría celular, al demostrar que el tejido nervioso está formado por células. Su teoría, denominada *"neuronismo"* o *"doctrina de la neurona"*, explicaba el sistema nervioso como un conglomerado de unidades independientes. Pudo demostrarlo gracias a las técnicas de investigación de su contemporáneo Camilo Golgi, quien perfeccionó la observación de células mediante el empleo de nitrato de plata, logrando identificar una de las células nerviosas. Cajal y Golgi recibieron por ello el premio Nobel en 1906.

Son por estas razones que siempre los resultados de los estudios científicos y de los descubrimientos están siendo publicados con mucho entusiasmo y siempre repletos de esperanzas. Pero los resultados alcanzados, o mejor, los descubrimientos obtenidos no podrían hacernos olvidar a los pioneros de estos estudios. Entre otros ejemplos encontramos: **Louis Pasteur** (1882-1895) químico y bacteriólogo francés, sus descubrimientos tuvieron enorme importancia en diversos campos de las ciencias naturales, sobre todo en la química y microbiología. Pasteur es muy conocido por sus experimentos sobre la multiplicación de los microorganismos unicelulares, que dio lugar a su aceptación rotunda y definitiva. **Alfred Pischinger** (1899-1982) médico, histólogo y embriólogo austriaco; graduado como Doctor en Medicina en la Universidad de Graz en 1923; considerado el Padre de la Histoquímica; creador del concepto de Sistema Básico o Tercer Sistema y es considerado como uno de los fundadores de la Histoquímica, materia que sería pilar sustentador de sus posteriores investigaciones. Continuó su trabajo médico en el Departamento de Histología y Embriología de la universidad Graz, donde enseñó desde 1933. En 1948 **Pischinger** ya entendía muy bien el papel que juega el tejido conjuntivo o conectivo de la matriz extracelular que circunda a la célula, descubriendo su extraordinaria función de regulador y que en él se realizan las funciones básicas más elementales de la vida; tales como el intercambio de agua, de oxígeno, de electrolitos, la regulación ácido-alcalina de los radicales libres y todo lo referente a los sistemas de defensa inespecíficos, haciendo conocer sus descubrimientos con la publicación de sus trabajos. En 1966, Pischinger delineó perspectivas en patogenia y oncología explicando que es en este tipo de tejidos donde se fragua el comienzo de cualquier tipo de enfermedad, mediante el procedimiento que denominó acidificación, realizado por los radicales libres. Asimismo, rehabilitó la efectividad de antiguas terapias contra el cáncer, como la hidroterapia, la balneoterapia y la fitoterapia.

Importante destacar el poderío de reacción de las células frente a los ácidos externos o contiguos en tejido conectivo. El tejido conjuntivo, conectivo o intercelular, también llamado tejido medio, mesénquima o matriz extracelular, es un líquido que humedece todas las células del cuerpo y de él son extraídos sus nutrientes que aportan sus toxinas como producto de su normal metabolismo, que es fundamentalmente alcalino. Entonces, si esas toxinas, siempre de naturaleza ácida, se acumulan a su alrededor, la célula se asfixia y puede reaccionar de las siguientes maneras: Por medio de un proceso de hidratación que disuelva los ácidos exteriores que la queman; por medio de la muerte o apoptosis celular; por medio de la absorción de calcio de los huesos y por medio de una mutación hacia una forma de vida ácida y no alcalina, el cáncer. Antes de Pischinger se creía que los capilares arteriovenosos acababan dentro de la célula, pero eso no sucede directamente; ellos transportan el oxígeno y los nutrientes a ese mar interno, que es <u>el tejido conectivo</u>.

Fue en 2013, en la ciudad de Lima, en una reunión de trabajo de investigación que hicimos el siguiente cuestionamiento para un grupo de científicos en la Universidad Cayetano Heredia[262]: *¿Es verdad que nada es igual en el universo? ¿Podríamos decir que una célula en el cuerpo humano no es igual a la otra, o si físicamente es, energéticamente no será?*

El Dr. Miguel Marzal Meléndez responde: *"También hay parecidos, pero las funciones son las mismas; no podría precisar realmente cuanta diferencia puede haber entre una célula y otra; pero una célula, por ejemplo, enferma definitivamente tiene un nivel energético que ya se ha comprobado que es distinto a una célula sana; entonces desde ese punto de vista podría haber diferencias entre ellas, pero yo todavía no he tenido la oportunidad de revisar información tan detallada y precisa".* **El Dr. Marzal transfiere el uso de la palabra preguntando:** *¿No sé si Ud. Dr. Vidal sabe?"*[263]

---

262 Fuente: Cortesía IntiTV Rueda de prensa.
   https://www.youtube.com/watch?v=UdMd7fu8kk0Uploadedon Jan 13, 2012. UPCH - Universidad Peruana Cayetano Heredia, Laboratorio de Inmunopatologia Experimental - LID 115. Colaboración especial del Dr. Adolfo Vidal Escudero. Reportero interlocutor Alcides Vidal. Medio de comunicación IntiTV. Lima Perú, 2012.

263 **Fuente:** Dr. Miguel Marzal Meléndez. Cortesía IntiTV Rueda de prensa. https://www.youtube.com/watch?v=UdMd7fu8kk0Uploadedon Jan 13, 2012.
   UPCH - Universidad Peruana Cayetano Heredia, Laboratorio de Inmunopatologia Experimental - LID 115. Colaboración especial del Dr. Adolfo Vidal Escudero. Reportero interlocutor Alcides Vidal. Medio de comunicación IntiTV. Lima Perú, 2012.
   NOTA Importante: En 2019 falleció en Lima el Dr. Adolfo Vidal Escudero, dejando un legado inmensurable para la humanidad.

"Lo único que podría decir es: La diferencia es muy importante para la sobrevida. O un individuo no debe ser idéntico al otro, porque eso sería realmente una catástrofe; porque de idéntica forma podríamos desaparecer. Alguien dijo que tiene que haber diversidad, nada hay igual, siempre somos diversos y es un mecanismo de defensa de supervivencia", respondía el Dr. Julio Adolfo Vidal Escudero (25/05/1950 – 24/02/2020), profesor y director del Banco de Sangre del Hospital Cayetano Heredia[264].

"Y los métodos, sobre todo los métodos de diagnóstico están avanzando a ser tratamientos más personalizados. Diagnósticos cada vez más personalizados. Y probablemente que en el futuro podremos tener trabajos, a nivel molecular, que nos permitan tal vez ver esas diferencias que ahora resultan invisibles a nuestros ojos"[265]. Decía la Dra. Adriana Paredes Arredondo.

---

264 **Fuente:** Dr. Adolfo Vidal Escudero. Cortesía IntiTV Rueda de prensa. https://www.youtube.com/watch?v=UdMd7fu8kk0Uploadedon Jan 13, 2012.
UPCH - Universidad Peruana Cayetano Heredia, Laboratorio de Inmunopatologia Experimental - LID 115. Colaboración especial del Dr. Adolfo Vidal Escudero. Reportero interlocutor Alcides Vidal. Medio de comunicación IntiTV. Lima Perú, 2012.

265 **Fuente:** Dra. Adriana Paredes Arredondo. Cortesía IntiTV Rueda de prensa. https://www.youtube.com/watch?v=UdMd7fu8kk0Uploadedon Jan 13, 2012.
UPCH - Universidad Peruana Cayetano Heredia, Laboratorio de Inmunopatologia Experimental - LID 115. Colaboración especial del Dr. Adolfo Vidal Escudero. Reportero interlocutor Alcides Vidal. Medio de comunicación IntiTV. Lima Perú, 2012.

Por lo que se concluye que: *"Todos los seres vivos y las plantas están constituidos por células"*. Las Células Biocósmicas las que existirán en abundancia, también en los MEX. Prácticamente quedó definido que la Biocosmos está plagada de seres celulares.

También importante resaltar que la Materia Viva se distingue de la no viva (muerta) por su poder de metabolizar y por la capacidad de resistencia para auto perpetuarse, gracias a su sistema de reproducción o multiplicación. Ellas mismas mantienen estructuras que hacen posible la ocurrencia de estas dos funciones. Entonces, la materia está viva o ha adquirido vida, cuando se metaboliza y se auto perpetua por sí misma.

El Ser Humano está constituido por 60 trillones de células componiendo su cuerpo.

Al mismo tiempo los científicos llegaron a una conclusión que tanto las células de los seres vivos (Reino Animal y las del Reino Vegetal) tienen mucho en común, pero en esencia son diferentes, entonces, veamos ese algo que los diferencia.

La célula en el Reino Vegetal (La **Célula Vegetal**), construye dos paredes de barreras llamadas "Pared Celular" (**PC**), que son: 1). La constituida de "**Celulosa**" que viene a ser una estructura bastante resistente y 2). La "**Membrana** Celular" (**MC**) que es una estructura significativamente delgada.

La célula del Reino Animal construye solamente la MC. O sea, la célula animal no posee "**Celulosa**". Los dos conceptos, **Materia Viva** y **Célula** (biomolécula) están estrechamente ligados. Bajo estos dos puntos de vista podemos concluir que la MC es común en todos los entes vivos (integrando el Reino Vegetal y el Reino Animal) (plantas y animales) naciendo así la **Teoría Celular,** aplicada en la Biocosmos (**TCB**).

La "MC" es la característica encontrada en los SB y es bajo estos conceptos que nace la Teoría Celular Biocósmica (**TCB**).

Desde el inicio de este milenio (M2) hasta nuestros días, se ha profundizado el estudio de la **Teoría Celular**. Poniéndose más importancia al estudio de las células por ser muy necesario, pues son las células las que encierran grandes misterios y la ciencia asume esa situación como siendo sus constantes desafíos[266].

ADN Biocósmico

Importante mostrar primero los resultados de estudios concluidos y ya definidos, que fueron pronunciados por la ciencia y por todo lo obtenido por los estudios realizados por el REH del GD en el PT durante el M1 y el M2. Razón por la que traemos al debate y al conocimiento público, de manera sucinta, conceptos nuevos, fundamentales para consolidar conocimiento básico en ciencia. Ya es fácil imagínese la complejidad que comprende el estudio del ADN Biocósmico (**ADNB**). Aún más, cuando la situación intuye pensar más lejos,

---

266 Fuentes y consultas realizadas en la lista "Bibliográfica, Referencias y Notas (BiRefNotas_22002) en ANEXO III.

llegando hasta el Genoma Biocósmico (**GB**), el Biocosmic's ADN (B's ADN), ADN-Biocósmico (ADNBc)[267].

El ADN[268] es una proteína muy compleja y de formato alargado (*X*) donde se encuentra almacenada la información genética del individuo, conteniendo todas las instrucciones básicas y moleculares para la generación de un nuevo ser viviente, juntadas en unidades mínimas llamados **genes**[269].

El ADN es encontrado en el interior de toda célula de los seres vivos y también en el interior de la mayoría de los virus.

De este modo podemos observar que la estructura biológica, molecular y celular tiene que ser una constante en la Biocosmos cuando surge la necesidad de la identificación del ADN mayor y así aparece el ADN Biocósmico (**ADNB**), como símbolo universal que caracterizará una especie viviente, por ser el ADN único.

El ADN es el material que contiene genes y proteínas que propician su existencia. Así siendo el ADN humano posee

---

267 . **Biocosmos**: Biocosmos fue publicado por la primera vez en la obra Rumbo al Final, Xlibris, 2016. Para este caso el ADN**Bc** vendría a ser el ADN Madre (**ADNM**) el original o el precursor Biocósmico. En esta obra lo estamos extendiendo como *Biocosmic'sADN (B'sADN)*. El ADN*Biocósmico (B'sADN)* que viene a ser la marca biocósmica identificando a la EH como siendo oriunda del PT.

268 . **ADN** – ADN Ácido Desoxirribonucleico. Proteína compleja de formato alargado almacenando información genética del individuo, como las instrucciones básicas y moleculares para generar un ser viviente, juntas en unidades mínimas llamados **genes**. En esta obra el ADN progresa para un nivel mayor: *Biocosmic'sADN (B'sADN)*. El ADN*Biocósmico (B'sADN)* marca biocósmica identificando wl REH, oriunda del PT.

269 **Genes** - El "Gen" es la unidad de básica y molecular que conteniente la información de la herencia genética de un individuo manteniéndola codificada en proteínas o ARN muy bien guardada en el ADN, permitiendo transmitirla para su descendiente.

unos 30 mil genes. Se espera similitud entre todos los otros seres Biocósmicos (**SB**).

Otro elemento importante, en términos biocósmicos, es la existencia del Ácido Ribonucleico (**ARN**) que también es parte elemental para la existencia de vida. Por esa razón el ARN es importante porque se asocia su existencia a la vida y a la evolución, forneciendo elementos para investigación y propiciando estudios sobre el origen de la vida. En términos de tamaño el ARN es casi cuatro veces más grande que el ADN. Por lo general el ARN es una molécula linear y está formado de una sola cadena (monocatenaria) que se convierte en un ejecutor de las funciones contenidas en el ADN. Ya el ARN tiene la fundamental función de leer la estructura de la célula almacenada, empleándola como si fuera un verdadero molde, dentro de un proceso de trascripción o de traducción de las Biofunciones.

Tanto el ADN como el ARN son cadenas de nucleótidos similares, solamente diferenciándose en el tipo de azúcar que contienen en su estructura, resultando el ADN desoxirribosa y ARN ribosa. Así siendo, el ADN y ARN son responsables por el proceso de la síntesis de proteínas y de la herencia genética del ser y en delante de los SB.

Consecuentemente no podríamos estar ausentes cuando tratamos conceptos relacionados con la Biocosmos. Así entendiendo, también tendremos el ARN Biocósmico (**ARNB**).

Históricamente el ARN fue descubierto junto al ADN en 1867, por Friedrich Miescher, quien lo llamó nucleína, aislándolos del núcleo celular. Estudios posteriores también comprobaron la presencia de las mismas en células procariotas, sin núcleo. La forma de la síntesis del ARN, en la célula, fue descubierta posteriormente por Severo Ochoa Albornos, español, Premio Novel en Medicina en 1959.

Importante destacar que desde 2016 se discute que las moléculas de ARN fueron las primeras formas de vida en existir. (Hipótesis del mundo de ARN, incluido en Rumo al Final) [270].

Existen muchos tipos de ARN, donde los más estudiados son: ARN Messenger, ARN Transfer y el ARN ribosomal.

En el proceso reproductivo de los organismos de reproducción sexual, al formarse un individuo nuevo, se observa que cada parte participante aporta con 50% de su genoma. Ya en el proceso de la reproducción sexual de los organismos unicelulares la molécula de ADN se reproduce a si misma (creando una copia), ocurriendo dentro del proceso que envuelve el sistema de replicación automática. El proceso que genera la duplicación de una molécula de ADN, una copia idéntica, es llamado de "la replicación del ADN". Así siendo, ocasionalmente también se crean algunas fallas en el ADN que pueden generar copias, de descendientes con defectos congénitos, por ejemplo, la aparición del Cromosoma 21. El proceso reproductivo de todo los organismos es un sistema

---

270 Libro Rumbo al Final, La agonía del Planeta, 2016, Alcides Vidal, USA.

universal, así, los SB tienen esa particularidad, ya que son integrantes de la Biocosmos.

Importante esclarecer que los genes permiten la transmisión hereditaria, vital para la continuación de la evolución de la vida de las EB. Esto porque, en los genes está contenida la información referente a cómo y cuándo debe realizarse las síntesis de los componentes básicos de las células.

La Replicación del ADN Biocósmico (**ADNB**) pasa por un proceso donde existen tres tipos de ellos para realizar su replicación: **1) Semiconservadora**, cuando las hebras (brazos, horquilla o hélices) se separan y de cada una antigua se sintetiza una nueva. O sea, en cada una de las moléculas descendientes se mantiene una de las cadenas originales. **2) Conservativa**, ocurre solamente si las hebras antiguas vuelven a ser molde, juntándose con otra antigua, compañera, apareciendo así una molécula de ADN nueva, junto a la antigua que pasó por el proceso de regeneración (se regeneró). Resumiendo: proceso de sintetización de la molécula nueva como copia fiel de la original. **3) Dispersiva** o dispersante, cuando las hebras resultantes son compuestas por fragmentos del ADN viejo y del nuevo. Las cadenas descendientes (hijas) mantienen fragmentos que corresponden a la cadena antigua con fragmentos de la nueva[271].

---

271 Fuente: Replicación de ADN. Características generales del ADN. Internet Link: es.wikipedia.org/wiki/Replicación_de_ADN
El "Gen", unidad básica y molecular conteniendo información hereditaria y genética de un individuo manteniéndola codificada en proteínas o ARN muy bien guardada en el ADN, permitiendo transmitirla para su descendiente.

Así siendo, el ADN proveniente del REH del GD servirá como base para el estudio de las células que compondrán los organismos Biocósmicos, creándose de ese modo el ADNB. Así como ya definimos al ADNB, ahora tendremos que definir también el ARN Biocósmico (**ARNB**).

De este modo, tanto el ADN Biocósmico(**ADNB**) y el ARN Biocósmico (**ARNB**) serán los elementos encontrados en toda la extensión del fenómeno Biocósmico, como una biosignatura indeleble de lo que la vida refleja en sus microscópicos componentes universales, Biocósmicos, así llegándose a crear el Gen Biocósmico (**GenB**).

GENOMA Biocósmico

Para ingresar de lleno en la definición del concepto "Genoma Biocósmico (**GB**)" primeramente la obra presenta algunas de las buenas evidencias y estudios existentes en la actualidad a nivel EH en el PT y, de los estudios y resultados obtenidos de restos que llegaron de fuera del PT y de los ambientes extraterrenos.

Inicialmente las primeras evidencias conocidas son los resultados extraídas de fósiles, como el del esqueleto "Lucy", que la ciencia estima tener 3.2 millones de años de antigüedad. Igualmente importante contemplar los estudios de las primeras evidencias migratorias hacia el Continente

Americano[272]. También existen los resultados del estudio de los meteoritos[273] que milagrosamente cayeron en el PT, entre otros restos estudiados. Finalmente, sin esperar que los indicios celestiales caigan solos, formando parte de los llamados meteoritos, el REH está viajando en la búsqueda de muchos de ellos, que como objetos están localizados en las cercanías de PT, como el caso del planeta Júpiter (con los siete troyanos, satélites), existiendo otro troyano entre Júpiter y Marte, todos, confundidos entre centenas de millares de otros troyanos en el otro lado del gigante planeta Júpiter. Estos troyanos, ciertamente contendrán alguna evidencia que fuertemente ayudaran para la mejor definición de lo que viene a ser el GENOMA Biocósmico (**GB**) en esta obra. Esos resultados hasta podrán revelar la formación del Sistema Solar y mucho más. La actual misión Lucy, de la NASA, que llegará a unos 800 millones de distancia del SOL, alcanzando su albo en algunos años más (allá por los 2025), ya que solamente entre los años 2027 a 2033, llegará a sobrevolar los troyanos

---

272 Como producto del estudio del "Mitochondrial ADN", en la última edad del hielo Norteamericano, se estima en 30.000 años (B.P Antes del Presente, 1950) los primeros vestigios encontrados de la primera migración humana para este Continente. Se calcula que hacen 25,000 (B.P.) años se habrá establecido el puente migratorio entre Asia y América del Norte. Estudios del Y-Cromosoma apuntan para 20,000 años las primeras evidencias migratorias. El descubrimiento de Clovis, N.M. es una evidencia de que un grupo de migrantes habitó Rocky Montains América del Norte, hacen 12,000 años. Hace 10,000 se estima que fue el final de la era glacial en América del Norte; Aproximadamente 9,000 años se estima que el "Kennewick Man" habitó las costas del Norte del Océano Pacifico. Luego encontramos a las evidencias de las culturas Olmec y Maya en América Central, en media con 5,000 años de antigüedad. Luego la cultura Inca en América del Sur. También lo curioso es que después de este análisis cronológico, paradójicamente se encuentran restos en Monte Verde, Chile que datan de 12,500 años, antes de 1950. Lo que hace concluir que las primeras evidencias en América del Sur datan de 15,000 años.

273 Fuente: NASA - Technology Today, A Resource for Technology, Science & Math Teachers. August September 1997. Page 2 - 3. Estudios de microfósiles de meteoritos marcianos pueden confirmar que allí existió vida.

mencionados, fornecerá abundante información científica al respecto. Por lo que esperamos que los años pasen rápidamente.

El REH en PT, del GD, en estos tiempos, 2022 en adelante, demuestra que ya no es más necesario esperar que algún meteorito, algún día venidero caiga en algún lugar del PT para que su contenido sea estudiado. En este preciso instante, el REH tiene naves en el espacio sideral, fuera de las fronteras del PT y hasta fuera del propio Sistema Solar, increíblemente. Son esos y los otros que aún están en construcción, los instrumentos que traerán para dentro del PT todas las respuestas esperadas y así quedará más claro el concepto de la universalización de muchos factores relacionados con los organismos y la propia vida en general, Biocosmos.

Bajo ese ambiente, urge la necesidad de observar, en ámbitos universales, Biocósmicos, al modesto ADN del REH en el PT, por ser él, el secreto de la existencia y el marcador de las diferencias entre los seres vivos.

El estudio del "GENOMA Humano[274]" (**GH**) de la EH en el PT, prácticamente se oficializó universalmente, desde el año 2003, como el resultado plausible de un Proyecto realizado

---

274 **Fuente: Los** cromosomas humanos. Wikipédia, Artículo principal viene del Genoma Humano. Cromosomas sexuales – Internet Link: es.wikipedia.org/wiki/Cromosoma#Los_cromosomas_humanos .

Fuente: Sobre el Instituto Nacional para la Investigación del Genoma Humano- NHGRI, Proyecto Genoma Humano y el futuro de la genómica. Visite también el sitio web de NHGRI. Internet Link: www.genome.gov El Proyecto Genoma Humano: www.genome.gov/Research El Proyecto ENCODE: www.genome.gov/ENCODE El Proyecto HapMap: www.genome.gov/HapMap Proyectos de Secuenciación: www.genome.gov/Sequencing La Celebración del Genoma: www.genome.gov/About/April2003 Términos genéticos y definiciones: www.genome.gov/glossary.cfm Investigación de las Implicaciones Éticas, Legales y Sociales: www.genome.gov/10001618/the-elsi-research-program/

con suceso por los estudiosos, investigadores y científicos, pertenecientes a la EH del GD en PT y ahora visto como ExoT también. Ellos, básicamente definieron que el GH es la información hereditaria encontrada en un organismo, en este caso, en el Ser Humano (del REH del PT).

La información hereditaria, clasificada en el GH, está muy bien organizada, codificada y guardada en el ADN, incluyendo a los genes en las regiones Inter génicas al ADN mitocondrial[275] (**ADNM**) y ADN plásmido[276] (**ADNP**) que son una secuencia de ADN contenidas en cada una de las "células somáticas". Igualmente una pequeña cantidad de ADN se encuentra en otras estructuras celulares adicionales llamadas "mitocondrias"[277].

---

275 **ADN Mitocondrial:** material genético encontrado en las células mitocondrias, las mismas que generan energía para la célula. ADN Mitocondrial se reproduce por sí mismo al dividirse la célula eucariota. ADN Mitocondrial fue descubierto en 1963 por Margit K. Nass y Sylvan Nass.

Las mitocondrias son células perfectamente organizadas para generar la energía necesaria que la célula necesita para mantenerse en perfecto funcionamiento energético viviente. Solamente el hijo posee el "ADN mitocondrial", heredado con exclusividad de su madre. Contrariamente el "Cromosoma Y" es transferido al hijo solamente por el Padre. Razones por las que tenemos dos datos importantes en manos y con ellos podemos saber si el parentesco es por parte de madre o por parte de padre. Lo curioso es que, hasta el presente momento, el "Cromosoma Y" sólo se está obteniendo a partir de 20,000 años atrás. Lo que también abre una interrogante científica de sus razones, comentaba el científico Michael Hammer de la Universidad de Arizona.

276 **Plásmido:** Los plásmidos son moléculas de ADN extra cromosómico, generalmente de forma circular, replicándose de manera autónoma y se transmiten independientemente del ADN cromosómico, mayormente presentes en los procariotas (bacterias y arqueas, arqueas, micro organismos procariotas unicelulares, por no presentar núcleo).

277 **Las mitocondrias** son células perfectamente organizadas para generar la energía necesaria que la célula necesita para mantenerse en perfecto funcionamiento energético viviente. ADN Mitocondrial: material genético encontrado en las células mitocondrias, las mismas que generan energía para la célula. ADN Mitocondrial se reproduce por sí mismo al dividirse la célula eucariota. ADN Mitocondrial fue descubierto en 1963 por Margit K. Nass y Sylvan Nass.

También importante recordar antes que las moléculas del ADN están formados por dos hélices o brazos torcidos y emparejados. La genial característica de cada uno de los brazos es que se encuentran formados por cuatro (4) unidades químicas, denominadas bases nucleótidos. Estas bases son las siguientes: Adenina (**A**), Citosina (**C**). Guanina (**G**) y Timina (**T**) (AC GT). Las bases en las hélices opuestas se emparejan específicamente de la siguiente manera: una base "A" siempre se empareja con una base "T", y una base "C" siempre se empareja con una base "G", ([A] [T] y [C] [G]).

El ADN encontrado en el núcleo de la célula fue llamado por los científicos de ADN Nuclear (**ADNN**) y al conjunto de ADN de un organismo se conoce como su Genoma. Así siendo y, resumidamente, GENOMA es la secuencia de cromosomas del REH en el PT, ya que, en el caso de algunas bacterias o virus, ese material se puede encontrar también en su RNA. Con esta técnica también se puede realizar estudios de otras especies vivientes, diferentes a la EH, que en el futuro será aplicada en la creación de los Medicamentos Biocosmos (**MB**), bajo la ciencia del GG. Futuramente el resultado de estos criterios vendrá para ayudar en el estudio para la creación definitiva del "Código Biocósmico Básico de Identificación", de la Tabla "Vida Limitada (**Vida'L**) Código Básico Biocósmico de Identificación Universal (**BBIdC**)[278], patrón definido en capítulo separado.

---

278 BBIdC - Código Biocósmico Básico de Identificación, de la Tabla "Vida Limitada (Vida'L) Código Básico Biocósmico de Identificación Universal (BBIdC) (Ver Cromosoma PT-GD-ADN-ID).

Hoy, ya como formando parte de la historia, el 14 de abril de 2003, fue anunciado la conclusión exitosa del Proyecto Genoma Humano (**PGH**)[279], en el Instituto Nacional de Investigación del Genoma Humano (**NHGRI**) y en el Departamento de Energía (**DOE**). Igualmente, los socios del Consorcio Internacional del **PGH**[280] para la Secuenciación del Genoma Humano lo anunciaron. Así siendo, la primera presentación impresa del GH fue realizada con la publicación

---

279 **PGH** - Proyecto Genoma Humano constituido por el Consorcio Internacional para la Secuenciación del Genoma Humano que incluye diferentes entidades.

280 Consorcio Internacional- El Consorcio Internacional para la Secuenciación del Genoma Humano incluye a las siguientes entidades:
Whitehead Institute/MIT Center for Genome Research, Cambridge, Mass., EE.UU.
Wellcome Trust Sanger Institute, Wellcome Trust Genome Campus, Hinxton, Cambridgeshire, ReinoUnido
Washington University School of Medicine Genome Sequencing Center, St. Louis, Mo., EE.UU.
United States DOE Joint Genome Institute, Walnut Creek, Calif., EE.UU.
Baylor College of Medicine Human Genome Sequencing Center, Department of Molecular and Human Genetics, Houston, Tex., EE.UU.
RIKEN GenomicSciences Center, Yokohama, Japón
Genoscope y CNRS UMR-8030, Evry Cedex, Francia
GTC Sequencing Center, Genome Therapeutics Corporation, Waltham, Mass., EE.UU.
Department of Genome Analysis, Institute of Molecular Biotechnology, Jena, Alemania
Beijing Genomics Institute/Human Genome Center, Institute of Genetics, Chinese Academy of Sciences, Beijing, China
Multimegabase Sequencing Center, The Institute for Systems Biology, Seattle, Wash., EE.UU.
Stanford Genome Technology Center, Stanford, Calif., EE.UU.
Stanford Human Genome Center and Department of Genetics, Stanford University School of Medicine, Stanford, Calif., EE.UU.
University of Washington Genome Center, Seattle, Wash., EE.UU.
Department of Molecular Biology, Keio University School of Medicine, Tokyo, Japón
University of Texas Southwestern Medical Center at Dallas, Dallas, Tex., EE.UU.
University of Oklahoma's Advanced Center for Genome Technology, Dept. of Chemistry and Biochemistry, University of Oklahoma, Norman, Okla., EE.UU.
Max Planck Institute for Molecular Genetics, Berlín, Alemania
Cold Spring Harbor Laboratory, Lita Annenberg Hazen Genome Center, Cold Spring Harbor, N.Y., EE.UU.
GBF - German Research Centre for Biotechnology, Braunschweig, Alemania.

de una serie de libros, integrantes de la Colección *Wellcome*, Londres.

Se concluye que la investigación biológica ha sido realizada por estudiosos de manera particular y en MEI (Micro empresario Individual) pequeñas empresas de índole personal y muy separadamente por la colaboración entre un estudioso y el otro. Todos los trabajos de investigación se realizaban de manera independiente. Sanger Institute[281].

Gracias al suceso de los resultados obtenidos de todos los trabajos y observando la magnitud de su repercusión futura, es que nació el interés para realizar grandes inversiones en ciencia, trabajando con metas ambiciosas y bien predefinidas para llegar al estudio final de "El GENOMA HUMANO" (**GH**). Como parte complementar del tema estamos incluyendo, al final, el GH en el **ANEXO 1**[282].

---

281 **Fuente:** Sanger Institute: International Human Genome Sequencing Consortium (2001). "Initial *sequencing and analysis of the human genome*". Nature 409 (6822): 860-921. PMID 11237011. [3]; Sanger Institute. Vertebrate Genome Annotation (VEGA) database. Human Map View:
Chromosome 1. Accedido 12-12-2008. [4]; Chromosome 2. Accedido 12-12-2008. [5]; Chromosome 3. Accedido 12-12-2008. [6]; Chromosome 4. Accedido 12-12-2008. [7]; Chromosome 5. Accedido 12-12-2008. [8]; Chromosome 6. Accedido 12-12-2008. [9]; Chromosome 7. Accedido 12-12-2008. [10]; Chromosome 8. Accedido 12-12-2008. [11]; Chromosome 9. Accedido 12-12-2008. [12]; Chromosome 10. Accedido 12-12-2008. [13]; Chromosome 11. Accedido 12-12-2008. [14]; Chromosome 12. Accedido 12-12-2008. [15]; Chromosome 13. Accedido 12-12-2008. [16]; Chromosome 14. Accedido 12-12-2008. [17]; Chromosome 15. Accedido 12-12-2008. [18]; Chromosome 16. Accedido 11-01-2009. [19]; Chromosome 17. Accedido 11-01-2009. [20]; Chromosome 18. Accedido 11-01-2009. [21]; Chromosome 19. Accedido 11-01-2009. [22]; Chromosome 20. Accedido 11-01-2009. [23]; Chromosome 21. Accedido 11-01-2009. [24]; Chromosome 22. Accedido 11-01-2009. [25]; Chromosome 23 X. Accedido 11-01-2009. [26]; Chromosome 23 Y. Accedido 11-01-2009. [27].

282 Genoma Humano (**GH**) Continuación del tema, cinsultar el Anexo 1 "El GENOMA HUMANO".

También fueron estos criterios los que nos ayudaron en el estudio para la creación del tema siguiente, Código Biocósmico Básico de Identificación, de la Tabla "Vida Limitada (Vida'L) Código Básico Biocósmico de Identificación Universal (BBIdC) (Cromosoma PT-GD-ADN-ID)[283].

Código Biocósmico Básico de Identificación

El Prefijo del Código Biocósmico Básico de Identificación (**CBBId**) (*"Basic Biocosmic Identification Code, Prefix"* (**BBIdC**)), genéricamente nace con la entusiasta ambición de poder aprovechar en su composición a todas las técnicas y los resultados de los estudios y conclusiones que definieron el GENOMA Humano (**GH**). La definición final, conclusión y los procedimientos para su aplicación futura, quedará en manos de los científicos y estudiosos de la materia.

La idea que trae el CBBId es la de aprovechar, al máximo, el contenido cromosómico existente en el ADN, de esta vez, del REH en el PT, como un verdadero ExoT, para utilizarlo científicamente como un elemento generador de informaciones que produzca un número que futuramente vendrá a ser el "Bio-código", con base binaria, que realmente pudiera identificar un ser vivo, con apenas la lectura de su "Bio-código", número biológicamente generado y guardado como el CBBId o, BBIdC.

---

283 Fuentes y consultas realizadas en la lista "Bibliográfica, Referencias y Notas (BiRefNotas_ 22002) en ANEXO III.

El CBBId aparece con el intuito de realmente crear un código que genéricamente identifique numéricamente a un ser, a través del contenido y trayectoria encontrado en los datos almacenados en sus respectivos cromosomas, tal y como seguidamente presentaremos la tabla en su versión básica[284].

Inicialmente estamos considerando a este estudio como una propuesta inédita de grande utilidad científica y confiamos que debe tener adecuada repercusión y aceptación en el medio científico, especialmente en el vasto campo de la identificación de los pacientes en la medicina humana.

Con anterioridad hemos registrado la Marca de la EH con base en el principio que creó el "TVL". Por esa razón, el nuevo CBBId, se proyecta como un identificador Universal y fue definido dentro de la técnica del TVL, quedando codificado así: "Vida Limitada, Código Biocósmico Básico de Identificación" (**Vida'L CBBId**). Código que servirá como la base para el primer identificar biocósmico que registrará la Ciencia de la Biocosmos de aquí en adelante, sirviendo apenas como un prefijo de un código mayor que los científicos, obligatoriamente lo tendrán que definir en un futuro próximo.

Verdad, la ciencia tendrá que llegar a un denominador común, estableciendo un padrón de identificación de las Especies Biocósmicas (**EB**), teniendo como base los estudios que definieron y codificaron el GH de la EH en el PT, cuando llegarán al proyectado Genoma Biocósmico (**GB**). Razón por las que se crearon métodos, sistemas, técnicas y procedimientos

---

284 Fue creada una planilla para poder dar un ejemplo de lo que debe ser Bio-Código que se encuentra en el Anexo, al final.

para que sean usadas por etapas y en función del avance tecnológico de la época del estudio para su implantación.

Fue con un sistemático proceso y dedicados estudios científicos que se llegó a descubrir el ADN y luego se consolidó su investigación con el exitoso proceso que culminó secuenciando el GH en el 2003. Situación que facilitó la creación del CBBId, en su versión inicial.

Con base en los estudios realizados a lo largo del tiempo y sintiendo la necesidad de existir un marcador o identificador común, es que concluimos que ya era el tiempo oportuno y necesario para crear un "Código Biocósmico Básico de Identificación" (**CBBId**), que inicialmente surge como idea y punto de partida (*start),* como el "Código Biocósmico Básico" (**CBB**), teniendo como sustento inicial y científico al código genético y al GH de la EH en el PT, aliándolo a las técnicas utilizadas en el Teorema Vidal′L.

La genealogía de la EH reflejada en la base del CBBId, o BBIdC, registrada como siendo el código "Vida'L CBBId", viene a ser también el "CBB" de las especies Biocósmicas" (universalmente), como la que sustentará a este proyecto. De ese modo el CBBId agrupa las siguientes "Bio Macro Informaciones" (**BMI**) y sus respectivas variables auxiliadoras, como son las que siguen:

Biocosmos	Era	Male		Female		Factor		Tipo				Genetic Map						
Especie	M2	L1	R1	L2	R2	RH		Sanguineo				SD	Hyp					
L1 R1	Y2K	X	Y	X	X	"+"	"-"	A	B	O	U	T21	The	n1	n2	n3	nn	Value
1	0	1	1	0	0	1	0	1	0	0	0	0	0					166
2	1	1	1	0	0	1	0	1	0	0	0	0	0					167
3 M	0	1	1	0	0	1	0	1	0	0	0	1	0					2214
4	1	1	1	0	0	1	0	1	0	0	0	1	0					2215
5 A	0	1	1	0	0	1	0	1	0	0	0	0	1					4262
6	1	1	1	0	0	1	0	1	0	0	0	0	1					4263
7 L	0	1	1	0	0	0	1	1	0	0	0	0	0					198
8	1	1	1	0	0	0	1	1	0	0	0	0	0					199
9 E	0	1	1	0	0	0	1	1	0	0	0	1	0					2246
10	1	1	1	0	0	0	1	1	0	0	0	1	0					2247

➢ "M2" "Y2K", simbolizando el milenio al que pertenece el representante del CBBId.

➢ "MALE" y "FEMALE", inter relacionadas; Hombre y Mujer, Femenino y Masculino y macho y hembra.

➢ "Factor RH", para la identificación del factor sanguíneo.

➢ "Tipo Sanguíneo" incluyendo los tipos: "A, B, O, AB", con opciones para adicionar otros.

➢ "SD" "T21" dentro del grupo del Mapa Genético, "Geneticmap", donde serán incluidas, una serie de variables, científicamente seleccionadas.

➢ "Hyp", etc.

Así muchas otras variables tienen que ser creadas, dentro de los criterios que los especialistas en la materia quieran adicionar gradualmente.

NOTA: Los valores atribuidos a cada una de las variables (presencia o ausencia, sí o no) son en connotación binaria, o sea, los valores siempre serán "1" o "0", avanzando en progresión del Sistema Binario. Ejemplo:

$$CBBId= ((C6*1) + (D6*2) + (E6*4) + (F6*8)$$
$$+ (G6*16) + (H6*32) + (I6*64) + (J6*128) +$$
$$(K6*256) + (L6*512) + (M6*1024) + (O6*2048)$$
$$+ (P6*4096))$$

Con esto, la idea inicial es fornecer una metodología que valoriza, esto es, cuantifica, cada BMI para totalizarlos al final en el CBBId (Value), obteniendo así un número que servirá como el prefijo del futuro CBBId[285] definitivo, con la certificación científica.

La EH que nació en el PT, perteneciente a la G2M, que ha alcanzado el GD, tiene su marca registrada, genéticamente cuantificada, en el Identificador de la EH. La Bio Marca de la EH está muy bien registrada a través del contenido de su cromosoma (Cromosoma-PT-EH-ADN-Id), como siendo el Identificador de la EH en el PT. La genealogía de la EH que está reflejada en la BioM-EH-ADN-Id, es única.

Esclarecimiento: El CBBId es apenas un proyecto, una idea base de un código que intuye actuar en el campo de la "Bio-identificación", dado a la necesidad de obtener un código mayor, totalmente científico, con variables realmente necesarias y que científicamente puedan servir para satisfacer las exigencias pautadas con la ambiciosa idea de la obtención del CBBId final, para la implantación para su utilización universal.

---

285 Una tabla de ejemplo fue creada, en Anexo. Una planilla para poder dar un ejemplo de lo que debe ser Bio-Código que se encuentra en el Anexo, al final.

Seguidamente están detalladas todas las variables aplicadas en el código, línea por línea, columna por columna y al final de la obra, en Anexo, la tabla completa de su constitución.

Así concluyendo el CBBId del Cromosoma-Biocósmico, Versión PT-ADN-Id, está definido en su primera versión, en dos partes principales, columna "0": **1)** "MALE", macho, hombre y masculino. y **2)** "FEMALE", hembra, mujer y femenino. Seguidamente vienen las otras columnas, el conjunto de variables de los aspectos básicos, inicialmente incluidos para abordar el tema.

Definiendo algunas de las variables utilizadas, dentro del CBBId, encontramos al denominado como siendo el "Factor RH" (columna 4), o también llamado de Factor Rhesus, que nada más viene a ser la existencia o ausencia de una proteína en el cromosoma. Cuando la proteína existe, entonces es el "Factor RH" que será del tipo "RH positivo" y en su ausencia, será el "Factor RH del tipo negativo". De esta manera, el "Factor RH" permite clasificar la sangre por tipos, obteniendo el "RH" Positivo (**RH+**)[286] y el "RH" Negativo (**RH–**), dentro de sus respectivos tipos de sangre.

---

286 **Determinación del Factor RH:** El proceso de identificación del Factor RH de un individuo es relativamente simple y su obtención es realizado así: En el laboratorio, utilizando una gota de sangre, recogida como muestra del interesado, se adiciona una solución de anticuerpos, cuando estas proteínas están presentes en los glóbulos rojos del plasma sanguíneo se juntan, quiere decir que la sangre es del tipo **RH+** contrariamente será del tipo. **RH-**

Vida'L "Basic Biocosmic Identification Code", Prefix (BBIdC)																		
Biocosmos	Era	Male		Female		Factor		Tipo				Genetic Map						
Especie	M2	L1	R1	L2	R2	RH		Sanguineo				SD	Hyp					
L1 R1	Y2K	X	Y	X	X	"+"	"-"	A	B	O	U	T21	The	n1	n2	n3	nn	Value
1	0	1	1	0	0	1	0	1	0	0	0	0	0					166
2	1	1	1	0	0	1	0	1	0	0	0	0	0					167
3 M	0	1	1	0	0	1	0	1	0	0	0	1	0					2214
4	1	1	1	0	0	1	0	1	0	0	0	1	0					2215

Variables: M2, Y2K: "Si = 1", "No = 0". Variables: Cromosoma "X Y", (L1 R1, (Left_1 Right_1)) y Cromosoma: "X X", (L2 R2, (Left_2 Right_2)). Variables: Sanguíneo: Factor "RH", (**RH+RH-**), Tipo sanguíneo: "A", "B", "AB", "O". Variables del grupo (*Genetic Map*) del Cromosoma 47: "T21", (46+1=47 Adicional). Variables: Síndrome de Down, disturbio Genético; Variables: Otros ...., ... Nanismo, etc.

Creemos mucho que la columna 6 (Genetic Map) pueda ser el conjunto de muchísimas variables, sobre todo más futuristas, que la ciencia pueda ir incluyendo de manera gradual, en función del interés médico, del avance y de los descubrimientos científicos en esa área, dentro de los nuevos criterios que la ciencia crea conveniente incluir.

Describiendo el BBIdC

La BioMarca de la EH está registrada con el Código BioM-EH-ADN-UI.

La descripción general del BBIdC en la primera parte, está relacionada con la información general como base de todo el proceso. La descripción se inicia con la titulación, formada por los tres niveles de líneas, el título.

Primera línea y primera columna: Grupo de identificación de un ser de la EH en el PT comprendiendo: "Biocosmos", marcando el primer grupo que comprende la "Especie" en segunda línea y "L1 R1" en la tercera línea, todo, apenas como título.

Vida'L "Basic Biocosmic Identification Code", Prefix (BBIdC)																		
Biocosmos	Era	Male		Female		Factor		Tipo				Genetic Map						
Especie	M2	L1	R1	L2	R2	RH		Sanguineo				SD	Hyp					
L1 R1	Y2K	X	Y	X	X	"+"	"-"	A	B	O	U	T21	The	n1	n2	n3	nn	Value
1	0	1	1	0	0	1	0	1	0	0	0	0	0					166
2	1	1	1	0	0	1	0	1	0	0	0	0	0					167
3 M	0	1	1	0	0	1	0	1	0	0	0	1	0					2214
4	1	1	1	0	0	1	0	1	0	0	0	1	0					2215

Continuando con la parte del título, están las variables que entraran a formar parte del algoritmo de cuantificación y cálculo para llegar al "valor", el número final deseado: "Era", marcando la segunda columna que comprende "M2" en segunda línea y "Y2K" en la tercera línea. (Esta variable (1 o 0) identifica si el ser en estudio pertenece al milenio 2 o al milenio anterior y es la primera en entrar a la base del cálculo). "*Male*", marcando la segunda columna que comprende "L1 R1" identificando posicionalmente al "X Y" en la tercera línea. (Segunda variable en entrar al cálculo). "*Female*", marcando la tercera columna que comprende "L2 R2" en segunda línea y "X X" en la tercera línea. "Factor", marcando la cuarta columna que comprende "RH" en segunda línea y "+" y "-" en la tercera línea. "Tipo", marcando la quinta columna que comprende "Sanguíneo" en segunda línea y "A" "B" "O" "U" en la tercera línea. "*Genetic Map*", marcando el último grupo entre las columnas que comprende "SD" en segunda línea y "T21" en la tercera línea. "*Genetic Map*", comprende "Hyp" en segunda línea y "The" en la tercera línea. Y, "*Value*", como la séptima y última columna, que representa el valor total, linealmente.

Value=((C6*1) + (D6*2) + (E6*4) + (F6*8) + (G6*16) + (H6*32) + (I6*64) + (J6*128) + (K6*256) + (L6*512) + (M6*1024) + (O6*2048) + (P6*4096))

Descripción abstracta: Biocosmos, Era, Male, Female, Tipo, GeneticMap, seguido de: M2 (Y2K), L1 R1 (x y), L2 R2 (x x), RH (+ -), Tipo Sanguíneo (a b o u), "*Geneticmap*", Situación congénita (SD, T21) y Hyp (The), free (n1 n2 n3 nn) y, Value (n).

Nota. La fórmula para calcular el "Valor" del CBBId, linealmente, demostrando como se llegó al número "166", es la siguiente:

CBBId=((C6*1) + (D6*2) + (E6*4) + (F6*8) + (G6*16) + (H6*32) + (I6*64) + (J6*128) + (K6*256) + (L6*512) + (M6*1024) + (O6*2048) + (P6*4096))

	Vida'L "Basic Biocosmic Identification Code", Prefix (BBIdC))															
	Biocosmos		Male		Female		Fator		Tipo				Genetic Map			
	Especie	M2	L1	R1	L2	R2	RH		Sanguineo				SD	Hyp		
	L1 R1	Y2K	X	Y	X	X	"+"	"-"	A	B	O	U	T21	The		Value
1		0	1	1	0	0	1	0	1	0	0	0	0	0		166
2		1	1	1	0	0	1	0	1	0	0	0	0	0		167
3	M	0	1	1	0	0	1	0	1	0	0	0	1	0		2214
4		1	1	1	0	0	1	0	1	0	0	0	1	0		2215
5	A	0	1	1	0	0	1	0	1	0	0	0	0	1		4262
6		1	1	1	0	0	1	0	1	0	0	0	0	1		4263
7	L	0	1	1	0	0	0	1	1	0	0	0	0	0		198
8		1	1	1	0	0	0	1	1	0	0	0	0	0		199
9	E	0	1	1	0	0	0	1	1	0	0	0	1	0		2246
10		1	1	1	0	0	0	1	1	0	0	0	1	0		2247
11		0	1	1	0	0	0	1	1	0	0	0	0	1		4294
12		1	1	1	0	0	0	1	1	0	0	0	0	1		4295
13		0	1	1	0	0	1	0	0	1	0	0	0	0		294

Descripción del contenido en la Línea 1: Grupo de identificación, M2 o Y2K (0), L1 R1 (1 1), L2 R2 (0 0), RH (0 1), Grupo Sanguíneo A B O U (1 0 0 0), Situación congénita: T21 o SD (0) y Hypthe y Hyp (0), Value (166).

Descripción del contenido en la Línea 8: Grupo de identificación, L1 R1 (1 1), L2 R2 (0 1), RH (1), Grupo Sanguíneo A B O (1 0 0), Situación congénita: T21 o SD (0) y Hypthe, Hyp (0) y M2 o Y2K (1), Value (199).

Descripción del contenido en la Línea 9: Grupo de identificación, L1 R1 (1 1), L2 R2 (0 1), RH (1), Grupo Sanguíneo A B O (0 1 0), Situación congénita: T21 o SD (0) y Hypthe, Hyp (0) y M2 o Y2K (1), Value (2246). Así sucesivamente.

Vida'L "Basic Biocosmic Identification Code", Prefix (BBldC)																
Biocosmos	Era	Male		Female		Factor	Tipo				Genetic Map					
Especie	M2	L1	R1	L2	R2	RH	Sanguineo				SD	Hyp				
L1 R1	Y2K	X	Y	X	X	"+" "."	A	B	O	U	T21	The	n1	n2	n3	nn	Value
1	0	1	1	0	0	1 0	1	0	0	0	0	0					166
2	1	1	1	0	0	1 0	1	0	0	0	0	0					167
3 M	0	1	1	0	0	1 0	1	0	0	0	1	0					2214
4	1	1	1	0	0	1 0	1	0	0	0	1	0					2215

La EH que nació en el PT, perteneciente de la G2M, que ha alcanzado el GD, tiene su marca registrada, genéticamente cuantificada, en el Identificador de la EH. La Bio Marca de la EH que está registrada a través del contenido de su cromosoma (Cromosoma-PT-EH-ADN-Id), es el Identificador de la EH en el PT. La genealogía y la información total de la EH que está reflejada en la BioM-EH-ADN-Id, es única.

La BioM-EH-ADN-Id primeramente identifica si el ser es macho o hembra, hombre o mujer, masculino o femenino (*male or female*), caracterizados por los cromosomas "X" y "Y" (Tabla: L1 y R1, male). Seguidamente identifica su factor sanguíneo (RH). Luego señala el grupo RH definiendo cual es el tipo sanguíneo y luego identifica si el cromosoma 21 es Trissonómico o Síndrome de Down dentro del grupo del Genetic Map, grupo que crecerá absurdamente cuando los científicos coloquen las nuevas variables para que sean calculadas para obtener el valor total dentro del conjunto.

De este modo queda finalmente codificado y cuantificado, numéricamente, la identificación de un ser de la EH, en el PL, con su respectivo valor numérico. Identificador de la Especie Humana en BioM-EH-ADN-Id.

La BioMarca de la EH que está registrada con el código BioM-EH-ADN-Id, primeramente identifica al ser de la EH del PT, para poderlo diferenciar con seres provenientes de otros planetas, EET, inclusive con los Exoplanetarios.

Esta identificación diferencia al macho (*Male*), como poseedor de un par de cromosomas (X Y) en el núcleo de la célula, organismo que en su fase sexual puede generar espermatozoide, vía penes. Al mismo tiempo también identifica a la hembra (*Female*), poseedora de dos cromosomas (X X) en el núcleo de la célula, organismo que posee un complejo sistema que incluye la vagina, útero y el ovario, como órgano sexual y como sistema para reproducir, que en la fase sexual produce óvulos. La unión bien sucedida de este proceso genera un ser, hoy, de la EH en el PT.

Para los muy curiosos, más adelante estamos incluyendo una narrativa de cómo ese proceso funciona en la práctica, con los seres humanos[287], "*Imaginando Mi Fecundación*".

Igualmente, el sistema no podría dejar de identificar la situación del cromosoma 21 (menor en tamaño entre los cromosomas), que identifica que el ser es perteneciente al grupo de los identificados como poseedores del Síndrome de Down. Esto ocurre cuando el individuo tiene tres (3) cromosomas 21 heredados, primero de la madre, un cromosoma 21 y el otro, del padre. Esta situación ocurre por una falla o por un error biológico, en circunstancias de excepcionalidad o rareza, y es cuando aparece un cromosoma a más (totalizando tres

---

287 **Percepciones Originales**, Alcides Vidal, 2008, Xlibris, USA. Pág. 20-23.

cromosomas 21), en el momento en que se genera el óvulo por parte de la madre y por el espermatozoide, por parte del padre, unidos durante el proceso de la gametogénesis.

Todas las combinaciones encontradas, básicas y fundamentales, ya están incluidas en el código, BioM-EH-ADN-Id. En esta identificación quedan registradas en su código propio de la EH de Identificación (EHId) (HBI Human Being Identifications (HB'Id), según demuestra la Tabla BioM-EH-ADN-Id y el BBIdC.

A estos valores básicos se tendrán que adicionar otros componentes que complete la identificación de la EH en el PT, según la ciencia crea conveniente y así lo requiera.

Como es conocido, el individuo, REH, posee 23 pares de cromosomas, totalizando 46 cromosomas, que contienen todo su material genético, razón por la que fue aprovechado para crear el CoBBI. Motivo por el cual decimos que la BioMarca de la EH está registrada en el Código BioM-EH-ADN-Id. Tabla BBIdC.

Es de esperar que la ciencia médica utilice el BBIdC, como elemento básico para proyectar el código de Identificación universal completo, para beneficiar en la medicina y ayudar al individuo, concentrando su información vital en un simple código de fácil utilización.

Ya utilizando tecnologías existentes el BBIdC, puede transformarse en un simple QR, un código de barras para ser leído por equipamientos y por el propio celular personal o scanner o tal vez captando la propia frecuencia energética que el cuerpo genere.

Medicina Biocósmica

La Medicina Biocósmica (**MB**) vendrá con la implantación definitiva de la Quinta Generación de Medicamentos (**QGM**), o Medicina 5G (**M5G**), creada por los REH del GD en el PT como el producto del aprovechamiento de la investigación que forma parte del estudio (documentación existente) que se inició con el proceso de secuenciar el Genoma Humano[288] (**GH**)[289] de la EH en el PT ahora visto también como ExoT.

El REH en el PT comparte 99.9% del código existente en su gen. La pequeña porción restante, el 0.1%, es lo que varía entre los

288 Fuentes: Información detallada sobre el Instituto Nacional para la Investigación del Genoma Humano- NHGRI: El Proyecto Genoma Humano y el futuro de la genómica, Internet Link: www.genome.gov El Proyecto Genoma Humano: www.genome.gov/Research

El Proyecto ENCODE, Internet Link: www.genome.gov/ENCODE

El Proyecto HapMap, Internet Link : www.genome.gov/HapMap

El Proyectos de Secuenciación, Internet Link: www.genome.gov/Sequencing

La Celebración del Genoma, Internet Link: www.genome.gov/About/April2003

Términos genéticos y definiciones, Internet Link: www.genome.gov/glossary.cfm

Investigación de las Implicaciones Éticas, Legales y Sociales, Internet Link: www.genome.gov/10001618/the-elsi-research-program/ .

289 Genoma Humano – Fuente: British Library - Guiness World Records, 2002, ISBN 1-89251-06-0 Pag 86.

REH en el PT y es eso lo que representa la gran diferencia[290].

Así siendo, la M5G dará origen a la MB. La ciencia utilizará la tecnología de la M5G, para plantar las bases, juntamente con otros factores esenciales y vitales, para dar el suporte necesario, para el inicio de la vida en el Segundo Mundo (**M2**), el Mundo científico (**M_c**), un Mundo Virtual (**MV**), sustentablemente, asunto ampliamente tratado más adelante en título Los Mundos Biocósmicos.

Los científicos y estudiosos han conseguido definir la secuencia completa del GH de la EH, oriunda del PT. Hoy, el desafío para todos ellos es de aprovechar al máximo ese conocimiento y de entender a cabalidad toda la información que la documentación presenta, para enrumbarse rumbo a la MB y al GB.

Necesario es destacar la necesidad de saber cómo toda esa información puede funcionar o, cómo se integra, o, como hacer la interacción de todas las partes de la documentación del estudio que el GH entrega en conjunto, para un fin común.

La documentación del estudio del GH puede fornecer toda la información necesaria para la continuación de diferentes y nuevas líneas de investigación, que los nuevos tiempos exigirán

---

290 Se obtuvo esta conclusión analizando el estudio completo sobre el Gen, que concluyó en febrero de 2001, consolidándose en 2003, con un acumulado de tres billones de páginas impresas conteniendo el código del REH en el PT; el Genoma Humano (GH), fuente inagotable de consulta, que contiene y mantiene también a la prosapia que con sus informaciones sirve de materia prima para que la ciencia pueda actuar en el campo de la MB. Genoma Humano – Fuente: British Library - Guiness World Records, 2002, ISBN 1-89251-06-0 Pag 86.

y que la tecnología facilitará. Solamente entendiendo bien y en profundidad, todo el estudio de la secuencia del GH es que se podrá descubrir la base genética que se relaciona con los aspectos de la salud plena y la patología del cuerpo del REH, de manera general y, sobre todo, entre las enfermedades que más agobian a la EH del GD, del G2M, en el PT.

Haber conseguido secuenciar el GH no quiere decir haber llegado al final. Diríamos que todo ese gigantesco estudio es apenas el inicio de todo lo que la ciencia hará de hoy en adelante. El hecho de haberse secuenciado el GH muestra el camino de algo que puede tener su destino final en alguna parte del sendero y en la búsqueda de ese algo, la ciencia avanzará y apenas, uno entre los tantos resultados será la implantación sustentablemente de la MB.

Para realizar y poder implantar la M5G, ya tratándola como siendo parte de la MB, cuando primero, será necesario construir herramientas que permitan mejor diagnosticar enfermedades, llegando a descubrir y comprender las causas y posibles tratamientos a partir de los diagnósticos documentados en la genética de cada individuo, camuflado en su ADN (cromosomas), preventivamente, o sea, con bastante anticipación (tal vez, en la hora de nacer[291]).

Igualmente importante será diseñar también procedimientos médicos o, protocolos científicos específicos, universales e

---

291 Nacer. Este puede ser el momento oportuno para la realización del proceso que genera todas las informaciones que el "Código Biocósmico Básico de Identificación" (CBBID) requiere para identificar al individuo, ya estampándolo, atreves de un biochip, en el organismo del dueño de la información. Documentado bajo el título: Código Biocósmico Básico de Identificación en el Capítulo I.

inteligentes para cada tipo de tratamiento, visando la eficiencia en la determinación de las opciones de curar, con el intuito de obtener buenos y mejores resultados, siempre, para nunca más tener que oír "Error médico". Igualmente parte de estas informaciones ya podrán venir del avance en el campo de la utilización de la RIA[292], como herramienta poderosa que auxiliará.

Serán los momentos modernos cuando la RIA podrá contribuir para que el suceso científico atinja sus objetivos a cabalidad. Mejor todavía sería si el desempeño de las microbiomáquinas entrara en campo para actuar.

Habiéndose conseguido secuenciar el GH, desde 2003, la ciencia y los interesados tienen en manos la gigantesca información. Interpretación, uso y capacidad de aplicación, con inteligencia, hoy, se hace necesario.

Apenas sugiriendo un punto de partida, de algo que no es novedoso, ya que la ciencia médica entiende muy bien hoy, más que, con todo lo que el estudio del GH presenta, el horizonte se abre cada vez más, por citar algunas frentes de investigación inmediata encontramos a los llamados "Trastornos mono génicos", dentro del campo de la "Genética mendeliana"[293], que nada más son enfermedades genéticas causadas por mutaciones o cambios en el proceso de sucesión de ADN, de un único gen, que presenta la herencia del "tipo mendeliano", que, según opinión de los

---

292 RIA Real Inteligencia Artificial. RIA actuando en poderosísimos computadoras y dando los resultados esperados.

293 Genética mendeliana – Fuente: wikipedia.org wiki características_mendelianas_en_ humanos. Link: pt.wikipedia.org/wiki/características_mendelianas_en_humanos

científicos, es fácilmente predecible²⁹⁴. Esto ocurre en el conjunto de principios relacionados a la transmisión hereditaria de las características de un organismo a sus descendientes (madre para hijo). Según los trabajos de Gregory Mendel, publicados en 1865 y 1866, que inicialmente fueron considerados controversiales, fue descubierto en 1900. Más tarde, en 1915, el estudio fue incorporado a la teoría del cromosoma de Thomas Hunt Morgan, como la "Genética Mendeliana"²⁹⁵ que se convirtió en la esencia de la "Genética Clásica".

Continuando, es importante observar las conclusiones científicas de los disturbios genéticos que ocurren en el gen, agrupados como la Clasificación de los disturbios genéticos: Grupo de "**Cromosómicas**", Grupo de los "**Monognéticos**" y Grupo de los "**Multifactoriales**"²⁹⁶.

---

294 Clasificación de los disturbios genéticos: Grupo de "**Monognéticos**": Anemia facial, Distrofia miotónica, Enfermedad de Huntington, Enfermedad de Tay-Sachs, Fibrose cística, Hemofilia A, Hipocolesterolemia, familiar, Síndrome de Marfan y Talasemia. **Grupo de Cromosómicas:** Síndrome de Down, Trisomias: 18 – 13 – X, Síndrome de Cri-du-chat, Síndrome de Klinefelter, Síndrome de Turner, Síndrome de Wolf-Hirschhorn y Síndrome de XYY. **Grupo "Multifactoriales"**: Alzheimer, Mala formación congénitas, Cardiopatías congénitas, tipos de cáncer, Diabetes mellitus, Hipertensión Arterial y Obesidad.
  Fuente: Genética Clínica. Internet Link: www.ghente.org/ciencia/genetica/doencas.htm .
  Fuente: Genética mendeliana – Fuente, Internet Link: wikipedia.org wiki características_mendelianas_en_humanos. Internet Link: pt.wikipedia.org/wiki/características_mendelianas_en_humanos

295 **Genética** Mendeliana - Fuente: wikipedia.org wiki características_mendelianas_en_humanos. Link: pt.wikipedia.org/wiki/Genetica_mendeliana .

296 **Genética** Mendeliana - **Fuente:** Genética Clínica. Internet Link: www.ghente.org/ciencia/genetica/doencas.htm .
  Fuente: Genética mendeliana – Fuente, Internet Link: wikipedia.org wiki características_mendelianas_en_humanos . Internet Link: pt.wikipedia.org/wiki/características_mendelianas_en_humanos .

El **Grupo de Cromosómicas** se define analizando todas las alteraciones estructurales y numéricas, abundantes en el conjunto cromosómico de un individuo. Entre las principales alteraciones encontramos a los siguientes grupos: **Síndrome de Cri-du-chat** (miau del gato, descrita en 1963 por el Dr. Lejeune, en Francia); **Síndrome de Down**, el Dr. John Langdon Down, en 1866 notó similitud fisionómica entre niños, cuando aparece el término "Mongoloide", para él, seres inferiores. En este caso la célula, envés de recibir 46 cromosomas reciben 47 (uno más), cuando surge la Trisonomia 21, porque uno de los gametos recibe dos cromosomas 21 y el otro, nada; **Síndrome de Klinefelter (SK)**, ejemplo, todos los hombre tienen los cromosomas "Y X", en esta caso puede aparecer un cromosoma "X" a más, documentado por algunos como "47 XXY" y así existirían otras combinaciones más (consulte más detalles[297]); **Síndrome de Turner**, rara e afecta individuos del sexo femenino y no posee la cromatina sexual. Cariotipo representado por (45, X). Pueden ser identificados al nacer o durante la pubertad. La constitución cromósmica es de "45, X" sin el segundo cromosoma sexual, "X o Y"; **Síndrome de Wolf-Hirschhorn**; "**Síndrome de XYY**," algunos médicos prefieren mantener este tipo de información de carácter confidencial, esto se ha observado en hombres de estatura alta (1.80), no se observa peligro; **Trisomia 13**, reconocido por Klaus Patau, identificando como trisonómico al cromosoma 13, genera gametos con 24 cromosomas. Tiene origen en el óvulo (femenino) imposibilitando al gameto masculino con 24 cromosomas poder fecundar un óvulo; **Trisomia 18**, fue

---

297 Síndrome de Klinefelter, Internet Link: www.ghente.org/ciancia/klinefelter.htm .

descrito por John H. Edwards, en 1960, (cariotipo 47, XX o XY, +18 (cromosoma 18), está asociado a la edad); **Trisomia X (47, XXX; 48, XXX y 49, XXXXX)**, en las células "47, XXX", dos cromosomas "X" son inactivados y son de replicación tardía. Manifestase en atraso grave del desenvolvimiento físico y mental y, el **Grupo de "Monognéticos" o "Mendeliano"**, causado por los cambios, deformaciones o mutaciones que ocurren durante el proceso de sucesión de ADN de un único gen. Entre ellos: Anemia falciforme, Distrofia miotónica, Distrofia muscular de Duchene, Enfermedad de Huntington, Enfermedad de Tay-Sachs, Fenilcentnuria, Fibrosa cística, Hemofilia A, Hipocolesterolemia familiar, Síndrome de Morfan y Talasemia. El **Grupo "Multifactoriales"** o "Complejo o, Poligénico", que son enfermedades causadas por factores ambientales y mutaciones en múltiplos genes, ejemplos: Cardiopatías congénitas, Diabetes melitos, Hipertensión Arterial, Mala formación congénita, Obesidad, Tipos de cáncer y la enfermedad Alzheimer, enfermedad descrita por el alemán Alois Alzheimer, en 1906. Enfermedad degenerativa del cerebro, con el deterioro de las células (neuronas) es de manifestación lenta y progresiva. Fue identificado una conexión con el cromosoma 21 y Alzheimer[298].

Importante en esta etapa será la integración de los protocolos de la utilización de la MB, de la M5G, con la utilización de la RIA y los avanzados sistemas computacionales, a fin de construir sistemas de diagnósticos inteligentes y cada vez más en crecimiento como producto de los resultados que se van obteniendo de los diagnósticos documentados. Será cuando los procedimientos diseñados conducirán hacia un frente que dirigirá al individuo hacia una vida sana para VMTM, gracias a los procedimientos y medicaciones preventivas que formaran parte de la M5G y de la MB. Situación que se transforma en el corolario de lo que viene a ser el Mundo_C, exigiendo del humano, progresar científicamente para garantizar su existencia y de las futuras generaciones, en el propio PT o en algún MEX, a través de las migraciones interplanetarias, abordados bajo el título "Mundos Biocósmicos".

Con la ayuda de la tecnología auxiliadora, para mejor aprovechar los beneficios de la MB, obligatoriamente se tendrá que incluir

---

298 Genética Clínica – Fuente, Internet Link: www.gente.org/ciencia/genética/doencas. htm Internet Link: www.gente.org/ciencia/genética/fibrose_cistica.htm Internet Link: www.gente.org/ciencia/genética/trissonomia13.htm Internet Link: wikipedia.org wiki características_mendelianas_en_humanos. Internet Link: pt.wikipedia.org/wiki/ Genetica_mendeliana . Participantes:
Fibrose Cística, Giselda MK Cabello, MSc., responsable por el Proyecto Fibrose Cística, Laboratório de Genética Humana del Departamento de Genética/IOC/FIOCRUZ.
Síndrome de Down: Leonardo Leite.
Síndrome Cri-Du-Chat, Leonardo Leite y revisión de Giselda MK Cabello, MSc.
Sindeome de Klinefelter (47, XXY), Leonardo Leite.
Síndrome de Turner, Leonardo Leite y revición de Giselda MK Cabello, MSc..
Síndrome 47, XYY, Leonardo Leite.
Alzheimer, Leonardo Leite.

a la RIA como parte fundamental de todo ese proceso, así se crearán herramientas especiales para intensificar y realizar estudios a nivel molecular, profundándose en los origines de algunas enfermedades, partiendo por las más comunes, como las siguientes: colesterol, descalcificación, diabetes, presión alta, respiratorios, sanguíneo circulatorio, tipos de cáncer, tiroides, etc., formulando medicinas Biocósmicas genéricas a partir de la M5G, que resultarán siendo de mayor eficacia de cura, si comparadas con la medicina predecesora. De igual manera análisis separados o individualizados, basados en el estudio del GH de cada individuo, servirían para mejor entender la medicina preventiva para poder anticiparse a la aparición de nuevas enfermedades que el ADN (los cromosomas) pueda mostrar con anticipación, creando el norte a seguir, pensando en la salud y la preservación de la vida de la EH en el PT, que futuramente podrá ser exportada para los MEX.

Ciertamente la ciencia trabajando dentro de la medicina preventiva y actuando con base en los resultados obtenidos del proceso que envuelve diagnosticar el estado biosaludable del ser, anticipadamente, será la mejor arma para evitar el avance de las enfermedades, teniendo la posibilidad de cura anticipada en beneficio del REH, de la G2M y de las futuras.

La nueva generación de medicinas aparecerá muy pronto. Probablemente en la segunda mitad de este siglo, será cuando se habrá renovado todo el sistema farmacéutico en el PT, cuando el 100% de las medicinas pertenezcan a la M5G, o sea, la MB domine y quede implantada su uso e prescripción sustentablemente para las generaciones venideras de la EH en el PT.

La MB, utilizando la M5G, estará constituida por productos bio técnicos, biomoleculares, bionanomoleculares como resultante del producto del estudio en el ADN. Así siendo, la M5G fácilmente predominará, pudiendo transformarse en la gama de Remedios Biocósmicos Genéricos (**RBG**) aun durante este siglo y perfeccionándose y popularizándose en el próximo.

La M5G ya contemplará e incluirá situaciones donde será necesario la alteración de segmentos en el ADN, juntamente con la inclusión del MicroBioChip o NanoBiochip en el cuerpo humano, idea presentada anteriormente en el libro "Original Perceptions"[299], como constantes diagnosticadores e informadores de las situaciones clínicas, acondicionados en el pecho, como la manifestación orgánica del REH en el PT muy bien controlado, científicamente.

Igualmente se marcará la época del uso masivo y universal del MicroBioDetector (biodiagnosticador) y del MicroBioStorageChip (conteniendo el log de la vida, almacenando la historia clínica del individuo) y el tan esperado *Universal Identificación Chip* (UIDChip), donde el "Código Biocósmico Básico" (CBB) sea la opción que auxiliará en la identificación fácil del paciente-individuo del GD. Razón que forzó la creación del BBIdC, en su versión básica, definido en capítulo aparte.

---

299 Original Perceptions, 2008, Boston, USA.

Cuando la Biotecnología y fuerza de la biomicromáquina operen en conjunto será más fácil obtener biodatos para poder predecir todos los riesgos futuros relacionados con la salud de un individuo, asociado a la implantación de mejores métodos, protocolos, orientando la medicación preventiva correcta, antes de llegar al estado de gravedad, actuando sobre la base de su historial encontrada en las bioherramientas en operación interactuando con la composición genética del individuo.

Para que la MB, juntamente con la M5G sea implantada y funcione a cabalidad y con garantía, necesario será obtener el posicionamiento oficial de la Organización Mundial de la Industria Biotecnológica, de la Administración Mundial de Alimentos y Medicinas y de la institución global que se fundará con fines universales para reglamentar y disciplinar el vasto mundo de la MB.

La M5G, medicina universal, inicialmente creada por los representantes de la EH del GD en el PT, servirá como base para obtener un padrón de lo que será la Medicina Biocósmica (**MB**), ya que se supone que cada especie viviente posee su propio sistema de protección o sistema de inmunización, sistema de vida y de toda acción que pueda redundar en estar siempre vivo, permanecer vivo o existiendo.

Solamente con la implantación universal de la M5G es que la EH del GD, podrá dar inicio al tan ansiado deseo de poder continuar VMTM en el Mundo_c o, vida en el Segundo Mundo (Mundo_2), el Mundo Virtual (**Mv**), situación esperada y que debe ser sustentable finalizando este siglo, para consolidarse en el próximo milenio[300].

Ley de la Biocosmos

Desde que el Sistema Vida (SV) exista, en cualquier estado de sus manifestaciones, etapas de desarrollo y lugares de existencia, siempre tendrán que aparecer leyes que rijan su existencia, como son las leyes naturales o simplemente las que están siendo creadas por sus integrantes. Así entendiendo, "La Lucha por el Equilibrio Biológico"[301] es uno de los asuntos importantes para sustentar una idea inicial presentando y proponiendo una ley que la organice y que la equilibre. Esta exigencia natural y obligatoria intuye recapacitar sobre los principios de la vida dentro de un postulado mayor, contemplando la Ley de la Biocosmos, por todos y para todos.

Inicialmente presentamos la Ley de la Biocosmos en 2016[302], en su versión básica, juntamente con la publicación de la obra Rumbo al Final. Hoy, por la importancia de su existencia, abordamos nuevamente el tema para explicarla y comentarla mejor. Así siendo, continuamos definiéndola de la siguiente manera:

---

300 Fuentes y consultas realizadas en la lista "Bibliográfica, Referencias y Notas (BiRefNotas_ 22001 y 22002) en ANEXO III.

301 Fuente: Enciclopedia Británica Barsa, William Benton, Editor, 1971, Rio de Janeiro, São Paulo. Página 383.

302 Fuente: "Leyes de la Biocosmos", Rumbo al Final, La Agonía del Planeta, 2016, USA. Pag. 384 – 392.

I.- *"No basta nacer, todavía hay que luchar para sobrevivir y para mantenerse vivo".*

La "Ley de la Biocosmos" dice: *"Todo ente que hoy tiene vida, mañana no la tendrá"* (XXI). Un concepto arduamente redundante en esta obra, más tiene su finalidad. Este postulado es una verdadera Ley Universal con principios irrefutables instituidos en la lontananza del pasado, que se proyecta para albergar todos los planetas dentro del ambiente Biocosmos. Lo que explicado de otra manera, bajo la propia "Ley de la Biocosmos" se resume en: *"Todo ser que nace, obligatoriamente muere" (XIV)* y el que aún no nació tendrá la misma oportunidad para hacerlo y luego, después de haber completado su ciclo viviente, obligatoriamente dejará de existir, muriendo; por lo que más tarde, su especie también desaparecerá. *"Las especies también mueren"* (XI).

A pesar de que las teorías afirman que el *"tiempo es infinito o interminable"*, en términos de la magnitud de la Ley de la Biocosmos, ese "infinito" no existe. En la Biocósmicos toda vida termina, *"La vida es limitada donde quiera que ella se encuentre"* (IX) y *"todos los mundos tienen su final"*, (XXV). *"Todo mundo viviente es finito"* (XXVIII) según afirmación de la Ley de la Biocosmos. *"Todo inicio tiene su final y todo final tuvo su inicio"* (XXII).

Como todas estas afirmaciones, dentro del concepto de la Ley de la Biocosmos, pueden ser muy corroboradas, concluimos de la siguiente manera: *"La muerte es obligatoria, tiene que ocurrir deseándola o no"* (VII), es una afirmación ya que *"La vida es finita, nada es infinito en términos Biocósmicos"* (VIII). Entonces, la vida no podrá ser eterna. Postulado aplicado para todos los seres vivos, como también para todo el medio ambiente viviente que alberga a la biodiversidad en el universo cósmico, incluyendo a los otros planetas o astros comprendiendo la Cosmosbiótica[303], Biocosmos y los MEX. *"Todos los planetas tendrán su Rumbo al Final"* (XXV).

El Rumbo al Final es una situación muy natural en términos de la "Ley de la Biocosmos: *"Las estrellas mueren, las galaxias mueren, los astros mueren"* (XII), la gran mayoría de satélites naturales aparecieron muertos; "Los *Satélites naturales pueden aparecer muertos"* (XIII), en fin, *"Nada es eterno en el Sistema Biocósmico"* (XVII), ni la propia Biocosmos".

Una de las circunstancias que rige al Sistema Viviente Terrenal (**SVT**) es la protección que viene de la propia y esperada Ley de la Madre Naturaleza. Esta Ley actúa bajo las características que agrupa la Ley de la Biocosmos; por las que son espontáneas y realmente naturales. Pero las circunstancias excepcionales y que a veces son en mayor número, marcan la diferencia.

Largamente comentamos que VMTM o vivir menos tiempo realmente dependerá de muchos factores, algunos de ellos ya mencionados, como el impacto de la Ley de la Madre

---

303 **Cosmosbiótica** - Relativo a la vida o, que permite su desarrollo en el ambiente de la Biocosmos (vida fuera del PT) VET, EET.

Naturaleza, que por un lado beneficia y aumenta el tiempo de vida y por el otro, perjudica, acortando el tiempo por vivir. Pero el tiempo por vivir dependerá mucho también de la raza de la que proviene la especie, del linaje de sus progenitores, del pueblo donde nació, del país donde reside, de las inclemencias naturales, de la infraestructura social que ofrecen los gobernantes de su nación, de la propia suerte o destino y de muchos otros factores no mencionados, ajenos a la voluntad.

La Ley, como los enunciados de La ley de la Biocosmos, son conceptos didácticos que tienen como misión mostrar que la vida obedece a principios, sean ellos naturales, artificiales o de principios hechos por el REH en el PT, ser viviente inteligente del GD en el PT, que siempre deben ser llevadas en consideración y jamás ignorados.

Enunciados - Ley de la Biocosmos

Bajo la Ley de la Biocosmos: *"La vida es limitada donde quiera que ella exista" (IX).* Esto quiere decir que ningún *"Sistema Vida (SV)"* es infinito. *"La vida es finita, nada es infinito en términos Biocósmicos"* (VIII). *"No existe especie que viva para siempre ni mundo con vida eterna" (XX). Esta afirmación vale para la vida de entes vivientes, especies, mundos, planetas, Sistemas Planetarios y universos, sin excepción;*

La Ley de la Biocosmos muestra el conjunto de situaciones que albergan vida, como siendo un sistema viviente con leyes naturales y propias. Así entendiendo, los enunciados básicos y principales de La Ley de la Biocosmos son los siguientes:

I.   El PT forma parte de la Biocosmos

II.   Sobrevivencia es lucha. Luchar para sobrevivir es consigna obligatoria

III.   La EH es oriunda del PT

IV.   La EH habitará otros Planetas, inclusive en los MEX

V.   La EH hará realidad la Vida en dos Mundos

VI.   El Sistema de la Habitabilidad Terrena tendrá su fin

VII.   La muerte es obligatoria, tiene que ocurrir deseándola o no

VIII.   La vida es finita, nada es infinito en términos Biocósmicos

IX.   La vida es limitada donde quiera que ella exista

X.   Las especies luchan para huir de la extinción

XI.   Las especies también mueren

XII.   Las estrellas mueren, las galaxias mueren, los astros mueren

XIII.   Satélites naturales pueden aparecer muertos

XIV.   Todo ser que nace, obligatoriamente muere

XV.   Quien nació hoy vive y mañana no vivirá más

XVI.   Mantenerse vivo es misión biocósmica

XVII.   Nada es eterno en el Sistema Biocósmico

XVIII.   No basta nacer, todavía hay que luchar para mantenerse vivo

XIX.   Las especies no pueden detener su evolución

XX.   *No existe especie que viva para siempre ni mundo con vida eterna*

XXI.   Todo ente que hoy tiene vida, mañana no lo tendrá

XXII.   Todo inicio tiene su final y todo final tuvo su inicio

XXIII.   Todo ser debe completar su ciclo biológico viviente

XXIV.   Todo ser morirá obligatoriamente

XXV.   Todos los planetas tendrán su Rumbo al Final

XXVI.   Vivir hoy no necesariamente garantiza vivir mañana

XXVII.   La evolución biológica es imparable en el tiempo

XXVIII. Todo mundo viviente es finito.

El mensaje clamoroso que esta obra emplea para arengar, siempre está relacionado con el clamor para que la EH pueda recapacitar a tiempo, ya que el PT, lamentablemente se encuentra en su definitivo, verdadero e imparable "Rumbo al Final" (**RF**). Si bien es cierto que el RF es un proceso natural y se realiza bajo los dogmas de la "Ley de la Biocosmos", la obra humana puede contribuir mucho en retardar ese proceso, el RF.

Ingresando al fondo de los pronunciamientos de esta ley, veamos algunos de sus principios generales:

1)   La "Ley de la Biocosmos"[304] dice: *"Todo inicio tiene su final y todo final tuvo su inicio"* (XXII); *"Todo ente*

---

304 Fuente: Libro, Rumbo al Final, Xlibris, 2016. Páginas: 384 – 392. Enunciados de Ley de la Biocosmos

que hoy tiene vida, mañana no lo tendrá" (XXI); "*Vivir hoy no necesariamente garante vivir mañana*" (XXVI); "*Las especies luchan para huir de la extinción*" (X); "*Las especies también mueren*" (XI); "*Las estrellas mueren, las galaxias mueren, los astros mueren*" (XII); "*Todo ser morirá obligatoriamente*" (XXIV); "*Satélites naturales pueden aparecer muertos*" (XIII). Estos postulados son verdaderos principios de la Ley Universal con principios irrefutables instituidos en la lontananza del pasado albergando a los planetas dentro de del Sistema de la Biocosmos (SB).

2)   Explicado bajo el propio enunciado de la "Ley de la Biocosmos" resumimos en: "*Todo ser que nace, obligatoriamente, muere*" (XIV); "*Quien nació hoy, vive y mañana, no vivirá más*" (XV) y, el que aún no nació, también tendrá la oportunidad para hacerlo y luego, después de haber completado su ciclo viviente, obligatoriamente, dejará de existir, muriendo; por lo que más tarde, su especie también desaparecerá. Las especies también mueren. "*Las especies no pueden detener su evolución*" (XIX).

3)   La "Ley de la Biocosmos" corrobora: "*La muerte es obligatoria, tiene que ocurrir deseándola o no*" (VII); ya que "*La vida es finita, nada es infinito en términos Biocósmicos*" (VIII), entonces "*la vida no es eterna*", "*Nada es eterno en el Sistema Biocósmico*" (XVII). Postulado aplicado para todos los seres vivos como también para todo el medio ambiente Biocosmos.

No excluye otros planetas que comprenden la Cosmosbiótica en la Biocosmos.

4) Bajo la "Ley de la Biocosmos:" Las especies vivientes que aparecen en el PT nacen de dos células y lo hacen para formar un conjunto de seres para poblarlo durante el corto ciclo viviente que le es permitido (unas viven horas, otras viven días, semanas, meses, años, pocos años y muchos años). *"La evolución biológica es imparable en el tiempo"* (XXVII).

5) El postulado de la "Ley de la Biocosmos" es el mismo de la Ley Universal: *"Mantenerse vivo es misión biocósmica"* (XVI); *"Todo tipo de ser debe completar su ciclo biológico viviente"* (XXIII); *"No basta nacer, todavía hay que luchar para mantenerse vivo"* (XVIII); *"Sobrevivencia es lucha. Luchar para sobrevivir es consigna obligatoria"* (II); "Nacer sabiendo que vivirá un tiempo más ya que, obligatoriamente morirá un día en que menos lo espera, por alguna razón o causa, o cuando haya completado su ciclo vital (fin de la vejez)".

6) Anticipando, el "Rumbo al Final" del PT es un proceso medido en tiempos cósmicos (CLO), lo que hace creer que es un proceso poco perceptible en lo que va del Ciclo de Vida de un Ser Terrenal. Pero en la sumatoria de esos ciclos ese proceso es rápido y tiene que hacerse realidad sin opciones para su detención.

Realidad que la "Ley de la Biocosmos" dictamina y como tal, perdura.

7) El REH en el PT tiene que pensar que "el Rumbo al Final" tendrá su momento impostergable y que normalmente es un ciclo definitivo y obligatorio que no se puede cambiar, porque toda esta situación obedece a la "Ley de la Biocosmos" (una Ley Universal). Observado dentro de un ente mayor, que en este caso es el PT en armonía con el astro Sol, no le restará más alivio que enfrentarla con naturalidad, conciencia y resignación. Entonces: ¿Podría decirse que esa actitud sería una resignación humana? Creemos que no necesariamente sea una resignación, ya que el Rumbo al Final es algo que obligatoriamente tiene que ocurrir.

8) Más allá de lo apocalípticamente anunciado, es también inimaginable continuar comentando que: lo que viene después del fin de la "Era de La Habitabilidad Terrena" tal vez sea algo peor. No obstante, esta situación es muy natural en la "Ley de la Biocosmos", donde: Las galaxias nacen y mueren, los astros mueren, las estrellas mueren, la mayoría de satélites naturales ya aparecieron muertos; en fin, nada es eterno en la Biocosmos".

9) Una vez que el PT pierda la genuina característica, la de actualmente permitir que la Biodiversidad se desarrolle en su vigoroso interior, completado el RF

esa condición jamás volverá a ocurrir y lo que es peor, jamás se recuperará. Será cuando la vida terráquea, simplemente desaparecerá del PT y será con todo, para todos y para siempre. El ayer vigoroso planeta azul habrá perdido su lado azul y rotará, desplazándose como un planeta muerto. *"Todos los planetas tendrán su Rumbo al Final"* (XXV). La Ley de la Biocosmos[305] dice: *"No basta nacer, todavía hay que luchar para sobrevivir y mantenerse vivo"* (XVIII) como si estuviera viviendo para huir para no morir".

10) Felizmente que el proceso de la aparición de la vida en el PT va dejando indicios, con los que se pueden realizar estudios y análisis de cómo surgió la vida en el PT y cómo pudo llegar al grado de evolución de nuestros días. Es por eso que recalcamos aprovechando los postulados de la "Ley de la Biocosmos": "vivir hoy no necesariamente quiere decir vivir mañana". Recordemos a los dinosaurios; ellos vivieron su época de gloria y de ellos hoy, sólo quedan algunos fósiles dispersos o escondidos por ahí, para que podamos ser nosotros los descubridores, estudiosos y los que podamos hacernos una idea de cómo fueron ellos cuando vivos y por qué desaparecieron. A pesar de las evidencias grandes dudas nos quedan. Esto nos hace recordar que, "lo que ayer vivió y hoy, continúa vivo, ciertamente mañana no vivirá más". La "Ley de la Biocosmos" así lo dice, cuando se refiere a las

---

305 Fuente: Libro, Rumbo al Final, Xlibris, 2016. Páginas: 384 – 392. Enunciados de Ley de la Biocosmos

especies vivientes en el PT. El mismo principio se aplica también en todo lo que englobe Biocosmos.

11) ¿Podrá el PT transformarse en más una Luna del Sistema Solar? De este modo, en un futuro contabilizado por los años calendario solar humano, la Tierra y la Luna serán iguales, inertes y la poderosa Especie Humana actual habrá desaparecido del mapa terrestre. Esta afirmación forma parte de la "Ley de la Biocosmos".

12) "El Teorema de la Vida Limitada" esquematizado y por convención resumido en el TVL explica gráficamente que quien posee Vida en primera magnitud es el PT, graficada en la Línea del Tiempo (LT) iniciándose en "T1" y terminando en "Tn" (como si apuntara para el infinito, que en la Biocosmos no existe) y en cuyo interior se identifica el denominado punto "X", para que tenga mayor sentido, como el Punto "Va" que identifica y marca el tiempo: el día de hoy, ahora, este preciso momento, el inicio de una Nueva Vida en el PT, como muy bien está descifrado en la LT.

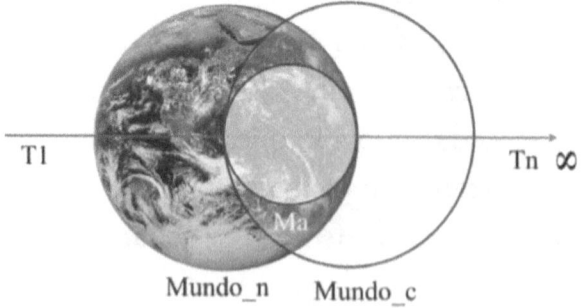

13) La didáctica visión que la obra presenta para explicar el "Rumbo al Final" del PT está simbolizado por el "TVL". Existe el Tiempo "1", el inicio, la partida y el origen. Del mismo modo hay que suponer, bajo el amparo de la "Ley de la Biocosmos" que existe también el "Punto final"; que en este caso es marcado por el extremo "Tn", simbolizando un Tiempo "n" para vivir, existir o estar latente. Es exactamente bajo esta base que se desarrolla el tema explicando el "Rumbo al Final" del PT y más adelante, en capítulo aparte TVL, "La Curva de la Vida (**CV**)", donde el Punto "Va" viene a simbolizar la aparición de una vida (Vida aparición) en el PT o dentro los demás componentes de la Biocosmos.

14) Para el enunciado del "TVL" los llamados seres vivos aparecen para vivir, o nacen en algún punto de la LT iniciado en "T1" y terminando en "Tn", identificado como el punto central como "X", desde donde se da el inicio de una Nueva Vida en el PT que está identificado como el Punto "Va", V̲a = V̲ida a̲parición; todo está ocurriendo sobre la Línea del Tiempo LT. Entonces, es exactamente a partir del Punto "Va" que el nuevo ser viviente podrá desarrollarse cuando y cuanto quisiera y pudiera, sin restricciones y sin límites, pero esa genial característica no exonera de realizarse el principio más básico de la "Ley de la Biocosmos": Nació, vivirá y morirá, en cualquier instante de un día, obligatoriamente y sin excepción. Consecuentemente vida es también sinónimo de

mortal y, como todo ente viviente que nace tiene que morir; entonces, todo ente viviente obligatoriamente morirá; por lo que vida, es morir también.

15) Una de las circunstancias que rige nuestro sistema viviente terrenal es la protección que viene de la propia y esperada Ley de la Madre Naturaleza; que son espontáneas y realmente naturales. Pero las circunstancias excepcionales, que a veces son en mayor número, marcan la diferencia.

16) Vivir más o vivir menos tiempo realmente dependerá de muchos factores ya mencionados, como la Ley de la Madre Naturaleza, que por un lado beneficia y aumenta el tiempo de vida y por el otro, perjudica, acortando el tiempo de vivir.

17) Es oportuno concluir recordando los conceptos que la "Ley de la Biocosmos" propaga y cuestiona: ¿Por qué y para qué la Especie Humana (EH) está habitando o viviendo en el PT?

18) La finalidad de tener un inicio, bajo la "Ley de la Biocosmos": "*Todo inicio tiene su final y todo final tuvo su inicio*" (XXII), obligatoriamente nos conduce a crear un final y con ello se obtiene un intermedio, (que es calculado en unos 800 millones de años de evolución hasta llegar al día de hoy); un límite o un espacio con su final que será utilizado para la supervivencia, que en este caso está simbolizado por el Punto "Tn", representando un Tiempo "n",

desconocido y muy distante, que de una u otra manera, delimita un período donde la Biodiversidad se desarrolla dentro de la Línea del Tiempo TVT (T1 a Tn). Consecuentemente marca un tercer "Punto" fijo que es el Punto "X" y más adelante "Va" que viene a ser la época de la aparición o del nacimiento de las especies que a una de ellas se le denominó de la "Especie Humana" (EH), la nuestra. Especie que apareció y continuó su evolución hasta llegar al grado evolutivo que hoy muestra o al modelo de Ser Humano Actual, la del GD, que también no es su forma final, ya que su evolución continúa su imparable curso.

19) En la Ley de la Biocosmos "no existe especie que haya detenido su evolución", "*Las especies no pueden detener su evolución*" (XIX) (todas las especies vivientes cumplen obligatoriamente ese proceso. Lo que puede ocurrir con algunas especies, por ejemplo: microbios y bacterias es que invernan por largos períodos de tiempo). La evolución no siempre es notada a simple vista. La evolución es un proceso silencioso, lento y microscópico, sólo ocurre a nivel celular y en el gen; por lo que solo "el tiempo es el único quién puede demostrar los grados de evolución que las especies pasan"; obedeciendo también a que "la transformación biológica es un fenómeno obligatorio, constante e impostergable, dentro de la Biocosmos".

20) Bajo la Ley de la biocosmos: "*La vida es limitada donde quiera que ella exista*" (IX). Esto quiere decir

que ninguna vida es infinita. Esta afirmación que es contemplada en "La Ley de la Biocosmos" vale para la vida de entes vivientes, mundos, planetas y universos.

21) El "TVL" se inicia definiendo que: en la Ley de la Biocosmos: "El PT tiene vida propia, temporalmente". Bajo la misma Ley: "el PT permite vida en su interior, temporalmente" y es exactamente a esa vida que la estamos identificando como "Va" que aparece en la Línea "TVT" del MSVT comprendido entre el Punto "T1" a "Tn", marcándose el Punto "Va" que recibe el nombre genérico de Punto "Va" (Vida aparición) en función de su significado.

"Todo inicio tiene su final y todo final tuvo su inicio" **(XXII), Ley de la Biocosmos**[306].

La única Ley que rige la vida del PT y la vida de las especies en su interior, es la Ley de la Biocosmos. Lo que hace concluir que hasta la vida del PT está sujeta a los postulados de la Ley de la Biocosmos. Razón que plenamente explica el Rumbo al Final del PT. *"Todos los planetas tendrán su Rumbo al Final"* (XXV); *"No existe especie que viva para siempre ni mundo con vida eterna" (XX)*[307].

---

306 Fuente: Libro, Rumbo al Final, Xlibris, 2016. Páginas: 384 – 392.
Enunciados de Ley de la Biocosmos

307 Fuente: Libro, Rumbo al Final, Xlibris, 2016. Páginas: 384 – 392.
Enunciados de Ley de la Biocosmos

GENERACIÓN DEL DUPLO MILENIO

El REH, un ser humano (**SH**), es muy afortunado porque está habitando el PT con singular particularidad, pasando a ser considerada como la Generación del Duplo Milenio (**G2M**) que tuvo la suerte de nacer en el PT en dos trascendentales siglos.

Mucho más importantes son los nacidos en el milenio pasado, hoy los mayores de 22 años, son los afortunados por haber conseguido vivir dentro de dos históricos milenios. Situación por hoy *suigéneris* porque nadie lo experimentó antes, pudiéndolo contar con sus propias palabras y lo que es más importante, sabiéndolo documentar.

El REH del GD es venturoso por pertenecer a la Generación de humanos que vivió en el PT en Dos trascendentales Milenios (**G2M**).

Con profundo espanto estamos dando énfasis a la G2M que aparece a lo largo de los años 1000-1999 (**M1**), penetrando en los años 2000-2999 (**M2**). Para ser integrante de la G2M que continuará viviendo aquí, así como las generaciones venideras lo harán, en todo el transcurso del tiempo, hasta completar su ciclo en el año 2999, cuando terminará la G2M para iniciar la otra, contemplando los años 3000-3999 (**G3M**) y así sucesivamente la vida continuará bajo las condiciones trazadas dentro del proceso que contempla el periodo que conduce al verdadero Rumbo al Final del PT, La Agonía del Planeta[308].

---

308 Libro, Rumbo al Final, La Agonía del Planeta, Xlibris, 2016.

Resumiendo, definitivamente el REH de la G2M vivió en las décadas finales del M1 y actualmente vive en las primeras décadas del M2. Como sabemos y como es fácil de entender, fueron singulares y trascendentales eras vivenciadas, donde no todo fue gloria en ese largo trajinar.

La G2M está viviendo más tiempo y mejor (**VMTM**).

En 2016, en la obra anterior, estruendosamente fue anunciado el concepto de "La Agonía del Planeta" y la confirmación de que *"el PT ya se encuentra en su imparable y definitivo Rumbo al Final"*[309]. Hoy, bajo esa perspectiva, la G2M se desarrolla y mantiene condiciones para VMTM, dentro del promedio de la Expectativa de Vida (EV) para sus respectivas regiones. Así siendo, consideramos bastante alentador la afirmación que apunta el ascenso en la media del tiempo de vida de grande parte de los REH. Situación que viene augurando, para los integrantes de la G2M, REH, una nueva era, cuando décadas mejores, sobre todo en lo tocante a la convivencia, vendrán. Será cuando el padrón de VMTM será el estándar.

Así mismo, no podemos dejar de alertar que este postulado solo se concretizará sí, rigurosamente se llegaran a cumplir todos los requisitos básicos que lo condicionan, como: comportamiento, comprometimiento, respeto y habitabilidad racional; caso contrario, ocurrirá todo lo opuesto.

Razonablemente entendemos que no todo en nuestro cotidiano transitar es bien sucedido, con felicidad, conforto y con naturalidad, razón por la cual también alertamos la

---

309 Fuente: Libro, Rumbo al Final, Xlibris, 2016.

existencia de serios problemas potenciáis que contribuyen grandemente para la degradación de la vida humana, de la EH en general y la del propio planeta como un todo. Son dos conceptos y dos razones que convergen en un punto común, "vida en el PT (VenPT) y sus adversidades" versus "obra de la EH".

Igualmente denunciamos con clareza que la EH ha poblado el PT de forma exagerada e incondicional; haciéndolo libremente y sin ningún tipo de exigencia o restricción que condicione su multiplicación.

Concomitantemente destacamos que el REH, el hombre, se ha olvidado de sus principios básicos, sobre todo el del espirito del desarrollo de la vida terrenal y de la verdadera finalidad de su existencia en el centro de este sistema viviente.

Constantemente manifestamos nuestra preocupación por el simple acto de encontrar dificultad para conocer el origen de la vida y de mantenernos incansables en su búsqueda. Situaciones que nos hace concluir que, enfrentar los desafíos, en el medio de diversas adversidades, se transforme en la mayor virtud del hombre, autóctono del PT, que lucha incesantemente por conocer su origen, aunque desconfía de antemano que tendrá que desaparecer antes de descubrirlo[310].

Presentes en los actuales tiempos observamos que los tradicionales patrones de una vida natural están siendo pasados por alto, por no decir que ya fueron relegados a un plano inferior o, que no existen más en el comportamiento

---

310 Rumbo al Final, publicado en abril 2016, USA.

humano, como una condición espontánea o natural de vida.
Situación que exige dar el grito de protesta, señalizando el
sin igual modo de cómo estamos llevando la vida hoy, sin
saber y ni poder proyectar la visión de cuál será el modelo y
característica de vida del hombre que tendrá la suerte de vivir
en las décadas por venir.

Como ya fue anticipado en la obra Rumbo al Final, las
situaciones vividas hoy, hacen intuir que: "El adulto del
futuro, proveniente de los jóvenes que existen hoy, pasará
a ser un individuo del ternosinobit; de la miopía común;
rehabilitación; sedentarismo y obesidad, hipertensión;
diabético; histotiroidismo; de los *brackets*, de nuevos y
desconocidos tipos de cáncer (algunos de ellos derivados de
linfomas de *Hodgkin*, tumores óseos, radiación y de otros
orígenes, hoy desconocidos); del estrés oculto y sin aparentes
razones; ansias por alimentarse espiritualmente; síndrome
de la soledad moderna; acentuada depresión; problemas de
inanición, males estomacales sin causas aparentes; insomnio
agudo, enfermedad del vicio a los juegos vía computador de
mano; enfermedades provenientes del constante y prolongado
uso de las frecuencias magnéticas y electromagnéticas y la
de ser el nuevo integrante de una sociedad de adeptos al
consumismo descomunal; al constante y familiar crédito
virtual con constante e interminable endeudamiento, que
genera problemas más que satisfacciones; y que poco hizo
(cuando joven) para poder VMTM el mañana, cuando viejo,

como inicialmente fue alertado en la obra; Convención ECO 2013[311]".

Lo peor, si esta juventud continua bajo estas características, cuando adulto, estará lejos de ser un candidato favorito para vivir en el Segundo Mundo (Mundo_2), llamado también de Mundo científico (**Mundo_c**); ya que él, ni siquiera atingirá la Expectativa de Vida de su generación"[312].

También es curioso observar el conflicto entre las afirmaciones que dicen que: por un lado el PT, que viene de una larga etapa viviente y que ahora atraviesa por su último Ciclo Natural de Vida (**CNV**), ingresando en la Curva de la Vida Terrenal (**CVT**) en la fase del Decline Final, anunciando que la vida en el PT permanecerá por menos tiempo del que ya vivió; y por el otro, resalta el corolario de que la G2M está viviendo más años y mejor y, que con el transcurrir del tiempo vivirá más de lo que en promedio sus ancestrales vivió en el pasado.

Es verdad que los REH actual en el PT, integrante de la G1M, están viviendo juntamente con la G2M que está consiguiendo VMTM. Sí, pero esa contundente afirmación no es una regla general. La gran mayoría de la G2M no vive ni siquiera el mínimo estimado por la Expectativa de Vida para su región. Al mismo tiempo observamos que muchos de los integrantes de la G2M aún no saben que el PT se encuentra en su verdadero

---

311 **Obesidad - ECO 2013**, Liverpool, Inglaterra del 12 al 13 de mayo de 2013 - El tema "Obesidad". Esta Convención, realizada en Liverpool, Inglaterra, alertó sobre el terrible mal que es **la obesidad** y buscaba evitar que ese mal se transforme en una de las enfermedades del presente siglo.

312 Rumbo al Final, publicado en abril 2016, USA.

"Rumbo al Final"; y que otros, fingen no saberlo, tal vez sea para no asumir su alto grado de culpabilidad y de depredación del medio ambiente.

El hecho de que el PT se encuentre en la última etapa en la Curva de la Vida Terrenal o, de su ciclo viviente planetario, no quiere decir que las especies terrenales que lo habitan, no puedan continuar mejorando su Expectativa de Vida y VMTM. La diferencia significativa entre las dos condiciones explicadas antes, es que el ciclo viviente de ambos (PT y EH) es totalmente diferente. Los tiempos de vida son medidas por distintos sistemas y bajo diferentes condiciones. Mientras que la vida del PT se mide en millones de Ciclos de Vida Terrenal y en Ciclos Luz Oscuridad (**CLO**) solares, la vida de la EH se mide en apenas algunas decenas de años. Situaciones que exigen nuevas definiciones, ya llevando en consideración la existencia de la G2M y la posibilidad de poder vivir en Dos Mundos (**Mundo_2**).

Entonces, conseguir que el hombre tenga un promedio de vida por arriba de los tres dígitos, esto es, superar los 99 años, sería bastante, un logro abismal; pero que en mensuración Biocósmica, es insignificante; más aún si comparáramos proporcionalmente el tiempo con la relación de la vida del PT. No obstante, no podríamos negar la ilusión del Ser Humano de que el tiempo de su vida pudiera ser medido, en por lo menos en centenas de años. La G2M, tendrá mucho por responder en el futuro y así, con esta vigorosa condición, la G2M siempre abriga la esperanza de VMTM. Continuadamente presagia el deseo de que un día se pueda hacer realidad el aún soñado, advenimiento de la Vida en Dos Mundos (Mundo_2) o en el Mundo_c.

Explicando de otro modo, esto quiere decir que vivimos en un mundo de donde podremos salir de él para luego ingresar a otro. Tal vez sea esta ambición la que está forzando la creación de mejores condiciones de vida terrenal. De ahí nace la buena esperanza para que ese anhelo vaya concretándose, según las estimativas recogidas a nivel mundial, sobre todo con los integrantes de la G2M, las mismas que apuntan hacia un mundo promisor, en términos de expectativa de vida, ya que el hombre está viviendo más años, como detallaremos más adelante, acompañando la dirección que las estadísticas realmente apuntan.

"En el año 2030 habrá más ancianos en el Brasil[313]" la misma situación sucederá en otros países del mundo.

A nivel mundial las preocupaciones por el Adulto Mayor aumentaron mucho. Apenas como ejemplo, en Brasil se promulgó la Ley Nº 10.741[314], que instituyó el "Instituto del adulto mayor, *Idoso*"[315]. Este acto se propagó en la

---

313 Fuente: Revista Veja, 10 de setiembre de 2014, Sao Paulo, Brasil, 2014, Pág. 106.

314 Nota: El 1º de octubre de 2003, Luis Ignácio Lula de la Silva, presidente de la República del Brasil, promulgó la Ley N.º 10.741.

315 Idoso = Adulto Mayor: LEI Nº 1279/2015 DE 12 DE MAIO DE 2015: Art. 1º Es instituido el Estatuto del Idoso, destinado a reglamentar los derechos asegurados a las personas con edad igual o superior a 60 (sesenta) años. Art. 2º O idoso goza de todos los derechos fundamentales inherentes a la persona humana, sin perjuicio de la protección integral de que trata esta Ley, asegurándole, por ley o por otros medios, todas las oportunidades y facilidades, para la preservación de su salud física y mental y su perfeccionamiento moral, intelectual, espiritual y social, en condiciones de libertad y dignidad. Referencias y Notas: 201

mayoría de los municipios de ese gigante país. En abril de 2015, en la Municipalidad de Santa María de la Sierra, (un municipio pequeño) a 256 Km al interior del Estado de São Paulo" un Proyecto de Ley solicitó la creación del "Consejo del Anciano" con el *objetivo de discutir políticas públicas orientadas a la protección de los ancianos del municipio*[316]. Creemos que la iniciativa es pionera, muy buena y alentadora, porque el Consejo podrá ayudar a definir políticas públicas y gubernamentales relacionadas con el anciano y mucho más, que en el futuro puede convertirse en ejemplo de accionares globales de bienestar[317].

Apenas como un dato importante y más aún preocupante, en Brasil, a mediados de 2018 ya existían más de 4.5 millones de ancianos viviendo solos en sus respectivos domicilios, otro tanto (el grupo mayor) vive con algún familiar y los restantes en algún asilo, sea particular o pertenecientes al gobierno.

Pocos años después, finalizando el 2019 y extendiéndose por los años 2020, 2021 y 2022, con la pandemia del Corona Virus, CoViD-19, muchos de estos ancianos apresuraron su fin, muriendo contaminados, cambiando bruscamente los

---

316 Fuente: El Consejo está compuesto por 8 consejeros titulares y sus respectivos suplentes; con mandato de dos años.

317 Aclaración: Idoso del portugués = Anciano:
LEY N° 1279/2015 DE 12 DE MAYO DE 2015 "Crea el Consejo Municipal del Idoso (Anciano)." JOSIAS ZANI NETO, Prefecto del Municipio de Santa María de La Serra, São Paulo, Brasil. Ley aprobada por la Cámara Municipal de Santa María de la Sierra, que el Prefecto promulga: Art. 1° - Queda creado el Consejo Municipal del idoso – CMI, como un órgano deliberativo, consultivo y controlador de las acciones, en todos los niveles, dirigidas a la protección de la defensa de los derechos del idoso. Referencias y Notas: 201

números y las estadísticas relacionados con la Expectativa de Vida (**EV**) del adulto mayor en Brasil y en el resto del mundo.

Como muy bien recordamos la pandemia del corona virus fue a nivel mundial, registrando más de 270.155.060 de contaminados, 220.189.542 recuperados, cuando más de cinco (5) millones murieron (5.306.009).

En América del Sur la pandemia ocasionada por el CoViD-19 fue devastadora. La cantidad de muertos en Brasil superó los 670 mil, seguido por México con cerca de 290 mil. Los países que siguen en la orden son: Perú, casi 200 mil; Colombia, cerca de los 130 mil; Argentina, superando los 115 mil; seguidos por Chile, Ecuador, Paraguay, Bolivia, Guatemala, etc. Números obtenidos en plena aplicación de la primera y segunda dosis de vacunas. Benéficamente, desde setiembre del 2021 se daba inicio a la aplicación de la tercera dosis de la vacuna, con el adulto mayor. Vacunas milagrosas que aparecieron gracias a los estudios rápidos realizados en China, Estados Unidos, India, Reino Unido, Rusia y seguidos por algunos otros países como Argentina, Brasil, etc.[318]. Período éste que llevó la vida de una gran cantidad de idosos, cambiando radicalmente los números estadísticos a nivel mundial.

Bajo ese panorama podemos confirmar que, definitivamente, somos la **G2M** que vivió en las décadas finales del M1 y actualmente vive en las décadas iniciales del M2, éste. La G1M es una generación que vivió en dos siglos de dos trascendentales milenios que, como manifestación mensurable

---

318 Noticias CNN: USA, Brasil

de esa raridad, aún tiene por demostrar que, intelectualmente, ha alcanzado el grado máximo de desarrollo que una especie, existiendo en el PT, puede obtener, aun teniendo que soportar terribles epidemias de tiempos en tiempos. Más, el beneficio de encontrarse calificado con la obtención del GD, permite a la EH de la G2M, fabricar sus propios remedios, para salvarse de morir antes de completar su CV, naturalmente[319].

Especie del Grado Dios

Para saber dónde el hombre debe estar, basta preguntar: "¿Cuál es el lugar del hombre? Donde sus hermanos necesiten de él". Madre Teresa de Calcuta.

Trajimos a luz un concepto relaciona con la EH al publicar el libro Rumbo al Final, La agonía del Planeta, en abril 2016, con el título *"La Especie Humana logra el "Grado D"*[320]. Asunto sumamente importante que retorna para ayudarnos explicar mejor el mundo en el que vivimos y para imaginarse, aun en fantasía, al mundo en el que pretendemos conquistar y vivir, o, por lo menos para que nuestros descendientes, un día puedan vivir, siempre proyectando la vida dentro de un mundo del SB.

Con el pasar del tiempo los integrantes de la Especie Humana (**EH**), circunscritos en el PT, han demostrado haber alcanzado

---

319 Fuentes y consultas realizadas en la lista "Bibliográfica, Referencias y Notas (BiRefNotas_ 22001, 22016 y 22018) en ANEXO III.

320 Libro: Rumbo al Final, La agonía del Planeta, 2016. Capitulo III, Título: "La Especie Humana logra el "Grado D". Páginas 102 – 107.

el más alto grado de evolución cerebral y del intelecto, diferenciándose de las demás especies terrenales. Así, la EH se ha convertido en la especie líder, por saber utilizar mejor su inteligencia. Verdad, el REH, el SB, ha adquirido el Grado Dios (**GD**) en desarrollo cerebral e intelectual en el PT.

El **GD** es el máxima grado de desarrollo y de valorización que alguna especie, en culturas inteligentes, puede adquirir. Este logro demuestra el grado de desarrollo cerebral e intelectual alcanzado por la EH. Grado que podrá ser mensurado, en su máxima expresión, en ambientes típicamente de los MEX, donde puede existir inteligencia en otros diversos niveles de desarrollo y abundancia intelectual que puedan servir de parámetros mensurables en este tipo de evaluación, bajo el Ambiente Biocósmico.

El progreso intelectual inmensurable ha llevado a la EH situarse en la cúspide de la mensuración intelectual, el **GD**. Consecuentemente la EH ha adquiriendo el poderío de inventar, crear, hacer, construir y muchísimo más, transformando esa capacidad en una fuerza ilimitada y sin fronteras para actuar, caracterizando al representante humano, terrícola, como el más inteligente. Por hoy, sin comparación. Es cuando la EH adquiere la hegemonía en inteligencia, por lo menos hasta cuando se descubran inteligencias similares en los conglomerados de los MEX, con quienes se les podrá comparar; si es que inteligencia fue el factor de evolución fuera del PT.

Bajo un ambiente típicamente terrenal, la inteligencia es una característica y una cualidad especial y bien diferenciadora, en circunstancias cuando la inteligencia humana puede ser comparada con la inteligencia de las demás especies con quienes comparte el mismo hábitat, donde existe el parámetro medidor, llamado Cociente de Inteligencia (**CI**) (QI, Brasil), para definir si el examinado puede ser más inteligente entre la media en su ambiente viviente.

En el PT la intelectualidad humana no tiene comparación. Más también no podemos despreciar inteligencias manifestadas por algunas de las otras especies con quienes comparte el mismo hábitat. En la mayoría de los animales en el PT, también encontramos inteligencia en menor o mayor grado, como en las hormigas, abejas, elefantes, delfines, pulpos, cuervos, perros, ballenas, algunas generaciones de bacterias, etc. Inteligencia que aún no hemos podido entender, interpretar, compartir y ni mensurar. Inteligencias con diferente grado de manifestación y evolución, en su versión original, la innata.

La EH del GD inclusive ha llegado a diferenciarse del grupo de generaciones humanas que lo precedieron. La evolución llega a manifestarse con el pasar del tiempo, demostrando que el fenómeno evolutivo siempre fue el factor de caracterización de su especie. Así, la máquina cerebral, proveedora de la inteligencia humana, fue avanzada, desarrollándose en un cerebro que consiguió el máximo de su evolución, el **GD**. Esto quiere decir que, una vez llegado al topo del progreso cerebral, por ahí debe mantenerse. Nada es eterno en la Biocosmos, inclusive el poder mental.

El representante humano pasó usar, con mayor intensidad, al Conocimiento Adquirido más que a la propia inteligencia inventiva. Usar más, algo del Conocimiento Heredado (**CH**) que fue asunto que trajimos a luz en 2008, siendo más frecuente en las actuales generaciones. Muchas innovaciones están siendo realizadas, intensificándose con la observancia de los inventos existentes. Poco de nuevo se está inventando como un producto realmente innovador, transformador y de impacto.

La EH representado por el ser humano, habiendo adquirido el GD, está apta para usar la inteligencia extrema, aprovechando logros adquiridos hasta el presente, gracias al CH. En adelante, la EH será más constructora que inventora. Esto porque ya se han descubierto todos los componentes importantes necesarios para que la generación del GD pueda continuar realizando sus proezas. Continuará usando la rueda, el motor, el procesador, el sensor, la energía, la frecuencia, el plástico, etc. etc., siempre.

Esto queda explicado cuando tratamos la Curva de la Vida (**CV**). Toda especie tiene su propia CV, un inicio, desarrollo y su fin. Este factor prueba también que nada es eterno en el ciclo viviente y que, hasta la inteligencia pasa por un proceso y por un tiempo de apogeo. Luego vendrá la decadencia en la continuada evolución, de esta ves, manteniéndose activa como está, para luego iniciar otra, nueva, degenerativamente.

Las características humanas actuales son el resultado de las transformaciones ocurridas en el tiempo, periodo de su evolución. Situación que da la singular denotación de que la EH es realmente una especie oriunda del PT, donde adquirió capacidad y la máxima inteligencia, coronando con el GD. Analizando esta proeza, que permitió al hombre terrenal adquirir el **GD**, ya se puede concluir que no habrá ninguna otra especie viviente, en ningún otro lugar de la Biocosmos, con igual grado de evolución y desarrollo mental, como el adquirido por la EH en el PT. Más, una aclaración se hace necesaria ahora. No queremos decir con esto que no podrán existir seres o especies con Grado de Inteligencia, CI, muy superiores a la inteligencia alcanzada por la EH del PT. Recalcamos para entender mejor esta posición: Desarrollo cerebral e, intelecto, igual al de la EH, aquella que vive en el PT y ha adquirido el **GD**, no habrá otra. Las otras especies, vidas que se desarrollan en la Biocosmos, obedecen a sus propias características, típicas del lugar o planeta donde ellas habitan. Pero los otros tipos de vidas y de seres, jamás serán exactamente como el SV que se desarrolló en el PT.

En toda la inmensidad de la Biocosmos nunca se encontrará una especie igual a la EH que continua su imparable proceso evolutivo solamente en el PT. Lo que hace concluir que como la evolución de los seres vivientes suscitado en el PT no habrá otra evolución ni especie igual en ningún otro lugar que engloba a los MEX, miembros de la Biocosmos. Las vidas comprendidas en la Biocosmos serán muy inferiores o peores, en menor grado de evolución, más también no podemos negar que algunos otros podrán ser mejores o muy superiores, en mayor grado de evolución, pero nunca iguales a las existentes en el PT, más aún, tratándose específicamente de la EH.

Para bien o para mal el SH desarrolló sus aptitudes, acentuando sus dotes intelectuales y en menos proporción en su estructura corporal. Es por eso que sus hechos, usando inteligencia humana, han resultado ser grandiosos y de increíble repercusión, dando una característica especial a la EH que superpuebla el PT.

En las dos primeras décadas del milenio M2 (2000-2999), pudimos observar una serie de increíbles y nuevas condiciones y conceptos para enunciar el alcance del **GD** por la EH. Razones por las que venimos potencializando el desarrollo cerebral humano, apuntando que ha alcanzado el máximo grado de evolución que una especie viviente pueda llegar en el PT y en la propia Biocosmos, como la especie del **GD**.

La obtención del **GD** refleja que la EH ha llegado a un extremo, al límite de su desarrollo de su intelecto en ambientes Biocósmicos. Grado que es dificultoso de poderlo explicar con palabras comunes ahora, ya que esta situación explica que el SH domina a perfección los elementos y componentes existentes en el PT. Paralelamente demuestra que ha inventado la Ciencia para ser su instrumento de control, de evaluación y de mensuración de sus resultados.

Los representantes de la EH son capaces, pueden hacer, construir, controlar, utilizar, dar vida, detenerla, reanudarla, crear especies, modificarlas, clonarlas, pudiendo trasplantar partes de él y hasta poner la cabeza de uno en el cuerpo del otro y viceversa y, mucho más.

Igualmente, el hombre parte de cero (0) o sea de nada, construye máquinas, dándolas vida, esto es, las hace funcionar automáticamente, pudiéndolas controlar. Muchas de las maquinas construidas por el hombre, en este preciso instante, cruzan las fronteras cósmicas, o sea, ya salieron del ámbito terrenal, inclusive con seres humanos en su comando; otras más ocupan gran parte del espacio terrestre y otras, forman parte de su propio cuerpo, donde todos "*los biocomponentes asociados a la Real Inteligencia Artificial (**RIA**)* estarán convirtiéndose en comunes próximamente", dijimos en el libro Percepciones Originales.

El hombre sube a los cielos en busca de encontrar posibles otras culturas inteligentes en la Biocosmos, similares o superiores al del GD, de la EH en el PT. Permanece en el espacio y regresa, como una introducción, manifestando lo que serán las futuras "Migraciones Planetarias".

¿Cómo podríamos ejemplificar la obtención del GD por la EH en el PT?

La obra del hombre, el fiel REH en el PT se encuentra esparcida en todo lugar y tan abundante que hasta parecen comunes, que ni siquiera despiertan nuestra curiosidad o interés. Evitamos en lo posible pensar en todo y cuanto esas obras representan, si observadas como realizaciones humanas; claro, recordando y pensando en la EH que viene de la vida del hombre de las cavernas, una especie nómade, que a lo largo del tiempo ha sabido avanzar en el espacio y en el tiempo y ahora es tan grande su logro que no hay más calificativos para poderlas definir a no ser, por ahora, soñar en el probable salto para el Súper GD (**SGD**).

La real grandeza del hombre actual se puede mensurar relatando algo importante de sus obras y asociándolo con la integración entre cada una de ellas, así: Ha descubierto y ahora obtiene el control absoluto de algo que es muy importante y que forma parte de "uno de los componentes en la Biocosmos", la "Energía", "Energía Eléctrica"; fuerza invisible que simboliza vida, acción, luz, peligro y mucho más. Con ello, la EH ha ingresado al mundo de la electricidad y paralelamente al dominio de los componentes electrónicos y químicos.

Para su limitada visión, el hombre ha inventado lentes: poderosos microscopios, macroscópios, terascópios y gigas telescopios. En la distancia, detecta la presencia de asteroides que lo amenazan; controla y también hace uso eficiente de las frecuencias, ondas magnéticas, electromagnéticas, sonoras y de luz.

El hombre usa un rayo de luz como medio de transportar impulsos, los mismos que son codificados y decodificados para tener un dato y luego busca su utilización. Ha conseguido digitalizar los impulsos y frecuencias y mucho más, para poderlas conservar o guardar. Habla en un continente y es escuchado en el otro, con extrema facilidad y nitidez (*inlocuo*). Por no anticipar el futuro diciendo: Habla en el PT y es respondido desde un MEX, por un ser de su misma especie y, allá por los años 2047, desde el Planeta Marte (PM), por ejemplo, donde máquinas terrestres ya han posado.

El asombro es continuado cuando vemos que el terrícola ha conseguido digitalizar combinaciones de señales o impulsos con apenas dos símbolos (Código Binario (**CoB**), 1 y 0, presencia o ausencia), que combinados e interpretados científicamente forman datos útiles, pudiendo ser guardados y ser transformados dentro de una materia, para luego volver para su imagen o estado original, para ser nuevamente utilizado. Esto es, el hombre: ve, codifica, memoriza, transporta y guarda (almacena) para luego hacer el proceso inverso. Apenas como un ejemplo. El Código Binario o Sistema Binario puede ser la clave de comunicación entre inteligencias Biocósmicas, así como la vida lo está demostrando en la división celular y los cromosomas.

A propósito de Código Binario y como ya anunciamos anteriormente, hemos conseguido definir el código que servirá como el prefijo del identificador individualizado, el código de la Identificación Universal del individuo perteneciente a la EH en el PT, contenido en la Tabla: Vida'L Código Básico Biocósmico de Identificación Universal (**BBC_IdU**) Cromosoma-PT-ADN-ID, que fue codificado utilizando el Sistema Binario. (En Anexo[321]).

El hombre programa tareas, actividades, acciones y hasta procesos de todo lo que quiere que sea realizado por su voluntad para que una máquina, fabricado por él, lo pueda ejecutar a perfección y sin el mínimo de posibilidad de

---

321 Consultar la Tabla completa incluida en Anexo separado: Vida'L Código Básico Biocósmico de Identificación Universal (**BBC_IdU**) Cromosoma-PT-ADN-ID.

error. No menos importante que ha definido sofisticados algoritmos matemáticos que componen inexplicables fórmulas y ecuaciones matemáticas que él mismo encuentra dificultad para desarrollarlas, pero para eso tiene la capacidad de solicitar para que sea la máquina quien la pueda resolver por él, en fracciones de segundos; aunándose a todo esto está el don de poderse comunicar fluentemente con la máquina que puede escuchar, ver, leer, identificar y entender; sumándose a la fuerza de poderosos motores generando energía accionaria y hasta para superar a la propia gravedad que el PT ejerce.

Inmensa sería la lista identificando todos los logros si incluyéramos las obras humanas en el campo biológico, genético, laboratorial y en el particular campo del absoluto control de las especies vivientes. Realmente es extensa la lista de obras realizadas por el hombre para llegar a la obtención del GD.

Hoy el hombre se encuentra próximo para descubrir y obtener el control absoluto de la "Energía de La Vida"; una fuerza particular que caracteriza a los Mundos Habitados que componen la Biocosmos. Fuerza que accione al organismo para desarrollar vida. La Energía de la vida es la fuerza individualmente manifestada por un ser viviente, destacándose en el fenómeno Biocosmos.

Dando crédito especial a la labor realizada por el hombre e intentando inducirlo a recapacitar a tiempo para atribuir la autoría de sus realizaciones solamente a él, en el año 2009 publicamos el libro *"You are God"*, que en el título "Tu Reconocimiento" dice[322]:

Reconozco que tardé mucho tiempo en darme la razón que yo soy el único responsable y el autor de mis actos, resultados y obra. Reconozco que utilicé mucho tiempo agradeciendo a un Dios de todos mis logros cuando en la realidad yo mismo lo estaba haciendo y sin necesitar ayuda de nadie. Reconozco que pedí mucho a un Dios, cuando yo mismo lo podía hacer solo, y la prueba plausible es que lo hice y lo seguiré haciendo, pero sin esperar por ayuda. Reconozco que gasté mucho tiempo de mi valiosa vida esperando que un milagro se realizara en cualquier momento y que viniera para resolver mis problemas, pero éste nunca llegó; por lo menos, hasta hoy día. Reconozco que solamente ahora descubro con espanto que fui yo, solo yo, quien hizo todo lo que logré en mi vida. Reconozco que aún estoy haciendo mucho más y que todo lo completaré con suceso y calidad. Reconozco las razones de que es por eso que me vienes diciendo: ¡Tú, eres Dios! Y también Honestamente Llegaste a la conclusión que eres un ser capaz, y lo mejor, pudiente. Entiendes muy bien que todo lo que te propones hacer lo haces y lo bueno, en el menor tiempo. Lo mejor, consigues tus realizaciones con calidad

---

322 Libro *"You are God"* publicado en el año 2009, USA.

y seguridad. Mantienes una tozuda dedicación por alcanzar tus anhelos y día a día haces más. Sabes claramente que nada podrá paralizar tus emprendimientos y que siempre estás superando nuevas barreras. Estás viviendo atento por todo lo que está ocurriendo en tu vida y hasta te das tiempo para ver qué es lo que ocurre con los demás. Sabes muy bien que todo lo que hay por hacer solo depende de ti y de nadie más. Comprendes muy bien que vives ambiciosamente y que siempre estás anhelando más y más. Demuestras que la conformidad no forma parte de tu estilo y siempre estás anhelando más y más. Sabes muy bien que tienes méritos abundantes para considerarte tu hacedor y que ya no piensas ni esperas que otros hagan algo por ti. Finalmente concluyes sabiendo que llegaste a la conclusión de: que tú eres el hacedor, que tú eres el capaz y que tú eres el pudiente. Por todo lo explicado, comprobada y merecidamente: ¡Tú, eres Dios! [323]

Verdad, el hombre ha alcanzado el máximo grado de desarrollo intelectual manifestada por la aplicación de su inteligencia en la esfera PT. Hoy viaja rumbo al Planeta Marte (**PM**). Ya lo hizo a la luna. Otras naves viajan por fronteras desconocidas, fuera del alcance terrenal. Millones de ondas electromagnéticas son enviados para cruzar el espacio sideral, sin limitaciones. Hasta hoy día, respuestas no han llegado.

---

[323] *You are God* publicado en el año 2009, USA.

La verdad es que, en la magnitud de la Biocosmos todo tiene que ser descubierto y conquistado, a pesar de que invadir territorios no está contemplado en las Leyes de la Biocosmos.

El hecho de que la EH haya alcanzado el "GD" no quiere decir que ahí se detendrá. Esta obra trae a luz la esperanza o el próximo desafío humano que representaría alcanzar el Súper Grado Dios (sGD) como su próxima ambición.

"…, creo que es un mensaje final a los jóvenes, que antes que nada somos personas, somos seres humanos y, que bonito, por ejemplo, estar en este ambiente y poder oír, donde hay calidez, donde se nota que la gente es amable y cordial, además de sus conocimientos. ¿No es verdad? Entonces, eso creo que es rescatable, porque uno no puede ser una súper estrella si no tiene cualidades éticas, morales y personales adecuadas, entonces creo que todos debemos recordar siempre que, antes de nada, hay que ser buenas personas". **Decía el Dr. Adolfo Vidal Escudero[324], cuando vivo.**

Así entendiendo que mejor continuar el tema observando las etapas por donde la vida pasa.

---

324 **Dr. Julio Adolfo Vidal Escudero** (25/05/1950 – 24/02/2020), médico, nació en la linda ciudad de Pomabamba, Ancash. Pomabamba, ciudad de los cedros, de los baños termales, de sus cerros nevados, de sus restos arqueológicos, de su *chimaychy* y de su buena gente. A propósito, el autor tuvo la suerte de estudiar el segundo año de educación secundaria con él, en mismo salón, en el añorado Colegio Monseñor Fidel Olivas Escudero, de Pomabamba. Para el tercer año, Escudero (cariñosamente "Alluco") se fue a ciudad de Lima para continuar con sus estudios secundarios en el famoso colegio Nacional Nuestra Señora de Guadalupe, de la AV. Alfonzo Ugarte, Cercado de Lima, desde cuando perdieron el contacto internacional. Después de 50 años se volvieron encontrar en Lima, por un largo periodo, de 2009 hasta el 2013. El último contacto que pudieron realizar fue en 2015, vía e-mail, cuando Escudero decía: *"Estoy con el mismo mal que tuviste (cáncer), solo que el mío está más avanzado".*

CAPITULO II

Etapas Por Donde La Vida Pasa

"Teniendo como base tu persona, Biológicamente tu vida aparece y se manifiesta con el inicio del desarrollo de tu cuerpo embrionariamente. Tu vida está en ti y te pertenece, pero ella no está completa para mantener su existencia; aún necesita de un tiempo de vida mayor para desarrollarse y es por eso que ahora concluyes que "parte" de tu vida está en tus manos y mucho de lo que aún hay por hacer hoy sólo dependerá de ti; es cuando pasas a vivir la vida en su esplendor y en plenitud; tu presencia terrenal solamente objetiva vivir más la vida, mejor y al máximo." (Bajo los moldes de la Biocosmos)[325].

---

325 Tema publicado el 2008. Fuente: Libro You Are God, 2008, 2013 USA. Copyright © 2008, Librería del Congreso USA.

La vida, encapsulada en un ciclo biológico y muy natural es un periodo de existencia de cualquier criatura viviente en el PT, como es la vida de cualquier otra criatura en otras dimensiones del ambiente biocósmico, integrante y heredero del principio de la *bioconstelación* que alberga al Planeta Madre donde, inicialmente la vida brotó y hoy, comprende la complejidad del Fenómeno Biocósmico (**FB**).

La vida de cualquier ser obligatoriamente tiene que pasar por etapas, fases o ciclos; en fin, por tiempos que marcan y que dejan huellas, pero que se van y no regresan, razones por las que son llamadas de "Etapas", tiempos irrecuperables, situación que solo está ocurriendo una sola vez por cada ser terrenal y de una manera general estará ocurriendo lo mismo en todo el resto del Ambiente Biocósmico, como los SB. Así, la vida de todos los otros individuos, incluyendo a las otras especies vivientes, obedece a un proceso de un ciclo natural y obligatorio de evolución biológica constante e imparable, quedando reflejado y documentado genéticamente para las otras generaciones; manteniendo el mismo ciclo de vida que rige en toda la Biocosmos.

El proceso existencial ahora puede estar estampado dentro de la Curva de la Vida del Planeta (**CVP**), pudiéndolo separar en dos grandes conceptos: la Vida del PT (**VdelPT**), como un ente mayor y, la Vida en el PT (**VenPT**), como habitantes en el PT.

Para el estudio completo de la VenPT, el tiempo de existencia de un ser y su paso por la vida, como un ente viviente, básicamente está siendo agrupando en etapas. Luego más es contemplado dentro de la Curva de la Vida Animal (**CVA**) de cada ser, que más adelante las estaremos seleccionando para desarrollar el tema de la Curva de la Vida del PT (CV, VdelPT) y la Curva de la Vida Animal, de la Vida en el PT (CV, VenPT), para definirla mejor utilizando las técnicas que nos presenta el TVL.

Por las dos razones expuestas, VdelPT y VenPT, es que seguidamente definiremos y explicaremos mejor todas las etapas de la Vida de un Ser, creando el concepto "Curva de la Vida" (**CV**) y para documentarlo fue necesario utilizar el "Teorema de la Vida limitada" (**TVL**) que graficará, con detalles, a la "Curva de la Vida" (CV) de un ser. El gráfico "Teorema Vida´L - Cuadro 06 RF" contiene todos los elementos que serán desarrolladas detalladamente más adelante, al definir las etapas que se relacionan con la vida del ser humano dentro del ambiente de la VdelPT, estampándola en el TVL. Visión general de lo que abordará el tema.

Cuadro: Macro visión del desarrollo del Teorema Vida´L (**TVL**), más adelante desarrollado en capítulo aparte.

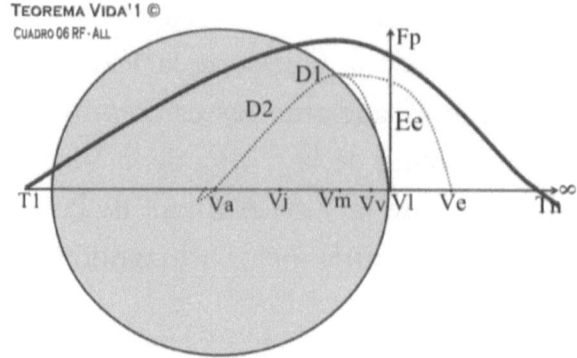

Las Etapas por Donde la Vida Pasa están siendo agrupadas en un contexto mayor para ser presentado por el TVL que nos ayudará entender mejor todo el complejo Sistema Vida (**SV**) de los SB y muy especialmente del SV como siendo la VenPT para proyectar el SV hacia otros mundos, contemplando también la vida en los MEX.

Así siendo, las Etapas por Donde la Vida Pasa son las siguientes: I) Consolidación Energética; II) Primario Desarrollo Biológico; III) Crecimiento Prenatal; IV). Nacimiento y Posnatal; V) Desarrollo como un Cuerpo Terrenal; VI) Proceso de Reproducción; VII) Envejecimiento; VIII) Vejez; IX) Final; y X) Retorno a la Energía Biocósmica.

I) Consolidación Energética

Esta primera etapa denominada de la Consolidación Energética es también comúnmente llamada del "instante de la concepción"; del inicio de la existencia creada por obra y acción de la materia convertida en célula viva, en el instante cuando dos células con energía y vivas se fusionan para formar parte de una materia viviente mayor, un organismo, convirtiéndose en un ente con características especiales y con "Energía Vital" propia, preparado para dar inicio al trajinar viviente, la vida de un ser en el PT (**VenPT**), aún en el estado embrionario.

Bajo esta situación una característica destacada aparece en el preciso instante cuando una vida es concebida, donde el ente principal actuante, un organismo, no es visible a simple vista o, sin el uso de instrumentos especiales y específicos, como los microscopios. Digamos, en la primera hora, o en el primer día de existencia viviente, todo es invisible o, no se le puede observar, porque su tamaño es microscópico.

La vida nace microscópicamente o, el origen de la vida es microscópico, como un padrón biocósmico.

Consecuentemente el proceso de la existencia como organismo, en la primera etapa de la Consolidación Energética (de adquirir Energía Vital), es el instante cuando la primera señal de existencia de la materia viviente aparece e inicia su rápido proceso de crecimiento evolutivo, transformando a ese instante en el del inicio, o en el momento de la aparición de un ser viviente perteneciente al PT, VenPT, ambiente que alberga extraordinariamente a todas las condiciones de vida en su interior. Motivo por el cual, a la primera energía, la "Energía Vital", también se llamará de la "Energía de la Vida".

Encontramos en este fenómeno natural dos conceptos: <u>Organismo en Formación</u>, cuando observado en el instante de la concepción y, <u>Energía Vital,</u> como el resultado de la fuerza adquirida en el acto de la consolidación energética. Consecuentemente un <u>Organismo en Formación</u> nada más es que un futuro cuerpo; es la materia en formación del ser y futuro naciente; y, para el estudio de esta obra el foco de este concepto será el Ser Humano (**SH**), autóctono del PT, en su raudo crecimiento corporal.

<u>La Energía Vital</u> proviene del feliz choque de dos microscópicas y viajantes células, que en su composición transportan a la prosapia[326].

En la obra Percepciones Originales[327] ya comentamos algo al respecto, como lo reproduce el siguiente texto:

> *"Las energías vivientes son como la secuencia de infinitas frecuencias energéticas cambiantes, que transitoriamente se incorporaron a los elementos que engendraron mi ser y que permanecen alimentándome y energizándome con el armónico y fiel compromiso de hacerlo hasta que corpóreamente deje de existir; ya que después de cumplir su propósito, o completando su ciclo con mi cuerpo, continuarán viajando por el verdeado infinito, lo que me hace concluir que: el poder de la vida, representada en la*

---

326 Prosapia: linaje, casta, estirpe, cuna, raza, tronco, ralea, sangre, cepa, ascendencia, alcurnia, abolengo, genealogía, progenie, descendencia, mayores.

327 Percepciones Originales, Alcides Vidal, Boston, USA, 2008: "Preámbulo Para La Conclusión", Pago 195 y "EL Medioambiente Para La Fecundación", Pág. 17.

Energía Vital, es una inagotable y cíclica fuerza pre-ambulante y que insistentemente busca energizar y alimentar a la materia (célula) que formará un futuro ser. Según mi percepción prenatal los indicios del florecer de mi vida estaban flotando en el medio de un universo totalmente mutante, el cual, naturalmente propiciaba su proliferación y conservación"[328].

El proceso de consolidación energética es el acto que marca el inicio de la vida de un ser que vive en un particular, pero único submundo, encapsulado en un huevo y acondicionado intrauterinamente en un ambiente, mundo habitable que se encuentra aprovechando las bondades de la habitabilidad que le brinda su engendradora, que a su vez es habitante de un mundo mayor, donde se encuentra, éste, que también es integrante de la Biocosmos. Entonces, es exactamente desde este instante que el destino de ese ser viviente queda indeleblemente plasmado en una *biomateria con energía*, que, por un lado, viene a ser un cuerpo en microscópicas proporciones y por el otro, en una gigantesca y veloz evolución genética viviente, sin precedentes.

A esta altura del tiempo de vida del nuevo ser, se observa que es un organismo al que aún no se le puede mensurar visualmente, en función de su tamaño microscópico;

---

328 Percepciones Originales, Preámbulo Para La Conclusión, Pago 195. Alcides Vidal, Boston USA 2008

didácticamente diríamos, proporciones milimétricas, en su afán de llegar al primer centímetro de tamaño.

La Energía Vital (energía inicial, energía de la vida) facilita a la masa concebida, futuro nuevo ser (en embrionaria aparición) para que inicie su ciclo viviente y su rápido desarrollo corporal y energético terrenal. Luego, una "parte interna", componente de ese cuerpo, adquiere características especiales y se transforma en la primera parte corpórea y principal de mucha importancia para el futuro cuerpo que comienza a funcionar como tal. Es esa "parte interna" la que pasa a asumir el continuado control de la cadencia del ciclo viviente y la de marcar presencia en su mundo; consecuentemente seguirá haciéndolo hasta el final de su existencia o explicando de otra manera: dejar de funcionar significará también dejar de continuar viviendo (llegar al final, morir) culminando el período de su existencia. Este ritmo o cadencia pasa a ser el marcador de un lapso que es juntado en subsecuentes ciclos vivientes agrupados en tiempo de Vida que el ambiente o, hospedaje, deja a disponibilidad. Ese tiempo identifica y mantiene también un biorritmo del ser; donde gran parte de la continuación viviente obligatoriamente queda bajo ese acompañante, auto palpitante, controlador y señalador de existencia de la cadencia de la vida de un ser que nació en él para continuar viviendo hasta el día en el que no pueda más, último día, día del final, su muerte. Este obligatorio e imparable control, en la primera etapa de la vida, es notado sólo por las acciones instintivas y luego por las perceptivas; ya que un cuerpo amorfo y en fase de un veloz crecimiento corporal no puede comandar movimientos ni realizar acciones, inclusive las de realizar milimétricos desplazamientos. Pero en las etapas subsecuentes, ya con un cuerpo que desarrolló extremidades embrionarias, en un estado primario de progreso, las posibilidades de realizar limitados y minúsculos desplazamientos aparecerán. Luego, cuando el cuerpo complete su forma final, aun en miniatura, se considerará hábil para realizar movimientos corporales significativos, pero sin salir de su lugar, o sea, sin desplazamiento. Así se marca un sistema de vida para la etapa de la Consolidación Energética en la que el nuevo ser viviente se encuentra, pasajeramente, en curso.

En Percepciones Originales[329] publicamos el siguiente texto:

Actualmente todo el proceso del aparecer de una nueva vida terrestre es muy posible describirla con algún lujo de detalles; inclusive cuando se quiere referir al perinatal. Es por eso que la ciencia afirma y reconfirma que la unión de dos gametos (célula masculina y célula femenina) conteniendo cromosomas de cada par ("X Y" y "X X"), da origen al cigoto, comúnmente llamado el huevo, el que al incubarse llega a generar un ser terrícola; y así a las especies que habitan en el PT. Sin embargo, los científicos no logran explicar el ¿por qué esa simple unión genera una vida? y, ¿Cómo y por qué el óvulo llega a fecundar? En un análisis

---

329 Libro Percepciones Originales, 2008, Estados Unidos. Título "EL Medioambiente Para La Fecundación de un Ser", Pág. 17.

adicional, superficial y lógico, podríamos concluir incluyendo las siguientes respuestas: porque existen dos células, la masculina y la femenina y que se atraen mutuamente; porque la oportunidad para que ello ocurra es provocada "y no espontánea"; porque el medio ambiente para su desplazamiento así lo permite; y porque las energías de la vida se fusionan homogéneamente al existir un ambiente donde se puedan combinar el hidrógeno con el oxígeno. No obstante, los enigmas continúan y el origen de la vida seguirá siendo un tremendo misterio[330].

Al respecto, la obra Percepciones Originales[331] ya adelantaba algo de la manera siguiente:

"Bien comprendemos que somos parte de un universo en expansión, donde el PT es parte de él; entendemos razonablemente que en el medio de un desconocido sistema en profunda transformación brotó la vida"[332]*; presenciamos que con el acelerado avance de la tecnología, producto de la capacidad alcanzada por el hombre, hoy, creyendo ser el*

---

330 Percepciones Originales, Pág. 17, EL Medioambiente Para La Fecundación de un Ser. Alcides Vidal,.2008

331 Libro You Are God, 2008, titulo "EL Medioambiente Para La Fecundación de un Ser", Pág. 15.

332 Libro Percepciones Originales, 2008, Estados Unidos. Título "EL Medioambiente Para La Fecundación de un Ser", Pág. 15 y 16.

dueño del planeta, estamos descubriendo otros planetas y hasta nuevas galaxias; se conjetura que no vivimos solos en el universo y se deduce que "hay mucha vida en él"; aceptamos que las especies vivientes no fueron hechas de improviso como lo afirman algunos libros, teorías y creencias, sino que es el producto de una lenta e imparable evolución biológica y genética[333] bien asociada al amparo imprescindible del fenómeno ambiental; y somos conscientes que en este mundo viviente estamos aprendiendo y comprendiendo que el proceso biológico terráqueo, para continuar latente como lo está siendo hasta hoy, tiene que seguir obedeciendo a un riguroso ciclo de perfecta y continuada evolución; por lo que tiene que mantener su sincronizada armonía y perfecta funcionalidad con todos sus componentes naturales, ya que ello es vital; motivo por el cual esta principal característica tendrá que conservarla uniforme a través del tiempo, para poder continuar siendo habitable. Aunque este proceso aparenta nunca detenerse, un día ciertamente lo hará y, desaparecerá. Estas situaciones nos hacen ver y entender tajantemente que el medio ambiente en el que nos encontramos hoy, no es definitivo, tampoco lo es el actual sistema

---

333 En octubre de 1996, el Papa, Juan Pablo II, sorprendía a sus millones de seguidores, afirmando que apoyaba la idea sostenida por la teoría de Darwin.

viviente; por lo expuesto, es necesario saber y entender que ellos no son eternos. Igualmente, sabemos que con el transcurrir del tiempo los científicos han descubierto algunos misterios de la Biología; pero también observamos que aún restan otras dudas mayores y también menores por develar; citando apenas algunos ejemplos sencillos: el origen de las energías de la vida y del cuerpo, el sincronismo energético y vital, el poderío sensorial y extrasensorial y otras más[334]

En esta etapa del proceso se hace necesario también describir rápidamente la forma como el encuentro a propósito de un simple espermatozoide con un folículo femenino, pueden generar un embrionario ser viviente terrenal; documentado anteriormente, en libro Percepciones Originales[335], con el texto a seguir:

"En el viaje sin opciones, millones de microscópicos espermatozoides se desplazaban siempre juntos; pero sólo uno se destacaba, tratando de liderar y llevar la delantera; considerándose así el superior y el raudo. A pesar de que todos ellos fueron bienhechores, briosos, chúcaros y de similares composiciones genéticas y orgánicas, en términos de aptitud

---

334 Percepciones Originales, USA, 2008 Alcides G. Vidal, Pág. 21 y Frutos del Passado Semillas del Futuro, 1993, Brasil.

335 Percepciones Originales, 2008, Estados Unidos. Título "EL Medioambiente Para La Fecundación de un Ser", Pág. 15 y 16.

y de estructura energética, todavía tenían que pasar por una verdadera prueba final. Como ocurre en toda especie viviente, esta pugna fue un viaje de vida o muerte[336]. (...) Paralelamente desde el ovario un folículo maduro convertido en óvulo se desprendía para rodar por la misma trompa (de Falopio) *hasta realizarse el tan ansiado encuentro con los desesperados espermatozoides. Pero la feliz llegada, o el milagroso encuentro realizado que no significó un lento y cansado final. Por lo contrario, fue un tremendo e indescriptible choque o impacto. La micro y estruendosa colisión generó una extraña y poderosa energía, "La Vital", que facilitó la iniciación de la fusión de esos dos microscópicos cuerpos, integrándolos en uno sólo; el mismo que más tarde se resumiría en el huevo pasando al proceso de incubación[337].*

Quedando de esta genial y natural manera una vida concebida por obra y acción del espermatozoide y del folículo maduro encapsulados por las membranas del ovulo o huevo que parte para su evolución biológica, en un proceso natural, creado, intrauterinamente.

---

336 Percepciones Originales, USA, 2008 Alcides G. Vidal, Pág. 15 y Frutos del Passado Semillas del Futuro, 1993, Brasil.

337 Percepciones Originales, USA, 2008 Alcides G. Vidal, Pág. 15 y Frutos del Passado Semillas del Futuro, 1993, Brasil.

De este modo la consolidación energética es el instante del inicio de la vida de un ser que luego da paso a una etapa mayor de su existencia. Así siendo, vimos el proceso de la Consolidación Energética de un organismo dando inicio a la vida de un ser y ahora se inicia la siguiente etapa, que es el Primario Desarrollo Biológico.

II) Primario Desarrollo Biológico

El Primario Desarrollo Biológico se desenvuelve en un mega ambiente altamente viviente que propicia la engendradora del futuro y nuevo ser, como especie habitando el PT (las especies terrenales nacieron en el PT). El primario Desarrollo Biológico que comprende el acto cuando la masa fetal viviente y amorfa y milimétrica va adquiriendo su forma final, o sea, un minúsculo cuerpo que va transformándose en el formato que tendrá cuando nazca y cuando sea adulto. El mismo, el micro cuerpo, adquiere volumen corporal con velocidad en su asombroso crecimiento. Todo ese especial y cadencioso proceso está controlado por el rítmico funcionamiento de un sistema corpóreo-energético y sincronizador que forma parte de él.

La temprana etapa del Primario Desarrollo Biológico marca el inicio de la definitiva formación de un cuerpo viviente; el que nacerá en algún punto del tiempo diseñado por la vida que posee el PT, bien documentado en el TVL y en la CV, como un sistema general aplicado para todas las especies dentro de la biodiversidad que lo integra, siguiendo los padrones biocósmicos.

Estas dos primeras etapas fueron arduamente detalladas, utilizando un ejemplo particular para explicar más realistamente el desarrollar del acto que provocó esta situación en el libro "Original Perceptions" publicada en el año 2014, en Boston, Estados Unidos[338].

"Remontándome en mis albores conseguí llegar a una firme y realística situación que me intuye concluir que: en el acto sexual practicado en la noche del cinco de junio de mil novecientos cuarenta y seis, por don Teodoro y doña Julia, el esperma eyaculado con mucha energía por el primero, conteniendo las células sexuales masculinas (espermatozoides), los que transportaban genes relacionados con él y el de sus genitores, y poseedores de mucha energía vital, fue el único paso básico y decisivo para la formación de un futuro ser.

(...) una vez eyaculados en el canal vaginal de la hembra (doña Julia), como producto del orgasmo de él (don Teodoro), los espermatozoides se sintieron libres y autónomos para iniciar su actuación. Ellos ya habían ganado mucho espacio al haber sido arrojados con una fuerza extrema, exactamente con esa finalidad. Aprovechando

338 Original Perception, 2014, "How Imight have been conceived", Páginas 24-27. Y Percepciones Originales, 2008, USA, "Imaginando Mi Fecundación" Páginas. 19-23.

el mismo impulso inicial que los transportó, con mucha premura iniciaron un largo y apresurado viaje por la sobrevivencia y para cumplir su misión. El incentivo principal que todos ellos tenían era sólo el de buscar, hasta encontrar a su segunda mitad, o sea, a la célula femenina (integrando el óvulo).

En el viaje sin opciones, millones de microscópicos espermatozoides se desplazaban siempre juntos; pero sólo uno se destacaba, tratando de liderar y llevar la delantera; considerándose así el superior y el raudo. A pesar de que todos ellos fueron bienhechores, briosos, chúcaros y de similares composiciones genéticas y orgánicas, en términos de aptitud y de estructura energética, todavía tenían que pasar por una verdadera prueba final. Como ocurre en toda especie viviente, esta pugna fue un viaje de vida o muerte.

Confirmando mi postulado, sólo a pocos minutos de la suntuosa eyaculación ya habían muerto más del noventa por ciento de los espermatozoides. Pero los restantes continuaron viajando prestamente en el mar sin fronteras (para ellos) de la secreción cervical, generado y segregado en la vagina de doña Julia; la que había sido sabiamente producida para determinar el rumbo por donde se desplazaron diestramente y en el sentido correcto, como si ya lo hubieran hecho muchas veces antes.

Buscando la primacía los espermatozoides cruzaron el cuello del útero con cierto aire de victoria, para luego ingresar a un ambiente acogedor que les brindaba la parte superior de éste. Luego ingresarían a la recta final, que consistiría en desplazarse por el estrecho de la trompa de Falopio.

Paralelamente desde el ovario un folículo maduro convertido en óvulo se desprendía para rodar por la misma trompa hasta realizarse el tan ansiado encuentro con los desesperados y movedizos espermatozoides. Pero la feliz llegada, o el milagroso encuentro realizado no significaron un lento y cansado final. Por lo contrario, <u>fue un tremendo e indescriptible choque o impacto</u>. La micro estruendosa colisión generó una extraña y poderosa energía, "La Vital", que facilitó la iniciación de la fusión de esos dos microscópicos cuerpos, integrándolos en uno sólo; el mismo que más tarde se resumiría en el huevo pasando al proceso siguiente, de la incubación.

Posteriormente se pudo comprobar que al término del viaje mortal sólo "un espermatozoide" preponderó y tuvo la fuerza y osadía para vencer a la ardua travesía; todos los demás habían muerto en el trayecto y si algunos vivían, estaban arrinconados en alguna orilla, sin chancees de retomar el curso. Pero ese "uno", entre millones de otros, fue el artífice, el encontrador del ovulo y el responsable por realizar la concepción, generando un nuevo ser. En ese instante nadie podría suponer que pasado algunos segundos más se llegaría la generar un principiante micro cuerpo; y con él, una nueva vida corpórea; increíblemente, ¡la mía! mí ser, dando inicio a la vida en el crecimiento fetal, de un futuro cuerpo terráqueo, viviente al nacer.

La primordial fusión de dos minúsculas células llamadas gametos, una era la femenina que formaba el óvulo y la otra, la masculina, el espermatozoide, ambas, al unirse concibieron una vida encapsulada en el huevo; llamado también de cigoto, el mismo que iniciaba un proceso de incubación y en cuyo interior yo ya estaba en formación y en mi embrionaria evolución viviente, bajo las exigencias intrauterinas con moldes para ser un futuro terrícola; donde el ritmo y señal de vida lo cadencia las simétricas palpitaciones del corazón.

A estas alturas de estos misteriosos procesos, el huevo ya contenía mi prosapia (todas mis características genéticas, mi linaje, mi genealogía familiar) y mucho más. Él también traía las características de mi biotipo, todo lo que actualmente soy, demuestro, manifiesto, conozco y mucho más. Ciertamente también tenía algo nuevo, no reflejado en mí hoy, pero que mañana se podrá revelar en mi prole o en la de ellos. Esa gama de particularidades que están muy bien estampadas en mi Genoma, fueron transportadas por esas dos minúsculas y vivientes micro células. De esta genial manera se había realizado mi aparición corpórea e iniciado mi crecimiento embrional y luego el corporal y así mi aparición en este mundo.

Una vez el cigoto fecundado y conteniendo las energías vitales e indispensables inició un largo viaje migratorio, menos peligroso, coincidentemente haciéndolo por el mismo lugar por donde el espermatozoide había viajado; prácticamente resultó ser un movimiento de traslación; ya que desde el lugar de la feliz e histórica unión, rodó a toda velocidad (tiempo distancia, para su tamaño) en el canal de la trompa de Falopio para llegar al útero; donde encontró el lugar propicio para el inicio de la anidación. Fue de esta manera que todo el genial proceso de la natural germinación de mi vida se realizó allí. Fantásticamente fue en ese lugar donde comencé la vivir corpóreamente y la sentir mis primeras sensaciones corporales, mentales, energéticas y sensoriales[339]".

Así, después de pasar por la etapa del proceso de la Consolidación Energética y luego haber ingresado a la segunda etapa, el Primario Desarrollo Biológico, el microscópico cuerpo viviente cumplió su segundo período viviente que se resume en la formación de un cuerpo con formato final en miniatura; quedando apto para dar inicio a su tercera etapa de su Desarrollo Biológico en el proceso de la etapa del Crecimiento Prenatal.

III) Crecimiento Prenatal

El fin de la etapa anterior, el Primario Desarrollo Biológico, comprende el final de la formación corporal definitiva marcando el inicio del Crecimiento Fetal Definitivo. Por lo que, en esta etapa, la del Crecimiento Prenatal o Fetal donde, el llamado "feto", objetiva alcanzar un máximo de crecimiento corporal para convertirse en un cuerpo viviente autónomo para poder actuar con autonomía, sólo, con independencia

---

339 Percepciones Originales, Alcides G. Vidal, 2008 "Imaginando Mi Fecundación" Pago. 19

y naturalidad. El abrupto crecimiento corporal en esta etapa continúa siendo cadenciado por el ritmo de las palpitaciones internas en una masa corpórea de constante crecimiento formacional e imparable.

El feto, un cuerpo en fase de un veloz crecimiento corporal y ya con su formato definitivo, claro, porque tiene la cadencia de su existencia marcado por uno de sus órganos internos, ahora llamado Corazón. La palpitación seguirá repitiéndose obligatoriamente en todos los demás ciclos venideros vivientes también. La posible paralización de este proceso marcaría el inicio del fin de la vida del nonato, en caso de ocurrir.

En esta etapa de rápido crecimiento fetal, del todavía no nacido, se evidencia claramente la comunicación física del minúsculo cuerpo viviente en desarrollo con un cuerpo mayor desarrollado que viene a ser, temporalmente, su sistema alimentador y su medio ambiente, su mundo. Pero con el pasar del tiempo, el nonato considera que su espacio donde apareció como un ser viviente es insuficiente, incómodo y resulta ser estrecho. Razones por las que inicia con fuerza absoluta sus lentos movimientos, intentando trasladarse para un posible otro lugar, con el intuito de buscar y emigrar a otro mundo, que se imagina será mayor y donde pueda continuar realizando lo único que sabe hacer con perfección, crecer y crecer.

A esta altura del Crecimiento Prenatal de esta tercera etapa, el anteriormente microscópico cuerpo en formación, como el de las primeras dos etapas, adquiere tamaño y peso en proporciones gigantescas si llevamos en consideración el tiempo. Transcurrido 175 Ciclos Luz Oscuridad (**CLO**) días solares de existencias puede alcanzar hasta 26 centímetros de tamaño y pesar hasta 650 gramos. Y pensar que el primer día era un ente microscópico e invisible. Estas estimativas comprenderían a un control de más o menos seis meses de vida en el Crecimiento Prenatal. Haciendo el mismo control, después de 21 CLO (unas tres semanas) su peso llegaría a mil gramos (un Kilo) y su tamaño estaría entre 29 a 30 centímetros, en apenas 196 CLO. Con lo que concluimos que en 21 días ha crecido tres centímetros y su peso ha aumentado en 350 gramos (unos 16.5 gramos por CLO).

Los CLO continúan pasando y el nonato también continúa creciendo y creciendo. Ya muy incómodo en su medio ambiente o considerándolo estrecho y al que conoce bien y, paralelamente ayudado por el vientre que lo acoge, llega el instante final y el proceso de abandonar su hábitat se iniciará (descrito en la siguiente etapa). La migración hacia un otro mundo se hace inminente.

Completado el tiempo del Crecimiento del ser no nato y, alcanzado el desarrollo suficiente para poder determinar un nuevo curso biológico y obligatorio, que comprende mudar el sistema de vida ingresando a otro mundo también, finalmente se traslada. Naciendo en un mundo distinto e inesperado. Al respecto, muy bien personalizado en el libro "Encorajándote[340]", ya anticipábamos diciendo:

---

340 Encorajándote, USA, 2014, Paginas 20 al 23.

"Finalmente, fuiste tú, quien llegó a este mundo, justamente el día que quisiste y, no es verdad que te trajeron hacia él. Lo hiciste de la manera más natural del mundo. Tú, ya no podías continuar un día más en un espacio tan reducido y singular. ... Tú, quisiste y naciste. Entonces, pudiste y lo lograste. ... Quisiste ir a un mundo que sea mayor y mejor para completar tu desarrollo (seguir viviendo). Demostraste tus deseos con todos tus movimientos, esfuerzos, con los amagos de movimientos de tus limitados miembros y con tu voluntad de levantar o girar la cabeza y no poder hacerlo. ... Quisiste nacer y naciste, ahora ya estás aquí; como habitante del PT y en los moldes de la Biocosmos.*

Es usual escuchar decir: ya parió, dio la luz, alumbró. Otros más inteligentes dicen: Vino al mundo, fue alumbrado, refiriéndose a tu arribo, como un nuevo ser en el mundo[341]. Pero estas definiciones minimizan el sacrificio que desplegaste antes de completar tu travesía; esto es, llegar al instante de tu nacimiento y realizarlo.

Tú, no fuiste parido ni te dieron la luz. En verdad os digo que fuiste tú, el que llegó; fuiste

---

341 Encorajándote, USA, 2014. Donde te identifican con un nombre y te darán apellidos y cuando adulto, te llenarán de números de identidad en documentos personales y de tarjetas de plástico o chips.

tú, el que vino y pruebas con tu presencia que eres tú, el que está ahora aquí; gracias al empuje y a la constancia de tus esfuerzos desplegados. Pero tus acompañantes persisten diciendo que naciste como el producto de que alguien te parió, que fuiste alumbrado, que te dieron la luz y no quieren reconocer que todo fue como producto de tu querer, de tu esfuerzo, de tu voluntad de salir del lugar donde te encontrabas muy pero muy incomodado. Tú, quisiste abandonar el lugar donde te encontrabas y tenías que realizarlo de cualquier manera y lo lograste.

No se rompió la bolsa que te protegía (placenta) en cuyo interior tú estabas, como muchos lo vienen afirmando y que fue la razón por la que tu madre perdía líquido. ¡Fuiste tú, el autor de esa ruptura! Probando una vez más, que querías salir, abandonando ese lugar, para irte a un otro ambiente o mundo. **Todo esto es** *simbolizado por el acto del nacimiento de una criatura terrenal. Saliste del vientre maternal, naciendo como un ser terrenal para crecer en ese tu nuevo hábitat. Realizaste tus deseos; naciste y estás aquí; ahora, para contar tú historia. Pero quédate consiente que a partir de esta etapa tu vida cambia. Te integras al grupo de los humanos del PT y al resto de los animales* *también. Si crees que con querer nacer y haber concretado tu deseo as realizado todas tus ambiciones, te engañas. Tu vida terráquea recién está comenzando.*

Si tuviste instintos innatos como desafíos por superar antes de nacer, los retos que aquí te esperan son mayores, ilimitados y muy complicados para llegarlos a realizar de cualquier forma. Pero lo rescatable es que tú, ya probaste que tú, si puedes y que siempre estás queriendo realizar, consecuentemente podrás superar todas las adversidades que la nueva vida te deparará. ¡No obstante, Prepárate![342]*".*

Con lo que se demuestra que todos tenemos el mismo proceso de nacer naturalmente. Claro, ahora la excepción es cuando la progenitora (madre) opta por traer al mundo a un ser por otros métodos, como la cesárea, siendo la excepción (no estamos incluyendo el aborto). Es de esta genial manera que se da inicio a la siguiente etapa de la Vida de un Ser en el Proceso del Sistema Vida de un ser en formación, que viene a ser el siguiente.

IV) Nacimiento y Posnatal

Completada la etapa anterior, el Crecimiento Prenatal, donde el no nato vivió el tiempo máximo permitido para permanecer

---

342 Encorajándote, USA, 2014, Paginas 20 al 23.

viviendo en un primario mundo que representa el ambiente intrauterino donde ha alcanzado el desarrollo corporal y muy consciente, con condiciones suficientes para poder migrar hacia otro mundo, iniciando definitivamente un proceso real, padrón en la Biocosmos, finalmente nace un nuevo ser en el PT.

Es así como aparece un nuevo ser viviente en el PT y es de esta genial manera que se da inicio al desarrollo de su propia vida, que muy bien quedará representada por "La Curva de la Vida" en un Mega Ambiente Terrenal Viviente, descrito más adelante.

EL Cuerpo nacido o recién llegado se caracteriza por ser indefenso, poco hábil y desadaptado para iniciar una nueva etapa en el cotidiano del desarrollo corpóreo, teniéndose que adaptar a las inclemencias que el destino lo tiene preparado más adelante y ante todo se resigna, aceptando como única opción tener que enfrentar las adversidades de la vida biológica en el PT. Sobre todo, demuestra estar incapacitado para superar la peligrosidad del nuevo mundo viviente donde tendrá que permanecer definitivamente hasta morir. Pero las Leyes Naturales de la Vida, instituidas en el PT lo amparan y el nuevo huésped recibe protección maternal y ambiental también.

El nuevo ser, ya parido, lleva adelante su principal misión que es aprender cómo se puede reanudar el ciclo de transferencia proteica, su alimentación, útil para poder mantenerse en un proceso viviente y corporalmente creciente. Es cuando descubre que el cordón umbilical ya no existe más y que el sistema alimentario debe cambiar bruscamente por otro método, algo menos práctico, pero eficiente y definitivo. Es así como aprende a dar las primeras mamadas y a engullir lo succionado. Descubriendo el nuevo sistema de alimentación que garantizará ser un viviente más del PT.

Ese cuerpo viviente paralelamente continuará creciendo rápidamente. El objetivo es adquirir auto suficiencia para transformarse en un ser independiente, autónomo y finalmente un viviente más, desplazándose en los interminables caminos de la vida en el que se encuentra en el inicio de su verdadero Rumbo al Final.

Para explicar mejor y con detalles cómo una vida aparece en el PT, desde una energía, una microscópica materia y cómo se llega al proceso del nacimiento de una criatura, estamos utilizando el texto esclarecedor y didáctico publicado en Los Estados Unidos de Norteamérica, en el año 2008, en el libro: Percepciones Originales[343] bajo el título "Imaginando Mi Fecundación". Por eso, para poder explicar mejor el Nacimiento de un ser en el PT incluimos a continuación la sucinta narración de la experiencia:

> *"Durante el tiempo transcurrido completando mi trayectoria y con la extraña pero impresionante sensación de ya ser un cuerpo viviente de verdad (de carne y hueso), sentí que me convertía como en un objeto*

---

343 Percepciones Originales, 2008, USA, Copyright © 2013, Alcides Vidal.

metálico que integralmente estaba siendo fuertemente succionado por un poderosísimo imán externo, frente a una insoportable presión adversa a mi posición. Luego, los requintos culminantes del proceso de una profunda y significativa transformación, fueron los instantes cuando mi parte lateral (cabeza), parecía que perdía un supuesto casco que la estaba protegiendo por largo tiempo. También sentí que de mi cuerpo se retiraba una gruesa envoltura que lo protegía herméticamente. Además, gradualmente perdía el aparente don de la levitación, teniendo que soportar una terrible presión atmosférica y ambiental, para la que mi escasa fuerza muscular era insuficiente, menos podría intentar vencerla. Más tarde, con mucho esfuerzo conseguía que algunas partes de mi cuerpo realizaran esporádicos y aislados ligeros movimientos. Lo hacía porque en esos instantes adquiría mucha energía externa, la misma que se transformaba en mi primaria e insipiente fuerza corporal inicial.

Continuando mi arduo viaje hacia este mundo (PT), ya que había cumplido mi último y básico crecimiento corporal y completado el tiempo permitido para mi permanencia en él, requisitos previos para poder abandonarlo, la culminación de todas esas sensaciones se resumió cuando: de una hora para la otra y después de hacer algunos sucesivos movimientos, que exigían un sobrenatural esfuerzo, siempre alimentado por la constante fuerza que llegaba del exterior, fui parido. Por la primera vez conocía bien mi parte física, o sea, mi cuerpo[344].

El objetivo de la superficial descripción de mí imaginario y simulado aparecer en el vientre maternal fue apenas para poder hacer ver que todos tenemos un mismo proceso que genera nuestra aparición en este mundo, el que no podemos negar."

Existe un tiempo de vida previo al nacimiento y la duración de ese tiempo depende de cada especie, en algunos casos son horas, días, meses y pueden superar el año o dos. En el caso de los humanos es el tiempo que tarda el embarazo, nueve meses, en el caso de los demás mamíferos se estila decir también el tiempo de la preñes cuando los tiempos son variados.

Luego de realizadas las etapas: Consolidación Energética, Primario Desarrollo Biológico, Crecimiento Prenatal, Nacimiento y Posnatal, el ser viviente ingresa a la quinta etapa, que es el Desarrollo Como un Cuerpo Terrenal, a seguir.

---

344 Percepciones Originales, 2008, USA, Mi Extraña Manera de Venir al Mundo, Pago. 32

V) Desarrollo Como un Cuerpo Terrenal

Todo ser habitante del PT obligatoriamente tiene que superar los procesos vivientes de las etapas de la I) Consolidación Energética, II) Primario Desarrollo Biológico, III) Crecimiento Prenatal y del IV) Nacimiento y Posnatal. Consecuentemente ahora el ser viviente se encuentra apto para iniciar una de las etapas de mayor importancia, en términos de Objetivo Vida, que es el "Desarrollo como un Cuerpo Terrenal", que podremos llamarla también como la etapa de la oportunidad para el logro, o la etapa de la consecución de las ambiciones vivientes terrenales, de la realización o la etapa de la gloria y del disfrute por estar contemplado entre los representantes y testigos de la G2M, ostentando el "GD"; ya que esta etapa comprende también la cúspide de la Curva de la Vida (**CV**), hasta ingresar en la siguiente etapa, dentro de los padrones de la Ley de la Biocosmos.

El hombre adulto realiza sus acciones cotidianas en espera de un nuevo día para continuar viviendo como si su vida fuera ilimitada. O vive como si nunca tendría que llegar su fin; pero sabe muy bien que a cada día que vive aprende, pero concluye que cuanto más aprende menos sabe y cuando más hace, más tiene por hacer. Por lo que califica a su vida como un tiempo de un constante aprendizaje en espera de un nuevo amanecer cuyo corolario, infelizmente sólo conduce "Hacia el Final", sin chances de vivir las glorias de todos los logros realizados.

Esta etapa del Desarrollo Como un Cuerpo Terrenal conduce al inicio inmediato de la otra etapa, Proceso de Reproducción de la Especie, una característica que mantiene activo al Sistema Biocósmico.

Se supone que en esta etapa todos los lectores lo entiendan muy bien, razón por la cual creemos que no merece mayores comentarios.

La etapa del Desarrollo Como un Cuerpo Terrenal conduce al ser viviente al inicio inmediato de la siguiente etapa, la del Proceso de Reproducción de la especie, una característica que mantiene activo al Sistema Biocósmico.

VI) Proceso de Reproducción

Dice la Ley de la Biocosmos: *"vivir para reproducirse, por ser la única situación existente en la tentativa de perpetuar su especie"*. Razones por las cuales, tanto hombres como mujeres, o machos y hembras tienen muy clara esa misión.

> *El primer signo de la mujer que está propensa para procrear aparece con el inicio de su período menstrual. La menstruación es el período cíclico que ocurre dentro de una época de vida de la mujer y en las hembras de algunos otros animales. Es un período de expulsión periódica por vía vaginal de sangre y material celular procedente de la matriz. Es por eso que*

el primer síntoma del embarazo es cuando no se realizó la menstruación en su debido tiempo[345].

Vimos hasta aquí: Consolidación Energética, Primario Desarrollo Biológico, Crecimiento Prenatal, Nacimiento y Posnatal y Desarrollo Como un Cuerpo Terrenal. Ahora vamos ingresar al Proceso de Reproducción, donde el ser viviente cuando adulto, naturalmente llega a vivir una etapa donde su organismo se considera apto para procrear y se entrega al proceso biológico reproductivo para iniciar la multiplicación de su especie. Cumple con ese acto uno de los sagrados conceptos de la Ley de la Biocosmos.

Esta etapa consiste en reproducirse o procrear, dando como resultado una copia del ser de los dos engendradores, que concluye en tener prole, con la finalidad de que ellos lo hagan también, y así establecer un ciclo de interminable reproducción de la especie en el PT; siguiendo el mismo proceso que instituyó el Sistema de la Biocosmos.

La reproducción de los seres vivos consiste en transferir genes a su prole. Transferir el producto de aquello que genéticamente heredó de sus ancestros a aquellos que lo transmitirán también a otras generaciones dentro del ciclo viviente terráqueo, esquema y localizado más adelante en el desarrollo del Teorema de la Vida Limitada (TVL), Teorema Vida´L.

---

345 Fuente: "Frutos del Passado Sementes del Futuro", Alcides Vidal, Brasil, Editora Érica, 1993.

Superada todas las etapas que precedieron viene al caso reproducir parte del siguiente texto muy bien dedicado para todos, respetado lector:

> *"Ya eres un corajudo con todo lo que has conseguido realizar a lo largo de tu vida. Superaste toda dificultad que encontraste en tu camino y, vencer los desafíos es tu cotidiano. No obstante, necesitas conocer más tus potencialidades para poderte entender mejor y para poder evaluar tus obras, haciéndolo con cabalidad de causa. Por eso, los objetivos a seguir vienen oportunamente para que sean analizados y para que puedan ser aprovechados en tu vida, en la medida de lo necesario*[346].

Objetiva:

- *ser ambicioso para que constantemente busques tu progreso personal, pero, honestamente.*
- *demostrar que desde cuando niño practicas el respeto por la naturaleza, por los seres vivientes y por tu entorno en general.*
- *analizar con sinceridad tus estados psicológico, mental y social con la finalidad de que te puedas conocer, entender e integrar mejor a la sociedad en la que vives, marcando tu presencia.*

---

346 Fuente: **Encorajándote**, Alcides Vidal, 2014, USA. **Tu Eres Dios**, 2008, USA. **You Are God**, 2008, USA

- *hacerte comprender mejor ante los demás y también a entenderlos bien como ellos son.*

- *conocer bien tu verdadera personalidad y tu capacidad de pensar y de hacer; para poderla revertir en tu felicidad.*

- *rebuscar todo lo que tienes de bueno y rescatar todas tus potencialidades a fin de que las puedas emplear en tu prosperidad.*

- *descubrir todas tus potencialidades a fin de que las puedas emplear en tu prosperidad.*

- *inculcarte la práctica del respeto absoluto al prójimo, a los animales, a las plantas y a los componentes naturales que te rodean para que puedas vivir mejor.*

- *creer en tu autosuficiencia y en tu capacidad de poder hacer y crear las cosas.*

- *crearte conciencia ecológica para que puedas preservar a la naturaleza como un elemento vital para la mantención de la vida terráquea; asumiéndola, como tu único hábitat.*

- *darte crédito por tu verdad para que mantengas la justicia social, equitativamente entre tus semejantes.*

- *demostrar que la riqueza "no debe ser" un elemento que marginaliza ni un factor de creación de clases de poder.*

- *demostrarte que nada se debe hacer por la fuerza o por imposición.*

- *enseñarte la exaltar tus virtudes y a superar tus debilidades.*

- *Esperar por un día para que entiendas que el individuo es universal por creación.*
- *instruirte en cómo exteriorizar tus valores personales y en cómo demostrar la manifestación de tu equilibrio emocional, beneficiándote.*
- *inculcarte el fomento del respeto por todos los elementos naturales asociados al ecosistema.*
- *educarte para divulgar, en parte, la armonía social, siempre partiendo de la exaltación de tus valores personales.*
- *recordar siempre cuáles son tus cualidades, más también hacerte ver cuáles son tus defectos más comunes.*
- *hacerte comprender que el poder adquirido no debe ser utilizado en actos discriminatorios; ni de maldad ni de venganza.*
- *hacerte ver que el individuo es parte de un ambiente social, demográfico y ecológico, donde tiene que ser respetado.*
- *hacerte entender que valorices tu vida como el elemento más importante en tu existencia como un ser y que lo hagas con la de los demás también.*
- *motivarte para que desarrolles una creciente autoestima general y constante.*
- *encaminarte hacia la práctica de la humildad y de la bondad ante todas las cosas.*
- *inculcarte para que sepas reconocer y sepas asumir las consecuencias de tus errores.*
- *resaltar tu importancia personal ante todas las adversidades que la vida te depare.*

- *practicar el respeto a tu cuerpo para su mejor desarrollo ya que él es el componente de un transitorio sistema viviente.*

- *verte como verdaderamente eres; un grano de arena frente a los demás.*

- *hacerte entender que la vida terrestre es un procedimiento donde el nacimiento y la muerte son partes del sistema biológico de los que no puedes huir.*

- *explicar que naces para reemplazar a otro que murió y morirás para dejar tu espacio para el que está viniendo. Este ciclo es la vida en el PT, donde juegas un papel inminentemente reciclador viviente.*

- *explicarte que la tierra es un grano de arena en el universo, donde cada planeta posee su propio sistema de evolución energética.*

- *influenciar a tus autoridades para que dicten leyes a favor de los menos favorecidos y para beneficiar al medio ambiente.*

- *retornar tu conocimiento para los jóvenes que se están iniciando.*

- *que los jóvenes sigan tus pasos y que los niños sigan a los de ellos.*

Para superar todas las etapas de la vida bien y en especial para estar preparado para enfrentar la etapa siguiente, la del "Envejecimiento o la Vejez", que implica en más preocupación y cuidados, por lo que es importe continuar encorajándote con el seguir texto:

- *Hazte objetivos plenamente personales, esto es, todo lo orientado para tu cuerpo, tu persona, tu caso y tu situación.*

- *Cuidar tu cuerpo consiste en alimentarlo bien y exigirlo solamente lo necesario para que se pueda mantener saludable y te pueda rendir mejor y hasta para que continúe creciendo lo que aún falta.*

- *Cuidar tu cuerpo consiste también en darle el descanso adecuado para que se reponga del esfuerzo realizado y se pueda restablecer, para cumplir con su misión.*

- *Continuar el proceso de crecimiento vital, tiene que ser tu objetivo primordial.*

- *Hazte objetivos de vida de convivencia universal.*

- *Vive en sociedad y en armonía con la naturaleza, ya que, aunque así no lo quieras, nunca podrás estar aislado de ella.*

- *Ten determinaciones y posturas claras que cuiden tu hábitat porque él es tu casa, tu aire, tu agua, tu frío y tu calor y no te olvides que en todo instante dependes mucho de él.*

- *Hazte objetivos para mantener una vida sana y comparte tus momentos felices con los demás.*

- *Mantén tus ambiciones para poder crecer, desarrollándote como gente y como ejemplo en la sociedad.*

- *Piensa en que ya puedes ser suficientemente grande y en que ya hay mucha gente teniéndote como ejemplo.*

- *¡Hazte promesas y evalúa tus ambiciones de vida de tiempos en tiempos!*[347]

Reconociendo todo lo que se puede hacer, sintiéndose ser capaz y teniendo objetivos de vida claros y, constantemente renovados, la vida será más llevadera. Mejor aún tener objetivos de vida y misiones obligatorias. Ser un soñador de verdad, que aspira tener lo alcanzable y que acredita en obtener lo realizable para la obtención de un plan de vida mejor. Ahora, ser justo en las ponderaciones y en los objetivos ambiciosos, como ejemplos para las generaciones venideras, será una realización de todos los objetivados[348].

Conclusión del Proceso de Reproducción: ¿Por qué Proceso de Reproducción o Proceso de una Vida Adulta? Con la pregunta queremos focalizar el objetivo primordial de la existencia de los seres integrantes de la Biocosmos. Ellos no sólo están para vivir hasta completar su ciclo viviente, sino, están también para reproducir y poder intentar así la perpetuidad de su especia por el único medio que es el proceso universal de la reproducción instituida en los dogmas de la Biocosmos.

El proceso de reproducción forma parte de la vida adulta del hombre y de la mujer y lo mismo se observa en los otros seres vivos pertenecientes a las otras especies, con los machos y las hembras. También ocurriendo esta característica con plantas. Se podría decir que el proceso de reproducción es una parte primordial en la etapa de la vida plena donde quiera que ella

---

347 **Encorajándote**, 2014, USA. **Tu Eres Dios**, 2008, USA. **You Are God**, 2008, USA

348 **Encorajándote**, 2014, USA. **Tu Eres Dios**, 2008, USA. **You Are God**, 2008, USA

se encuentre. Por lo que se puede considerar a esta etapa de la vida como el instante de la perfecta realización del ser; cuyo final se consagra en la procreación[349] y en consecuencia con el inicio de una nueva vida, creando el instante para el nacimiento de un nuevo ser dentro de la Biocosmos.

El cuerpo humano al igual que cualquiera de las otras especies vivientes en el PT y en la Biocosmos de manera general, no podría estar desarrollándose sin parar, esto es, estar creciendo y creciendo eternamente. Tiene que haber una etapa en la que termine de crecer e inicie una nueva y diferente etapa, la del decrecimiento, del agotamiento por el tiempo vivido y por algo que quedó en el pasado. Concepto que lo pasaremos a llamar de aquí en delante Envejecimiento.

Luego vendrá la siguiente etapa, "El Envejecimiento o la Vejez". Una etapa a la que nadie nunca quiere llegar, pero que, bajo los principios de la Ley de la Biocosmos, y como ya lo dijimos anteriormente, ninguna de las Etapas de la Vida puede ser omitida.

Para entender mejor como la siguiente y nueva etapa, el Envejecimiento se desarrolla, todavía hay que explicar y recordar nuevamente a todas las etapas que precedieron a los tiempos que permitieron llegar a la etapa de la vida que es el "Envejecimiento y luego a la Vejez". Hemos visto las siguientes etapas: I) Consolidación Energética, II) Primario Desarrollo Biológico, III) Crecimiento Prenatal, IV) Nacimiento y Posnatal, V) Desarrollo Como un Cuerpo Terrenal y VI)

---

349 **Procreación** reproducción y multiplicación de la propia especie.

Proceso de Reproducción, y ahora ingresamos a la etapa siguiente que es el Envejecimiento.

VII) Envejecimiento

En la medida que las etapas anteriores fueron pasando se observaba que los tiempos vividos en esas etapas consolidaron algo glorioso y como algo que siempre va hacia a delante; como anticipando que vendrá una etapa nueva, mayor y mejor, pero sorprendentemente no es así, lo que llega es la etapa del "Envejecimiento y de la Vejez". Etapa en la que el ser vivo llega al final de su desarrollo creciente y se detiene, para retroceder, con el agravante, como si estuviera dando inicio a una etapa de regresión viviente. Manifestación ésta que es mensurable, visible y sentida en todo tipo de organismo, ya que obedece a los padrones instituidos en el mundo Biocósmico.

Al mismo tiempo, observando el desarrollo de la vida en el PT, la impresión que esta etapa da es que el proceso vivido en las etapas anteriores puede ser agrupado en una etapa mayor que podríamos llamarlo, para este caso, de "Crecimiento y Adultez". Así, se vislumbra un leve rejuvenecimiento; apariencia que resulta ser engañosa, la verdad es que en este instante la vida del viviente está cuesta abajo, razones que justifican la llegada de la etapa del Envejecimiento y Vejez. Edad cuando nace el calificativo actual de "El Adulto Mayor, el antiguo, viejo, anciano, el inválido, etc.".

Antes de llegar al inicio del "Envejecimiento y Vejez", llamada también de ancianidad, encontramos dificultad en poder definir, de forma anticipada, con parámetros mensurables y de forma instantánea, el inicio y el fin de cada una de las etapas por donde la vida transcurrió. Razones que exigieron la utilización de definiciones que obedecen un padrón universal.

Las Constituciones de las Naciones o Carta Magna, en su mayoría delimitan los tiempos de las edades y hacen que, por Ley, determinados números puedan identificar el inicio y el fin de una etapa de la vida, por ejemplo, la mayoría de edad del individuo en algunos países es de 16, 18, 20 y 21 años. Mas esa edad que es adquirida por ley que no siempre condice con la edad biocósmica, psíquica, biológica, corpórea, social, mental y orgánica de la persona. Es por eso que el "TVL" tuvo cuidado en definir las primeras etapas de la vida y solamente las identifica después de haberlas vividas. Esta determinación se realiza mejor durante la última etapa de la vida; o sea, en un análisis retrospectivo de evaluación del tiempo vivido, cuando queda claro que para medir una etapa de la vida sólo se podrá hacerlo con una medición postrera. Esclareciendo: Hay que estar viviendo la ancianidad para poder evaluar cuando comenzó la juventud y cuando realmente terminó (con aproximación, por supuesto y con base inicial en la EV). De la misma manera la dificultad es similar cuando se quiera saber cuándo se inició y cuándo terminará la ancianidad, resultado que en este caso sólo podrá ser realizado por otro, a posterior.

El envejecimiento o ancianidad también tiene sus sub etapas. Él no podría realizarse de un sólo tirón. Entonces, el envejecimiento es lento, obligatorio pero progresivo e imparable.

Todos los seres humanos van camino hacia la vejez biológica, orgánica, social y biocósmicamente. Entonces, es éste el momento de preocuparse por la ancianidad, por lo menos preventivamente, pensando y ahora sabiendo que todo ser vivo obligatoriamente tendrá que pasar por esta etapa antes de llegar a su final.

Estamos contemplando a la Vejes como más una etapa que comprende al envejecimiento, para entender mejor todo ese proceso ya hemos visto las etapas predecesoras: I) Consolidación Energética, II) Primario Desarrollo Biológico, III) Crecimiento Prenatal, IV) Nacimiento y Posnatal, V) Desarrollo Como un Cuerpo Terrenal, VI) Proceso de Reproducción y VII) Envejecimiento, luego continuaremos con la etapa de la Vejez.

VIII) Vejez

"Cásate con la persona con quien te agrada conversar. Porque al envejecer esas aptitudes (de conversar) serán tan importantes cuanto cualquiera otra cosa."

DALAI LAMA

Todo ser viviente y habitante en un mundo perteneciente o miembro del MSB pasa por las siguientes etapas: nace, crece, reproduce, envejece y muere. Postulado obligatorio dentro de la Ley de la Biocosmos. Al mismo tiempo importante es considerar que no siempre esa secuencia de Etapas de la Vida se realiza completamente. Como también la última etapa (el Final) es imprescindible y prioritario como todas. Lo que hace que se reduzca la Ley en apenas un postulado menor e ineludible: "nacer y morir". Si nació y no murió en seguida, entonces existe la oportunidad de realizar el proceso vida, comenzando por la etapa siguiente (crecer); si sobrevive a ella continuará con su proceso viviente en la siguiente etapa (reproducir) y si sobrevive a ésta, entonces vivirá con desconfianza, pero con mucho orgullo la última etapa (vejez) que será la única etapa que realmente esperará imperativamente a la siguiente, el Fin, (la muerte) después de haber vivido toda una vida en su esplendor. La última etapa tiene que llegar obligatoriamente como si fuera para rendir cuentas a los postulados de la Ley de la Biocosmos.

De manera general la vejez se caracteriza por la pérdida gradual de la fuerza corporal, como si fuera una pérdida gradual de la propia energía vital; como el deterioro paulatino del vivir asociado a la acción del proceso del desgaste del cuerpo por el trajín en el tiempo, como el deterioro de una materia evolutiva en acción. Esto se manifiesta con el acentuado sedentarismo, regresiones orgánico funcionales, pérdida de flexibilidad muscular, arrugamiento de la piel, lentitud de movimientos, poca agilidad, pérdida de la masa muscular, volumen, consistencia y elasticidad, desgate de los huesos, pérdida de visión y audición, aparición de canas, se acentúan las varices, la hemorroide se manifiesta más, la próstata desarrolla cáncer, la hernia se abre más, exigiendo operación de emergencia, necesidad de usar dientes postizos, generalmente se manifiestan más las enfermedades como hipertensión arterial, diabetes, obesidad, aumento del colesterol, síntomas de infarto general o simplemente al miocardio, desgaste de los dientes, osteoporosis, reumatismo y muchas manifestaciones típicas de esa edad que ya forman parte del acervo popular. Todo esto asociado a la disminución de la fuerza de los órganos vitales como un todo.

La vejez también está asociada a una pérdida del aprecio y del valor personal, a la pérdida de consideración y respeto que se transforma en insensibilidad que conduce a la invisibilidad social y al aislamiento, hasta por la propia familia. En esta edad, en su mayoría las personas prácticamente desaparecen socialmente, aunque biológicamente sigan vivas con denominaciones como los ancianos, los menos válidos, los viejos, los estigmatizados sociales, los esterilizados, los jubilados, etc.

Por más que esta clase de individuos, viviendo la vejez, reclamen por sus derechos, reivindicando el deseo de continuar con vida y seguir contribuyendo a la sociedad de la que forman parte, siempre la vida de ellos será diferente porque esa misma sociedad los declara excluidos, en su gran mayoría.

Es de vital importancia el estudio y análisis de los valores sociales morales en la sociedad de hoy. Es por ello que: "*el proceso de envejecer es ponderado en cada sociedad humana, positiva y negativamente. En los países occidentales, la retórica habitual consiste en ensalzar la vejez, pero en la práctica es ésta una etapa de soledad, abandono y pérdida. Precisamente en aquellos aspectos en los que usualmente se invoca la solidaridad social y suele percibirse un discurso ambiguo, cuando no equívoco. La mayor demanda de servicios asistenciales en la edad provecta suele aparecer como un lastre para los rendimientos societarios"*[350].

Buenos los ejemplos cuando nos adentramos en sociedades que no han sido invadidas por la cultura occidental, como las pocas que existen en algunos lugares del Amazonas, (Brasil, Colombia, Ecuador y Perú) donde observamos cómo se da la importancia que se merecen a los ancianos, especialmente por el lado de su sabiduría y por la influencia que estos tienen en la vida de su comunidad. Así siendo, el respeto que allí se profesa redunda en calidad de vida, pues eso es utilidad, beneficio y virtud, por lo que todos los integrantes del resto de la sociedad deben seguir como ejemplo y practicarlo de forma realmente consciente.

Se observa que en algunos casos la vejez es también sinónimo de sufrimiento. Tal vez, pensando en hacer ver que realmente existe una preocupación al respecto es que se ha creado el *"Día Mundial de la Concientización de la Violencia contra de la Persona Anciana"* identificado en el calendario de todos los años el día 15 de junio. Fecha que en la práctica es más para ratificar que realmente existe la violencia contra la persona anciana en todo el mundo, que para recordar del anciano como tal.

---

350 **IFPRI/Concern/Welthungerhilfe:** Índice Global del Hambre – El Desafío del Hambre: Énfasis en la crisis financiera y la desigualdad de género, Bonn, Washington D. C., Dublin. Octubre 2009.

"Es fácil amar a los que están lejos; más ni siempre es fácil amar a los que viven a nuestro lado. ... Lo importante no es lo que se da, más el amor con que se da. ... No debemos permitir que alguien salga de nuestra presencia sin antes sentir que está mejor y más feliz. ... A todos los que sufren y están solos, dales siempre un sonriso de alegría; no les proporciones apenas tus cuidados, más también tu propio corazón. ... Quien juzga a las personas no tiene tiempo para poder amarlas. ... Vuelvan a sus hogares y amen a su familia.""

Madre Teresa de Calcuta

En Brasil se ha creado el *"Concejo Municipal del Idoso"*[351] que sirve para divulgar los Derechos y Cuidados que los familiares y profesionales de la salud deben tener presente con el cuidado al anciano. Estos concejos ya habían identificado muy bien, inclusive con registros, algunos de los problemas más comunes con la vida del anciano, tales como: negligencia, violencia física y psicológica, abuso financiero (uso indebido de cuentas bancarias, por no decir desvíos de fondos) y patrimonial (sobre todo relacionado con firmar documentos de herencias y traspasos patrimoniales forzados o camuflados).

"Los números son realmente alarmantes. Infelizmente, poco se habla sobre los derechos y cuidados de los ancianos en el Brasil. Por

---

351 *Concejo Municipal del Idoso.* Consejo Municipal del Anciano.

este motivo tenemos que promover eventos, palestras y locutorios para concientizar a las personas sobre los índices de violencia contra el anciano y proponernos la permanente reflexión de la sociedad", decía Álvaro Molinari en su conferencia en el Bellatrix Residencial, albergue para ancianos, en la ciudad de São Pedro, São Paulo, Brasil.[352]

Al mismo tiempo, datos de la *"Sociedad Brasileira de Geriatría y Gerontología"* (**SBGG**) son preocupantes ya que sus índices de medición registran: abuso, negligencia y explotación de los ancianos. De acuerdo a los estudios sobre el envejecimiento en el Brasil, divulgados el 2013 por la secretaria de Derechos Humanos (**SDH**) la negligencia está en primer lugar, seguido por la violencia psicológica, abuso financiero, económico y patrimonial, complementándose con la violencia física.

"Por causa de la falta de condiciones financieras y hasta por la salud debilitada es muy común encontrar ancianos que son agredidos física y sicológicamente, lo peor, los malos tratos no son denunciados, sea por miedo de no tener donde vivir o por no tener algo para comer, ellos se quedan rehenes de esa familia. Es necesario que el Poder Público quede más atento a esa realidad" decía el Sr. Molinari[353].

---

352 **Referencias y Notas** Periódico "A Tribuna de Sao Pedro", sábado 20 de junio de 2015. A5. Sociedad Brasileira de Geriatría y Gerontología (SBGG) y *Bellatrix Residencial para Idosos* (Visita dirigida por la Srta. Juliana, en 23 de junio 2015).

353 **Referencias y Notas** Alvaro **Molinari** secretario del "Consejo Municipal del Idoso" de Sao Pedro, SP y propietario del "Bellatrix Residencial para Idosos". - Periódico "A Tribuna de Sao Pedro", sábado 20 de junio de 2015. A5. - Sociedad Brasileira de Geriatría y Gerontología (SBGG).

Es una verdad que el maltrato se repite, con pocas excepciones, donde quiera que existan ancianos. Es por ello, la ética de la calidad de vida en la vejez, debe fundarse y fundamentarse sobre expectativas modestas y que puedan ser realizables siempre.

Sabido es que la familia y de manera general, los miembros de la sociedad que rodean al anciano, juegan un papel importante y decisivo en la vida de este. También sabido es que los gobiernos, de manera general, *"brindan el apoyo legal, logístico, económico y social que el anciano merece"*, más no es lo suficiente. Tanto los deberes como los derechos atribuidos a los ancianos, como al estado, no son suficientemente claros ni determinantes. Los valores culturales, sociales, de convivio, etc., no siempre están en primer lugar entre las prioridades para llegar a tener una mejor calidad vida. *"No debemos olvidar que el hombre es un ser sensitivo antes de convertirse en un ser pensante."*, carta Arnol Ruge, Marx.

Importante incluir el estudio referente a la *"Calidad de Atención en Salud del Adulto Mayor"*[354] en Cuba, ya que es oportuno y viene de acuerdo con los intereses de esta obra. Bien sabemos que Cuba, a pesar de estar soportado más de

---

354 **Fuente** http://www.portalesmedicos.com/publicaciones/articles/1552/1/.Portales Médicos:
Calidad de la atención en Salud al adulto mayor. Policlínico "5 de Septiembre".
Quality of health care to the elderly. Polyclinic "5 de Septiembre".
MSc Amauri de Jesus Miranda Guerra. Doctor en medicina, especialista de primer grado en Medicina General Integral,
Master en atención Primaria de salud, Profesor asistente, Miembro titular de la Sociedad Cubana de Jesús Medicina Familiar.
MSc. Lázaro Luís Hernández Vergel. Licenciado en enfermería, Master en Atención Primaria de Salud, Profesor asistente, Miembro titular de la junta de gobierno de la Sociedad Cubana de Enfermería.
Dra. C. Aida Rodríguez Cabrera. Doctora en ciencias Económicas, profesor consultante.

medio siglo de embargo económico mundial, impuesto por Estados Unidos y sus aliados, supo sobresalir y de la mejor manera posible, con sus ancianos, hoy vivos, que pueden contar sus experiencias y lo más importante en todo esto es que, sirve de ejemplo mundial con todo lo que Cuba comparte con el mundo, siempre, sin egoísmo ni temor.

El estudio del envejecimiento y sus características se ha convertido en objeto de atención prioritaria y de justificado interés debido al actual aumento de la proporción del adulto mayor, en el caso de Cuba, segundo el estudio realizado en *el Policlínico "5 de septiembre" del municipio Playa,* esta situación constituye una realidad impostergable, que concluye diciendo: *"La calidad de la atención en salud brindada repercute en la calidad de vida de los adultos mayores."*

Cada año se agregan a la población mundial unos 9 millones de ancianos, lo que se estimó en 14.5 en el período del 2010 al 2015. La pandemia del Coronavirus (CoViD-19, 2019-2022) cambió radicalmente las estadísticas, ya que atingió de lleno a los idosos y muchos de ellos no consiguieron vencer el mal. En la actualidad, un 77% de ese aumento será en las regiones desarrolladas y en las dos primeras décadas del presente siglo llegará al 80%. Ya para el 2050, cuando se considera que la población aumentará cada año en 50 millones de personas, aquellos de la tercera edad crecerán a razón de 21 millones anuales, fenómeno que se producirá fundamentalmente en las regiones subdesarrolladas. Según las proyecciones de los expertos para el 2100 la esperanza de vida mundial se habrá elevado a 80 años[355]. Situación que facilitará el desarrollo de la vida en el Mundo_c.

El aumento de la longevidad determina que la mayor parte de los países desarrollados y algunos como Cuba, en vías de desarrollo, exhiban una EV al nacer superior a los 60 años, mientras se incrementa una tendencia decreciente a la fecundidad, lo cual ha variado en forma notable la pirámide poblacional en el planeta. Los importantes avances sociales, técnicos y científicos estarán permitiendo en un futuro cercano (año 2025) una población de más de 1000 millones de personas de 60 años, y también por primera vez en la historia de muchos países, los ancianos serán más numerosos que los jóvenes[356].

Según reportes demográficas de la Organización de Naciones Unidas (ONU), al iniciarse este milenio (M2), la cuarta parte de la población del PT tenía más de 60 años y uno de cada tres adultos sería una persona anciana. Durante este periodo, como en el caso de Cuba, el 14,6% de la población tenía 60 años o más. Mientras que la EV al nacer era de más de 75 años, con los de 60 años fue más de 20 y con los de 80 fue más de 7 años. A mediados de la segunda década del M2, existían más adultos mayores que niños. Con esto se proyectaba que en *"el 2025, uno de cada cuatro cubanos, será una persona de 60 años de edad. La provincia de Villa Clara es la más envejecida*

355 **Referencias y Notas** Alvaro **Molinari** Secretario del "Consejo Municipal del Idoso" de Sao Pedro, SP y propietario del "Bellatrix Residencial para Idosos". - Periódico "A Tribuna de Sao Pedro", sábado 20 de junio de 2015. A5. - Sociedad Brasileira de Geriatría y Gerontología (SBGG)..

356 **Teresa Díaz Canals.** Profe Que Habla Sola. Publicaciones Acuario. Centro Félix Varela. 06/30/2006.

del país y ha entrado al nuevo milenio con más del 15% de su población en el grupo de 60 años o más[357]."

> **"La gran parte de las personas mayores presentan una calidad de vida satisfactoria y afrontan razonablemente bien las consecuencias del envejecimiento y de la vejez. La calidad de vida ha ido evolucionando como una concepción social producto de la construcción de un colectivo en un contexto específico con relación a sus propias necesidades, ideologías, culturas, etc. Así, hablar de calidad de vida es por un lado hablar de las variables que intervienen en las diversas facetas que componen la vida humana y por un área de investigación actual que está cobrando día a día especial relevancia tanto a nivel psicológico, de salud, sociológico, histórico, de la sociedad y del Estado[358].**

Cada año que pasa la población de ancianos en el mundo aumenta. Al finalizar 2015 superaban los 10 millones. Al mismo tiempo se estima que hasta el 2050 la población

---

357 Dra. María Elena Benítez Pérez. Centro de Estudios Demográficos Universidad de La Habana, CUBA.

358 Referencias: Internet Link: http://www.buenastareas.com/ensayos/Calidad-De-Vida-En-La-Atenci%C3%B3n/1925386.html
a) Enciclopédia Britânica Barsa, William Benton, Editor, 1971, Rio de Janeiro, Sao Paulo. Página 382 y 383.
b) Libro del Año Barsa 1977. Enciclopedia Británica Barza, William Benton, Editor, 1971, Rio de Janeiro, Sao Paulo. Página 246. Anuario Ilustrado 1070.
c) Welthungerhilfe, IFPRI, y Concern Worldwide. 2014. 2014 Índice Global del Hambre (En inglés). Issue Brief No. 83. Washington, DC.

humana aumentará 50 millones a cada año, de los cuales 21 millones serán los del grupo de la tercera edad. De igual modo se estima que en el año 2100 la Esperanza de Vida Mundial (EVM) saltará para los 80 años. Ya en el Mundo científico se espera que la EV en el año 2200 pueda llegar a los 100 años y donde las excepciones podrán superar los 120 años. Esta época será el punto de inicio de la Era de la Vida en el Segundo Mundo, llamado también de Mundo_2 y más adecuadamente "Mundo científico" (Mundo_c, **M_c**), como muy bien lo trajo a luz la obra Rumbo al Final, en 2016 y detallado en esta obra en el Capítulo del Teorema de la Vida Limitada, TVL, materia disertada más adelante.

Como se puede concluir el Envejecimiento o la Ancianidad es una etapa obligatoria y delicada por la que tiene que pasar todo ser viviente en el PT y no existe excepción. Unos lo hacen con mayor o menor suerte que el destino les tiene preparado. Al mismo tiempo que se nota que el apoyo familiar es fundamental en esta etapa. También es considerado esencial el respaldo de parte de las políticas sociales de los gobiernos para complementar mejor ese proceso. A todo ello se suma el planeamiento personal; que cada una de las personas realiza cuando jóvenes para enfrentar la ancianidad. Pero como se puede observar <u>pocas personas vivieron su juventud y su adultez invirtiendo para VMTM su vejez</u>. Los que así lo hicieron, ciertamente tendrán una vida mejor y podrán aspirar ingresar a la vida en el tan ansiado Mundo_c que esta obra hace esfuerzos para evidenciar su importancia.

Para poderse mantener bien y superar con menor dificultad la etapa del "Envejecimiento y la Vejez", que en muchas de las circunstancias conduce a frecuentes problemas y traumas, necesario es reflexionar a tiempo. Lo más importante en el trajinar de la vida es no llegar al extremo, hasta de poderse cansar, porque si eso está ocurriendo ahora será una clara señal de que algo va mal en los planes de vida y, bien puede ser una clara señal indicando la falta de revitalización y de mudar de rumbos; consecuentemente, para no llegar al estado de tener que vegetar, es necesario recapacitar a tiempo.

En esta etapa es muy importante no malgastar el valioso tiempo pensando en los viejos problemas, mejor inviértelos usando el tiempo y pensamiento para encontrar la forma más adecuada de solución de todos los males y problemas; manteniendo siempre en mente que el pensamiento positivo es el pilar sustentador del auto estimulo. El pensamiento positivo se hace necesario en cada instante de la vida, con mayor razón cuando está llegando la vejez, por lo que recomendado es vivir la vida plenamente y no permanecer en un estado de vegetación, dejándola pasar.

La vida tiene que ser aprovechada segundo a segundo y minuto a minuto sin desperdiciarla por lo que apresurarse para completar las tareas cotidianas es una consiga. Vivir acomodado con las circunstancias del entorno y vivir esperando que las horas, los días, las semanas pasen, no es vivir, es entrar a un estado de vegetación. Considera que invernar es mejor que vivir la vida plena y participativa, ciertamente se estará concretizando el más grande error. Al mismo tiempo es interesante orientar para que jamás se acobarde y ni de sentirse inferior o humillado ante los otros, menos aún creer que está siendo marginalizado o de ser la víctima del racismo. Lo importante es destacar que en este mundo viviente nadie es superior al otro, de la misma forma que nadie es inferior.

La moraleja que la vida enseña en esta situación es que en este mundo todos los seres vivos son iguales; no obstante, aún se pueden encontrar grandes diferencias en rendimiento personal, en calidad de vida y en las acciones dirigidas para llevar una vida mejor[359]".

Detente por un instante, piensa un momento y recapacita ante todo lo que describimos seguidamente, como un mensaje unidireccional, hacia a tu persona:

> *"**Mírate como el inferior, pobre, de color y como el inmigrante, comparándote con el otro que se considera: el superior, rico y blanco, ambos internados en el mismo hospital, viajando en el mismo avión, tomando el agua del mismo río y respirando el mismo aire de la montaña, presos en la misma celda de la cárcel y finalmente, ambos muertos y enterrados en el mismo cementerio.***
>
> *<u>**Moraleja:**</u> **¿Encuentras algunas diferencias entre el uno y el otro? ¿Fue uno mejor o superior al otro? Como puedes concluir nadie es superior. Ya que bajo la Ley de la Biocosmos***

---

359 Texto extraído del libro "Encorajándote", Alcides Vidal, USA, 2014

todos los seres vivos son iguales ante los ojos y las leyes de la Madre Naturaleza en el PT. Las diferencias entre una y la otra persona y entre un grupo social y el otro, lo creó la sociedad capitalista y dominante en la que desgraciadamente estás viviendo; pero tienes que reconocer también que en algunos casos lo construiste en tu propia mente y lo mantienes bien guardado en lo más profundo de tu preconcepto. Como nos decía Joseph Stalin "somos todos iguales en nuestra esencia."

Toda la consideración de inferioridad no pasa de una mala interpretación y falta de valorización de tu desgastada autoestima. Deja que los otros crean lo que quieran de ti; pero que esa situación no puede hacerte vivir con rencores por los demás. Sin embargo, si así es, y si crees que es tiempo de arrepentirte de algo, hazlo ahora; recuerda que el remordimiento mata. Nunca debes crear espacio para denegrir tu ego. El positivismo y tu autoestima tienen que prevalecer ante todas las circunstancias adversas en tu vida.

Considérate que estás creciendo todo el tiempo, es muy importante y vivir haciendo todo lo necesario para que ello se realice, es mucho mejor. Nunca te sientas el inferior.

Haz todo lo necesario para superar tus malestares.

Considerándote que eres capaz habrás conseguido un logro que te hará avanzar en el tiempo. Caso contrario morirás denegrido por tus maldades cuando lo deberías hacer glorificado por tus bondades. Sabiendo claramente que todos en el PT son iguales podrás ver a los demás con mejores ojos y también sentirás que los otros te ven del mismo modo.

No te consideres inferior, ni te creas superior porque las leyes de la vida están controlando todo. Tendrás tu recompensa. Siempre recuerda que tienes que considerarte igual a todos los demás, de la misma manera como tú, vez a los otros. Del mismo modo, sube y baja caminando con soltura todos los peldaños de las escaleras de la vida. Hazlo como señal que tú, eres pudiente y que es por eso que estás triunfando. Y, si aún tienes muchas fuerzas para continuar viviendo y realizando, entonces, tu obra personal y tu misión será reconocer que tú, si puedes y que tú, eres capaz, y que haces todo lo que te propones, porque: ¡Tú, si puedes![360]

---

360 Texto extraído del libro "Encorajándote", Alcides Vidal, USA, 2014

*"El mayor juez de tus propios actos debes ser
tú mismo y no la sociedad."* DALAI LAMA

Finalizando el año 2019 apareció en China (Wuhan) el famoso
CoViD-19, cuyo albo inicial fueron los ancianos. Como una
alerta inicial, la Organización Mundial de Salud (**OMS**),
en 31 de diciembre del 2019, fue informada por el gobierno
de la República Popular China sobre los casos detectados
en Wuhan. Situación que fue confirmada el 7 de enero del
2020. Recién el 30 de enero del 2020 la OMS declaraba la
Emergencia de la Salud Publica de Importancia Internacional
(**ESPII**). En pocos meses del 2020 y en todo el año del 2021,
se convirtió en una epidemia mundial que llevó la vida de
cinco millones de personas, donde la mayoría eran ancianos,
mudando drásticamente la evolución y control estadístico de
esta categoría en el PT. Así, los números relacionados con esta
pandemia fueron realmente alarmantes. Finalizando 2021,
eran más de 242.937.470 los infectados con corona virus
(CoViD-19) en todo el mundo (mediados de octubre). De
todos ellos 220.189.542 consiguieron recuperarse, más, los
que no se salvaron superaban **los** cinco millones. Aliviador
saber que más de 17.807.568 continuaban recuperándose.

Mundialmente Estados Unidos encabezaba la lista de países
con mayor número de infectados. En el segundo semestre del
2021 superaban los 46.092.913 de casos. Igualmente, también
encabezaba en número de muertos, superando los 751.815.
Seguidamente venia India, con 34.127.450 de casos infectados
pero que en cantidad de muertos India era superado por Brasil,
que registraba 604.303 casos ya que India se aproximaba de

453 mil muertos de sus 34.127.450 casos de infectados. Ya en abril del 2022, Brasil superaba los 663.550 muertos con 30.443.597 casos, según informaba el Consorcio de Vehículos de Impensa, creado ya que los órganos oficiales no tenían frecuencia de información. Así, los casos de Coronavirus en el mundo saltaba para 270.155.060 iniciándose el 2022 y Brasil superaba los 22.193.500 casos.

Históricamente en Brasil, el 20 de noviembre de 2021, la Comisión Parlamentar de Investigación (**CPI**) del Senado Federal, presentaba su "Reporte Final" de su investigación, con casi mil quinientas páginas, donde no faltó asunto relacionado con el adulto mayor, más la escena lo robó el presidente de la República[361]. Situación cuando nace la acusación de la CPI del Senado al presidente de la República del Brasil, con el siguiente alegato del presidente de la CPI, el Senador de la República Omar Aziz: *"El Senado tiene suficiente competencia para juzgar crimen de responsabilidad del presidente y sería un contra censo se no pudiera investigarlo en el ámbito de una CPI."… "Compete al Parlamento la fiscalización de los actos del Poder Ejecutivo, en especial al jefe del Poder Ejecutivo". … "Las imputaciones que le son hechas resultaron del vasto acervo de documentos recibidos por la comisión, producto de las manifestaciones acogidos, así como del acervo de las declaraciones públicas, grabaciones y publicaciones colocadas en las redes sociales, recogidas a lo largo de meses. Ningún ciudadano está por arriba de la ley, esto vale*

---

361 Bolsonaro; Fuente: Senado Federal: https://www12.senado.leg.br/noticias/materias/2021/10/20/com-nove-crimes-atribuidos-a-bolsonaro-relatorio-da-cpi-e-oficialmente-apresentado. Agencia Senado (Reproducción autorizada mediante citación de la Agencia Senado)(20/10/2021)

inclusive para el presidente Jair Messias Bolsonaro!" sentenció, irritado, Omar Aziz.[362]

Mientras que en el PT la cantidad de muertos se aproximaban a los cinco (5) millones (4.940.360), apenas considerando de diciembre del 2020 hasta noviembre del 2021. Los incluidos en la lista (CPI de CoViD), llevaban adelante sus intereses personales y sus negocios lucrativos, indolentemente. Un ejemplo que el mundo tiene que conocer, para que jamás se pueda repetir en la historia del PT y futuramente en otros ambientes Biocósmicos.

Así siendo creemos que la vejes, por ser una etapa final, merece mucho nuestra comprensión, a fin de definir mejores políticas públicas y más y abundante concientización social para poder convivir mejor con esta clase tan vulnerable en todo el mundo, más que nos ha enseñado que VMTM es posible, con el advenimiento de la vida en dos mundos, el Mundo científico, Mundo_c, un MV, o Segundo Mundo, que es posible hacerlo realidad, como muy bien destaca esta obra en capítulo separado.

El final del envejecimiento es cuando llega la agonía y con él, viene el deceso, que da origen a la penúltima etapa del Ciclo de la Vida, que es el Final (la Muerte)[363].

---

362 Fuente: Senado Federal: https://www12.senado.leg.br/noticias/materias/2021/10/20/com-nove-crimes-atribuidos-a-bolsonaro-relatorio-da-cpi-e-oficialmente-apresentado. Agencia Senado (Reproducción autorizada mediante citación de la Agencia Senado) (20/10/2021)

363 Fuentes y consultas realizadas en la lista "Bibliográfica, Referencias y Notas (BiRefNotas_22001 y 22003) en ANEXO III.

Hasta aquí hemos tratado las siguientes etapas: I) Consolidación Energética, II) Primario Desarrollo Biológico, III) Crecimiento Prenatal, IV) Nacimiento y Posnatal, V) Desarrollo Como un Cuerpo Terrenal, VI) Proceso de Reproducción, VII) Envejecimiento y VIII) Vejez, ahora ingresaremos en la última etapa de la Vida, el "Final".

IX) Final

Esta es la última etapa de la Vida, el "Final", que objetiva hacer entender que la vida en el PT (**VenPT**) es un procedimiento donde el nacimiento es el inicio esperado con la llegada de un ser viviente terrenal, ya el final es la muerte, un instante indeseado; donde estas dos etapas mencionadas, distintas una de la otra, obligatoriamente forman parte del sistema biológico, inclusive en un ambiente mayor, abarcando el SB.

El Final es la propia muerte, un instante asegurado del que todo ser viviente no puede huir.

Con anterioridad escribimos en el libro *"Original Perceptions"* lo siguiente:

> *"... entendamos al acto de la fecundación como el inicio del aparecer de una nueva vida y al prenatal, como el desarrollo del cuerpo con vida plena y en veloz crecimiento. Bajo otra óptica, consideremos al desarrollo embrionario, al proceso de nacer, al lapso del crecimiento y a la realización de la vida*

plena como siendo las etapas de la existencia terrenal viviente como un ser con presencia activa y a la muerte, como el fin de todo ese proceso, la conclusión de la vida terrenal de un ser viviente[364].

Para esta etapa de la vida en descripción *"Califiquemos cuerpo muerto cuando el ser, pereciendo, pierde el sincronismo energético adquirido en el instante de la fusión de cromosoma y en el comienzo de la progresiva pérdida de sus energías; momentos cuando se inicia la descomposición total de su organismo, quedando realmente inerte; instantes cuando la vida micro orgánica, tremendamente oportunista, pasa a considerar a ese cuerpo como un rico mundo de nutrientes y una potencial fuente energética y alimentar, exterminándolo mientras se multiplican veloz y asombrosamente.*

Escribimos al respecto en el libro Percepciones Originales[365] bajo el título de "Mi Extraña Manera de Venir al Mundo" Pagina. 34:

"Proyectándome hacia el futuro puedo afirmar que algún día, una desintegración en mi cuerpo tiene que ocurrir obligatoriamente; ésta será cuando algo en mi parte física, mi

---

364 Percepciones Originales -Capítulo I – Mis albores y Mi Transformación. Página 13

365 Califiquemos cuerpo muerto cuando el ser, pereciendo, pierde el sincronismo energético adquirido en el instante de la fusión cromosoidal y comienza la progresiva pérdida de sus energías; momentos cuando se inicia la descomposición total de su organismo, quedando realmente inerte; instantes cuando la vida micro orgánica, tremendamente oportunista, lo pase a considerar como un rico mundo de nutrientes y un potencial energético y alimentar, exterminándolo mientras se multiplican veloz y asombrosamente.

cuerpo, no soporte más continuar bajo la exigente unión y perfecta integración entre los componentes de mi sistema vital, y entonces, gradualmente la separación podrá ser naturalmente realizada. Digo gradualmente, ya que el acto inicial, de invasión o primera penetración energética en mi cuerpo, fue también pausada y extremadamente lenta; si pensamos en velocidades presenciadas en otras circunstancias de mis rígidas transformaciones. Entonces, mi cuerpo continuará su veloz ciclo de una muerte biológica, en el medio de un proceso de súbita desintegración, y mi otra parte, no corpórea, resumida en mi energía, reiniciará su largo viaje, como lo había venido haciendo hasta antes de la reincorporación en mi cuerpo[366]."

El Final, la Muerte puede ser natural, provocado o accidental. De una o de otra forma la muerte es indeseada por todos. El desarrollo de este tema en "Rumbo al Final" (2016), tratamos a esta etapa como siendo la "Muerte Natural" porque a las excepciones la estamos considerando como excepción y en esta obra la continuamos tratando de la misma manera.

Importante relatar nuevamente a las Etapas de la Vida de un Ser, que las estamos describiendo, son: Consolidación Energética, Primario Desarrollo Biológico, Crecimiento Prenatal, Nacimiento y Posnatal, Desarrollo como un Cuerpo

366 Percepciones Originales Pago 33 Mi Extraña Manera de Venir al Mundo.

Terrenal, Proceso de Reproducción y Envejecimiento o Vejez, no podrían terminar solamente en la Muerte Natural del ser vivo. Hay todavía algo más, como la muerte biológica, muerte cerebral y un cuerpo casi muerto cuando está asistido por aparatos que auxilian a los órganos vitales para continuar funcionando, artificialmente cuando no se puede hacer algo más por la vía natural. Y finalmente, lo que es muerte biológica del cuerpo para el ser humano para algunas otras especies (microscópicas) no lo es, ya que el cuerpo del ser muerto se convierte en un nuevo "mundo vivo" y lleno de un esplendor, donde sus vidas se pueden desarrollar por algún tiempo más, que para los microbios es una eternidad, donde generación tras generación se reproducirán. Situación que muchas personas la llegan a interrumpir sometiendo al cuerpo humano, inerte, a cientos de grados de calor, incinerándolo para recuperar lo único que pueda sobrar de él, como son las cenizas.

También vemos el caso de algunos cuerpos biológicamente muertos, de los cuales son extraídos algunas partes de él, como órganos, huesos, tejidos y algo más, con la finalidad de aprovecharlos en trasplantes para cuerpos vivos que lo necesiten o mínimamente extrayendo por lo menos su córnea con la misma intención. Estas situaciones demuestran que el cuerpo, muerto, aún puede ser útil y simplemente pasa a ser un mundo vigoroso, donde los microorganismos se puedan desarrollar a plenitud.

Una arenga se hace oportuna recordar en este punto: el día en que digas:

"llegó la vejez, ya estoy anciano, me siento cansado de la vida, soy un jubilado, estorbo y dependiente de los demás", estarás llamando a la muerte a gritos[367]*. Claro, debes de interesarte en saber que la muerte está rodeándote en todo instante, pero recuerda que no necesitas llamarla. Vive siempre y en todo instante. No te olvides que eres un ser viviente y que tu permanencia como tal, en ésta, es corta. Nunca digas que te sientes apto para morir, deja que la muerte llegue naturalmente, aunque te sorprenda en la plenitud de tu conocimiento y resistencia corporal. Piensa que puedes evitar que la muerte te encuentre abatido, sentado, cansado, agotado y conformado. Lucha hasta el último momento con ella, en muchas circunstancias, seguro que lo podrás posponer. Piensa que aún tienes mucho que dar y vivir, lo que es mucho mejor que estar pensando en morir. Creerte acabado es el último calificativo que te podrías dar. Nunca creas que ya no puedes. Intenta hacer lo que deseas y verás que lo que lo puedes conseguir. No podrás hacer todo lo que anteriormente hiciste, pero gran parte de ello aun podrás realizar. No corras por hacer las cosas. Tu edad actual ya no es la de antes.*

---

367 Fuente: Percepciones Originales, You are God y Encorajándote. Xlibris, USA.

Desplázate con cuido que llegarás al lugar donde quieres estar."

Igualmente interesante incluir trecho del texto que escribí en 2014, en el libro Encorajándote, titulado "Tu Única Derrota"[368]:

Claro, tienes que reconocer que sólo hay un obstáculo al que no lo puedes superar y frente a él, muy frustrado perderás y luego desaparecerás. Es verdad, encontrarás la primera y única dificultad absoluta y la impotencia para poderla superar y detener.

Solo hay una fuerza en el universo a la que no podrás superarla y es la única a quien no la podrás vencer. Como ya habrás notado, me estoy refiriendo a la muerte. Cree y quédate convencido que a la única circunstancia a la que no podrás vencer, en tu pasaje por el PT, es a la muerte. Pero también te puedes conformar y morir feliz porque no hay nadie en el universo quien lo pueda detener.

El acto de morir es la contundente derrota de la vida. Entonces te podrás preguntar ¿vives de antemano derrotado? No. Vives solamente un tiempo, un período, una época que cuando terminado, la muerte viene para concluirlo.

---

368 Fuente: Encorajándote, Alcides Vidal, 2014, Xlibris, Boston USA. Página 165, Capítulo XV.

Por eso: Muerte nada más es que el final de la vida. Es el inicio de un nuevo tiempo para las otras vidas, sin ti.

Comprender a la muerte tiene que ser tu buena opción, y aceptarla, es tu resignación. Esto hará con que te mantengas conectado con tu mundo viviente todo el tiempo, pero sin olvidarte en ningún momento que apenas eres una criatura que lo único que tiene de seguro es que va a morir un día.

Si temes a la muerte, entonces: ¿Por qué no haces de tu vida un tiempo mejor, especialmente para pasarla bien mientras tengas la oportunidad?

Por todo lo que has demostrado ser y poder hacer hasta hoy e, inclusive a la muerte comprender, tienes que concluir que: ¡Tú, si puedes![369]

Concluyendo, hasta aquí hemos abordado superficialmente todos los temas de las Etapas de la Vida de un Ser: I) Consolidación Energética, II) Primario Desarrollo Biológico, III) Crecimiento Prenatal, IV) Nacimiento y Posnatal, V) Desarrollo Como un Cuerpo Terrenal, VI) Proceso de Reproducción, VII) Envejecimiento, VIII) Vejez y IX) Final, que nada más es la propia muerte. Pero algo más aún puede

---

369 **Encorajándote,** Alcides Vidal, 2014, Xlibris, Boston USA.

ocurrir como una última etapa, que lo estamos incluyendo en el siguiente título.

X) Retorno al Origen Biocósmico

"Tierra eres y a tierra te convertirás" o, *"de polvo eres y a polvo te volverás"*, dicen las escrituras. Nosotros hoy en día decimos: "Energía eres y tu energía se mantendrá".

Toda célula contiene energía propia. Un conjunto de células forma un organismo. La célula, para integrarse como un organismo, tiene que contener energía. Toda materia, para ser un organismo, tiene que poseer energía propia. Y esa energía, por la cantidad de células que se multiplicaron, hasta llegar a formar el organismo energizado que adquiere características especiales inconfundibles, por hoy desconocidas, si observamos por el lado de su frecuencia, fuerza, capacidad, acumulabilidad y condicionamiento biológico, existe y tiene su función Biocósmica definida.

La acumulación energética en un organismo es una de las principales características de un ser viviente. Entonces, toda materia viva, organismo o cuerpo viviente, al morir biológicamente libera progresivamente toda su energía para fuera, al exterior. Este proceso es realizado lento y gradualmente, hasta el agotamiento energético total y final.

La característica principal de la energía es que ella no es estática, consecuentemente con su dinamismo seguirá su curso, bajo su frecuencia original que permite su conducción, dándole una característica especial.

La última etapa del Proceso Vida, "Retorno al Origen Biocósmico", es el proceso de la liberación energética total del organismo. Este proceso consiste en observar a la Energía de la Vida como si estuviera viajando libremente por las esferas que lo permite conducirse, superando paredes que lo obstaculicen, pero siempre manteniendo la señal que energizó a un cuerpo viviente que un día habitó en el PT. Esta situación se realiza como parte del proceso que forman las circunstancias del fenómeno de la Bioconversión[370] circunstancias cuando adquiere otra forma, obteniendo características bajo la libertad universal del curso de las frecuencias energéticas Biocósmicas proveniente de los organismos.

Pero también existe la oportunidad de la paralización o destrucción total del Retorno al Origen Biocósmico. O sea, que ese proceso no se llegue a concretizar, destruyéndose. La destrucción consiste en el preciso instante cuando se llega a interrumpir totalmente ese proceso, cuando el cuerpo del viviente, nacido en el PT, inerte, es sometido a cientos de grados de calor, incinerándolo, para dar paso a la combustión orgánica que se convierte en tan solo cenizas sin valor biocósmico. Bajo estas circunstancias, el Retorno al Origen Biocósmico se ha frustrado, consecuentemente la Energía de

---

370 **Bioconversión** (Biocosmos-conversión-energética) transformación de una forma de energía en otra o de una situación en otra, por la acción de las interacciones de células (materias) de organismos, seres vivos, en este caso un cuerpo nacido en el PT, ahora inerte, con su microbiología en proceso de desaparición (descomposición) del formato corporal humano, emanando al componente de la Energía Vital.

la Vida se pierde totalmente como tal para pasar a ser parte de otra, producto de una transformación inesperada en padrones que contempla el proceso biocósmico.

Es de este modo que hemos concluido el breve abordaje de todos los temas de las Etapas de la Vida de un Ser: Consolidación Energética, Primario Desarrollo Biológico, Crecimiento Prenatal, Nacimiento y Posnatal, Desarrollo como un Cuerpo Terrenal, Proceso de Reproducción, Envejecimiento, Vejez, el Final y el "Retorno al Origen Biocósmico". Lo que nos hace concluir que la Etapa del Retorno al Origen Biocósmico nada más es que la complementación del proceso que consiste en la separación de la Energía de la Vida de la materia existente, cuerpo. Analizado de otra manera consiste en realizar el proceso inverso al instante de la consolidación energética, cuando un insipiente embrión adquiere energía, Vida en el PT, ahora resumido en la última acción dentro del Proceso Vida, que está contemplado en la Etapa del Retorno al Origen Biocósmico.

Conclusión de las Etapas

Mientras la EH obtiene logros y demuestra que está consiguiendo mejorar su Expectativa de Vida (**EV**), o por lo menos es esa su ambición, el PT envejece más rápidamente de lo normal, dando significativas señales de que realmente se encuentra en su verdadero Rumbo al Final.

Hemos logrado definir todas las Etapas por Donde la Vida Pasa como siendo las siguientes: I) Consolidación Energética;

II) Primario Desarrollo Biológico; III) Crecimiento Prenatal; IV) Nacimiento y Posnatal; V) Desarrollo como un Cuerpo Terrenal; VI) Proceso de Reproducción; VII) Envejecimiento; VIII) Vejez; IX) Final; y X) Retorno a la Energía Biocósmica. Claro que reconocemos que pueden existir otras etapas más o que muchas de las definidas no sean contempladas como tales, no obstante, se han definido estas etapas, exactamente para poder continuar con las exigencias de la disertación del tema, donde el foco principal es la "Curva de la Vida" (**CV**) en un ámbito Biocósmico y para poder hacer realidad este desafío fue necesario definir las etapas de la vida, listadas antes, con las cuales se podrá completar el objetivo de la obra y la ambición del autor, de poder graficar un sistema complejo, para un mejor entendimiento con el TVL. Estas etapas constituyen los elementos que componen la CV y que grandemente facilitaran la comprensión cuando tratemos el tema los Mundos Biocósmicos.

La importancia de la definición de las etapas de la vida obedece un orden de presentación, resumido en una secuencia y en un buen y organizado proceso, que es consolidado en el Sistema Viviente (**SV**). Así siendo, en ese proceso se pueden identificar, parte por parte, a los ciclos de la vida, obedeciendo un subsistema de constante desarrollo dentro del SV. Sistema que describe desde el estado inconsciente hasta llegar al desarrollo un ser viviente con conciencia, para que al final todo desaparezca, llegando a la inconsciencia y con él, al deceso; que nada más es llegar a un fin común, que es la muerte, seguido por el Retorno al Origen Biocósmico, una verdadera Energía Universal, resumido en, "de nada aparece una vida y, a nada se transforma", consumiéndose con la desaparición como un ser viviente terrenal.

Todas estas situaciones intuyen concluir que, al ciclo de vida, que es una experiencia única, hay que saberla valorar, entender y comprender, principalmente dándola su debida importancia, mientras sea posible. Ya que el día en que no se entienda más esta situación será el día en el que habrá llegado el final.

Como se puede observar en estas etapas, gran parte del desarrollo viviente está gobernado por las propias acciones del Ser Humano, post nato, sin olvidarse que esa vida depende de un sistema mayor que es la VdelPT en un ámbito Biocósmico y que el PT ya se encuentra en su verdadero Rumbo al Final a pesar de que la EH muestra poder mejorar su EV a cada año que pasa.

Como vimos, la Presencia biocósmica implica primero, en aparecer como un ente vivo; definiéndose así el brote de un ser con "El *Start* Biocósmico", mejor denominado como "El Punto Cero Biocósmico" (**P0B**), que es el punto inicial, de nacimiento o aparición, punto cero, punto de partida, para luego más iniciarse el desarrollo de la CV. Entonces, el P0B (Va) representa el instante del nacimiento de la vida humana en el PT, de la vida de las otras especies en el ámbito Biocósmico, como una vida no conclusiva y si, primitiva y evolutiva.

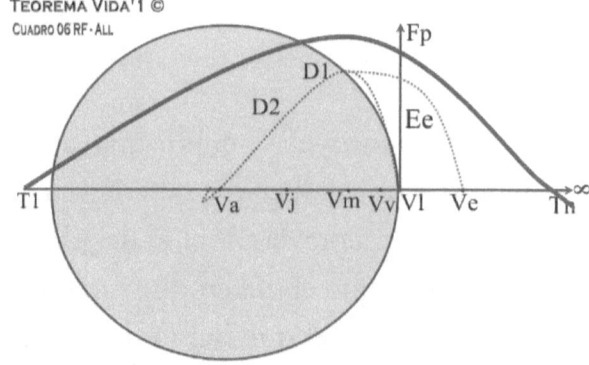

El origen de la vida y de la VdelPT bien pudo haber venido del cielo. Estudiando fragmentos de meteoritos se encontró señales de existencia de materia conteniendo condiciones de crear a "La Membrana Celular" (**MC**), que viene a ser común entre los seres vivos en la Biocosmos. Nos referimos a una "Materia-Madre-Biocósmica (**MMB**) que contiene a la Membrana-Celular-Biocósmica (**MCB**) formada por los aminoácidos, base indispensable de la molécula de proteínas conteniendo cinco bases genéticas que constituyen los ácidos nucleicos y partes de las moléculas que conforman los lípidos, que a su vez son la esencia de la vida, formando la membrana de las células. Abordaje que concluye en una simple abreviatura: el ADN *Biocósmico (**B'sADN**).*

Las moléculas de ADN están conformadas por dos formas alargadas, torcidas y emparejadas entre sí, simulando a la letra "***x***". Cada forma está constituida por cuatro unidades químicas, denominados bases nucleótidos. El ADN está dividido en fragmentos que conforman los 23 pares de cromosomas distintos de la especie humana (22 pares de autosomas y un par de cromosomas sexuales). Se espera que iguales características se presenten en los *B'sADN*, de los seres en los MEX.

El estudio para secuenciar el Ácido *RiboNucleico* (**ADN**) de un ser humano es el que dio lugar al aparecimiento del GH, que está compuesto por aproximadamente 30 mil genes distintos. Cada uno de estos genes contiene la información codificada necesaria para la síntesis de una o varias proteínas o, ARN funcionales (en el caso de los genes ARN). Condición que creemos sea la base de la vida de las especies en ámbitos Biocósmicos.

El "genoma" de cualquier persona (a excepción de los gemelos idénticos y los organismos clonados) es único, no existe otro igual, inclusive en un ambiente Biocósmico.

Luego, las circunstancias científicas nos conducen hacia un mundo mayor, utilizando la información genómica. Así, los seres vivos, SB, en el ambiente Biocosmos siempre presentaran estructuras celulares como la de la EH, en el PT, no queriendo decir con ello que sea la EH la base de la codificación Biocósmica. Esto porque, grandes sorpresas encontraremos en las estructuras celulares de la vida, como en los MEX, donde el brote de un ser Biocósmico tenga también el mismo Punto Cero Biocósmico (**P0B**), de partida en el desarrollo de la **CV**, representando el instante del nacimiento de la vida en otro Planeta con vida no conclusiva y si, primitiva y evolutiva.

Igualmente importante considerar al Ciclo Existencial, previamente a la definición del "Teorema de la Vida Limitada" (**TVL**). El "Sistema Biocósmico" (**SB**) como un todo, sigue rigurosamente un rumbo de desarrollo evolutivo caracterizando su existencia y vitalidad, hasta completar su Ciclo Existencial (**CE**). Durante este período el Sistema Vida se desarrolla y va dejando huellas, documentando su propio proceso existencial. Fue esta situación la que nos incentivó realizar investigaciones para hacer algo al respecto. Exactamente a partir de esta determinación es que decidimos llevar adelante todo el desarrollo de un sistema que pudiera expresar de manera sucinta y con simplicidad todo el desarrollo del genial proceso del Ciclo Existencial del Sistema Vida. Esta situación provocó el nacimiento de la idea del "Teorema de la Vida Limitada" resumido, por efectos de nomenclatura y uso, en el "TVL".

La idea de crear el teorema aparece exactamente para expresar gráficamente, cómo el proceso del Sistema Vida, dentro del CE, desconocido técnicamente, desarrolla su proceso hasta su extinción. Definiendo de este modo su CE, mejor explicado más adelante.

Dado a su complejidad el CE del "Sistema Vida" (**SV**) fue definido y separado en etapas. Conociendo que ese proceso obligatoriamente pasa por ciclos bien definidos, en su ingenua caminata hacia su fin, la propia muerte, fue el factor que inspiró identificar todo ese trayecto en el Teorema de la Vida´L. Ya que consideramos que sería importante definir el dónde, cuándo y hacia donde ese proceso va.

El Sistema Vida transita obligatoriamente por un camino donde no podemos imaginarnos su destino y ni mensurar su fin. No obstante, conociendo su trayectoria se podrá identificar sus sentidos y definir sus etapas con sus respectivos tiempos, para conocerlos y documentarlos, utilizando el Teorema Vida´L.

El foco que el TVL persigue es de documentar todas las grandes etapas de la vida, intentando optimizar una ambiciosa idea que es mejorar el tiempo de vida del REH en el PT. De ese modo se podría proyectar un mundo mayor y mejor, VMTM. Igualmente, así se podría ver hecho realidad la Vida en un Segundo Mundo o en el Mundo_2, o en el Mundo científico (**Mundo_c**) conceptos que fueron traídos a luz, por la primera vez, en la obra Rumbo al Final[371].

Lo que hace concluir que el Ciclo Existencial (**CE**), delimitando al "Sistema Vida", es una marca que se puede resumir en un viaje sin destino, desplazado sobre una recta, "T-E", donde la vida transita y deja huellas de su existencia, que van siendo graficadas para generar la Curva de la Vida. Conclusión que queda indeleblemente estampado o documentado por el TVL.

El TVL ha separado el estudio en dos grandes rubros: La Curva de la Vida Terrenal y la Curva de la Vida Animal.

La Curva de la Vida Terrenal, es la Curva de la Vida del Planeta, observada como una curva mayor, que viene a ser la Curva de la Vida del propio PT o de la Curva de la Vida de otros planetas que integran el Sistema Biocósmico (SB).

---

371 Fuente: Obra Rumbo al Final, 2016, USA. Vida en dos mundos Página 391.

La Curva de la Vida Animal señala la curva de un ser en el planeta, bajo el perfil de una curva menor y dentro de la temática que abarca la Curva de la Vida Terrenal (CVT). Es también el grafico del desarrollo de la vida de cada uno de los integrantes de las especies vivientes del PT e integrante de la Biocosmos.

Conociendo la existencia y la finalidad de la Curva de la Vida (**CV**), el REH abriga esperanzas de poder hacer algo durante el desarrollo y trayecto de su vida, resumido en el CE, para mejorarlo. Más aún si se aprovecha el legado del CH, largamente explicado en las obras anteriores[372].

La intención es de mantener lo mejor y si es posible, alargar la permanencia viviente en el PT. Esto es, que los vivientes puedan caminar más tiempo por ese corto pero desconocido sendero perteneciente al CE, estampando su propia CV y documentándolo con el TVL.

Identificados los elementos que forman parte del CE, definidas por "La Curva de la Vida", CV, éste es el tiempo exacto para saberlo, identificarlo y dentro de lo posible, hacer algo al respecto en beneficio del ser viviente y de las especies de donde proviene. Si es que algo se pueda hacer en algunas o en todas las etapas por donde la vida tiene que pasar, aquí y ahora.

Son exactamente estas las condiciones y razones donde el TVL viene para ayudar, contribuir, beneficiar y facilitar la conclusión de este exigente estudio.

---

372 Libros anteriores: Percepciones Originales, 2008, Alcides Vidal, Xlibris, USA, Paginas: 43, 45, 59, 65, 99, 203.

Una característica importante hay que resaltar, el PT no apareció en la Biocosmos como un Planeta con todas las características de ser un ambiente grandemente habitable y apto para albergar Biodiversidad tal y como hoy ostenta. Según dicen los estudios científicos, el PT es testigo[373] de lo que ocurrió en los orígenes de la Expansión del Universo. Consecuentemente forma parte del proceso que la originó.

Con estimativas modernas y las conclusiones de los estudios científicas, hoy abundantes, se estima que el PT puede haber iniciado su desarrollo rumbo a una evolución que permita adquirir nuevas condiciones y características de habitabilidad, hacen aproximadamente 4,800 millones de años. Y, habrá iniciado las transformaciones y cambios para ser el planeta altamente habitable que hoy es, hacen unos 800 millones de años. Entonces, hablar de evolución cósmica terrenal significativa referirse a cifras que superan billones de años mensurados en Ciclos Luz-Oscuridad (CLO) solar[374].

---

373 Testigo Cuando decimos testigo, nos estamos refiriendo a la era cuando todo ocurrió, allá por los tiempos que sobrepasan los 14 billones años.

374 Tema traído del detallado de la obra Rumbo al Final, 2016.

El PT tiene vida propia pero esa vida, como ya es de nuestro conocimiento, no es eterna, como ninguna vida en la Biocosmos es[375]. Al mismo tiempo el PT también posee un ambiente con vida propia y "limitada", generosamente ofrecida para el desarrollo de la Biodiversidad en su interior. En ese ambiente ideal, para poder desarrollar vida es que también apareció la EH.

¿Cuánto tiempo más podremos vivir? Depende de la ciencia y del estilo de vida que llevamos. En primer lugar, es muy importante hacerse la siguiente pregunta antes de responder a la pregunta anterior: ¿Cuantos años tengo? Completando lo siguiente: ¿Cuantos años represento? Y luego finalizar con: ¿Cuántos años más viviré?

Estos son cuestionamientos que pueden surgir circunstancialmente en cualquier momento. Más también evaluar la vida debe ser rutina practicable rutineramente. Estar preparado para tener una respuesta, cada vez más concisa y a la altura de las circunstancias es la mejor opción. El punto importante de estos dos cuestionamientos no es responder "cuantos años tengo y ni cuantos años más viviré", hasta porque la segunda pregunta es muy difícil de responderla (nadie sabe dar la respuesta certera); cuando la verdad es que estas preguntas conducen hacia un instante de reflexión. No obstante, podemos decir que son interrogantes que deberíamos hacernos siempre; sobre todo cuando se observa alguna situación que conduzca al stress o a la depresión, o al malestar psíquico corporal, situaciones muy comunes en

---

375 La Ley de la Biocosmos lo anunció en la obra Rumbo al Final, 2016.

los nuevos tiempos. También puede ocurrir con síntomas de alguna anormalidad en el semblante y en la salud o cuando se presenta una condición que pasado el tiempo redundaría en la construcción de estas dos respuestas.

> *"En la plenitud de la realización de la vida descubrimos que obtenemos muchos logros y abundantes realizaciones, pero también nos deparamos con demasiados fracasos y muchas frustraciones. Obtenemos abrumadoras victorias, pero también abundantes derrotas y exageradas decepciones. Sin embargo, todos los individuos, absolutamente todos, quieren enfrentarla sin un ápice de temor. Resultando ser bastante alentador."*[376]

¿Cuánto la reflexión podría ayudar en estos dos cuestionamientos? O ¿Qué tiene que ver la reflexión en este contexto? La reflexión es muy importante porque a través de ella podremos detenernos un instante para pensar profunda y significativamente en lo que realmente la vida es. De paso, ya aprovechar para continuar preguntándonos: ¿Para qué estamos en este planeta llamado Tierra? y ¿Cuál es la real finalidad de estar viviendo en el PT? Preguntas que se arrastran desde el libro Rumbo al Final, con el siguiente comentario:

> *La real finalidad de la presencia del Ser Humano en medio del desarrollo de la Vida Terrenal, en este maravilloso y sin igual*

---

376 **Encorajándote**, Alcides Vidal, 1º de julio, 2014, USA. Página 11 – Preámbulo.

paraíso viviente que es el PT, es muy simple: "Mantener a la Madre Naturaleza siempre saludable" y debe ser obligatoriamente completada con el siguiente fundamento[377]: "Mantener al PT íntegro. Que el Continente Americano vuelva ser, por lo menos, tal y como fue cuando lo habitaron nuestros antepasados; de preferencia como en los tiempos que antecedieron a la lamentable colonización del Nuevo Mundo por los españoles y de una manera general por las otras naciones europeas que imponían el régimen colonialismo. Del mismo modo que el Viejo Mundo, vuelva a ser un Continente como el de los tiempos anteriores a las épocas Previos Calendario Actual (PCA). Que las generaciones venideras, incluyendo a todos los seres vivientes terrenales (la fauna y la flora), contemplando a la biodiversidad, que incluye a los animales racionales o no, vegetales de toda la flora y también incluyendo al propio medio ambiente, se puedan beneficiar en las mismas condiciones y proporciones que lo hicieron nuestros predecesores en los buenos tiempos. Solamente así se podría continuar viviendo otro largo ciclo de un proceso viviente, aprovechando de la excepcional habitabilidad terrena" mientras el "Rumbo

---

377 **Rumbo al Final**, Alcides Vidal, mayo, 2016, USA. Página 14 – El PT Enfermo.

al Final" del PT *no concluya su natural trayecto*[378].

¿Por qué tantas preguntas en esas circunstancias? Porque las respuestas ayudan y conducen a la obtención de una base para concientizarse de algo que probablemente camina mal, que merece de un momento de reflexión bastante profundo y porque el momento es especial para detenerse un instante para evaluar el concepto "como estamos llevando la vida"; ya que vivir por vivir, no vale la pena. Razones por las cuales estamos incluyendo la siguiente reflexión:

¿Te crees acabado? Claro que no. Siempre tuviste las fuerzas suficientes para realizar tus actividades cotidianas sin problemas. Es verdad que los años se pasaron, pero eso no significa que te olvides de realizar tus quehaceres. Piensa en grande, como siempre lo hiciste. Rescata tus fuerzas que acumulaste en el pasado. Ahora las necesitas. Créete que aún eres útil y servicial. Muchos quedarán con envidia de ti.

El día en que digas "llegó la vejez, ya estoy anciano, me siento cansado de la vida, que ya soy un jubilado, un estorbo y un dependiente de los demás", estarás llamando a la muerte a gritos. Confía en ti, llegar a la vejez es una situación y una etapa obligatoria de la vida.

---

378 Rumbo al Final, Alcides Vidal, mayo, 2016, USA. Página 14 – El PT Enfermo.

Vivir la última etapa de la vida no debe representarte problema. Es la mejor fase que le toca vivir a todo ser humano. Más aún, cuanto más vives, mejor. Es una edad que permite continuar actuando como un ser en un mundo viviente. Nada necesitas hacer en estas circunstancias. Solo continúa viviendo como lo hiciste hasta hoy.

La vida del adulto mayor es la continuación del desarrollo de todo ser. Claro, debes de interesarte en saber que la muerte está rodeándote en todo instante. Recuerda que no necesitas llamarla. Todo es una cuestión de un instante y no puedes vivir toda tu vida solo esperando para que en un segundo se trunquen todos tus anhelos y realizaciones.

Pensar en continuar viviendo es lo mejor que tú, puedes hacer. Pero no te olvides que solo pensar no es suficiente. Tienes que hacer de tus actividades líneas directa hacia la continua construcción y mantención de los elementos que te mantienen viviendo. Mucho del tiempo de tu vida terráquea depende de ti mismo; alargarlo al máximo debe ser tu deseo y meta, todo el tiempo.

La voluntad de morir debe ser tu última gota de esfuerzo restante en tu organismo y no te conformes con esperarla sentado. Vive siempre, en todo instante. No te olvides que eres un ser viviente y que tu permanencia como tal, en ésta, es corta.

Nunca digas que te sientes apto para morir, deja que la muerte llegue naturalmente, aunque te sorprenda en la plenitud de tu conocimiento y resistencia corporal. Piensa que puedes evitar que la muerte te encuentre abatido, sentado, cansado, agotado y conformado. Lucha hasta el último momento con ella, en muchas circunstancias, seguro que lo podrás posponer. Piensa que aún tienes mucho que dar y por vivir, lo que es mucho mejor que estar pensando en morir.

Creerte acabado es el último calificativo que te podrías dar. Nunca creas que ya no puedes. Intenta hacer lo que deseas y verás que lo conseguirás. No podrás hacer todo lo que anteriormente hiciste, pero gran parte de ello aún lo podrás realizar. No corras por hacer las cosas. Tu edad actual ya no es la de antes. Desplázate con cuido que llegarás al lugar donde quieres estar. No te detengas.

Recomendación útil: No acumules energía dañina en tu cuerpo. ¡Quémala!

Un ejemplo de lo que puede estar ocurriendo en tu vida lo puedes encontrar en tu propio comportamiento, en circunstancias cuando estás de usuario de las escaleras rodante (automáticas). Estas son rodantes o eléctricas no son ascensores. Ellas son escaleras comunes, con la única diferencia que se están moviendo constantemente, a veces están subiendo y en otras bajando. Sube las escaleras paso a paso, aunque sientas que ellas se desplazan solas. Del mismo modo, baja sin acomodarte en la espera de lo que ella pueda bajar por ti. No esperes la voluntad de las escaleras para llegar a la cima o la sima. Dejarse llevar por el ritmo de las escaleras rodantes es una sabia manifestación de que te estás deteniendo y estarás dejando pasar ocioso a los valiosos segundos de tu vida por no vivirla mejor y en su plenitud. El hecho de que las escaleras rodantes se estén moviendo todo el tiempo solas, de abajo para arriba y viceversa, no quiere decir que lo hayan fabricado así para detener tus movimientos corporales y energéticos, y ni para que pierdas tu valioso tiempo dejándote transportar por la voluntad de ellas. Tampoco fueron diseñadas para que demuestres que estás languideciendo en espera de la velocidad de ellas, tanto para subir como también para bajar. Si te encuentras en una de las escaleras nunca te pares en el medio y ni ocupes todo el espacio del escalón. Deja un lugar en el peldaño para que los otros lo usen, ellos no quieren ceder ante el tiempo. Ellos quieren caminar, pero sin tu odioso estorbo. Despierta y deja de ser un obstáculo hasta en las escaleras. Las escaleras rodantes se hicieron para facilitar la vida de los incapacitados, ancianos y enfermos que realmente lo necesitan. Tú, con toda seguridad, no estás incluido entre ellos. ¿Por qué los imitas? Sube grada, a grada y enérgicamente, notarás la diferencia en tu vida. Baja paso, a paso y verás que llegarás y saldrás primero y vida cambiará.

En tu corta vida terrenal, no te detengas un solo segundo; porque al final, ellos cuentan. Recuerda siempre que en esta vida todo el trayecto es de subidas y bajadas, pero que lo estas superando con tus propias fuerzas y empeño. Por los peldaños de las escaleras que estas caminando sin cesar y haciéndolo con tus propias fuerzas y guiado por tus sabios deseos, siempre en busca de conseguir llegar a la consecución de tus metas, victoriosamente. Lo más importante en este trajín es que no te puedes cansar, porque si eso está ocurriendo será una señal de que algo va mal en tus planes. Pero también puede ser síntoma para que te puedas revitalizar y mudar de rumbos.

No vegetes. No malgastes tu valioso tiempo pensando en tus problemas. Inviértelo, usa tu tiempo y pensamiento para encontrar las formas de solución para todos ellos. Mantén siempre en tu mente que el pensamiento positivo es el pilar para tu auto estimulo, como también lo es para los demás.

El pensamiento positivo se hace necesario en cada instante de tu vida y en la vejez, con mayor razón. Tienes que vivir la vida plenamente y no estar vegetando. Tienes que aprovechar tu vida, segundo a segundo y minuto a minuto, sin desperdiciarla. Apresúrate para completar tus tareas. Vivir acomodado a las circunstancias de tu entorno y vivir esperando que las horas, los días, las semanas pasen y pasen; no es vivir, más bien, vegetar. Si consideras que vegetar es mejor que vivir la vida plena y en constante participación estarás concretizando tu más grande error.

Pero si por alguna circunstancia no has logrado tu cometido hasta hoy, no te preocupes, seguramente será porque aún estás en el final de ese proceso. Pero nunca puede ser porque te encuentras abatido y muy acomodado ante la circunstancia.

¿Sientes que eres inferior ante los ojos de los otros? ¿Crees que estas siendo humillado? ¿Crees que te están marginalizando? ¿Te consideras víctima del racismo?

¡No! No es verdad. Estás muy engañado. En este mundo viviente nadie es superior, tampoco nadie es inferior. La moraleja de la vida enseña que, en este mundo, todos son iguales. No obstante, puedes diferenciarte de los otros en muchos aspectos de la vida, con otros individuos, sobre todo por tu característica y rendimiento personal.

Mírate, (tú, como el inferior, el pobre, el de color, un inmigrante) comparándote con el otro (el superior, el rico, el blanco) ambos internados en el mismo hospital, o viajando en el mismo avión, o tomando el agua del mismo río y respirando el mismo aire, o presos en la misma cárcel. Y finalmente, ambos muertos y enterrados en el mismo cementerio. ¿Encuentras algunas diferencias entre el uno y el otro? ¿Fue uno mejor o superior al otro? Como puedes concluir, nadie es superior. Todos son iguales ante los ojos y las leyes de la Madre Naturaleza. Las diferencias entre una y la otra persona, o entre un grupo social y el otro, lo creó la sociedad capitalista y dominante en la que desgraciadamente estás viviendo. Pero tienes que reconocer también que en algunos casos lo construiste en tu propia mente y lo mantienes bien guardado en lo más profundo de tu preconcepto. Toda la consideración de inferioridad no pasa de una simple mala interpretación y una falta de valorización de tu autoestima.

Deja que los otros crean lo que quieran de ti. Pero esta situación no puede hacerte vivir con rencores por los demás. Sin embargo, si así es, y si crees que es tiempo de arrepentirte de algo, hazlo ahora. Recuerda que el remordimiento mata. Nunca debes crear espacio para denegrir tu ego. El positivismo y tu autoestima tienen que prevalecer ante todas las circunstancias adversas en tu vida. Considerar que estás creciendo todo el tiempo, es muy importante y vivir haciendo todo lo necesario para que ello se realice, es mucho mejor. Nunca te sientas el inferior. Haz todo lo necesario para superar tus malestares. Considerándote que eres capaz habrás conseguido un logro que te hará avanzar en el tiempo. Caso contrario morirás denegrido por tus maldades cuando lo deberías hacer glorificado por tus bondades.

Sabiendo claramente que todos en la fase de la tierra son iguales podrás ver a los demás con mejores ojos y también sentirás que los otros te ven del mismo modo. No te consideres inferior y ni te creas superior porque las leyes de la vida están controlando todo. Tendrás tu recompensa.

Recuerda siempre que tienes que considerarte igual a todos los demás, de la misma manera como tú, vez a los otros. Del mismo modo, sube y baja caminando con soltura todos los peldaños de las escaleras de la vida. Hazlo como señal de que tú, eres pudiente y que es por eso que tú, estás triunfando. Y, si aún tienes muchas fuerzas para continuar viviendo y realizando, entonces, tu obra personal y tu misión será reconocer que tú, si puedes y que tú, eres capaz, y que haces todo lo que te propones, porque: ¡Tú, si puedes![379]

Entonces, los cuestionamientos: ¿Cuantos años tengo y Cuántos años más viviré? Apenas se resumen en una situación de rutina, que subliminarmente la llevamos intrínsecamente presente en nuestro cotidiano. Lo importante en este caso no es responder y si, hacer de la vida algo para que las respuestas para estas preguntas siempre no sean necesario responderla, sino, demostrarlas con resultados adquiridos, demostrando que a la vida la estamos llevando de la mejor manera y como muy bien se puede apreciar cuando decimos: *Vivir con conciencia y sabiendo lo que la vida es, se espera que sea lo ideal*

---

379 **Encorajándote**, Alcides Vidal, 1º de julio, 2014, USA. Página -167-178 – No te acobardes.

y, vivir la vida lo mejor posible, debe ser la ambición, situación que con el tiempo traerá consigo resultados que redundarán en VMTM. De este modo surge el cuestionamiento ¿Cuantos años más viviré? Será dado con demostraciones de que la vida está siendo bien llevada y sin necesidad de hablar y ni cuantificarla en años.

> *(…) Cruelmente te auto flagelas por placer, o vicio. Reconoces que estás haciendo y entrando en lo malo e ilícito y en la dependencia con tus vicios, pero continúas fingiendo que no sabes cómo salir de ellos.*
>
> *Intoxicas a tu cuerpo sabiendo que te hace mal. Cuando enfermo por el uso de las drogas, el licor, el tabaco y sus consecuencias, no sabes cómo curarte lo más rápido posible de tanto miedo de morir. Desesperadamente buscas la cura de tus enfermedades provocadas por tus vicios y de la muerte quieres huir cobardemente. Demostrando claramente que el vicio te llegó a dominar y que no sabes cómo salir de él.*
>
> *Sabes que tienes que morir, pero cobardemente te recusas esperar a la muerte, atento y resignado. Solo buscas la forma de como huir de ella, sin acordarte que eres el único culpable por tus males y a sabiendas no*

hiciste nada para prevenir y olvidarte de tus vicios cuando había tiempo.

Cuando te encuentres muriendo de verdad querrás arrepentirte de tus malas obras y de todo lo pésimo que hiciste; pero no podrás realizar tus últimos deseos, ya que será tarde de más para que lo puedas remediar; menos todavía te podrás imaginar que tengas tiempo para que te puedas reconciliar.

Si temes a la muerte, entonces: ¿Por qué no haces de tu vida un tiempo mejor, especialmente para pasarla bien mientras tengas oportunidad? Al corto tiempo de tu vida lo debes de disfrutar al máximo y no debes darte el lujo de poderlo desperdiciar, menos de llegarlo a maltratar. Recuerda que aún tienes tiempo de corregir tus defectos y aumentar tus virtudes. Es muy importante que constantemente recuerdes que el tiempo ido jamás volverá. Razones suficientes para aprovecharlo al máximo.

Fuiste débil, no sabías, no entendías y vivías con muchos problemas sociales y familiares, pero hoy te has dado cuenta que estabas viviendo completamente equivocado; lo que resulta en cambios en tu comportamiento, algo que tanto estabas esperando. Hoy eres sabedor de lo que quieres, conocedor de lo que tienes y ambicioso por lo que deseas hacer y tener en el futuro. Haciendo el bien, vivirás mejor. Saliendo del vicio mejor aún.

Conviértete en un ambicioso: Todo lo que crees que podrías hacer algún día es mejor que lo intentes hacer ahora; aunque creas que no lo podrás realizar con éxito. Es mejor que te lamentes de lo que has hecho y no te salió bien, o que encontraste dificultad para realizarlo, que arrepentirte por no haberlo intentado hacer. Tienes tiempo suficiente para que te regeneres. Inicia ese proceso ahora.

Sabes, entiendes y comprendes todas estas situaciones, reconoces que eres el único culpable por todo lo que está ocurriendo contigo ahora y, te sientes orgulloso por todas tus escasas realizaciones, es porque: ¡Tú, si puedes![380]"

Concluyendo: ¿Cuánto más viviré? La respuesta depende de cada uno. Cada ser viviente sabe lo que es bueno y lo que es malo para él; lo que es correcto e incorrecto; y, lo que es lícito e ilícito; en fin, sabe todo; tanto es verdad que ya ha alcanzado el "GD". Entonces, ¿Cuánto más viviré? Depende solamente de la condicionante cuanto estás invirtiendo en tu vida, cuánto

---

380 Encorajándote, Alcides Vidal, 1º de julio, 2014, USA. "Reconociendo Tu Verdad" Página 157-160.

tiempo dedicas para vivir tu vida bien y, qué estás haciendo para vivir el mañana y mejor, o sea, VMTM. Las respuestas de estas simples condicionantes te dirán ¡Cuanto más vivirás! Y que todo quedará bien graficado en tu CV, demostrado a través del Teorema de la Vida Limitada, Teorema Vida'L (**TVL**), largamente explicado a continuación[381].

---

381 Fuentes y consultas realizadas en la lista "Bibliográfica, Referencias y Notas (BiRefNotas_ 22001, 22003 y 22018) en ANEXO III.

CAPITULO III

Enunciados del Teorema de Vida Limitada

Introducción

Los Enunciados del Teorema de la Vida Limitada (Teorema Vida'L, **TVL**), forman parte de un sistema que tiene como objetivo demostrar a través de gráficos geométricos toda la secuencia del Sistema Vida (**SV**), bajo el foco del Proceso Vida (**PV**), en términos de "Tiempo-Espacio" (**T-E**), identificando su base en la "Línea del Tiempo" (**LT**), abarcando el ambiente mayor denominado Macro Sistema Viviente Terrenal (**MSVT**) con relación al PV dentro del PT y bajo un sistema especial cuando aborda el tema fuera del PT, comprendiendo el "Macro Sistema Biocósmico" (**MSB**), por lo que el TVL se puede aplicar también en el estudio del PV de cualquier otro mundo poseedor del SV.

Los enunciados del TVL demuestran la realización de todo el PV demarcando etapas básicas por donde el SV, dentro del Sistema Biocósmico (**SB**), obligatoriamente tiene que pasar para completar su ciclo natural, hasta completar su proceso que significa llegar hasta su final.

Tiempo-Espacio (T-E)

T1_____Tn

LT

El TVL concluye con un gráfico que demuestra el historial y la actual situación del SV, momento por momento, transcurriendo en el T-E por donde el PV pasa.

El resultado obtenido por el TVL permite entender mejor al SV, contribuyendo para una mayor comprensión y entendimiento de lo que realmente ese proceso es y significa.

El TVL observa el SV caso por caso y se aplica de manera individualizado (para un único ser viviente) o, como parte que abarca un sistema mayor, la vida del propio PT a nivel de SV de las especies que lo habitan.

El TVL puede ser aplicado también en otros Sistemas de Existencia de Vida dentro del Sistema Solar y hasta fuera de él, como en otros Sistemas Planetarios, pudiendo ser en el SV de los integrantes de los MEX, bajo el MSB.

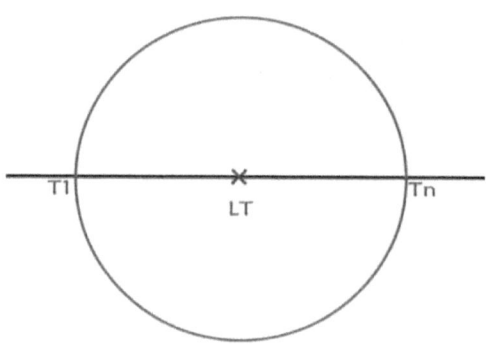

Así siendo, el TVL se aplica generalizadamente para el estudio de todo tipo de SV y bajo esa perspectiva, cuando el estudio se refiere únicamente al ámbito del PT, dentro de un "Macro Sistema Viviente Terrenal" (**MSVT**) integrante de un ambiente del SB, abarca el MSB. Entonces el TVL es direccionado para estudiar el PT y su biodiversidad. En este caso exige primero definir el concepto "vida" prioritariamente, para tener bien claro lo que la Vida es y quien es el responsable por la mantención del sistema de habitabilidad. La definición concluye diciendo que es el PT el responsable por la vida en su interior. Esto porque si el PT no tuviera vida, no soportaría la presencia de otras tipos de vidas en él. Sin el Sistema Vida Terrenal (**SVT**) todo el PT sería absolutamente inerte y carente de biodiversidad. Felizmente ocurre todo lo contrario, el SV es la mayor característica que el PT posee, por lo menos se espera que así continúe durante este milenio.

Por lo que se concluye que el TVL es un auxiliador metodológico que permite homogenizar procesos, conceptos y definiciones, todo, bajo una misma técnica dentro del entendimiento general y esperado de sus postulados que actúan demostrando el concepto del estudio del SV, siempre abarcando el MSB.

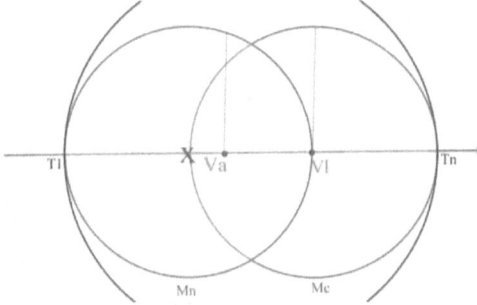

Introductoriamente la idea inicial del "Teorema de la Vida Limitada" (**TVL**) fue presentado el año 2016, como parte de la obra "Rumbo al Final"[382], recordemos algo:

> *"Para explicar con didáctica todo el complejo proceso viviente que esta obra pretende demostrar es que creamos el Teorema de la Vida Limitada (TVL), Teorema Vida'L, como un sistema que pudiera demostrar mejor todo lo que es y representa el "Proceso Vida" (PV), la Biocosmos a través de gráficos geométricos."*

> *El "TVL" es la base para demostrar y explicar gráficamente, en el Tiempo – Espacio (T-E), donde el PV se desarrolla. El primer nivel de desarrollo quedó definido con base en la Vida del PT (VdelPT) y en el segundo nivel sigue la vida de las especies que habitan el PT o, con Vida en el PT (VenPT).*

---

382 **Fuente:** Rumbo al Final, La Agonía del Planeta, USA, 2016. Paginas: 27-32

El T-E es graficado como una "Línea recta", denominado "Línea del Tiempo" (LT), iniciándose en el punto inicial "T1" y terminando en el punto final "Tn", donde "T1" identifica el inicio o el principio marcando el "Punto Cero" (P0). Ya, "Tn" señala o identifica un periodo final, como apuntando para la lontananza del infinito, algo interminable. Entonces, desde "T1" hasta "Tn" será un "T-E" delimitado por esas dos variables.

T1_____Tn

LT

Biocósmicamente entendiendo y defendiendo al tiempo, como siendo "infinito" o interminable, inicialmente aclaramos que, en alguno de los postulados de la propia Ley de la Biocosmos dice que no existe "infinito" ya que toda vida termina y todos los mundos obligatoriamente tienen su final.

Bajo la mensuración didáctica se hace necesario encontrar el centro en la LT, o sea la mitad entre los dos puntos "T1" y "Tn" que inicialmente lo estamos identificando como siendo el marcador "x", "x=Tn/2". De este modo conseguimos definir dos etapas: 1). "T1" a "x" y 2). "x" a "Tn". Entonces, "x" es el Marcador de la mitad del Tiempo virtualmente estimado como el medio simbólico del Tiempo Vida, en estimativas, en este caso utilizado por la primera vez para identificar el inicio del Rumbo al Final del PT[383].

T1_____x_____Tn
                        LT

Así siendo el desarrollo de los Enunciados del TVL agrupa a los principales tópicos en los siguientes postulados que se desarrollará en adelante: I) Macro Sistema Viviente Terrenal; II) Identificación del Intermedio; III) Curva de la Vida del Planeta Tierra; IV) Curva de la Vida en el Planeta Tierra; V) Habitabilidad en el PT; VI) Límites de la Existencia; VII) Fronteras del Mundo Natural; VIII) Divisor de los Dos Mundos; IX) Nivel de la Mayoridad; X) Desarrollo Como un Cuerpo Terrenal; XI) Declinación de la Vida; XII) Vida en el Segundo Mundo ; XIII) Curva del Optimismo y XIV) Transición Entre los Dos Mundos.

I) Macro Sistema Viviente Terrenal

El Macro Sistema Viviente Terrenal (**MSVT**), como el propio nombre dice muestra una visión amplia, abarcando un ambiente donde el PV se desarrolla sobre la "LT" según demuestra el TVL, desde el "inicio T1" pudiendo llegar, como expectativa ambiciosa y máxima, hasta el "final Tn",

383 **Fuente:** Rumbo al Final, USA, 2016. El Teorema de la Vidal Limitada, Páginas 27-33.

mensurado en el "T-E" simbolizando el curso del SV o sea, la propia existencia sobre la "LT" en el PT, resumido en el SVT.

Así siendo el MSVT es el agrupador de los componentes del TVL, buscando diseñar la "CVT" y la "CV" de las Especies vivientes por hoy en el PT (CVE).

Didácticamente el TVL tuvo que medir y secuenciar todas las etapas de la vida dentro del esquema mayor y sucinto que es el MSVT del PT. En este ambiente el PVT se desarrolla obedeciendo la secuencia que el SV propone y, para realizar esa secuencia la técnica, el TVL acudió a la Ciencia, Matemáticas, Geometría, Física, Filosofía, Astrología y a otras fuentes más para crear y definir gráficamente la explicación de ese tema a través de los gráficos.

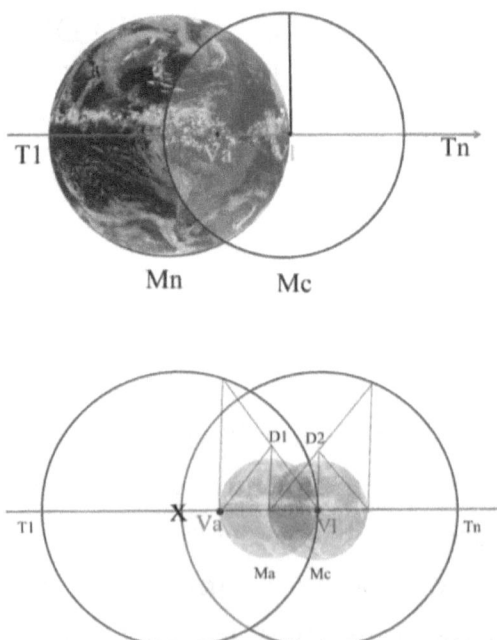

Como fue explicado antes el MSVT identifica y separa dos grandes Procesos Vida: **1)** Proceso de la Vida del propio PT (**VdelPT**) y **2)** Proceso de la Vida en el PT (**VenPT**), vida en su interior. Ambos son procesos tratados dentro del MSVT a través del grafico que define la Curva de la Vida Terrenal (**CVT**)[384] y la Curva de la Vida (**CV**) de las especies (**CVE**) habitando el PT. De este modo el TVL crea la CVT como siendo realmente una curva obtenida del resultado graficado de la propia "VdelPT"; conclusión que nos demuestra que el PT tiene vida propia, SVT y que realmente se encuentra en un proceso de un verdadero "Rumbo al Final"[385].

Seguidamente el estudio del TVL se concentrará para explicar el desarrollo de la "VdelPT" y de la "VenPT".

El MSVT esquematizando todo el PVT, en ambos casos (VenPT y VdelPT), en su más absoluta magnitud tiene como base el gráfico siguiente.

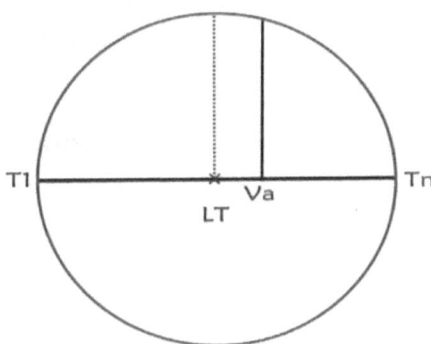

384 Fuente: Rumbo a Final, La Curva de la Vida (CV), Curva de la Vida Terrenal Rumbo al Final, 2016. Páginas 57- 80

385 Fuente: Rumbo a Final, El Teorema de la Vida Limitada, USA, 2016, Paginas 27-33.

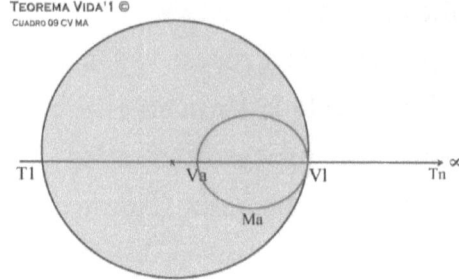

Tal y como afirma la Ley de la Biocosmos todo proceso (y todo proyecto) tiene que poseer su punto de partida, su inicio, nacimiento o un Punto Cero (**P0**). Para eso inicialmente fue definido el marcador "T1", simbolizando el inicio del Tiempo-Uno (**T1**), el punto inicial, el aparecimiento de las condiciones para que el SVT pueda existir en el PT y con ello permitir que seres lo pudieran habitar.

Calculase que antes de llegar al marcador "T1" la vida del PT (VdelPT) tenga sus orígenes aproximadamente en 2,800 millones de años atrás y que, desde el inicio, para llegar al estándar de vida actual, hayan transcurrido 800 millones de años.

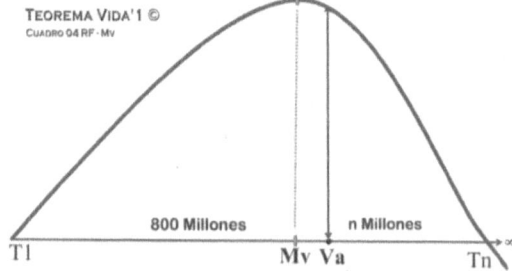

Definido el marcador inicial "T1" se traza una línea recta "T-E" hasta un supuesto señalizador final que lo estamos nominando "Tn". Entonces "Tn", opuesto al anterior "T1", simboliza un "Tiempo n", lejos, aparentemente interminable y en la lontananza de un futuro que un día posiblemente llegará y que ciertamente no completará más 800 millones de años, como muy bien lo venimos afirmando a lo largo de la obra. Es por ahí que se obtienen los recursos para evaluar y concluir que el PT ya pasó de la mitad del tiempo que tiene para su existencia albergando vida y que el PT está trasladándose raudamente en su definitivo "Rumbo al Final"[386]. Situación que se demostrará a través de gráficos de uno o de muchísimos sistemas representando el SV, comprendiendo desde su inicio hasta su final, en el "T-E", o sea, cubriendo toda la extensión que abarcará su existencia, quedando simbolizado dentro de la LT representando un periodo que demuestra su "T-E" de existencia, englobado dentro de la inmensidad Biocósmica.

Dijimos anticipadamente en la Etapa-1 de la Consolidación Energética del TVL que, en algún punto de la LT aparecerá una nueva vida, la de alguien que aún no ha nacido y que nacerá, ocurrencia que quedará representada por el marcador "**Va**", donde la nomenclatura "**V**" es **V**ida y "**a**" **a**parición, dentro del MSVT.

---

386 **Fuente:** Rumbo al Final, USA, 2016. El Teorema de la Vidal Limitada, Páginas 40-50.

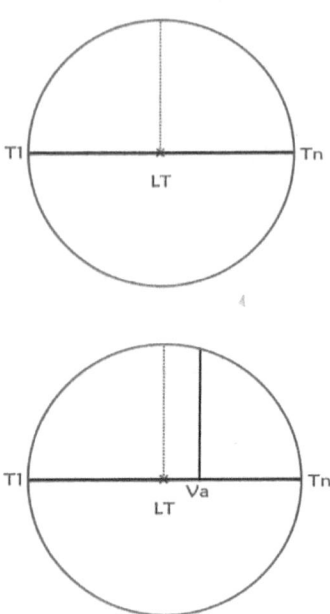

Es de este modo singular que la vida que aparece en el marcador
"**Va**" viene a encajarse en el flujo del MSVT en el Ciclo de
la Vida Natural del PT, "VenPT", representado por la "LT"
entre "T1" y "Tn" para iniciar un largo desarrollo corporal
viviente. Este cuadro viene a representar, estimativamente,
el "T-E" disponible para vivir y donde los Ciclos de la Vida
ocurren libremente, dentro del proceso del desarrollo de la
"CV" resumido en el MSVT que se esquematiza dentro de
la "LT" del TVL.

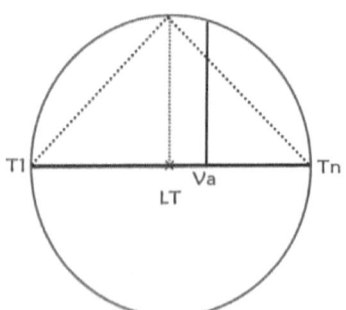

A pesar de que las teorías afirman que el "tiempo es infinito o interminable", dentro de la magnitud de la Ley de la Biocosmos, ese "infinito" no existe ya que en términos Biocósmicos toda vida termina y todos los mundos tienen su final. Todo es finito bajo la Ley de la Biocosmos.

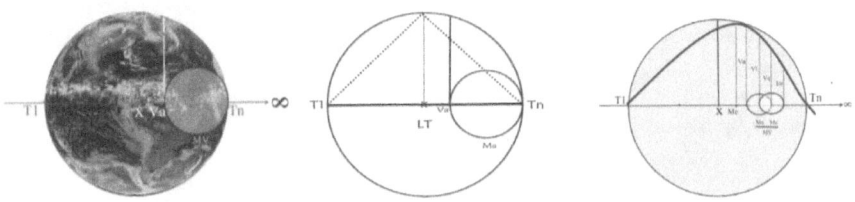

La definición del primer grupo de las variables que integran el MSVT del TVL de la primera etapa, de acuerdo al grafico en mención, son las siguientes:

> CNV   Ciclo Natural de Vida
> CV   Curva de la Vida
> CVT   Curva de la Vida Terrenal
> EV   Expectativa de vida
> LT   Línea del Tiempo. Resultando LT=T1 a Tn
> Ma   Mundo actual (MV individualizado)
> MSVT   Macro Sistema Viviente Terrenal
> MV   Mundo Virtual
> PV   Proceso Vida
> PVT   Proceso Vida Terrenal
> SV   Sistema Vida
> SVT   Sistema Vida Terrenal
> T1   a Tn Delimitador de Tiempo – Espacio (T-E)
> T1   El punto cero, pasado, inicio de la habitabilidad
> T-E   Tiempo - Espacio

- ➢ Tn   Infinito, marcador de un tiempo distante y venidero
- ➢ TVL   Teorema de la Vida Limitada
- ➢ TVT   Tiempo Viviente Terrenal
- ➢ Va Vl   Tiempo - Espacio límite (T-E limitado para vivir)
- ➢ Va   Inicio de una vida en el PT, marcando el tiempo actual, ahora, hoy día.
- ➢ Va   Nomenclatura "Va" = "V" Vida y "a" aparición
- ➢ Va   Vida aparición, el nacimiento, aparición de un ser vivo.
- ➢ Vl   Final, límite, morir, desaparición.

El TVT representa e incorpora los siguientes conceptos en su interior:

- ➢ Línea que arrastra a la propia historia del PT; un Historial Terrenal (HT);
- ➢ Espejo donde la cronológico de la "VdelPT" se refleja;
- ➢ Línea que inicia el trazado de la época en la que nació la habitabilidad del PT, "T1";
- ➢ Línea que define el posible final viviente y existencial en el Punto "Tn";
- ➢ Línea donde cinco grandes situaciones básicas se suscitan y son: 1) Inicio, 2) Espacio, 3) Tiempo, 4) Duración y 5) Fin.

Con estas variables es que se desarrollarán los gráficos del TVL de aquí en adelante y en la medida que las circunstancias así lo requieran irán apareciendo más y nuevas variables.

Este esquema nos hace entender anticipadamente una situación que permite proyectar con optimismo el aparecimiento de un Mundo Virtual (**MV**), un tiempo de vida identificando donde se encuentra o, de dónde aparece el marcador de la iniciación de la vida de un ente viviente con el marcador "<u>Va</u>" dentro del MSVT. Ambiente que proyecta un panorama para visualizar un horizonte donde un evento importante obligatoriamente ocurrirá, que viene a ser el marcador Final, optimisticamente proyectado como <u>V</u>ida <u>l</u>ímite (**<u>Vl</u>**) en un T-E que ambicionando continua hasta un futuro o infinito simbolizado con "Tn" (Tiempo n). Así, el Mundo actual (**Ma**) es creado, dentro del Mundo natural (**Mn**), como un verdadero "MV" individualizado y pasa a ser el T-E entre "Va" a "Vl", un mundo para vivir que toda especie tiene como siendo de su pertenencia. El "Ma" es un "MV" adjudicado para cada ser nacido, iniciándose en "Va" y extendiéndose hasta "Vl", asunto detallado más adelante.

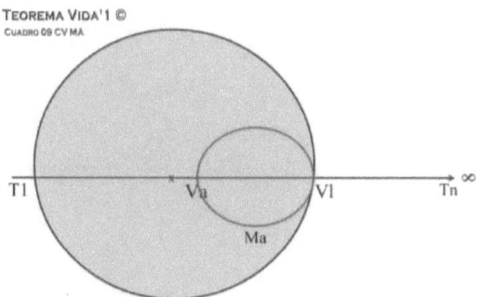

El diámetro de la circunferencia menor entre "Va" a "Vl", pertenece al Mundo actual (**Ma**) dentro de la circunferencia mayor, el "Mn" de la VdelPT cuyo centro está identificado por el Punto "x" proyectando la segunda parte desde "Vl"

hasta "Tn". Aquí se contempló la expectativa de vida estimada para este caso (dentro de la biometría), para un T-E aún por vivir en el "Ma" dentro del "Mn".

Para este caso el marcador "X" es el centro del "Mn" (T1-Vl). Seguidamente aparecido el marcador "Va", el identificador del nacimiento o aparición de una vida terrenal. Luego, tomando como base el "T1" a "X" se define el marcador como siendo el Radio de la circunferencia. Es cuando aparece el punto de la existencia proyectada, simbolizada por Vida Límite (**Vl**), dato biométrico final, muerte y desaparición, que geométricamente sería el final del T-E, el Radio "X" a "Vl". Seguidamente una vida aparece (**Va**), para crear un Mundo viviente Virtual desde "Va" a "Vl". Este MV engloba un ambiente individualizado, el Mundo actual (**Ma**) representado por TVL dentro del ambiente de la CCVT para la realización de "La Curva de la Vida" (**CV**) del nacido en "Va".

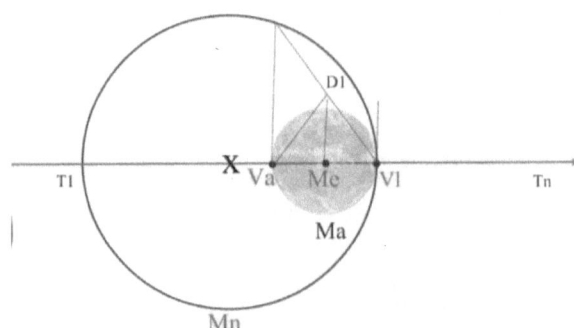

El marcador "Va" identifica el inicio, la aparición de una VenPT, resumido en su nacimiento. Ya el marcador "Vl" proyecta el tiempo límite final (estimado) para el ser que apareció en "Va", como siendo su tiempo estimado con datos de la EV biométrica, que para este caso fue definido en 70 años. Identifica también el T-E aprovechando las bondades que el PT entrega gratuitamente para vivir pero que finalmente llega a su fin, o sea, es la conclusión del Rumbo al Final, el instante de su fin. Entonces, de "Va" a "Vl" es un T-E para que el SVT se pueda desarrollar dentro del "Ma".

Nacido el ser viviente y colocado dentro de la "LT" marcado su inicio con "Va", su desarrollo corpóreo energético continúa su curso. Se inicia un nuevo y largo período de crecimiento, siempre, con la cadencia de su existencia por sus rítmicas e internas palpitaciones de un Auto Control Biológico natural funcionando a perfección en el PT.

Trayendo el TVL a un caso real y conocido por todos diríamos que como un inofensivo bebé, ayudado por los naturales instintos maternales (de la protectora madre), el ser nacido vivo (en "Va") continúa su crecimiento, sustentándose energéticamente al recibir alimentos, protección, calor y amparo, muy necesarios para mantenerse vivo. Luego logra realizar algunos movimientos superando en parte a la tremenda gravedad que tiene que soportar, característica del PT. Inicia sus primeros movimientos y finalmente vence a la insoportable gravedad terrestre y consigue realizar sus primeros y esporádicos movimientos. Más tarde corre, en señal de haber alcanzado un cierto control o dominio de la gravedad terrestre, ya que adquirió un mínimo de masa muscular para ese fin. Con dificultad da sus pasos iniciales sobre la tierra y camina sobre ella libremente. Justamente es en esta etapa del PV que se da la situación cuando el ser vivo puede alimentarse sólo; pero aún se acuerda de haber sido alimentado por el cordón umbilical y posteriormente también por la leche de su madre con las suculentas mamadas. Desde un niño precoz y juguetón pasa a ser un joven que consigue superar esa difícil etapa viviente del desarrollo rumbo a la juventud, adultez para la vejez, ancianidad y llegando a su final, muerte.

Volviendo al TVL, la vida de los seres, "VenPT", proyecta desde "Va" a "Vl" la demarcación del "Tiempo por Vivir" (del nacimiento hasta el límite por vivir, la muerte). Un Tiempo reservado para vivir dentro de la EV previa y estimativamente calculada llevado más por el lado individual o personal, orientado para un específico ser viviente, que es la vida dentro "Ma" englobado en el "Mn". Lo que hace concluir que todo ser viviente tiene su específico "Ma" y su única "Curva de la Vida de un Ser" (**CVS**). Así, una CVS nunca será igual a la de otro, inclusive si fuera irracional (o con lento proceso de raciocinar) o vegetal e incluyéndose entes de toda la Biocosmos.

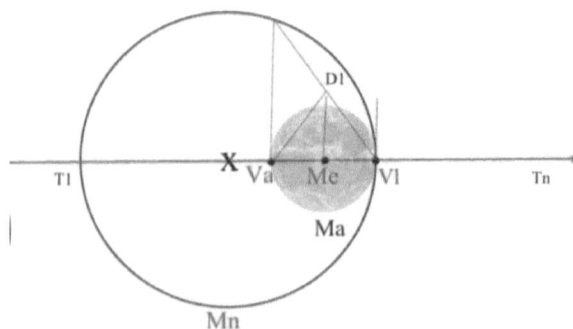

La EV mayormente se proyecta para los seres que nacieron hoy o que están por nacer en horas y se realiza basado en variables o números estadísticos que cada nación posee. Por ejemplo: La EV al nacer, en el año 2010 en Estados Unidos, fue de 77 años; en China de 73.18 años, de los cuales 71.37 años para los hombres y 75.18 para las mujeres y en el Brasil fue de 70 años. Estos valores o números vienen incrementándose con el pasar de los años. Finalizando el 2022, los números habían aumentado globalmente. También estos números pueden ir decreciendo, dependiendo si mejoran o empeoran los servicios asistenciales y los factores aplicados para recibir una mejor calidad de vida, entre otros muchos factores vitales.

De este modo queda demostrado que la vida que se inició en el Punto "Va", quedará delimitada por las coordenadas: "Va, Dl y Vl" (un triángulo equilátero) resumido dentro del MSVT, esquematizado en el "TVL, formando el "Ma" dentro del "Mn".

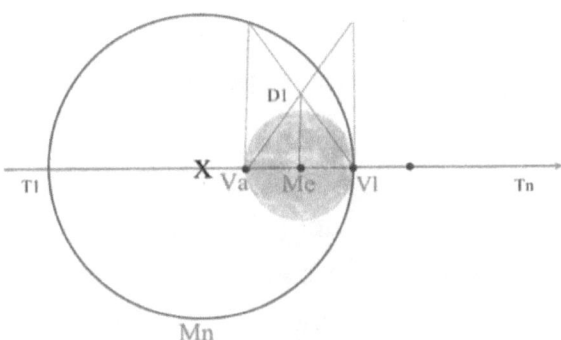

Entonces, en este punto del desarrollo del MSVT nos encontramos con tres elementos: "Mn", "Ma" y "Va, Me y Vl", sobre la LT. Estos identificadores serán la estructura básica desde donde se construirá todo lo restante, abarcando el "Mn" dentro del MSVT, como parte de los MV.

El TVL como una herramienta básica también demostrará objetivamente donde y cuando el PV se desarrolla en el T-E (T1-Tn). Y para tratar el tema de la CVT en el Teorema Vida´L serán contemplados dos grandes conceptos de raciocinio de este trabajo que también son componentes en la Biocosmos: 1) Vida del PT (**VdelPT**) y 2) Vida en el PT (**VenPT**)[387], vida en su interior.

1) **Vida del PT (VdelPT).** La Vida del Planeta Tierra quedó documentado cuando publicamos la obra Rumbo al Final, en 2016, que nos permite observar que el PT ya vivió su adultez y que en estos tiempos se encuentra en bajada, rumbo al final del sistema vida, de la existencia del Sistema Vida (SV) dentro del ambiente Biocosmos.

Para facilitar la explicación de este grande concepto, hipotéticamente estamos definiendo a la "VdelPT" como una circunstancia que se inicia en "**T1**" (donde **T**=Tiempo Inicial "1") y didácticamente terminará en el marcador "**Tn, Tiempo n**" (simbolizando el tiempo "n", final) delimitando así una línea que la estamos nominando como la **LT** mensurada bajo los dogmas de la Biocosmos; "T-E", donde se desarrollará la explicación del "Teorema Vida´L" TVL.

---

387 Asunto introductoriamente tratado en Rumbo al Final, 2016

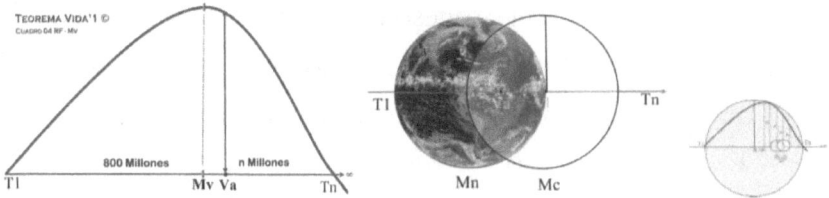

Así siendo: El proceso de la "VdelPT" hipotéticamente se inició en el marcador "T1" y se desarrolla en toda la extensión de la "LT" continuando así, en su Rumbo al Final (**RF**), que ocurrirá en cualquier punto de la "LT", teniendo como límite el "Tn". Consecuentemente el Desarrollo del TVL, relacionado con la "VdelPT" se proyecta sobre la LT, donde su existencia dependerá mucho de la magnitud de la Expectativa de Vida (**EV**) de "VdelPT" (**E-VdelPT**) para definir su duración que se proyecta hacia un infinito "**n**" que el TVL lo identifica como siendo el límite "Tn".

2) **Vida en el PT (VenPT).** La Vida en el Planeta Tierra (VenPT) es la vida de la EH y de las demás especies existentes (animales y vegetales), desarrollándose en el PT. Introductoriamente explicado cuando publicamos la obra Rumbo al Final, en 2016[388], donde, contrariamente a la "VdelPT" se observa que la EH está consiguiendo VMTM, hasta proyectando la Vida en Dos Mundos e ilusionándose con la posibilidad de un día hacer realidad las Migraciones Interplanetarias (**MI**).

---

388 **Libro** Rumbo al Final La Agonía del Planeta, en 2016, USA, Pag. 27-32. Teorema Vida´l. Grupo de variables del Teorema Vida´l.

Bajo esa óptica, el proceso del desarrollo de la "VenPT", Vida actual (Va), está relacionado con todo tipo de vida que se desarrolla dentro del él (PT), donde, para el TVL ese proceso se inició con el advenimiento de la vida, representada por la variable "**Va**" que se encuentra localizada entre un período restricto, T-E entre "T1" y "Tn" de la LT, donde "Tn" es el límite del tiempo para existir (vivir)[389]. Para las Especies existentes en el PT la vida se inicia en "Va" en el instante de su nacimiento, donde cada nacido obtendrá su punto "Va" para poder proyectar su verdadera y única CV, dando inicio a su propio "Ma".

El primer grupo de variables del Teorema Vida′L, TVL ya fue identificado antes, para este caso apareció otro y las variables son las siguientes: "x, Mv, RF, Va, TPC, AA y Ma"[390]. De esta manera se da el fin de esta etapa y el inicio de la otra, realizándose dentro del MSVT.

$$\text{T1} \underline{\hspace{4cm}} \text{x} \quad \text{Va} \underline{\hspace{2cm}} \text{Tn}$$
$$\textbf{LT}$$

---

389 Variables del Teorema Vida′l. El primer grupo de variables del Teorema Vida′l son:

X = Tn / 2 Mv = x

RF = Año Actual (AA) + TPC (Tiempo Previos Calendario)

Va = x + RF o (Va=n Tn) TPC = x – AA

AA = 2022 (Constante para el Año Actual - AA)

390 **Variables del Teorema Vida′l.** El primer grupo de variables que el Teorema Vida′l utiliza, son las siguientes: **x** = Tn / 2**Mv** = x

RF = Año Actual (AA) + **TPC** (Tiempo Previos Calendario)

Va = x + RF o (Va=nTn) **TPC** = x – AA

AA = 2022 (AA es la Constante para el Año Actual).

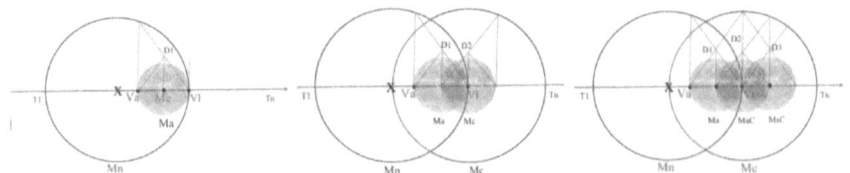

II) Identificación del Intermedio

En primer plano el segundo enunciado del TVL se basa en la "Identificación del Punto Central", nominado como "X" que simbólicamente viene a ser el medio del "T-E" dentro del contexto del MSVT, expresado seguidamente.

T1	X	Tn
	LT	

Bajo la mensuración en el primer plano, didácticamente hemos encontrado al Identificador del Intermedio simbólico, la mitad, identificado como "X". Ahora obtenemos dos etapas: "T1" a "X" y "X" a "Tn". Entonces, "X" define la Identificación del Intermedio, el punto de la mitad del total del "T-E" virtualmente estimado como tiempo vivido y por vivir por el propio PT y más adelante por las especies que lo habitan.

La Identificación del Intermedio permite la Identificación que servirá como punto base del Radio para diseñar una circunferencia que simbolizará, dentro del "MV", el Mundo Natural (**Mundo_n**) (**Mn**), ya anticipadamente vislumbrando un Mc.

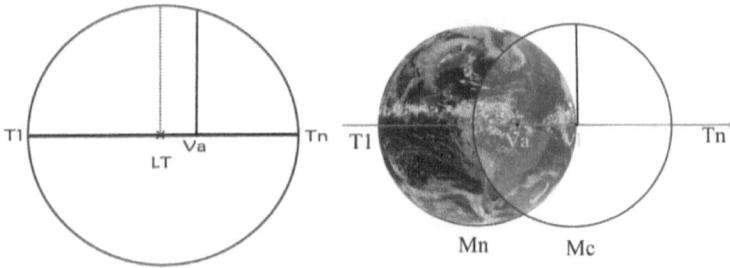

Así siendo la variable "X" identifica un punto medio entre "**T1** y **Tn**" sobre la LT; marca que para el TVL viene a ser el "*Big Start*", una constante, un punto medio entre el inicio o partida "T1" y el obligatoriamente identificado punto máximo, final "Tn". De este modo en adelante se podrán identificar otras importantes variables como la variable mayor, que viene a ser "**Va**", "**V**ida **a**parición" del Ciclo Natural de Vida (**CNV**) en el PT y muchas otras más.

La variable "Va" significa el inicio, el momento y la situación actual, un inicio y hasta un punto de partida, con la aparición de una nueva vida en un determinado punto de la LT, donde se desarrollará la CV de un ser en un mundo mayor viviente comprendiendo el MSVT, con la aparición de la variable "Va", seguidamente de "X".

T1	X	Va	Tn
	LT		

Se observa que después del marcador "X" aparece la variable "Va" del **CNV** representando **V**ida **a**parición (**Va**) que es el punto inicial de lo que resta de la vida del Planeta Tierra

(**VdelPT**). Igualmente "Va" da el inicio al Medidor del Tiempo Actual (**MTA**), identificando el T-E, el día de hoy, esta hora, este preciso momento y en el caso de la vida de las especies, el inicio de una Nueva Vida en el PT (NVenPT), resumida en vida actual que está siendo vivida por algún representante en el pequeño Mundo Actual (**Ma**).

La **VdelPT** simboliza el inicio de un Período de Habitabilidad desarrollándose con la vida del propio el PT. Así siendo, desde "T1" en adelante es que la VdelPT existe, vive, vivirá y se mantendrá así rumbo al Punto "Tn", ya definido como meta para su Rumbo al Final.

De esta manera se estima que la existencia de la habitabilidad del PT, desde el inicio "T1", en el T-E de la aparición del ambiente de la Gran Habitabilidad o de la creación del SV, en la CVT, haya transcurrido hasta "**Va**", mensurado en millones de CLO que se encuentre delimitado desde "T1" hasta "Va", simbolizando el día actual.

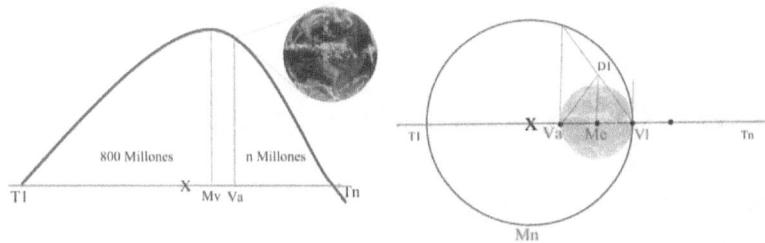

En el caso de la VdelPT el identificador "Vl" es utilizado para expresar el límite estimado para que el SV, de la VenPT perdure en sus condiciones de habitabilidad ya que el propio PT irá hasta "Tn". En el caso de la VenPT "Vl" será el límite estimado para que las especies puedan vivir o existir en su "Ma" y dentro del "Mn", hasta ahí.

Antes de ingresar en la definición de la "Curva de la Vida del Planeta Tierra" (**CVdelPT**) necesario es ratificar que el TVL se desarrolla de la siguiente manera: El "T-E" es representado y graficado sobre la LT donde el marcador "T1" identifica el inicio, el principio o el punto cero y "Tn" identifica el periodo o punto final, cuando "Tn" apunta hacia el infinito, como algo interminable. Entonces, entre estos dos marcadores se demarca un "T-E" denominado Línea del Tiempo (**LT**) cuyo centro simbólico es identificado con "X".

Realizada la Identificación del Intermedio en la LT, definiremos dos conceptos importantes: **III).** La Curva de la Vida del Planeta Tierra (**CVdelPT**) y, **IV).** La Curva de la Vida de las Especies en el Planeta Tierra (**CVenPT**), como seguidamente el enunciado del TVL los desarrollará dentro del contexto del MSVT, estampada sobre la LT, en el tópico siguiente.

III) Curva de la Vida del Planeta Tierra

Ahora el enunciado del TVL identifica a la "Curva de la Vida del Planeta Tierra" (**CVdelPT**) dentro del contexto del MSVT, siempre estampada sobre la LT.

Aquí se observa que en la LT que abarca el "T-E" entre"**T1**" a "**Tn**" aparece el marcador "**Va**", **Va** = **V**ida **a**parición que para el caso "VdelPT" viene a ser, como un cronómetro, un medidor progresivo de este instante, del día de hoy, el ahora y también el inicio de la continuación de la vida ("T1" hasta "Va", 800 millones de CLO). También el marcador "Va" viene a ser el inicio del estado actual y el inicio de la continuación de lo que resta de vida al propio PT desde "Va" a "Tn" (n millones de años CLO).

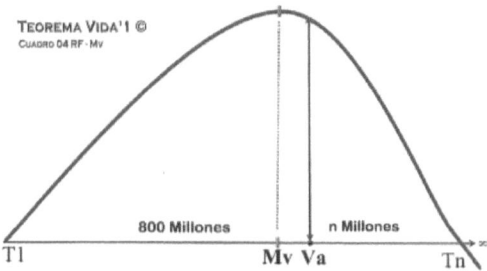

Para obtener un demostrativo gráfico primero se inicia el diseño de la CV sobre la LT donde el punto inicial, para la VdelPT, es identificado con "T1", punto donde se da inicio al trazado de la línea que asciende (subiendo) hasta llegar al punto de la "Meridiana vertical" (Mv), Línea perpendicular "Mv" para continuar generando una curva ya que más adelante inicia su descenso para cruzar la LT en "Tn", dejando graficada la Curva de la Vida Terrenal (CVT) del PT, VdelPT.

La variable "Mv" o simplemente "Me" es la línea Meridiana virtual sobre la "LT" de la VdelPT que geométricamente viene a ser la mitad de la CV (entre "T1" y Tn"), de donde parte la línea "Mv" en sentido vertical. Luego, más adelante aparece la variable "Va", línea vertical fluctuante, que progresivamente representa el punto del estado o localización de la VdelPT, este instante, el día de hoy (o, el tiempo actual, el año 2023) y la VenPT con el nacimiento de un ser en el PT dentro de la CVT.

De acuerdo al grafico se observa que desde el marcador "T1" al "Va" existe un "T-E" que significa el tiempo vivido, la existencia y, desde la variable "Va" al Punto "Tn" encontramos otro "T-E" muy importante, que viene a ser el tiempo estimado, o el tiempo proyectado para que el SV continúe existiendo. La línea vertical (**Va**) señala el MTA dentro de la CVT. Así se da inicio a la CV en el PT, o sea, la vida de las especies en el PT por el TVL.

Es así como el enunciado identifica a la "Curva de la Vida del Planeta Tierra" (**CVdelPT**) dentro del contexto del MSVT, siempre estampada sobre la LT.

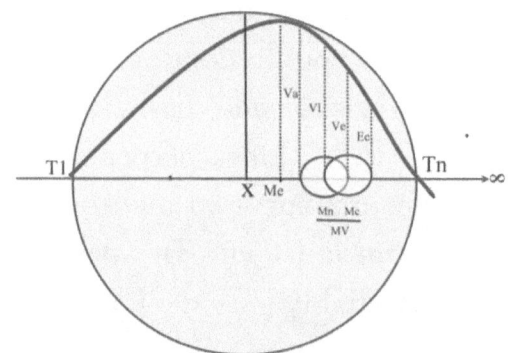

IV) Curva de la Vida en el Planeta Tierra

La Curva de la Vida en el Planeta Tierra (**CVenPT**), Curva de la Vida Animal (**CVA**) y Curva de la Vida de las Especies (**CVE**) se resume en la mensuración del "T-E" designado a una vida realizándose en el PT, en un verdadero ambiente de VenPT.

Bajo el proceso de la realización de la CVenPT el "TVL" se suscita en el "T-E" que abarca el Mundo_n y vuelve al inicio de los enunciados donde muestra a la "LT" de "T1" a "Tn" para identificar los marcadores "Mv" y "Va" en la CV, dándose así el inicio al desarrollo de la CVenPT que más adelante vendrá ser también la CV de un REH en el PT. Este mismo proceso permite también graficar la CV de cualquier otra especie existiendo en el PT o fuera de él.

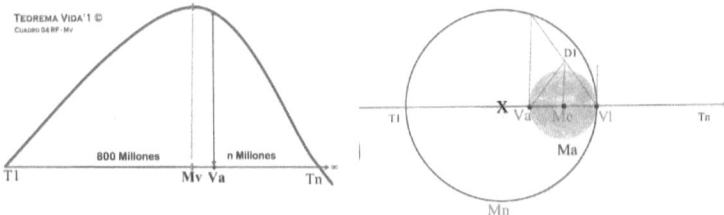

Con este resultado fácilmente se puede observar el pasado, identificado desde el Punto "T1 al Va", un "T-E" no vivido por el ente en definición, pero el tiempo existió y es donde otros seres vivieron con anterioridad.

A través de la curva (generada por la line que se inicia en "Va" creciendo hasta "D1" y luego decreciendo hasta "Vl") se puede observar un tiempo venidero, un tiempo para continuar viviendo, identificado por el "T-E" entre los marcadores "Va" al "Vl" que permitiría extralimitarse hasta "Tn", lo que es razonable imaginarse que en un simple analizar sería imposible. Entonces, ¿Cómo vivir hasta el límite de la vida estimada previamente?

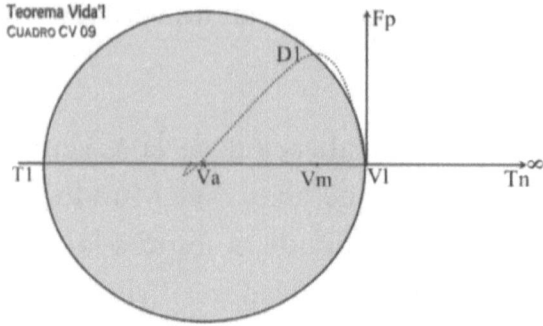

La CV resultante demuestra que la vida de todo ser terrenal es limitada, tal y como lo enuncia y confirma la propia Ley de la Biocosmos. Ese límite está señalado por el marcador **Vida límite (Vl)** o sea, existe un "T-E" o la opción de vivir hasta ese límite, "Vl". No obstante, la propia Ley de la Biocosmos enuncia que es posible ampliar el periodo de vida, con la remota posibilidad de poder vivir en dos Mundos. Al mismo tiempo alienta anticipando que hasta podrían ser tres los mundos por vivir dentro del campo infinito de la lógica de la vida ingresando en los vastos "MV". Esta posibilidad se basa en que existe un infinito por analizar, descubrir y usar, que comprende un "T-E" desde el marcador "Vl" hasta "Tn", que muy bien puede ser aprovechado para dar continuidad al propio SV de manera general, aprovechando que ese límite pertenece a la VdelPT.

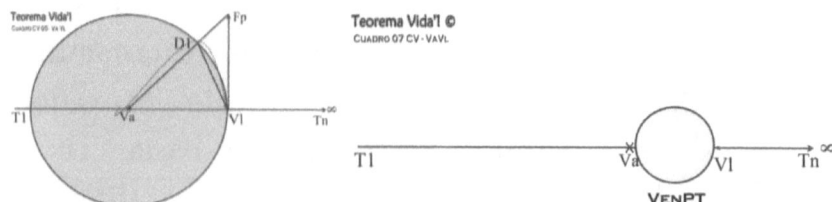

A partir del marcador "Dl" se traza una vertical paralela a la Línea "Vl" y "Fp" que va hasta el Radio comprendido entre "Va y Vl"; lo que ha generado otra marca, el marcador "Vm", donde "V̲m̲" **V**=V̲ida y **m**=m̲ayoridad[391]. Lo importante al definir la CV es que en ella muy bien se puede identificar el marcador "Vm".

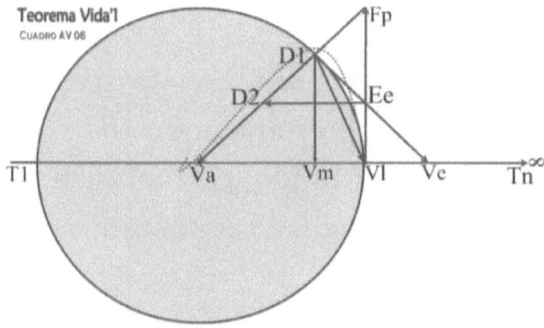

El proceso del crecimiento iniciado en "Va" ha terminado en el Punto "Dl" desde donde se inicia el Rumbo al Final del Ser viviente en estudio, que hipotéticamente terminará su ciclo viviente en el marcador "Vl".

Dada a la "EV" generada para este caso, es de suponer que la "CV" deberá concluir su trayectoria en el Punto "Vl". La suerte es que no siempre este pronunciamiento es verdadero. Existe un gran número de opciones que hacen realidad esa afirmación.

---

391 "Vm" estimativa del fin del desarrollo, alcance de la adultez y el punto del inicio de la vejez, como el tiempo medio de vida, optimizado para demostrar los máximos de los tiempos estimados para vivir. Leyes en la Biocosmos. Rumbo al final, 2016, Alcides Vidal, Paginas 384 – 392.

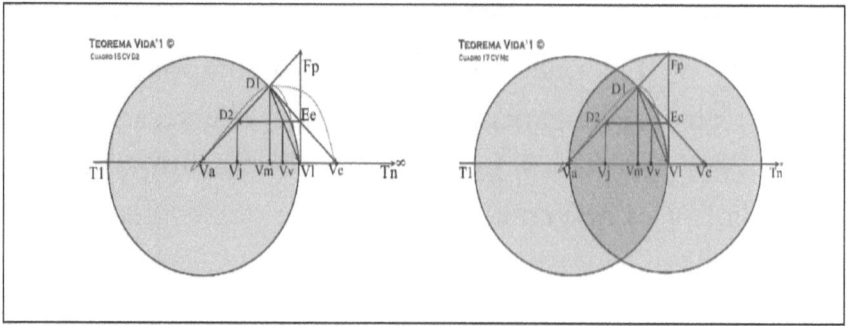

En el supuesto caso en que se sobreviva al límite estipulado por el marcador "Vl" se estará ingresando a un segundo Mundo (Mundo_2), el Mundo_c, como siendo el producto de VMTM es posible, estudiado en capítulo aparte ya que esa posibilidad existe.

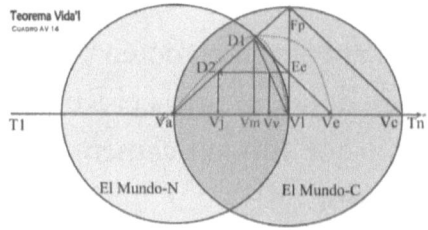

V) Habitabilidad Terrena

Bajo la visión del TVT la Habitabilidad Terrena o, Habitabilidad planetaria[392], resulta ser el mayor condicional representando al instante cuando el PT permite la aparición

---

392 Habitabilidad planetaria, es la posibilidad que algún otro planeta tenga condiciones necesarias para albergar el SV en su interior. Esto depende mucho de la distancia en la que se encuentre el planeta con relación a su eje central (su Sol) o su propio sistema planetario. Leyes en la Biocosmos. Rumbo al final, 2016, Alcides Vidal, Paginas 384 – 392 Variables Fuente: Consulte, Internet: pt.wikipedi.org/Habitabilidad_planetária.

y la subsistencia de la EH, de las demás especies vivientes y de la propia flora en general, en su interior.

El requisito habitabilidad es la mayor y mejor característica que el PT posee. Importante esclarecer también que la VenPT no surgió en un cerrar de ojos. Las condiciones para que el PT adquiera vida sustentable fueron apareciendo poco a poco y no fue sólo decir "hágase la vida y ella se hizo". El PT tuvo que pasar por largos períodos de profundas transformaciones, entre ellas geológicas, climáticas, ambientales y hasta moleculares, para dar inicio a un nuevo proceso que se concretaría en las primeras manifestaciones para que el PT camine rumbo a la situación de poseer características especiales para convertirse en un Planeta altamente viviente y de destaque dentro de su Sistema Solar. Este largo y lento proceso de adquirir condiciones de habitabilidad que el PT experimentó, antes de lograr el equilibro ideal para que la biodiversidad florezca, lo estamos referenciando con un inicio simbólico representado en el grafico del TVL por el marcador "T1", Tiempo o Punto "Inicial" o al verdadero inicio de las condiciones para obtener la habitabilidad terrena.

La finalidad de tener una variable identificando el "inicio" (T1) es porque bajo la Ley de la Biocosmos *"Todo inicio tiene su final y Todo final tuvo su inicio"*[393]. Esa razón, obligatoriamente conduce también para la creación de la variable complementar, para indicar el "final" (Tn) y, entre ellas dos (Inicio y Fin) se obtiene un intermedio, que es calculado en unos 800 millones de años de evolución hasta llegar al día de hoy, simbolizado

---

393 Leyes en la Biocosmos. Rumbo al final, 2016, Alcides Vidal, Paginas 384 – 392.

por el marcador de la "Vida y aparición" (**Va**); un limitador marcando el T-E que será utilizado para la realización de la sobrevivencia, transcurriendo sobre la "LT" hasta llegar el instante final, que en este caso está simbolizado por el marcador "**Tiempo n**" (**Tn**), aún desconocido y muy distante, que de una u otra manera delimita un período donde la Biodiversidad debe desarrollarse, como muy explica el TVT.

Así apareció el marcador "Va" identificando el inicio de una nueva vida sobre la LT del "TVT" del MSVT entre "T1" y "Tn".

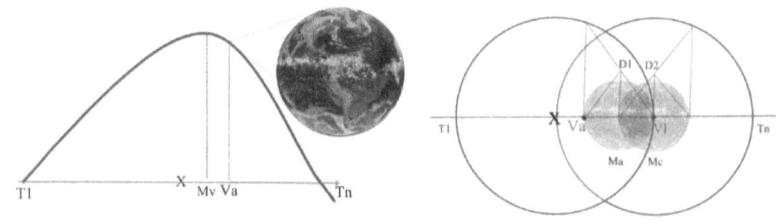

Bajo la Ley de la Biocosmos *"El PT tiene vida propia, temporalmente"*. Bajo la misma Ley *"El PT permite vida en su interior, también temporariamente"*[394].

El resultado que el TVT incluye y destaca es el marcador "Va" representando el instante en el que nació un ser dentro del "Esquema de la Vida de un Ser (**EVS**)" en el PT. Del mismo modo "Va" identificará la época de la aparición o del nacimiento de las especies que, una de ellas es denominada de "La Especie Humana" (**EH**), la nuestra. Razón por la que esta obra define a la EH como siendo oriunda del PT, o sea, la EH apareció y continuó con su evolución en el PT hasta

---

394 Rumbo al final, 2016, Alcides Vidal, Paginas 384 – 392; Leyes en la Biocosmos.

obtener el grado evolutivo que hoy muestra o, al modelo de Ser Humano actual, privilegiadamente ostentando el "GD" e integrando la G2M.

Importante considerar que el grado de evolución de la EH actual demuestra que no ha llegado a su versión final o que no ha llegado a su final, del mismo modo que el estado actual de evolución también no es su formato completo, acabado o concluido, ya que continúa el imparable curso evolucionando en el sentido del progreso o como también para degenerarse, esto es, progresando en algunas situaciones y degenerándose en muchas otras.

En la explicación del "Rumbo al Final" (**RF**) del PT, ya con apoyo del teorema, TVT[395], se pudo llegar a una rápida conclusión que el PT está viviendo, aparentemente desde el marcador "T1", siguiendo la CVT rumbo al marcador "Tn", y que en este preciso instante se encuentra exactamente en el marcador "Va", esto es, ha vivido más de la mitad de su tiempo estimado para su existencia como un mundo totalmente habitable. Es entonces cuando en este preciso momento el PT se encuentra viviendo más allá del marcador "Mv", que es representado por "X" cuando se trata apenas de la "LT" de "T1" a "T2", simbolizando la mitad, estimativa representada didácticamente. Si observado bajo la Curva Mayor o, de la CVT, muy bien se puede notar que el PT ya ha vivido más tiempo de lo que le sobra por vivir. El Tiempo restante por vivir del PT está comprendido entre los marcadores "Va"

---

395 Rumbo al final, 2016, Alcides Vidal, Paginas 27 - 32; TVL – Teorema de la Vida Limitada (Teorema Vida`L).

y "Tn". Entonces, la Habitabilidad Terrena es el ciclo que transcurrirá en el "T-E" desde "T1" hasta "Tn" siendo que el marcador "Va" identifica el punto actual y, la actual vida de las especies comienza desde "Va" hacia adelante, con la misión de poder llegar hasta el marcador final "Tn", como el producto de que un microscópico embrión apareció y nació exactamente en el marcador "Va", señalizando el inicio, el nacimiento o su aparición.

La Habitabilidad Terrena o, la Aparición de la señal de habitabilidad en el PT, Vida en el PT (**VenPT**), comprende también la propia vida del PT, la aparición del medio ambiente, de la grandiosa habitabilidad. Con **V**ida **a**parición (**Va**) el PT permite la realización de la vida de todas las especies existentes en el PT, resumida en la vida animal y vida vegetal, en armonía con todo su entorno del Reino Mineral, propiciando la perfecta Habitabilidad Terrena del PT.

Así siendo el marcador "Va" identifica la aparición y el inicio del desarrollo de una vida, ya que el nacido, obligatoriamente tiene que crecer, reproducirse (multiplicándose), continuar viviendo, hasta que finalmente llegue a su final (muerte, desapareciendo para siempre), en algún tiempo de la LT, siempre entre los marcadores "Va" y "Tn", cuando aparece y queda bien definida la variable "**Va**", línea vertical fluctuante, que progresivamente representa este instante, ahora, el día de hoy (el tiempo actual, el reloj marcando un tiempo congelado de la "VdelPT"), identifica el preciso momento dentro de la línea del "TVT".

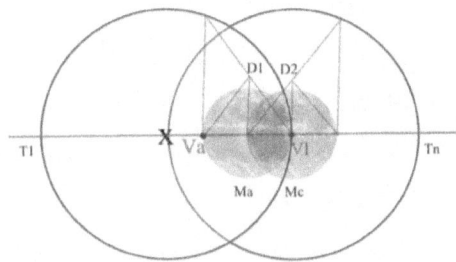

Desde este punto se observa una nueva línea vertical punteada, identificadora de la "Mitad-virtual" (**Mv**) La Mitad "Mv" que también está identificando el ciclo viviente del PT. La línea "Mv" es la marcadora y divisora del T-E en la mitad virtual de la LT para formar la CV, identificando gráficamente el tiempo recorrido después hasta llegar al punto "Va", aparición de la vida de las especies. Con ello es más fácil proyectar lo que resta de vida al PT, dentro de la expectativa marcada en la línea del "TVT", desde "Va" hasta "Tn"[396].

La línea "Mv" forma una paralela vertical con "**Va**" que significa el "Punto" del comienzo del período de declinación "Rumbo al Final". Así "Va" demarca dos grandes etapas: una de aproximadamente 800 Millones de años vividos desde el Punto "T1" hasta el Punto "Va" y el inicio de un tiempo de decenas de millones (n) de años hasta "Tn" proyectando el tiempo que restaría de vida al PT en su inevitable "Rumbo al Final".

---

396 La explicación de la variable "Mv", en un ambiente virtual, geométricamente viene a ser la Mitad (entre "T1" y "Tn") o, como el resultado de (Mv=Tn/2) equivalente a la variable "x", para este caso. Rumbo al final, 2016, Alcides Vidal, Paginas 27 - 32; Teorema de la Vida Limitada (TVL) (Teorema Vida`L).

Para el enunciado del "TVT" los llamados seres vivos aparecen para vivir, o sea, nacen en algún punto de la LT, identificado por el marcador "Va", como el Medidor del Tiempo Actual (**MTA**). "Va" marca el inicio de una Nueva Vida, la aparición de una **VenPT**, donde el nuevo ser viviente iniciará su desarrollo cuando y cuanto quisiera y pudiera, sin restricciones y sin limitaciones. Pero esa genial característica no exonera de realizarse el principio básico de la Ley de la Biocosmos: *"Nació para vivir, obligatoriamente y sin excepción, siempre para morir en cualquier instante de un día por llegar"*. Consecuentemente vida es sinónimo oculto de mortal, porque el don morir siempre es un condicional obligatorio en la Biocosmos.

Es exactamente de esta manera que se puede observar que el Ciclo Natural de la Vida (**CNV**), forzosamente tendrá que realizar su desarrollo formando una línea progresiva ascendente, donde el punto inicial para la "VenPT" es identificado con "T1", moviéndose hasta llegar a la cúspide, línea Meridiana vertical (**Mv**), generando la mitad de la curva de la vida para luego continuar de forma descendente, completando una verdadera curva, donde la base del sustento gráfico se diseña sobre la LT, entre "T1" y "Tn" deja graficada la Curva de la Vida Terrenal (**CVT**), específicamente la vida del propio PT, "VdelPT". Cuando el proceso es completado también pasa a llamarse "La Curva de la Vida (**CV**)[397]", ya refiriéndonos a la vida de las especies en el PT, "VenPT"; demostrando el Rumbo al Final (RF) del PT en la CVT.

---

[397] Rumbo al final, 2016, Alcides Vidal, Pagina 32; La Curva de la Vidal (final de página).

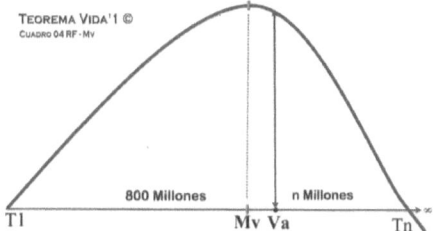

La forma de la CV, abarcando desde el nacimiento o aparición hasta su fin proyectado como límite "Tn", no es un formato obligatorio y constante en todo tipo de vida. La variable "Va" aparece y viene a ser el tiempo actual, el día de hoy y este preciso instante, por lo que desde tal óptica se puede vislumbrar que la "VenPT" y específicamente en un ambiente Biocósmico, será algo mayor y exageradamente inmenso pero absolutamente desconocido y finito en el camino obligatorio que el PT recorre hacia su RF.

Como geométricamente se puede calcular el T-E entre los puntos "Va" a "Tn" observamos que el T-E restante es menor, localizándose dentro del ambiente del MSVT, si comparado el T-E desde "T1" hasta "Va" es menor que el período anterior. Situación cuando la línea punteada que termina en el marcador "Mv", nace exactamente en el lugar donde termina el crecimiento y donde se inicia el proceso decreciente, exactamente identificando el inicio que conduce hasta "Tn", complementación que describe el real "Rumbo al Final del PT" según identifican los cuadros del TVL[398].

---

398 Rumbo al final, 2016, Alcides Vidal, Paginas 27 - 32; Teorema de la Vida Limitada (TVL) (Teorema Vida`L).

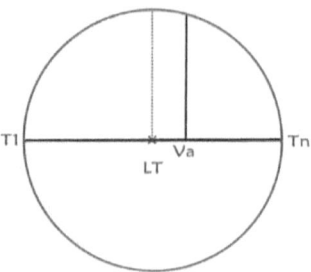

Con lo que se concluye que la variable "Mv" no es exactamente el punto medio entre "T1" y "Tn" (x=Tn/2); es la supuesta mitad de la CV-T; un número mayor a lo recorrido en línea recta y un T-E menor por recorrer, si comparado con la etapa anterior que comprende desde "T1" hasta la línea "Va", iniciándose la declinación hoy.

De acuerdo al grafico se observa que la línea vertical "Va" señala el estado actual de la VdelPT dentro de la CVT, marcando también el estado donde la vida (VenPT) se encuentra.

Explicado de otra manera, entre el Punto "T1" al "Va" existe un T-E que significa el tiempo habitado (la existencia y el pasado) y desde la variable "Va" a "Tn" encontramos otro T-E que viene a ser el tiempo venidero (futuro). Tratándose del futuro y pensando en la vida de las especies terrenales "Va" también indica el nacimiento de un ente viviente, o sea, gracias a las condiciones de "VenPT" existen las especies, en especial la EH, habitando el PT.

Resumiendo, la variable "Va" significa el nacimiento de un ser en el PT. Al mismo tiempo, para la VenPT, "Va" marca el espacio que representa el día de hoy, ahora, este instante y que de esa genial manera da inicio a su propia Curva de la Vida Terrenal (**CVT**) o Curva Mayor donde, dentro de ella se desarrollará el "Rumbo al Final", asociado al PT como el ciclo de perfecta habitabilidad perteneciendo al Sistema Biocósmico y para el Ser Humano el período de VenPT. Claro, esa misma técnica también se puede aplicar para la vida de cualquier otro ser viviente aun estando fuera del ámbito del PT, o sea, pudiendo ser hasta dentro de los ámbitos de los MEX[399].

De esta forma la CVT destaca el inicio de la Señal de Vida en "T1" en VenPT y el punto "Va" delineando el T-E (Va – Tn), restante para vivir, comprehendiendo el Rumbo al Final (RF) para el PT.

Bajo la visión del TVT en el tópico de la Habitabilidad Terrena quedó muy bien observado que el PT ya ha vivido más tiempo de lo que le sobra por vivir. El Tiempo restante por vivir al PT[400] comprendido entre los marcadores "Va" al "Tn" es el dato que demuestra y conduce al RF del PT representado por el marcador límite "Tn".

---

399 MEX Mundo Exoplanetário - NASA–Exoplaneta planeta fuera del Sistema Solar. Exoplanetas o Planetas Extrasolares, planetas fuera del Sistema Solar. La NASA, en 2020, controlaba 4.158 planetas, 5.144 eran probables Exoplanetas (en definición) y ya se habían catalogado 3.081 Sistemas Planetarios. Al iniciarse 2022 existían más de 4.461 exoplanetas confirmados y los posibles exoplanetas, subieron para 7.695. Los Sistemas Planetarios descubierto eran 3.318.

400 Libro Rumbo al Final – La Agonía del Planeta. Alcides Vidal, 2016, Xlibris, USA

Así la Habitabilidad Terrena o, Habitabilidad planetaria[401], queda plasmada en el grafico que el TVL creó, señalando que desde "Va" existe un "T-E" para continuar viviendo y representa al instante cuando el PT continua permitiendo la aparición y la subsistencia de la EH, de las demás especies vivientes y de la propia flora en general, en su interior, a pesar de que el RF del PT es visible y muy notorio.

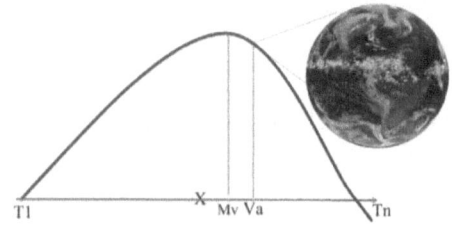

VI) Límites de la Existencia

En este enunciado el "TVL" identifica al punto delimitador de la existencia de un ser en el "Macro Sistema Viviente Terrenal" (**MSVT**) simbolizando el instante de la "Aparición de la Señal de Vida", (Va) VenPT, dentro del contexto existencial marcando el T-E para su desarrollo.

---

401 Habitabilidad planetaria, es la posibilidad que algún otro planeta tenga condiciones necesarias para albergar el SV en su interior. Esto depende mucho de la distancia en la que encuentre el planeta con relación a su eje central (su Sol) o su propio sistema planetario. Leyes en la Biocosmos. Rumbo al final, 2016, Alcides Vidal, Paginas 384 – 392 Variables Fuente: Consulte, Internet: pt.wikipedi.org/Habitabilidad_planetária.

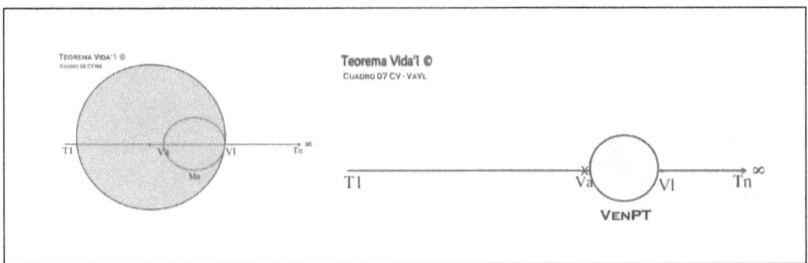

Bajo los Límites de la Existencia del proceso explicativo resaltan dos importantes variables: "Va" y "Vl", creando y delimitando un "T-E" que lo estamos definiendo como siendo para el Mundo actual (**Ma**), dentro del escenario donde se suscitará todo el proceso que explica la aparición de un ser en el PT y su desarrollo viviente hasta su final.

La circunferencia inferior (Va a Vl) muestra el mundo "Ma" para la "VenPT", donde el T-E va desde "Va" hasta "Tn". Situación que permite iniciar el trazado de la CV de un ser terrenal comprendida entre esas dos variables ("Va" y "Vl"), creándose el "MV", "Ma".

La variable "Va" está iniciando la proyección de un tiempo limitado para el desarrollo de la vida hasta el marcador simbolizado con la variable "Vl". Estas dos variables nada más son que simples delimitadoras o coordenadas que vienen a representar el nacimiento o la aparición de un ser vivo en el PT (VenPT) hasta su demarcación para el límite para su existencia, identificado por "Vl"; resumido en los siguientes procesos: Inicio, Desarrollo y Fin de una VenPT.

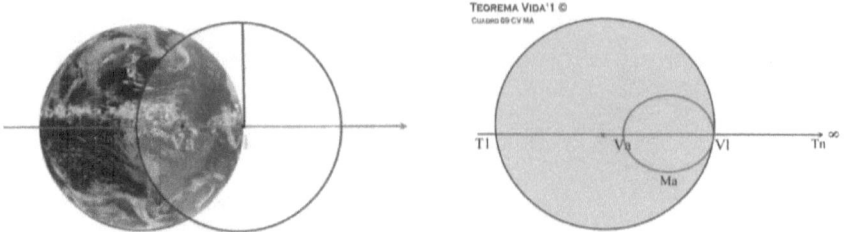

En seguida incluimos el esquema que contempla todas las variables que integran el MSVT:

"X" Proyecta el centro del medio virtual entre "T1'" y "Tn" (X=T1/Tn).

"Va" Nomenclatura "**Va**" significando "**V**" = **V**ida y "**a**" = **a**parición.

Inicio de una vida en el PT, marcando el tiempo actual, ahora, hoy día.
La aparición, el nacimiento, aparición de un ser vivo.
Punto inicial, una nueva vida en el PT (VenPT).
Tiempo actual, ahora, este momento, hoy día.

"Vl" Nomenclatura "**Vl**" significa "**V** = **V**ida" y "**l**" = **l**imitada o límite.
Punto Final, tiempo estimado de una Vida Terrenal.
Fin, Muerte, desaparición.

"Va" "Vl" Tiempo - Espacio límite (T-E limitado para vivir)

La combinación de las variables: **"Va"** a **"Vl"** representa:

Ciclo, período, tiempo para vivir.

Esquema de la Vida de un Ser (**EVS**).

Tiempo límite (limitado, tiempo hasta donde vivir).

Dato dentro de la biometría. Tiempo estimado para vivir.

El inicio, desarrollo y envejecimiento, el final de una vida terrenal.

Inicio y fin de la Curva de la Vida (**CV**) dentro del **MSVT**.

La combinación de las variables: **"T1 a Tn"** representa:

Línea "Tierra y Tiempo" (**TT**) Línea "**TT**" y "T-E".

"T1" El punto cero, pasado lejano, inicio de la manifestación de habitabilidad

"Tn" Infinito, marcador de un tiempo distante y venidero

"T1" a "Tn" Delimitador de Tiempo – Espacio (T-E)

"T-E" Tiempo - Espacio

Ya la combinación de las variables: **"T1, Va, Vl, Tn"** representa: **Línea TVT** donde: "Tierra, Vida y Tiempo" (**TVT**) abarcando desde el Punto **"T1"**, incluyendo el Punto **"Va"** hasta **"Vl"** con perspectivas de llegar hasta el Punto **"Tn"**.

El **TVT** - Línea "**TVT**", representa e incorpora los siguientes conceptos en su interior:

Línea que arrastra a la propia historia del PT; un Historial Terrenal (HT);

Espejo donde la cronológico de la "VdelPT" se refleja;

Línea que inicia el trazado de la época en la que nació la habitabilidad del PT, "T1";

Línea que define el posible final viviente y existencial en el Punto "Tn";

Línea donde cinco grandes situaciones básicas se suscitan y son: 1) Inicio, 2) Espacio, 3) Tiempo, 4) Duración y 5) Fin.

VII) Fronteras del Mundo Natural

En este enunciado del "TVL" se identifica la presencia del Mundo Natural (**Mundo_n**) (**M_n**), como el símbolo del mundo en el que actualmente vivimos, resultando ser el paso inicial para la idealización de los Mundos Virtuales (**MV**), en circunferencias cuando se define a la Curva de la Vida (**CV**) dentro del MVST.

En secuencia se define una variable que completará el "Radio de la circunferencia" al trazar la "Circunferencia del Mundo_n" (M_n), utilizando al marcador "Va" que coincide en localización con el marcador "x" donde "Va" viene a ser el centro desde donde se crea la circunferencia con el Radio "Va y Vl" para general el "T-E" para el Mundo actual natural (Ma_n), más adelante detallado.

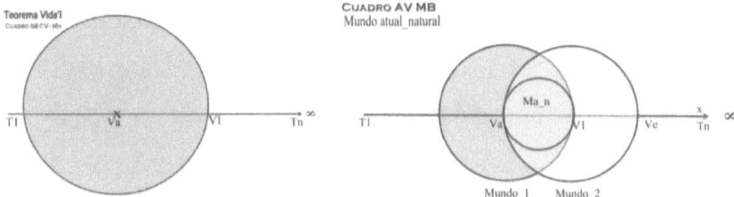

Aquí, el Radio de la circunferencia equivale al valor de la Expectativa de Vida (**EV**) del país[402], región o lugar donde se está realizando este estudio.

Luego, como producto del cruce de la Circunferencia con la Línea del "TVT" quedó bien definida la nueva variable, llamada Punto "Vl" (**V**=Vida y **l**=límite) perteneciente al "Esquema de la Vida de un Ser" y graficada en el "Teorema de la Vida'L".

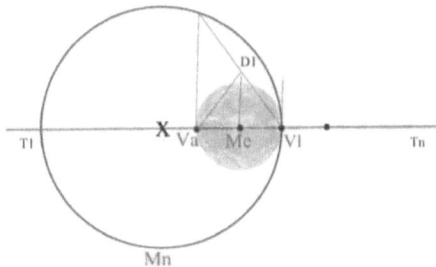

La fórmula para crear la "Circunferencia del Mundo_n de la Vida" es Vl=EV y donde EV=70 para este caso. Si decidimos disminuir la escala, la fórmula será de la siguiente manera: Vl=EV/10 o sea Vl=7, para este caso es Vl=7 porque estamos utilizando 70 años como el valor de la EV.

---

402 Este valor puede ser dividido entre 10, para disminuir la escala de cien, para mejor graficarlo en el papel, porque la progresión matemática no cambiará si se mantiene el valor original de la EV.

Con el Radio definido ("Va" y "Vl") diseñamos "La Circunferencia del Mundo_n de la Vida", creándose el Mundo natural (**Mundo_n**), (**Mn**).

En Geometría, esto viene a resultar en una proporción numérica entre el perímetro de la circunferencia y su diámetro. Si en una circunferencia se tiene el Perímetro "P" y Diámetro "D" entonces P/D = PI[403] (en este caso PI=Va/Vl).

Así queda identifica la presencia del **Mundo_n, Mn**, mundo en el que actualmente vivimos. Mundo que será desarrollado separadamente más adelante incluyendo al Mundo actual (**Ma**) juntamente con el nuevo mundo, el Mundo científico (**Mc**).

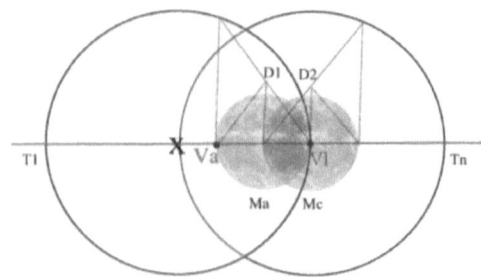

VIII) Divisor de los Dos Mundos

En este enunciado el "TVL", bajo el título El Divisor de los Dos Mundos, da inicio a una nueva teoría que discute la

---

403 El valor más correcto de "PI" es el número decimal más famoso en las matemáticas, conseguido hasta hoy, que es el número 206.158.430.000 calculado por dos japoneses: el Profesor Yamusama Kanada y el Dr. Daisuke Takahashi, quienes procesaron el mismo número con dos diferentes programas de computador al final del milenio pasado (1999). "PI" es igual a la mitad de la circunferencia del Círculo dividido por sus radios. (Número infinito después de su punto decimal) "PI" es un número irracional.

existencia y la posibilidad de poder extender el periodo viviente para ser realizado en un segundo Mundo o en "Dos Mundos", identificado entre las coordenadas ("Vl" y "Fp"), por donde la vida debe pasar obligatoriamente en el PT. Mundos que no necesariamente son obligatorios ni generalizados para todos ya que ellos son Mundos Virtuales (**MV**) dentro del Mundo real, el M-n.

El Divisor de Dos Mundos, delimitado entre "Va" y "Fl", marca el inicio de la separación del "Mundo_n" (**Mn**) y la aparición automática del advenimiento del "Mundo científico" (Mundo_c, **MC**) mejor detallado más adelante.

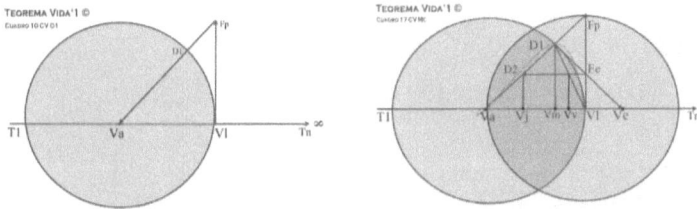

La Circunferencia identificando al Mundo_n (Mn), dentro del "Esquema de la Vida de un Ser" (**EVS**) genera el marcador llamado "Vl" del MSVT. A partir de "Vl" se traza una perpendicular con el mismo tamaño del Radio (70) en la Línea "TVT" ("Va" "Vl"), creándose la perpendicular divisoria "Vl" "Fp", cuyo final del trazado va a generar el marcador llamado "Fp" (**Fin p**royectado).

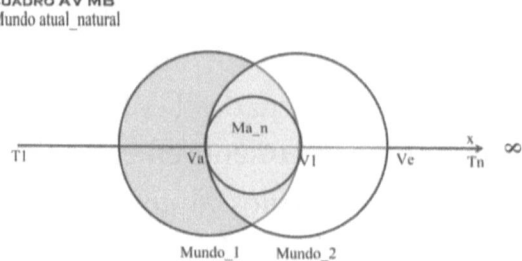

La perpendicular "Fp" a "Vl" sirve para dividir el T-E comprendido entre "Tl a Tn" en dos partes: Parte interna, "Va" a "Vl" y la parte externa, "Vl" a "Tn". Estas etapas divididas o separadas más adelante tendrán una nueva denominación. Por ahora, la primera parte, "Va" a "Vl" pertenece al "Mundo_ n", identificando al Mundo actual (Ma_n); más adelante aparecerá la nueva etapa desde "Vl" a "Tn" que se llamará el Nuevo Mundo, "Mundo_científico" (**MC**).

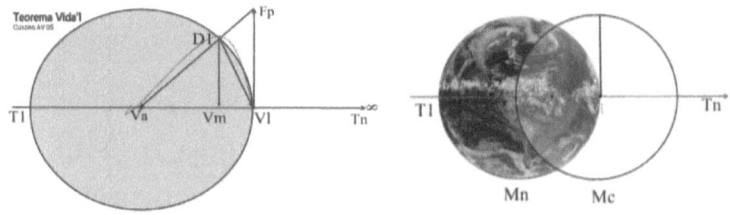

Siguiendo con el desarrollo del teorema, a partir del marcador "Fp" se traza una oblicua hasta el Punto "Va", generando finalmente un Triángulo Rectángulo de 90°, utilizable en todos los estándares de la geometría plana universal ("Vl", "Fp" y "Va") que delimitará o servirá como el "Divisor de los Dos Mundos" que más adelante será ampliamente desarrollado. Al mismo tiempo, la línea "Fp" "Va" generó un punto al cruzar con la Circunferencia del Mundo_n (**Mn**) de la Vida, que es el marcador llamado "D1", creando el Arco "Vl" y "D1".

Así siendo este enunciado dio inicio a una nueva teoría que presenta la posibilidad de la existencia de poder crear "Dos Mundos", por donde la vida debe continuar en el PT. Mundos que no necesariamente son obligatorios ni generalizados para ser vividos por todos. Ellos son Mundos Virtuales (**MV**) dentro del Mundo-N o Mundo real y que están siendo desarrollados, independientemente más adelante.

IX) Nivel de la Mayoridad

El "TVL" en este enunciado identifica el nivel de la **Mayoridad Vivida.**

A partir del marcador "D1", conocido desde el enunciado-anterior, se traza una vertical en paralela a la Línea "Vl" y "Fp" hasta el Radio, comprendido entre "Va" y "Vl"; lo que ha generado el nuevo marcador "Vm", donde "V̲m" V̲=V̲ida y m̲=m̲ayoridad[404]. Consecuentemente se ha creado un otro triángulo, triángulo Rectángulo Interno menor, formado por los marcadores: "Vm", "Va" y "D1" dentro de La Circunferencia del Mundo_n de la Vida, sobre la LT del "TVT" perteneciente al "Esquema de la Vida de un Ser" en el PT.

En este gráfico se puede visualizar un triángulo rectángulo mayor "Vl", "Va" y "Fp" y otro interno y menor "Vm", "D1" y "Va" dentro MSVT. Quedando en evidencia dos puntos

---

404 Estimativas del fin del desarrollo, el alcance de la adultez y el punto de inicio de la vejez. Tiempo medio de vida optimizado para demostrar los máximos de los tiempos estimados dentro la CV al tratar las etapas por donde la vida tiene que pasar.

marcantes: "D1" y "Vm", siendo "D1" el identificador del fin de la mayoridad y el marcador "Vm" como el definidor del inicio de la adultez por ser Vivida.

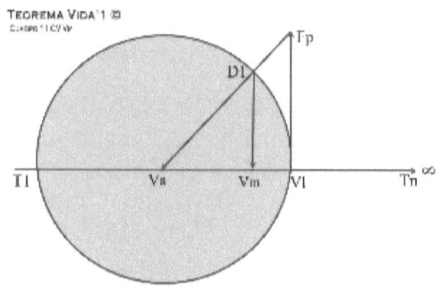

X) Desarrollo Como un Cuerpo Terrenal

El ser viviente que apareció en el T-E que el TVL creó, identificado con el marcador "Va", seguirá un sendero dentro del MSVT hasta completar su ciclo obligatorio de vida en el PT. Inicialmente se puede creer que lo haría continuando o, en el mismo sentido de la línea del indicador donde apareció ("Va" hasta "Vl"), pero no es así. El flujo que se define es el del Punto "Va" enrumbando hacia el longevo marcador "Fp", cuesta arriba, en una manifestación de crecimiento, desarrollo viviente y vigor; para que en su trayecto genere un nuevo "marcador" denominado el "Desarrollo 1" (D1). En ese largo recorrido se crearán otras largas sub etapas en la lucha por el Desarrollo corporal viviente en el PT; comprendiendo el "T-E" del Arco "Vl" "D1" Graficado del TVL.

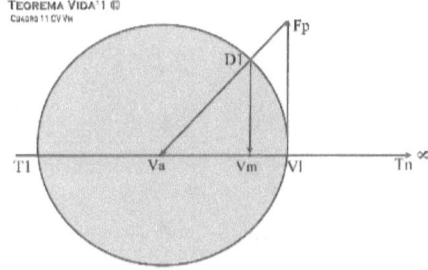

Las marcaciones que identifican los ciclos de la vida han creado un triángulo Rectángulo interno y menor, demarcado por las variables: "Vm", "D1" y "Va", que están simbolizando un T-E donde se demuestran el origen y un ambiente del período de desarrollo de la vida de un ser viviente, como un cuerpo perteneciente al PT. Lo que es más importante, en esta parte del teorema es que se identifica al marcador "D1" que señala el fin del desarrollo de una vida adulta o el espacio hasta donde comprendió el desarrollo total de esa importante etapa de la vida de un ser viviente, como también marca el límite hasta donde crecer y para luego dar origen a la otra etapa, como una nueva fase para continuar viviendo; que de esta vez es un poco diferente a la etapa anterior.

Más también ese mismo marcador "D1" ayudará a definir algunas de las etapas anteriores, antes a la definición del Punto "D1" como es el periodo glorioso de la juventud; pero al mismo tiempo identificará el inicio hacia la otra etapa, en sentido contrario, conduciendo al límite de la vida, que es el "Rumbo al Final", en tiempos estimados, relacionados con el PT. Todo este proceso se realizará dentro del sistema que abarca la "Curva de la Vida" desde el Punto "Va", pasando por "D1" y terminando en el marcador "Vl", en su primera etapa.

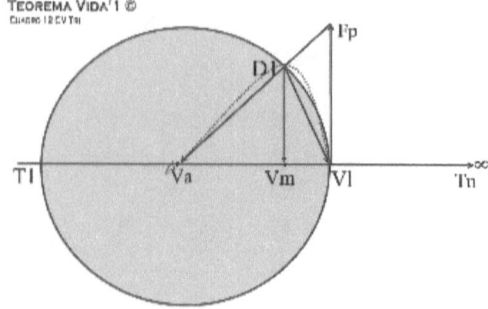

Como el ser viviente terrenal tiene un límite previamente estimado de vida, que está simbolizado por el marcador "Vl" (Vida límite con base en la EV), o como el Límite estimado para vivir, éste, no podrá salirse del ámbito que la circunferencia lo limita y que inicialmente viene a señalizar su Mundo_n (**Mn**), su máximo, su previo "Hacia el Final" y antes de llegar a la etapa final (y morir).

Urge entonces definir y cuantificar el tiempo de las etapas por vivir, que son también etapas importantes, por donde la vida tiene que pasar antes de llegar al Punto "D1" y "Vm". Etapas que, por falta de datos hasta este instante del proceso del teorema, otras variables vendrán después. Lo que conduce al inicio inmediato de la otra etapa, Declinación de la Viva, una característica presente en el fenómeno Biocósmico.

XI) Declinación de la Vida

La Declinación de la Viva tiene el papel de identificar una etapa importante dentro del ciclo viviente terrenal. La etapa del marcador de la Declinación de la Vida es la definidora dentro de La Circunferencia del Mundo_n (**Mn**) de la Vida.

Esta etapa se inicia a partir del marcador "D1" desde donde se vislumbra una Cuerda de "Va" hasta "Vl" o de otro modo, trazándose una oblicua desde "D1" hasta llegar a "Vl" de la Línea "TVT" dentro del EVS en el MSVT. Lo que ha dado origen a un nuevo triángulo comprendido entre los "Puntos: Vm, D1 y Va". A partir de este conjunto de triángulos y aun dentro de la Circunferencia que pertenece al Mundo_n, ya es posible trazar lo que vendría a ser la Curva de la Vida (**CV**) del caso en demostración.

La CV se inicia en "Va", pasa por "D1" y termina en "Vl". En este caso estamos sobre estimando al autor de la CV ya que no estamos considerando que la CV sólo podría ser realizada dentro del marcador "Vm" o sea, una Curva comprendida entre "Va","D1" y "Vm". Creemos siempre en lo mejor de todas las opciones realizables con normalidad. "Cuadro AV 05".

De esta manera ha quedado en evidencia el parámetro Definidor de la Declinación de la Viva dentro de la CV demostrado por los delimitadores "D1" y "Vl". Cuando la Declinación de la Viva demuestra que tiene el papel de identificar una etapa importante dentro del ciclo viviente terrenal desde el marcador "D1" hasta "Vl".

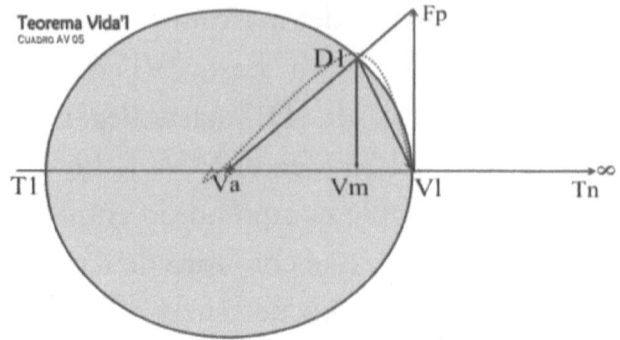

XII) Vida en el Segundo Mundo

El "TVL" en este enunciado es el definidor de la Perspectiva de la Ampliación de la CV con la "Continuación de la Vida en dos Mundos", vida en un mundo virtual (**MV**), vida en el Segundo Mundo o Mundo_2.

Aquí se observa que las proyecciones salen del ámbito de la Circunferencia del Mundo_n de la Vida, situación que traerá otra perspectiva mayor desarrollada en el siguiente Enunciado.

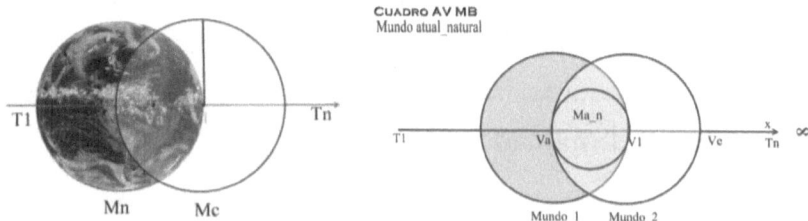

Con base en el triángulo Rectángulo comprendido entre los marcadores: "Vm", "Va" y "D1" espejarlo (reproducirlo) proporcionalmente para generar el marcador Vida esperanza (**Ve),** dando origen a una pirámide comprendida entre "Va", "D1" y "Ve". Al mismo tiempo, la Línea "D1" a "Ve" al cruzar con la perpendicular realizada por la Línea "Vl" y "Fp" habrá creado el marcador Esperanza estimada (**Ee**). Quedando evidenciado el parámetro Definidor de la Perspectiva de la CV Ampliada: "Vl", "D1" y "Ve".

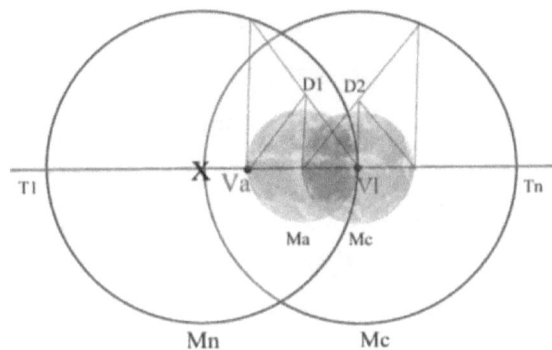

Desde el marcador "Ee" se trazar una paralela con el Radio "Va" y "Vl" hasta llegar a la oblicua de la Línea "Va" y "D1"; generando el marcador "D2" desde donde se proyecta una línea vertical paralela a la Línea "D1" y "Vm" hasta llegar al Radio "Va" y "Vj". Este proceso generó otro triángulo menor, el "Triángulo Central" formado por las Coordenadas "Vj", "Va" y "D2".

Quedando en evidencia que se está Doblando la EV como un desafío Esperanza. "Cuadro 15 CV".

Así quedó definido el enunciado del definidor de la Perspectiva de la Ampliación de la CV con la "Continuación de la Vida en dos Mundos", vida en un mundo virtual (**MV**), vida en el Segundo Mundo o Mundo_2.

XIII) Curva del Optimismo

En este enunciado el "TVL" identifica al definidor de la Nueva Curva, la Curva del Optimismo.

Con base en los Enunciados anteriores, desde el marcador "Va" se inicia el trazado de la nueva CV que en su crecimiento llega al marcador "D1", punto más alto, luego desde "D1" inicia su trayectoria descendiente en rumbo al marcador Vida esperanza (**Ve**). Quedando de esta manera definido dos Curvas de la Vida (**CV**). La Primera formada por los marcadores "Va", "D1" y "Vl", integrando la vida dentro del Mundo_n y la segunda formada por "Va", "D1" y "Ve" que pasará formar parte del Segundo Mundo, que más adelante será definido.

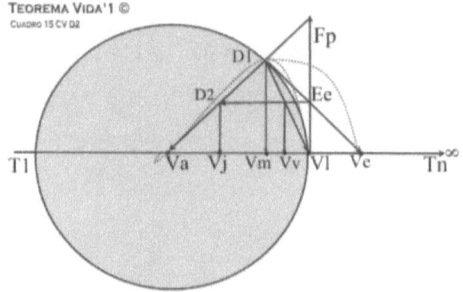

Como se observa en el gráfico, el T-E desde "Vl" hasta "Ve" se encuentra fuera de la circunferencia, que identifica al Mundo_ n o al Mundo natural (**Mn**), consecuentemente, por causa del marcador "Ve", prácticamente se inicia la posibilidad de la creación del Segundo Mundo o Mundo_2 o el Mundo_C.

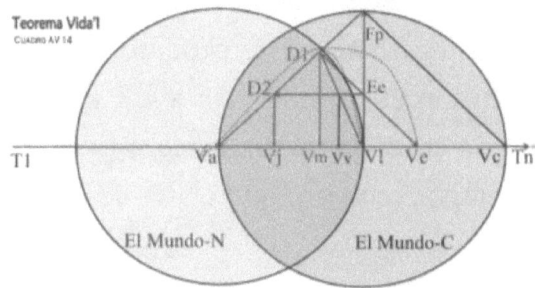

Así queda defina la Nueva Curva de la Vida (NCV), la del Optimismo, formada por los marcadores "Va", "D2", "D1", y "Ve".

El cotidiano de todo ser viviente marca el eje primordial que delinea el tamaño, la amplitud y la longitud de la Curva de la Vida (CV). Situación graficada que ayuda analizar alternativas para poder mantener a la CV en una escala creciente por un período mayor. Control éste que podrá estar incorporado en el estilo y ritmo de vida de cada ser. Sabiendo cómo mantener a la CV de forma creciente se sabrá también proyectar a la CV para que ella sea cada vez más larga y también para evitar que la CV sea cada vez más corta. Así siendo, pensamos que podríamos tener bajo control gran parte de todo el largo proceso envolviendo el Sistema Vida. Lo que traerá a luz, más adelante por su puesto, el desarrollo de la vida en otro mundo, el Segundo Mundo, Mundo_2 o el Mundo científico (Mundo_c).

En parte, es aceptable creer que es posible ejercer un control sobre la CV. Todas nuestras actividades están bajo nuestro control y supervisión. Entonces, es necesario analizar cuál de los controles están relacionados con las influencias positivas y cuales con las negativas a este proceso para aprovecharlos mejor o, oportunamente, eliminar a las no necesarias. De esta manera se da el inicio de realización de la posibilidad de ingresar en la etapa siguiente que es La Transición Entre los Dos Mundos.

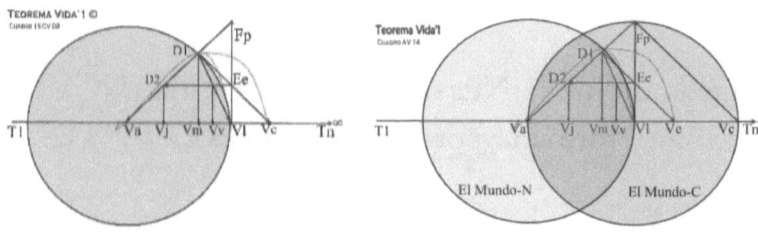

XIV) Transición Entre los Dos Mundos

El "TVL" en este enunciado trata sobre la aparición del "T-E" desde el marcador "Vl" hasta "Ve", dando inicio a otro "T-E", opcional, para la existencia de un nuevo mundo, el Mundo_ 2, detallada más adelante. Aquí, tomando como base los enunciados anteriores vamos eliminar las líneas conectoras: "D2" y "Vj", luego eliminar "Ee y D2", también "D1" y "Vm" y finalmente "Va" y "Fp". Ahora se observa apenas a las dos Curvas de la Vida (CV) formadas por "Va", "D2", "D1" y "Vl" y la otra "Va", "D2", "D1" y "Ve"; dentro del MSVT. "Cuadro 16 CV".

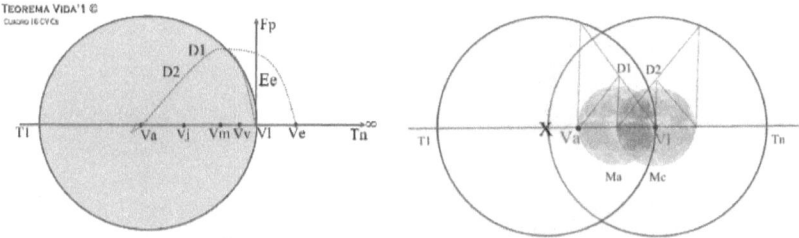

Finalmente, aquí se observa la presencia de dos curvas de la vida: 1) La Curva (Va, D2, D1 y Vl) y 2) La Curva (Va, D2, D1 y Ve).

> La primera CV (Va, D2, D1 y Vl), es la Curva que fue proyectada con base en la EV del caso en demostración, que viene a ser la CV normal, la esperada y hasta la ambicionada (limitadamente). Desarrollándose la Vida solamente en el Mundo_natural, Mundo_n (Mn).

> La segunda CV (Va, D2, D1 y Ve) es la Curva de la Esperanza (**Ve**), de la ambición, de la suerte, del sueño y hasta puede ser la del milagro. Esta última curva pasará a ser la más importante de aquí en adelante ya que la EV de vida a nivel mundial está mejorando y en números, está subiendo. Se espera que en el año 2100 la EV mundial sea de 100 años, con mucha ilusión y esperanza, aunque de seguir con los actuales índices de polución y contaminación generalizada, todo puede ocurrir al contrario. En este caso a la esperanza la queremos llevar prioritariamente adelante en nuestros estudios. Mucho al respecto lo estamos explicando más adelante bajo el título Los Mundos Biocósmicos.

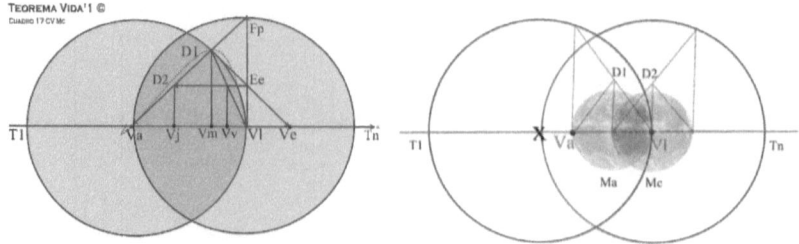

De esta manera hemos resumido la Transición Entre los Dos Mundos para rápidamente ingresar en la Complementación del TVL

Complementación del TVL

Al completar la definición de las etapas del Teorema de la Vida Limitada, Teorema Vida'L (TVL), observamos que la metodología empleada se ha propuesto definir detalles gráfico geométricos del largo proceso que todo Sistema Vida (**SV**) realiza en su curso (T-E), hasta concluir con el diseño de la CV sobre la LT, de una manera simple, didáctica y global y así creemos que lo hizo.

Importante recordar, antes de iniciar esta conclusión, que una situación importante merece evocación. El PT está viviendo un tiempo de perfecta habitabilidad desde hacen más de 800 millones de años, donde su "T-E" está encuadrado entre ("T1" "Va").

De acuerdo con el resultado estampado en la CV, construida sobre la LT, el TVL ahora "TVT Cósmico", identifica a la coordenada graficada a partir del marcador "Va" señalizando el transcurso T-E desde "T1", "X", "Mv" hasta "Va". Entonces "Va" identifica un marcador del momento actual, como si fuera el día hoy, identificando el "T-E" de donde también una criatura nace, marcando el instante cuando ese ser entra a un esquema que se traslada a los patrones para iniciar su propia CV, viviendo. La CV será dentro de la CVT, la mayor.

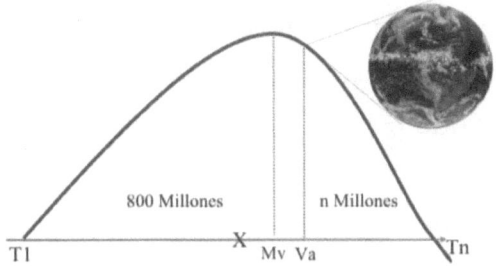

Destacase en el gráfico que la CV del PT, CVT, es un periodo creado para identificar la condición de la perfecta habitabilidad terrena de "T1" a "Va". Igualmente identifica también que el PT ya pasó de la mitad de su ciclo viviente (Mv), ya que ahora se encuentra en el marcador "Va", ("Mv" "Va"). Esto quiere decir que el PT, desde hace mucho tiempo está viviendo gran parte de su segunda mitad de su vida, lapso "Mv" a "Va". Actualmente (ahora) se encuentre en la perpendicular "Va", línea que baja paralela y juntamente con la línea "Mv" de la CVT. El tiempo estimado, o Tiempo restante por vivir, será graficada con base en (Tr=Tn − Va).

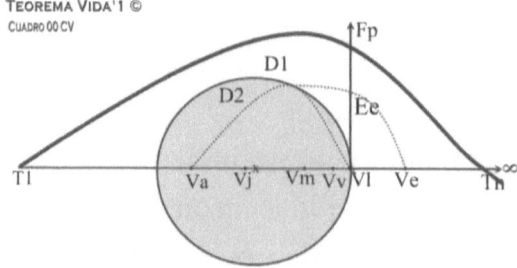

La línea perpendicular punteada, terminando en el marcador Mitad virtual (**Mv**) o Meridiana Vertical, nace exactamente en el punto donde termina el crecimiento de la vida del PT, iniciada en "T1". En la cima de la curva es que se inicia el proceso de declinación, a partir de la "Mv", que es exactamente el proceso que inicia y conduce al real "Rumbo al Final" del PT, llevando en consideración que la vida del PT hoy, se encuentra en el marcador "Va", restando apenas de "Va" hasta "Tn", simbolizado por "n millones" de años para continuar su ciclo vivencial.

Así, lo que se observa muy bien en el gráfico nada más es el tiempo ya vivido por el PT, dentro del período de la declinación en la CVT, a partir de la cima de la primera perpendicular hasta el marcador "Mv". Quedando así evidente el tiempo que realmente resta por vivir al PT, señalizado desde "Va" hasta "Tn". Esto representa un T-E que equivale a menos de la mitad del tiempo ya vivió por el PT hasta hoy, que es, desde "T1" hasta "Va". Con lo que el "TVL" concluye que el PT está en su impostergable "Rumbo al Final", ya que en el transcurso de su vida ha pasado del "Mv" de la CV Terrenal, tal y como lo demuestra su propia CV en el gráfico, donde "Va" es el punto identificando el día de hoy. Consecuentemente el PT aún tiene un T-E pendiente para continuar viviendo, desde el marcador "Va" hasta "Tn", que viene a ser el tiempo sobrante dentro de la LT para completar su curso en algún punto más adelante o hasta llegar al marcador final "Tn".

Ha quedado muy claro la definición de cómo se ha llegado a definir cada detalle del TVT y de los asuntos que llegan a relacionarse con el tema en su totalidad, concluyendo que el "Rumbo al Final" realmente está en curso.

Así siendo, para integrar la definición del "TVL" fueron desarrollados los siguientes Enunciados: I. Macro Sistema Viviente Terrenal; II. Identificación del Intermedio; III. Curva de la Vida del Planeta Tierra; IV. Curva de la Vida en el Planeta Tierra; V. Habitabilidad en el PT; VI. Límites de la Existencia; VII. Fronteras del Mundo Natural; VIII. Divisor de los Dos Mundos; IX. Nivel de la Mayoridad; X. Desarrollo Como un Cuerpo Terrenal; XI. Declinación de la Vida; XII. Vida en el Segundo Mundo; XIII. Curva del Optimismo; XIV. Transición Entre los Dos Mundos y finalmente la Complementación del TVL. Todo el sistema descrito explica que el proceso conduce al definitivo "Rumbo al Final" del PT.

A pesar de sostener la noticia de que el PT ya se encuentra en su verdadero y definitivo "Rumbo al Final" (**RF**) de un grandioso Ciclo Viviente Natural (**CVN**), asociado a un estupendo Sistema de Habitabilidad (**SH**) que lo caracteriza, donde la biodiversidad plena se desarrolla sin restricciones y donde la EH prevalece sobre las demás; encontramos suficientes razones para creer que el desarrollo del SV, dentro del PT, pueda seguir su curso normal y sin mucho impacto trascendental, por un período mayor. Más también esta reflexión induce pensar y nos hace creer que la EH o, alguna de sus "razas", pueda desaparecer sola, mucho antes de completarse el RF del PT. Situaciones que vienen a confirmar que el SV no es sólo una probidad de los animales y plantas que habitan el PT; es también una característica dentro de los otros Niveles de Vida de los Mundos en la Biocosmos, que incluye a los MEX.

> *"Lo que vale no es cuanto se vive; más, como se vive"*
> Martin Luther King

Importante es considerar siempre que el ciclo de los Seres Vivientes consiste en: engendrar, nacer, crecer, reproducir, vivenciar y morir; lo que hace comprender que la vida es cíclica y pasajera en todos los niveles de su desarrollo, ocurriendo así en diferentes Mundos donde quiera que el SV exista. Razones suficientes que nos inducen observar en lontananza un horizonte mayor e infinito. Así creemos que el MSB tiene que existir en Niveles o Planos de Mundos y de sistemas integradores mayores que tienen dependencias recíprocas, con jerarquías vivientes y prioridependiente[405].

Así siendo, el "**Astro Sol**" es considerado como siendo el integrante principal del Sistema Solar y de los mundos que lo integran; es la condición prioridependiente porque se encuentra en el <u>Primero Nivel de vida</u> de esa jerarquía,

---

405 Prioridependiente - Prioritariamente dependientes.

considerándolo desde el Sistema de Vida Terrenal (**SVT**), miembro de la Biocosmos.

El **Planeta Tierra** (PT) se encuentra en el <u>Segundo Nivel de Vida</u> dentro del sofisticado Sistema Solar, que también es parte de un sistema mayor dentro de la Biocósmos, pero que es prioridependiente del Primer Nivel.

Las **Especies Vivientes** son consideradas integrantes del <u>Tercer Nivel de Vida</u> del SVT; consecuentemente dependen del Segundo Nivel y lógicamente, del Primero también. Igualmente podríamos considerar al SV de la flora como siendo parte del tercer segmento.

Con lo que el estudio conduce concluir que existe un vínculo de dependencia entre la Vida del PT y la vida que se desarrolla en su interior, con todas las especies y con las condiciones que vienen del exterior (Niveles uno y dos). Por lo que, inflexiblemente continuamos asegurando que, si la Vida en el Segundo Nivel llegara a cambiar su curso, las vidas, integrantes del Tercer Nivel también cambiaran y así sucesivamente atingiendo con su impacto a todos los niveles de dependencia e integración viviente dentro del SVT y en los mundos integrantes de la Biocosmos, en una esfera mayor.

Cada mundo viviente, dentro de la Biocosmos, tiene su propio sistema de niveles o jerarquías de vida que los caracteriza.

Apenas aclarando la situación y posicionando a la EH en el contexto de los Niveles de Vidas en la Biocosmos diríamos que, dentro del Sistema Solar, la vida de la EH pertenece al

Tercer Nivel del SVT, juntamente con todas las otras especies vivientes en ese entorno, 1) Sol, 2) PT, 3) Especies.

Observando este panorama es que aparece la técnica aplicada en el tema relacionado con la CV, flujo que grafica el escenario donde se desenrolla la vida de un ser; de un grupo de vidas y hasta de la vida de las especies y así sucesivamente, ocurriendo para todo tipo de mundos donde la vida se pueda desarrollar en su plenitud.

Es cuando nace la siguiente conclusión: La vida no puede ser una línea recta considerada apenas de "T1 a Tn"; la vida siempre tiene que ser una curva, entre las variables "T1 a Tn" que, cuanto más tiempo utiliza ascendiendo (subiendo) para adquirir mayor altura, es mejor y, cuanto más tiempo emplea para descender (bajar), dentro del proceso del declino del sistema vida, antes de llegar al final, mejor también, por no decir excelente. Creándose así la CV en Pleno Desarrollo.

Así entendiendo la CV Terrenal (**CVT**) permite saber de antemano que la existencia de todo ente viviente es una corta o "larga línea formando una curva imaginaria" durante el proceso del desarrollo de la vida. Línea que representa la Vida o la existencia plena en el PT. Donde, la singularidad de este proceso viviente es que, aparentemente también nos brinda la oportunidad, en forma indirecta, de poderla influenciar con nuestra actitud, con nuestro comportamiento, con nuestra responsabilidad y con nuestras acciones. De no ser así serían sólo las circunstancias externas, ajenas a nuestra voluntad, las que lo harían por nosotros, desperdiciándose de esta manera algo que es más importante, "poder hacer algo a tiempo", para prolongar la distancia de la línea de la CV ("T1" a "Tn") que en el caso del PT ya se encuentra en su imparable Rumbo al Final.

La situación descrita con anterioridad nos hace imaginar (y, debemos reaccionar) que podemos tener bajo nuestro control gran parte del Proceso Vida que ocurre dentro de la LT. Situación que puede ser realidad para algunos pero que, para la gran mayoría, lamentablemente no es así. Y es exactamente esa percepción la que se refleja con la formación de la CV; estampada en LT, CV que completa su curso al llegar a los 180°. Es exactamente por esa razón que la estamos llamando la CV dentro del CVN, una característica existente en el PT. Entonces, de un ciclo de 360° apenas la mitad obedece a nuestro ciclo viviente. Por lo que nos hace concluir que solamente vivimos un "Radio" del tiempo en los 180°, distribuidos en los días que genera la rotación del PT asociado a la presencia y ausencia de la luz que emana el Astro Sol, medidos en CLO en la Biocosmos.

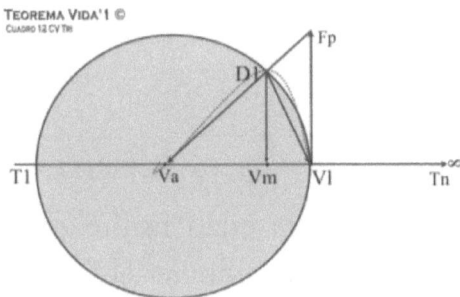

Como estamos aplicando Geometría en el curso de la CV entonces decimos que el Radio de la Circunferencia, al completarse la CV, es exactamente el tiempo de vida previsto para cada ser viviente; consecuentemente cada individuo viviente tendrá simbolizado su vida en el tiempo del Radio de la Circunferencia completada, equivalente al Mundo Natural (Mundo_n) dentro de la CV, su tiempo vivido en todas sus fases.

En el preciso momento en que se cumplen los 90° vividos en el PT, medidos dentro de la CV, se habrá completado el crecimiento o el desarrollo (expresado en el Triángulo "Vm", "Va" y "D1") del Cuadro de la CV. Luego restan apenas 90° más para completarlo ("Vm" – "Vl"); pero los 90° iniciales, así como los 90° finales (180°), difícilmente tendrán el mismo tiempo de duración; por lo que completado los 90° iniciales apenas se habrá marcado un delimitador fijo y ponderador de dos tiempos para que sean completados en diferentes e independientes lapsos de duración ("Vm", "D1" y "Vl") un triángulo rectángulo menor que su similar "Vm", "D1" y "Va".

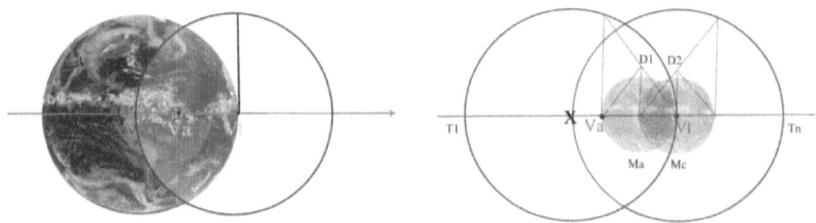

Es exactamente usando la edad límite de cada persona al morir (Vl) es que podemos obtener el Radio de su CV para determinar su historial, especialmente para obtener los datos de cuándo esa persona dejó de crecer y cuándo inició su proceso de envejecimiento. Esto no implica en que se puedan hacerse simulaciones anticipadas con algoritmos matemáticos para estimarla en cualquier tiempo y con cierta aproximación, mucho antes de esperar llagar al final "Vl".

En el caso de un REH es necesario aclarar que el esquema de la CV viene a luz desde el primer instante cuando brota la vida corpórea, dentro de un vientre en el PT. Este instante queda señalado en la estructura de la CV basada única y exclusivamente en la Prosapia; adicionado por los factores locales y ambientales del nivel de vida y del mundo viviente. Entonces, todo ser viviente al nacer llega teniendo una energía que será usada, distribuida, alimentada y controlada para cumplir su función a cabalidad, durante todo el tiempo que dure el proceso viviente terrestre y que la CV documentará. Es por eso que esclarecemos que cada individuo tiene la oportunidad de hacer mucho para que su CV sea cada vez más grande, larga y constante, para vivir más o contrariamente, cada vez más corta, para vivir menos. Es importante recordar que el Ser Humano tiene en manos gran parte de esta situación, pudiendo decidir y controlar a tiempo para poder vivir con el resultado de sus acciones.

Como venimos explicando, la CV documenta el tiempo y el espacio cuando la vida de un ser viviente aparece, se desarrolla y se detiene. Igualmente la CV es mejor entendida por demostrar y explicar cómo el desconocido ciclo viviente sigue su curso naturalmente. Es así como se obtienen recursos informativos para concluir que el ser viviente, siguiendo algunas enseñanzas contenidas aquí y sumado a los adquiridos desde otras fuentes, claramente comprobará que podrá VMTM en este mundo, o que por lo menos podrá aprovechar mejor su estadía dentro del CVT, donde el ser vivo está lleno de expectativas y donde tendrá que hacer que su objetivo sea el mismo que la CV presenta, siempre y cuando "VMTM sea su meta".

Como el propio nombre dice, la CV es realmente una curva, pero en este caso, delineada por un ciclo viviente desarrollándose en el PT. Aumentar o disminuir la amplitud de la CV, dependerá mucho de cada individuo cuando construye su propio mundo y su futuro viviente, aunque otros factores ajenos a su voluntad, también tengan mucho que ver en el contexto general.

La CV trae a luz importantes conceptos relacionado con la vida. Mas también incluye múltiples interrogantes, alertas y presenta alternativas como incentivo para poder meditar mejor al respecto cuando aparecen las siguientes interrogaciones: ¿Qué hacer para que el curso de la CV se prolongue más de lo que está previsto? ¿Qué hacer para que la declinación del CVT sea pospuesto para que siga su curso en menor ritmo o intensidad?

En resumen, el hecho de poder graficar la CV permite aprovechar más y mejor el tiempo donde se está desarrollando la vida. Y la CV no se detiene con mostrar y alertar, sino que, busca identificar y mensurar mejor los criterios que ayuden a mejorar el desarrollo de una vida plena, mejor y mayor, permitiendo que la vida se realice en el mayor de los tiempos esperados y siempre intentando superar con creces a los índices de la EV del grupo social al que pertenece cada ser humano del PT relacionado en el estudio.

Por las razones citadas hasta este punto y ya también detalladas en el libro anterior, Rumbo al Final, la CV está sustentada bajo el desarrollo de las Etapas que definen los siguientes conceptos: a). Visión de lo que es la vida; b). Etapas de la vida (por dónde, el viviente obligatoriamente pasa); c). Evolución y desarrollo del ser viviente; d). Orientación de vida (cómo vivir mejor); y e). Conceptos para vivir más (o, cómo conducir mejor la vida).

Por otro lado, los resultados obtenidos del analice de la CV orientan también cuidar mejor el medio ambiente ya que ello implica mantenerse vivo por un tiempo mayor; consecuentemente enseña también que el medio ambiente colabora para una mejor amplitud de la CV, resumido en VMTM y con mayor calidad de vida.

Para mantener una genérica y una universal definición de la CVT, que es un proceso que se desarrolla sobre el ámbito y extensión de la LT del "TVT", es que estamos resumiendo todo ese proceso en el Esquema General de la CV, como lo explicamos a continuación.

Frecuentemente estamos afirmando que la Vida Terráquea, VenPT no tiene igualdad en otros mundos y ni en los propios MEX. Nuestra afirmación se sustenta en la teoría de que "no habrá otra vida igual a la vida que poseen los seres que pertenecen a la EH en el PT, ni siquiera en la magnitud

Biocósmica". No queremos decir con esto que no habrá otra vida mejor, o mucho mejor, en los otros mundos biocósmicos.

La condición del fenómeno Sistema Vida (**SV**) existe en diferentes lugares del universo (Biocosmos), pero esas otras vidas no son desarrolladas como la vida que se desarrolló con la EH en el PT. Del mismo modo, no queremos decir también que sólo la VdelPT sea la mejor y ni que sea incomparable. Claro que habrá mejores o peores[406] SV en la grandeza de la Biocosmos. Pero de una o de otra mera, tanto en el PT como de una manera general en la inmensidad Biocósmica, la vida seguirá la lógica del diseño de la CV; aplicando todas sus etapas y principios, limitaciones y restricciones como también el cumplimiento de sus obligatorios ciclos dentro de su desarrollo biológico, antes de llegar a su final, morir o desaparecer su sistema de viviente.

Es importante afianzar algunos conceptos útiles relacionados con la CV para familiarizarse mejor con ellas:

- La CV es el reflejo del curso que todo ser viviente en el PT construye y que recorre desde su aparición, que lo llamamos desde el nacimiento hasta su final, la muerte.
- La CV es el camino recorrido por todos los seres vivientes hasta morir.

---

406 Mejore o peores: Cuando nos referimos a "sistemas de vidas peores" nos estamos refiriendo a los niveles de vidas que tienen otro tipo de desarrollo biológico, sistemas vivientes que se encuentran en un medio ambiente escaso o que su medio ambiente es limitadamente viviente; también porque habrán razas o especies vivientes con limitaciones de su desarrollo biológico-energético, o que, por alguna razón aún desconocida, suspendieron su proceso evolutivo; pero esto nos lleva a creer que puede ser también debido a las condiciones de su entorno natural que es poco favorable para el desarrollo de una vida plena en todo su esplendor y magnitud.

- La CV refleja el tiempo transcurrido durante la realización del período viviente.

- La CV muestra la línea imaginaria que siempre está apuntando hacia un mañana de esperanzas que nunca quiere llegar.

- La CV es una expectativa que está delineada para prolongarse, pero en realidad es impredecible ya que puede ser de un tiempo corto, medio, largo o prolongado en su amplitud; donde cada caso es un caso particular.

- La CV es una variable que no es fija ni predecible, sólo el final puede ser estimado o mensurable en el tiempo y en su amplitud, pero siempre por otros.

- La CV rigurosamente cumple ciclos que son: nacimiento, desarrollo y muerte.

- Vivir es señal que la CV es real, sentible, graficable y, hasta demarcada en claras etapas dentro de la secuencia de ese proceso que sólo se detiene el día de la muerte.

- La CV es la circunstancia pasajera y original que mucho depende de cada individuo, de cada caso, de cada tiempo y, en fin, de tantos otros factores imposibles de enumerarlos y hasta de describirlos, que sólo tienen un aspecto seguro: siempre viaja en sentido a su "Rumbo al Final".

Estas definiciones realmente nos permiten marcar con claridad lo que viene a ser la CV en el contexto de esta obra; ya que nos lleva a identificar profundamente su origen, su desarrollo y a proyectar su final. Analizada dentro de este contexto ya se pueden hacer mejores proyecciones de lo que podrá ser una verdadera CV de cada ser.

El estudio de la vida encajada dentro de la CV, facilita realizar definiciones concisas que permiten llegar a conclusiones, tales como: - Identificar ciclos de la vida, dentro de una curva estándar, que puede ser proveniente de un individuo totalmente normal y sano; - Ubicar ciclos dentro de una curva anormal, proyectada según los datos genéticos y hereditarios de los progenitores enfermos; - Localizar una curva imprevista, proveniente del historial clínico del evaluado, sea él de buena salud o que tenga su salud comprometida. - Permite clasificar el resultando en curvas que pueden ser: curvas estándares, de una persona totalmente normal y sana; curva distorsionada (complicada) o poco normal, por los datos genéticos y hereditarios de los progenitores y curva imprevista o incierta, por el historial clínico y el diagnóstico del evaluado y sometido al estudio con esta técnica.

Utilizando las definiciones aquí explicadas se podrá evaluar mejor el desempeño proyectado para todos los factores genéticos del nuevo ser, como son el segmento del ciclo viviente y su procedencia, por ejemplo, si el nuevo ser proviene de progenitores altamente saludables, notoriamente jóvenes, con enfermedades genéticas; de padres poco saludables; con enfermedades hereditarias; y hasta se puede proyectar el historial genético familiar que pueda influenciar en la magnitud de la CV futura. Conceptos que nos permiten concluir así: si son los factores o circunstancias de la vida las que demarcan la amplitud de la CV, entonces todo ser viviente tendrá un único y exclusivo recorrido de la CV ya que nada en ese ciclo será igual ni se podrá cambiar. Cada individuo tiene su propia CV y nadie más podrá tener una curva igual a él, ni siquiera similar, aun siendo pariente cercano y mellizo o gemelo. La CV es individual, cuando analizado para las especies vivientes.

Las circunstancias que se presentan durante el desarrollo de la CV son difíciles de relatarlas y hasta de listarlas en un primer proceso analítico. Sin embargo, las fases y las etapas que demarca la mayoría de características dentro de la CV son totalmente imaginables, delatables y son las que están incluidas en este desarrollo.

Luego, también se puede hacer una imaginaria proyección del futuro que podrá tener el recién nacido en relación con la progresión de la CV. Esto es, como mínimo poder hacer una evaluación detallada con base en un cuestionario especial que se inicia preguntando: ¿Nació saludable? ¿Tendrá una buena alimentación? ¿Vivirá bajo controles médicos periódicos cuando es tiempo? ¿Sabrán o podrán los responsables cuidarlo adecuadamente? En fin, se vislumbra un panorama donde se podrá hacer una seria de cuestionamientos que se podrán aplicar a otros ciclos dentro de la CV.

A partir de esta obra estamos conectando la CV con el BBCId y viceversa, con la finalidad de tener más y mejores parámetros que conduzcan a la obtención de mejores datos anticipadamente para poderlos utilizar en bien la vida de un individuo, de una especie o de un mundo mayor y mejor.

Las etapas que constituyen CV, para el desarrollo de esta parte del tema las estamos sintetizando en los siguientes tópicos: 1)- Nacimiento, 2)- Crecimiento, 3)- Envejecimiento y 4)- El Fin.

El Cuadro siguiente resume el proceso final al que conduce el desarrollo del TVL de la CV.

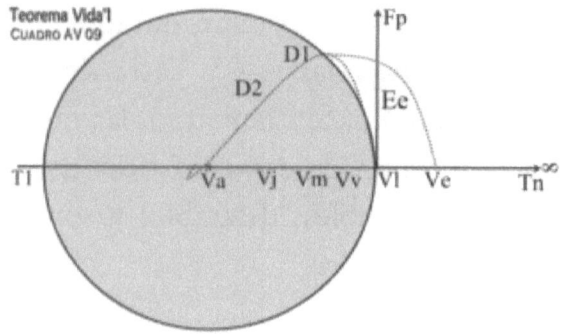

De esta sencilla manera quedó sustentado el "Teorema de la Vida Limitada, TVL" para su aplicación universal. Muchas de las conclusiones fueron obtenidas del "Rumbo Al Final" y de la Curva de la Vida.

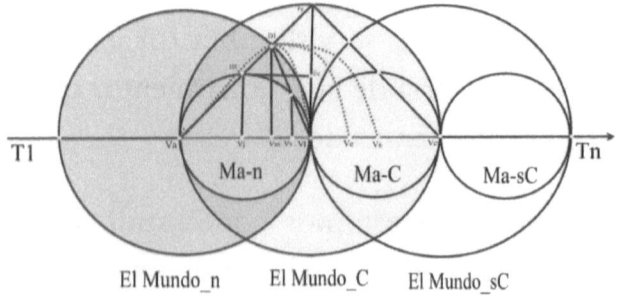

CAPITULO IV

Etapas de La Curva Biocósmica

Iniciación

Con la intención de presentar el desarrollo de las "Etapas de La Curva Biocósmica" (**ECB**) e ir penetrando lentamente en el tema, en el año 2014, en Estados Unidos, presentamos algo relacionado en el libro Encorajándote[407], recordándolo seguidamente:

> *"Quisiste nacer y naciste, ahora ya estás aquí (en el PT). Entonces, has nacido". ... "Es usual escuchar decir: ya parió, dio a luz y alumbró. Otros más depurados dicen: Vino al mundo o fue alumbrado, refiriéndose al arribo de una criatura, como un nuevo ser en el mundo[408]. ... Pero estas definiciones minimizan el sacrificio que despliega el*

---

407 Fuente: Libro Encorajándote, Alcides Vidal, USA, 2014 (Pág. 21 y 22).

408 Donde te identifican con un nombre y te darán apellidos y cuando adulto, te llenarán de números de documentos personales y de tarjetas de plástico.

naciente antes de completar su travesía; esto es, llegar al instante del nacimiento y realizarlo". ... **Respetado lector:** *"Tú, no fuiste parido y ni te dieron la luz. En verdad os digo que fuiste tú el que llegó; fuiste tú el que vino al mundo y pruebas con tu presencia que eres tú, el que está ahora aquí; gracias al empuje y a la constancia de tus esfuerzos desplegados. ... Pero tus acompañantes persisten diciéndote que naciste como el producto de que alguien te parió, que fuiste alumbrado, que te dieron a luz y sin reconocer que todo fue realizado con el producto de tu querer, esfuerzo, voluntad de salir del lugar donde te encontrabas muy pero muy incomodado. ... Fuiste Tú el que quiso abandonar el lugar donde te encontrabas, sabiendo que tenías que realizarlo de cualquier manera y en cualquier instante, concretándose. ... No se rompió la bolsa que te protegía (placenta) en cuyo interior te encontrabas, como muchos lo vienen afirmando y que fue la razón por la que tu madre perdía líquido. ¡Fuiste tú el autor de esa ruptura! Probando una vez más que querías salir, abandonándolo, para irte a un otro ambiente o mundo mejor y más confortable. Lo que es simbolizado por el acto del nacimiento de una criatura terrenal. ... Saliste del vientre maternal como un ser* *terrenal para crecer en ese nuevo hábitat. ... Realizaste tus deseos; naciste y estás aquí, ahora para contar tu historia. Pero quédate consiente que a partir de esta etapa tu vida cambia. Te integras al grupo de humanos del PT y al resto de los animales y vegetales también. ... Si crees que con querer nacer y haber concretado tu deseo as realizado todas tus ambiciones, te engañas. Tu vida terráquea recién está comenzando. ... Si tuviste instintos innatos como desafíos por superar antes de nacer, los retos que aquí te esperan son mayores, ilimitados y muy complicados para llegarlos a realizar de cualquier forma. Pero lo rescatable es que ya probaste que si puedes y que siempre estás queriendo realizar más y más, consecuentemente podrás superar todas las adversidades que la nueva vida te deparará. ¡Prepárate!*

Tal vez no sea tu caso, pero es oportuno mencionarlo aquí. La única circunstancia en la que no te dejarían hacer todo lo que has hecho, esto es, realizar tu salida voluntariamente, en el día y en la hora correcta y exacta, es el hecho cuando la ciencia humana, con la mano del hombre, interrumpe ese proceso, el acto de poder nacer espontáneamente, para "extraerte" a la fuerza y sin opciones para reclamar, del lugar donde iniciabas tu pugna para salir con tu propio esfuerzo y voluntariamente. Esta situación marca el único instante en tu vida cuando te puedes ver sorprendido, disminuido de todo lo que eres capaz de hacer, para apenas convertirte en un nonato frustrado.

Pero humildemente aceptas haber sido extraído por las manos de terceros. Sin embargo, reconoces que podrías haberlo realizado mejor, sólo y de forma natural. En este caso el nacimiento es bajo los procedimientos médicos definidos para una operación cirugía, llamada "cesaría". Y tal vez, lo raro y extraño que sentiste en este proceso, algo que hasta te llegó a adormecer, podría haber sido el efecto del anestésico. Pero la ciencia dice que eso no te llegaría afectar. ¿Hay que confiar en ella?

Durante tu desarrollo intrauterino ya demostrabas que podías, sentías, escuchabas y mucho más. Imagínate ahora, un joven, un hombre o una mujer que trae en sus entrañas las ansias de buscar con su propio esfuerzo el deseo de triunfar en un mundo mayor, amplio y mejor, lleno de oportunidades y con muchas dificultades y desafíos por vencer también.

¡Ciertamente el mundo donde te encuentras hoy, será pequeño! Traes en tus genes la fuerza de la ambición, el deseo de hacer, la capacidad de poder y tantas otras extraordinarias virtudes que harán de ti un triunfador; siempre y cuando no te conformes con los laureles de tu primera victoria y también que no te desamines frente al primer tropiezo[409].

No basta ser capaz y querer, todavía hay que perseverar para un día poder vencer.

Así siendo, el desarrollo de las Etapas de La Curva Biocósmica (**ECB**) será analizado bajo el ambiente que presenta el Macro Sistema Biocósmico (**MSB**), con las siguientes Etapas Biocósmicas: I) Nacimiento, II) Crecimiento, III) Envejecimiento y IV) El Fin.

Es oportuno y necesario esclarecer que a las etapas del Sistema Vida (**SV**) en el PT las estamos considerando también como siendo integrantes de las Etapas Biocósmicas ya que a nivel Biocosmos el SV no podría ser diferente al SV existente en el PT. Las etapas del SV serán las mismas en todo lugar que abarca el complejo ambiente Biocósmico.

Bien sabemos que el PT posee un ambiente altamente viviente y mejor todavía, es absolutamente habitable, por lo que alberga mucha vida en su interior. La biodiversidad se desarrolla en el PT a plenitud.

---

409 Fuente: Adaptación del libro Encorajándote, Alcides Vidal, USA, 2014 (Pág. 21 y 22).

Como venimos afirmando, el PT nada más es que un resumen de ambientes y SV reflejando todo lo que son los SV en los otros mundos habitados, especialmente como lo serán en los MEX.

El SV no podría cambiar sus etapas apenas porque la vida se desarrolla en otro planeta, diferente al PT. En las complejas situaciones del SV desarrollándose en los MEX, todo será similar al encontrado en el PT. Así entendiendo iniciamos con la disertación de las Etapas Biocósmicas: I) Nacimiento; II) Crecimiento; III) Envejecimiento y IV) El Fin proyectado en un ambiente biocósmico.

I) Nacimiento

El Nacimiento no es solamente el instante cuando un ser nacido adquiere vida terrenal. Para este caso el nacimiento es un acto momentáneo y un tiempo escenifico cuando el ser viviente intrauterinamente sale para arribar a un ambiente de absoluta habitabilidad reinante en PT, como una señal de VenPT. De nada serviría nacer en un mundo inerte porque eso significaría morir inmediatamente.

Pero el nacer trae otro significado en esta obra. Nacer significa marcar un inicio y crear un punto demarcador en la Línea del Tiempo (**LT**) de la Vida del PT (VdePT) (**LVPT**) que está comprendido desde el marcador "T1" a "Tn" dentro de la "Línea del Tiempo Terrenal (**LTT**)" del TVL. Así entendiendo, desde "T1" el Sistema Vida continuará desarrollándose a lo largo de toda su existencia con la intención de un día poder llegar hasta el otro marcador, el final "Tn", el punto del deceso, el fin, la muerte, desaparición, reflejado en el curso de la CV sobre la LTT, según explicación del propio TVL.

Bajo el esquema que refleja la CV podemos observar el "T-E" muy bien demarcado que va desde "T1" hasta "Va", y el nuevo tiempo por venir, un futuro, de "Va" hasta "Tn"[410]. Como se observa, paralelamente al "Mv" (al frente de "X") se encuentra el marcador "Va", marcando el inicio de una VenPT del "T-E" entre los extremos "T1" y "Tn". Cuando el estudio es orientado para la VenPT, "Va" significa el tiempo actual.

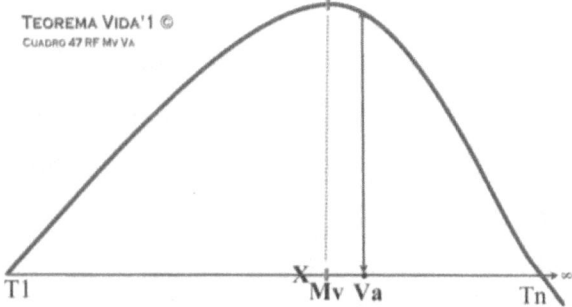

Es exactamente dentro de este esquema que vamos a definir lo que cada una de las indicaciones quiere decir: Desde el marcador "T1" a "Va", es un "T-E" representando un lapso que el PT dejó a disposición para que la biodiversidad se desarrolle en su interior y que ahora quedó atrás, como fiel testigo de lo que fue en un pasado. Ya desde el marcador "Va" a "Tn", más allá de "X", para efectos didácticos, es el "T-E" futuro que el PT deja a disposición para que la biodiversidad continúe con su existencia y desarrollo previamente definido en la LTT. El último punto es demarcado por el Final "Tn"

---

410 "Tn": Es como si fuera la señal de un tiempo final y el infinito.

donde la CV del CNT se cruza con la LTT para completar su ciclo natural estimado.

Es muy importante observar que tanto el marcador "T1" como "Tn" son marcas hipotéticas que nadie estuvo en su inicio o aparición y nadie estará en su final. Es ese ambiente que caracteriza al PT que llega albergar vida en su interior, demarcado por esos dos enigmáticos marcadores ("T1" y "Tn"), corriendo sobre la LTT aguardando la llegada del marcador "Va".

Ahora hagamos que el foco de esta obra se transforme en una simple pregunta: ¿Qué hacer para que este ciclo viviente se encuentre realmente bajo control y en nuestra vigilancia? Para desarrollar esta pregunta antes tenemos que volver a analizar algunas de las etapas de los Ciclos de la Vida donde las etapas vienen a ser los "Componentes de La Curva de la Vida (**CCV**)" y son: Nacimiento, Crecimiento, Envejecimiento y Muerte. Así siendo veamos a continuación el desarrollo de las etapas de la CV.

El nacimiento da el inicio a la CV Humana estampado con el marcador "Va" en la LT. El TVL demostrará desde cuando una vida terrestre aparece, esto es, naciendo en un ambiente altamente viviente que propicia el PT, integrante principal de la Biocosmos y su proceso, hasta el final. Esta vida está simbolizada en el esquema del "Cuadro 07 AV - VI" por el marcador "Va" dentro del aparente ambiente infinito de condición viviente ofrecido por el PT. Más allá del Punto "x" aparecerá una variable mayor llamada **Vida aparición** (**Va**), aparición de una Vida terrenal, VenPT.

TEOREMA VIDA'L ©
CUADRO 07 CV · VL

Obvio, el trazado de la CV de un ser se inicia el día del nacimiento de una criatura en el PT. Es por eso que el nacimiento está representado por el marcador "Va" que a su vez indica el inicio del crecimiento de un cuerpo con vida dentro de la CV en la VenPT.

Tomando como base central al marcador "X", y más adelante el marcador "Va" se proyecta un T-E límite con la variable "Vl", creando de esta manera las fronteras del "Mundo Natural Terrestre" (**MnT**). Con esta definición queda determinada la vida terrenal como siendo la vida en el Mundo natural (**Mn**), con el trazado de la circunferencia de la vida como producto de la creación del Radio de la circunferencia en la LT con los marcadores "X" a "Vl" (**Vida límite**) del gráfico.

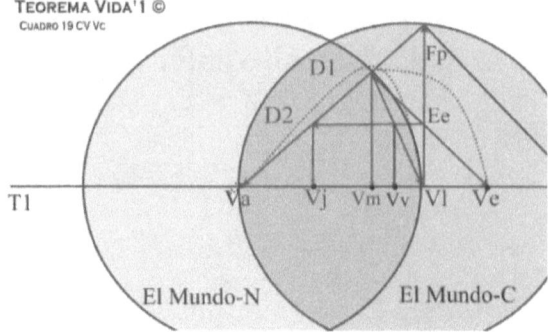

El marcador "Vl" es el límite estimado para que el ser nacido en "Va" pueda vivir, lo que equivale al punto que podría llamarse de límite absoluto, o fin, con el advenimiento de la muerte.

El valor del Radio geométrico de los puntos "x" a "Vl", es obtenida del dato estadístico traído de la Expectativa de Vida (**EV**) de la región donde se está aplicando el TVL en el PT. Esta circunferencia es llamada también como la Circunferencia del Ciclo de Vida Terrenal (**CCVT**) o "circunferencia de la vida plena y su proyección"; simbolizando al "Mundo Natural Terrestre" el Mundo_n, más adelante explicado en título separado.

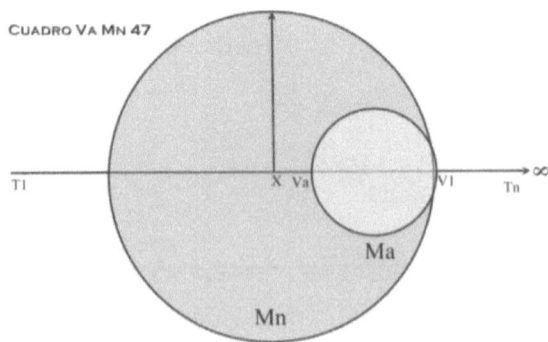

El valor del Diámetro geométrico de los puntos "Va" a "Vl", que por su vez generó la circunferencia inferior, es llamada también como la Circunferencia del Ciclo del Mundo actual (**Ma**) más adelante explicado en título separado.

El nacido en el marcador "Va" desarrollará su vida hasta completar su ciclo viviente/terrenal demarcado como límite por la variable "Vl". Quedando este acontecimiento identificado en el esquema del TVL como siendo el instante del cruce del círculo del Radio "Va" a "Vl" sobre la LT "T1" a "Tn".

De acuerdo al gráfico "Cuadro Va Mn 47", desde "Va" a "Vl" es un T-E que representa el período para la existencia de un ser en la LTT. Pero, como veremos más adelante este punto no siempre será fijo como quiere demostrar el gráfico; podrá significar un tiempo mayor, seguidamente quedará mejor explicado bajo el título, el Mundo Natural (Mundo_n) y el Mundo científico (Mundo_c).

Haciendo un análisis introductorio diríamos que una criatura saludable, bien cuidada, proveniente de genitores jóvenes y saludables, con un historial biológico y clínico bueno y que proyecta una CV amplia y por encima de sus similares que no posean las mismas características, deberá tener una CV prolongada y muy arriba de lo normal. Del mismo modo y contrariamente, una criatura que proviene de padres pobres, desnutridos, que no pasó por controles médicos periódicos y preventivos (prenatales), vive en condiciones precarias y en lugares insalubres, sin infraestructura sanitaria, habitacional y urbanística, y ni apoyo social, proyecta una CV corta; muy diferente a la mencionada antes.

Es de esta genial manera que el nacimiento, identificado en la LTT con la variable "Va" marca el inicio de una vida en el trazado la CV y así la CV se desarrollará hasta llegar al final, cuando sea completado todo el ciclo existencial a plenitud.

Después del nacimiento, para la prosecución del desarrollo del TVL, vendrá la segunda etapa y así sucesivamente vendrán todas las demás. Entonces, el nacimiento, contemplado como siendo la primera etapa, concluye estimando lo que podrá ser el futuro y la calidad de vida del naciente. La ciencia también podrá alertar para que se pueda planear una vida mejor, durante todos los ciclos por donde la vida pasa hasta completar su ciclo existencial en el PT.

II) Crecimiento

Ya explicada la etapa del nacimiento ahora el TVL explicará la siguiente etapa, la del Crecimiento.

En esta etapa se utiliza el valor de "Va" a "Vl" (dentro del Radio de la Circunferencia) para crear un nuevo marcador, **Final proyectado** (**Fp**), o un final estimado por el valor previamente definido del cálculo de la "EV". Seguidamente se une el nuevo marcador "Fp" con "Va", lo que automáticamente ha generado un triángulo Rectángulo de 90° "Vl", "Fp" y "Va".

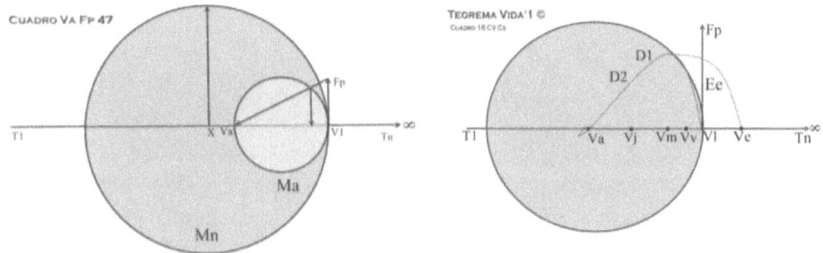

Se observa en este proceso que la "Línea" formada por los Puntos "Fp" y "Va", al ingresar en la circunferencia, ha generado un nuevo marcador, al que lo estamos denominando el Punto "D1". El marcador "D1", más adelante, demostrará que viene a ser el final del crecimiento e identificará también la etapa de la Juventud. Entonces "D1" marca también el inicio de la declinación vital o el inicio del envejecimiento; todo, más adelante será mejor detallado.

El desarrollo del ser viviente es amplio, desconocido y complejo pero esperado y mayormente realizado con suceso, siempre desarrollándose en el margen de la LTT. Así siendo, podríamos decir que a partir de este instante la vida de un ser humano en el PT comienza a desarrollarse como si estuviera corriendo y utilizando parte de la "LT" que baja a través de los Puntos "Fp" y "Va" dejando como huella del pasado en el marcador "D1".

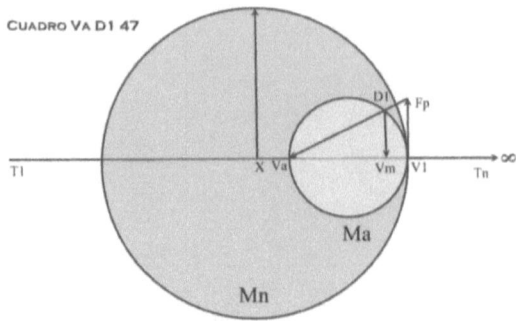

Seguidamente el TVL está graficando la aparición de una nueva línea formada por la unión de los Puntos "D1" con "Vm" (**V**ida **m**edia). El marcador "Vm" viene a representar el fin de la adultez. Esta secuencia ha generado otro triángulo Rectángulo de 90° menor, hecho por los las variables: "Vm", "Va" y "D1". El marcador "Vm" también es una estimativa de vida que aparentemente seria la mitad para el desarrollo de la vida por el ser del caso en demostración, en circunstancias cuando se proyecte la replicación del triángulo menor, visto más adelante.

Hasta este punto del proceso viviente el ser humano, oriundo del PT, estimativamente habrá llegado a la mitad de su ciclo viviente. Aunque los cálculos matemáticos no identifiquen el marcador "Vm", éste, más adelante vendrá a demostrar que es la mitad del ciclo viviente dentro los parámetros que describen la CV aun dentro de la vida en MnT.

La etapa denominada como el Crecimiento, es una de las más importantes y ayuda a estimar el estándar del proceso de la continuidad viviente, hasta completar esta etapa ingresando en la siguiente. Después del nacimiento y del crecimiento, en la prosecución del desarrollo del TVL vendrá la tercera etapa en la CV, el Envejecimiento y así, sucesivamente vendrán todas las demás.

III) Envejecimiento

Para mejor abordar el tema sobre el envejecimiento oportuno es recopilar todas las etapas que lo precedieron paralelamente con la observación del "T-E" que permitieron llegar a esta etapa. La necesidad de identificar el inicio y el término de cada una de las etapas antecesoras es para definir mejor los momentos indelebles del proceso viviente. El recuento descriptivo y retrospectivo de esas etapas está siendo esquematizado a través del TVL definido para explicar mejor la CV en el "Rumbo al Final" dentro del MSVT. Este grafico demuestra que a esta altura del desarrollo de una vida en el PT se inicia una nueva etapa de la vida, la del envejecimiento.

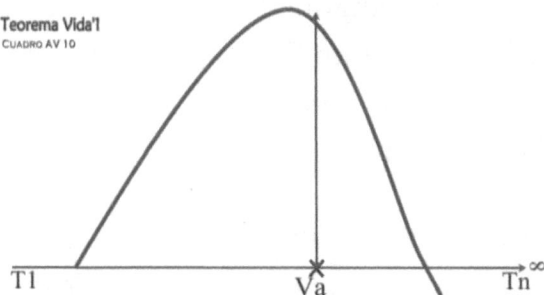

Bajo el marco del TVL, todo se inicia con el marcador "D1" desde donde se trazará una Cuerda en la Circunferencia del Ciclo de Vida Terrenal (**CCVT**) hasta el marcador **Vida límite** (**VI**). Al mismo tiempo esta etapa genera un triángulo Isósceles integrado por las coordenadas: "D1", "Va" y "VI";

que al final de cuentas viene para completar la estructura de la CV del caso en estudio ("Va", "D1" y "Vl").

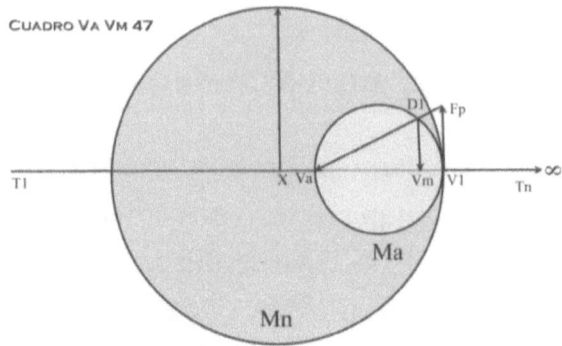

El espacio entre las coordenadas "Va" a "Vm" marcado sobre la "LT", identifica parte del Radio de la circunferencia que para este caso viene a ser la etapa del crecimiento; mientras que la Cuerda de la circunferencia "D1" a "Vl", marca la mengua del poder de vida. O sea, la vida inicia la declinación rumbo al final desde el marcador "D1" que esta simbolizado por otro triangulo rectángulo (90º), menor, de "D1", "Vm" y "Vl". Matemáticamente un T-E, un nuevo tiempo ("Vm" a "Vl") para ser empleado como en el período del crecimiento, que fue de "Va" a "Vm".

En el medio de la alarmante declinación graficada por la Cuerda de "D1" a "Vl", que concluye en **Vida límite (Vl)** se identifica un nuevo factor. Importante destacar este instante, marcador "D1" a "Vl" porque identifica el punto inicial y el final del proceso viviente que se completa con el marcador "Vm", situación que surge como una alternativa oculta y desconocida pero verdadera, que viene como una esperanza de que poder VMTM es posible, por lo menos matemáticamente, como lo veremos en el desarrollo de los Mundos Biocósmicos (MB).

Aquí aparece la milagrosa variable "**V**ida **e**speranza (**Ve**)". Así, el marcador "Ve", de manera camuflada, demuestra la existencia de un tiempo extra para la Vida, como una esperanza, un tiempo suplementar para aprovecharlo mejor viviendo siempre y cuando la voluntad de VMTM sea la consigna, lema y meta. Es cuando apareció la milagrosa variable "**Ve**". Desde este punto del desarrollo del TVL se identifica el Mundo actual natural (**Ma-n**) con la demarcación "Va", "D1" y "Vl".

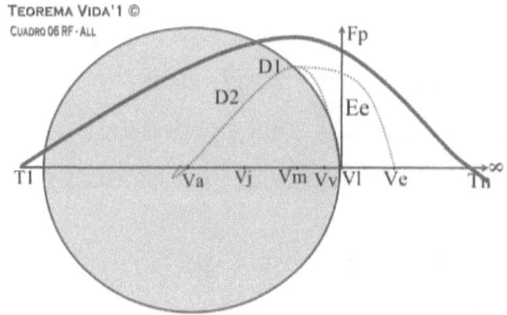

La nueva variable "Ve" aparece del complemento del segmento de "Va" a "Vm", donde "Vm" es el centro o la base para proyectar el mismo T-E con el marcador "Ve". Veamos el gráfico del TVL.

Esta parte del Teorema calcula el lugar donde apareció el nuevo marcador "**Ve**". Nace el tiempo de la esperanza que, como característica indeleble de todo ser viviente, jamás o nunca muere.

El valor definido desde "Va" hasta "Vm" (parte del Radio de la circunferencia) que incluye "D1", es proyectado hacia adelante, para duplicarlo, generando el nuevo marcador "Ve" creándose así un nuevo triángulo Rectángulo Isósceles (45° y 45°).

Por lo que del marcador "D1" se traza una línea hasta "Ve" creándose por su vez la pirámide de coordenadas: "Va", "D1" y "Ve", teniendo como centro el marcador "Vm". Definiéndose así un nuevo tiempo por vivir, pudiendo coronar la esperanza de VMTM.

La "línea" creada por la unión de los marcadores "D1" y "Ve" no sólo llega como una esperanza adicional de vida, sino que en su trayecto corta a la Línea perpendicular "Fp" a "Vl" en el nuevo identificador que es la "**E**speranza **e**stimada (**Ee**)".

El "Cuadro AV 07" demuestra que al trazarse la línea "Ee" y "D2", que viene a ser una pequeña paralela al Radio "Va" "Vl", se genera un nuevo marcador, el "Desarrollo-2 (**D2**)" o desarrollo primario, el de la juventud o adolescencia. Pero este parámetro es delimitador marcando la distancia con su similar el marcador "D1", un Desarrollo secundario en su fase final.

A partir del marcador "D2" se traza una perpendicular hasta el Radio "Va" y "Vl" generando un nuevo identificador, que es el de la **V**ida **j**oven (**Vj**). Un triángulo Rectángulo menor de "Vj, D2 y Va". "Cuadro AV 07".

De "Vm" a "Ve" se inicia una etapa considerada de área de riesgo, en rumbo hacia el final; cuando la vida puede terminar o, el ser viviente pueda morir en cualquier momento en esa trayectoria.

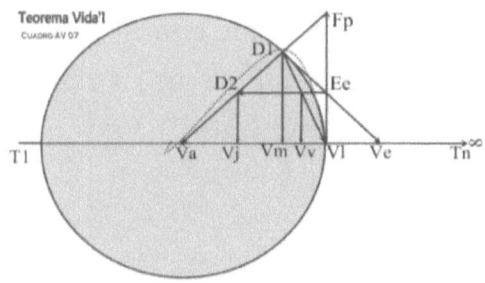

Encontramos dificultad en poder definir de forma anticipada, con parámetros mensurables y de forma instantánea el inicio y el fin de cada una de las etapas por donde la vida transcurre antes de llegar al inicio de la etapa final, identificada con los puntos "D1" a "Vl", llamada ancianidad, no obstante, el TVL intenta explicar a través de sus gráficos.

Observando que dentro del esquema de la CV en el MSVT, entre el marcador identificando "Va" al "D1", se nota un largo camino ya recorrido o, otro por recorrer, pasando por la etapa de la juventud, la adultez y el fin de ésta, para luego observar la sima (identificada por la Cuerda "D1" "Vl" de la circunferencia del Mundo natural (Mn), cuyo final (estimado con base en la EV) que está representado por el marcador "Vl" (Angulo de 90° "Vl" "Va" "Fp").

Pero como la vida en el PT (VenPT) no se rige por una única fórmula matemática ni por un único teorema, la propia ciencia crea la probabilidad que ya contempla e incluye un tiempo adicional, posible, como si fuera un período extra, aún por aprovecharlo como tiempo de vida futura y ese periodo es el de la esperanza, con la creación del marcador **Vida esperanza** (**Ve**) que es trazado para ser una meta, una ambición y un punto para intentar ser superado con el transcurrir del tiempo por donde la vida tendrá que pasar. Observe los marcadores "Va, D1 y Ve", tienen como centro "Vm".

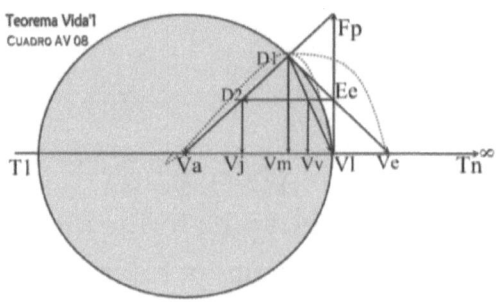

El nuevo marcador "Ve" es realmente una señal de una verdadera esperanza salvadora y una ambición desafiadora para la EH de la G2M. Pero la aparición del fenómeno milagroso de la aparente duplicación del triángulo rectángulo (Ángulos: Vm, Va, D1) para generar el Triángulo Rectángulo Isósceles (Ángulos: Va, D1, Ve) se transforma en un acontecimiento sin precedentes que se puede definir como un sueño escondido que renace de las lontananzas del T-E del fenómeno Biocósmico (la vida es como un sueño), es posible VMTM un periodo más.

El nuevo triangulo corta en su trayecto el Radio del triángulo (**Vl, Va, Fp**) en el nuevo marcador que viene a ser la **Esperanza estimada** (**Ee**); donde "<u>Ee</u>" se suma al tiempo que indica el contenido de la variable de la "EV". Luego, construyendo una línea paralela en la LT (**T1 Tn**), desde el "Ee" hasta encontrase con la Hipotenusa, Línea "Va Fp" se crea el Punto "D2" que a su vez crea el triángulo central menor con sus Ángulos: "Vj", "Va", "D2".

A partir de esta etapa del diseño de la CV bajo las coordenadas del TVL se observa que el marcador "D2", aquí, consigue caracterizar e identificar el fin de la etapa de la Juventud y marcar el inicio de la etapa de la adultez, que termina en el Punto "D1". Dándose de esta genial manera el origen a la última etapa de la señal de vida, que es el envejecimiento que concluye con la llegada de la muerte, dentro del esquema de CV, concluyendo en el Punto "Ve".

Resumiendo, bajo el análisis del TVL, el marcador "D1" indica el punto final de la etapa anterior y a su vez marca el inicio para la siguiente etapa, que es la Vejez. Este proceso proyecta dos caminos como únicas opciones para seguir adelante, viviendo o existiendo. Ambas de las opciones son cuesta abajo, veamos: El primero, "D1" a "Vl", representa llegar a un estado máximo de la "**Vl** = **V**ida **L**ímite" y el segundo, "D1" a "Ve" que quiere decir que se ha descubierto una nueva opción para continuar existiendo, que está simbolizada con la variable **V**ida **e**speranza (**Ve**), mejor explicado en los Mundo Virtuales (MV).

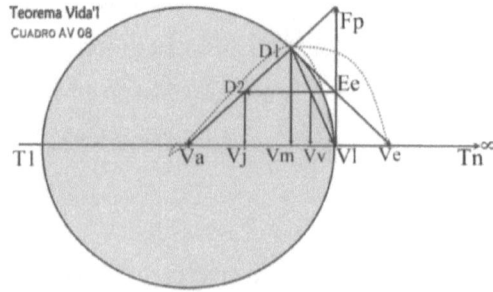

Esta visión da la impresión que marca un segmento donde se tendrá que decidir entre uno o el otro curso, pero como sabemos muy bien, durante el proceso viviente nada se puede decidir (a no ser querer morir forzando la condicional de la muerte natural). Lo que se observa no es una alternativa que habría que decidir, en este caso no hay decisión porque la vida sigue el rumbo por donde está previamente transcurriendo; en otras palabras, la vida sabiamente sabe por dónde tiene que ir. Este último parecer es muy importante ya que más adelante podría ayudar entender mejor el concepto para raciocinar durante el desarrollo de la CV de una manera general, dentro de un ambiente mayor, Biocósmico, bajo los MV.

Como explicado anteriormente, existen dos frentes alternativos por donde la vida seguirá, continuando con la etapa de la ancianidad. El primero es siguiendo los estándares estimados previamente y que están bien identificados entre los "Puntos" señalados desde "D1" hasta "Vl" que incluye el tiempo límite previamente estimado y ya previsto por la EV padrón. El segundo es la proyección milagrosa que induce al ser humano para proyectar su tiempo de vida por un período mayor, graficado con los Puntos "D1" y "Ve".

Estos dos frentes racionalmente comprendidos y aceptados pueden depender mucho del resultado de la obra del propio individuo o de la propia EH en general. Lo que podría resumirse anticipadamente en: VMTM serán las causas que permitan seguir con naturalidad la CV. Condición ésta que en su fase final siempre será vivido por la etapa llamada de vejez.

Estamos utilizando el TVL para graficar la evidencia de todas las etapas por donde la vida tiene que pasar dentro del MSVT demostrado y documentando todos los ciclos o etapas por donde la vida tiene que pasar obligatoriamente, gracias a las técnicas que el TVL nos llega a fornecer.

Después del nacimiento, crecimiento y del envejecimiento, en la prosecución del desarrollo del TVL vendrá la cuarta y definitiva etapa final en la CV. Cuando el desarrollo de la vida en el PT está dando la impresión de que el proceso final de la adultez, vista hacia la cima, vislumbra un leve rejuvenecimiento; apariencia que resulta engañosa, la verdad es que la vida ya está cuesta abajo desde el marcador "D1" al "Vl" en la Línea TVT del MSVT, iniciándose la vejez y creándose el calificativo actual de "El Adulto Mayor, el antiguo, el anciano".

Todo el SV no podría cambiar sus etapas apenas porque la vida se desarrolla en otro planeta, diferente al PT como en un planeta con EET. En la complejidad de las situaciones del SV desarrollándose, por ejemplo, en los MEX, todo SV será similar al SV encontrado en el PT. Así entendiendo hemos tratado los siguientes temas de la disertación de las Etapas Biocósmicas:

I) Nacimiento; II) Crecimiento y III) Envejecimiento, para ahora ingresar al IV) El Fin, etapa proyectada para demarcar el término existencial en un ambiente biocósmico.

IV) El Fin

Etapa final, llegada de la propia muerte, el fin de una vida en el PT.

Ya la Ley de la Biocosmos nos viene diciendo que el ser humano vive para llegar a su final y a un estado de muerte, en un pequeño o en un gigantesco mundo, dependiendo del punto de vista de la observación natural, biológica y circunstancial.

De acuerdo a los gráficos creados por el TVL encontramos dos puntos significativos identificados para ser el fin de la vida dentro de CV, llegando a su final, la muerte[411]. Primero, es el marcador "Vl", generado por el proceso de la creación del marcador "Va" continuando con el Arco de la circunferencia "D1" a "Vl". Segundo, es el nuevo marcador "Ve" generado por el fenómeno del proceso de la generación del espejo (duplicación) del triángulo rectángulo (Ángulos: "Vm", "Va", "D1") para generar el triángulo Rectángulo Isósceles (Ángulos: "Va", "D1", "Ve") que corta el Radio del triángulo ("Vl" "Va" "Fp") en el marcador Esperanza estimada (Ee) que viene a ser la vida que se suma al tiempo que indicaba la EV.

---

411 El cuerpo muerto aún sigue siendo un universo energético, bacterialmente explorable, hasta quedar con sus partes duras soportando las inclemencias naturales en mundos vivientes dentro de la Biocosmos que se destruirán con el pasar del tiempo, dentro del pasar de los CLO.

Trazando una línea paralela con la "LT" desde el marcador "Ee" hasta encontrase con la Hipotenusa, Línea "Va" "Fp" se crea el Punto "D2" que a su vez crea el triángulo central con sus Ángulos: "Vj", "Va" y "D2" donde el marcador "D2" recién consigue identificar el fin de la Juventud y marca también el inicio de la adultez que termina en el marcador "D1".

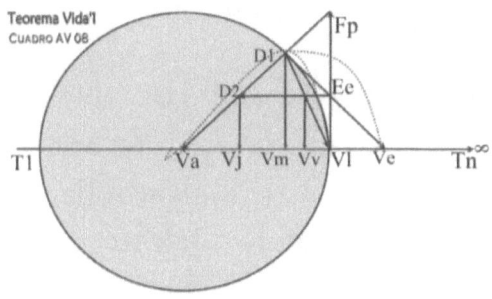

La marca "Vl" indica el fin de la etapa, muerte o desaparición. Igualmente, el marcador "Ve" indica también el fin, muerte o desaparición. La diferencia entre los dos marcadores "Vl" y "Ve" es que "Vl" es un límite dentro del rango de la EV dentro del desarrollo de la vida en términos normales. Y el nuevo marcador "Ve" dice mucho más: Primero, que crea una nueva etapa por vivir y por eso es llamado de Vida esperanza (**Ve**), un desafío, algo difícil de concretizar, pero no imposible de realizarlo. Segundo, crea el inicio de la esperanza de la vida en dos mundos, muy bien desarrollado más adelante en los MB y MV.

Existen muchos ejemplos comprobando que esta esperanza de vida adicional es posible ser alcanzada. Y, que realmente el marcador "Ve" da la señal del finalmente del Fin de la consumación de una vida. (Claro que más adelante desarrollaremos el tema que podrá parecer milagro, que es el desarrollo de la vida en el Segundo Mundo o la vida en el "Mundo científico", que ya anticipando, no es una condición genérica, todavía hay que construirlo.

Conclusión

Por las razones descritas al incluir las etapas por donde la vida pasa esta obra trata el tema sobre la visión de la Curva de la Vida (**CV**) y utilizando como base el desarrolla de la Expectativa de Vida (**EV**) desde un ángulo diferente, como son los relatos siguientes: Todas las etapas descritas tienen la finalidad de hacer ver que muchos de los factores que afectan o benefician el curso de esta curva podrían estar bajo control y hallarse al alcance de nuestras manos. Es exactamente por esos factores, posiblemente controlables, es que estamos desarrollando este tema; haciéndolo para uniformizar los conceptos y para tener una mejor línea de raciocinio obtenido por consenso, contemplando alternativas adecuadas para poder enfrentar mejor todas las adversidades que la vida depara, realizándola con conciencia, con serenidad y con fundamento de causa, con el apoyo de los beneficios que están a disponibilidad que viene del mundo científico creado por la EH del GD en el PT.

"El conocimiento será la única arma para enfrentar las adversidades de la vida moderna". "Pero ningún conocimiento podrá detener el Rumbo al Final del PT".

La moraleja de esta situación es que tenemos mucho por hacer por nuestra vida y por nuestro cuerpo, en lo relacionado a crear una situación apropiada para VMTM los nuevos tiempos.

Dar al cuerpo resistente una vida mejor y más saludable debería ser la meta. Pero nunca dedicarse egoístamente a uno mismo; todavía existe el medio ambiente para cuidar de él, así como la del prójimo, de los animales y de las plantas. La armonía entre todos es el factor que crea el bienestar general y duradero. Sabiendo que somos capaces de hacer algo más lo haremos y con ello ganaremos una mejor calidad de vida. Eso significa tener una expectativa de vida mayor y mejor, viviendo con buena disposición y por más tiempo, como el lema VMTM lo consagra. La ambición de siempre llegar a vivir en el Segundo Mundo (Mundo_2 o Mundo_c) debería ser una condición sustentable en todas las generaciones venidera. Aspirar vivir en el Mundo súper Científico (**MsC**) debería ser un problema potencial para la generación actual observando que la venidera lo pueda realizar, tal vez en el milenio que viene y quién sabe pudiéndose realizar en algún otro planeta dentro de la Biocosmos. La alternativa existe.

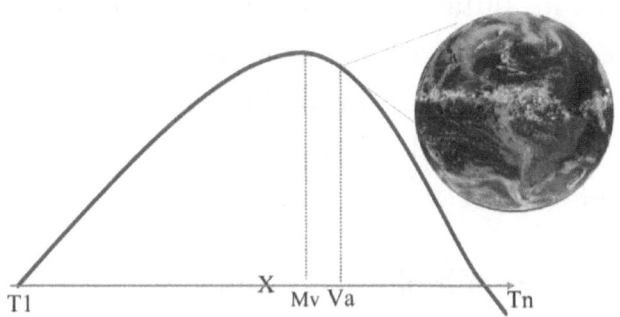

CAPITULO V

Mundos Biocósmicos

Introducción

Contemplando el panorama que se extrae del Sistema Proceso Vida (**SPV**), formando parte de un sistema mayor, el MSVT, que incluye al PT, donde las especies existen y donde está contemplada la EH, es cuando vienen a marcar presencia absoluta los Mundos Biocósmicos (**MB**).

Así siendo, los MB son mundos reales o naturales dentro del SV que existe esparcido en el universo, abarcando esferas mayores que salen de los límites de un sistema central (Sistema Solar) para ingresar en fronteras de otros nuevos Sistemas Solares y hasta de un número infinito de Sistemas Planetarios, como ejemplo confirmador de algo parecido citamos la existencia de los propios MEX.

En alcances de múltiplos e infinitos Sistemas Planetarios los MB son ambientes donde el SV existe y funciona equilibradamente bien. Así entendiendo, el tema, incluyendo al PT, es tratado desde el punto de vista de la vida en términos generacionales, esto es, generaciones de habitantes del PT pasando por la fase terrestre, donde unos viven más tiempo y otros menos y siempre acometido por la busca denodada de poder VMTM la próxima fase del SV que el destino tiene deparado para cada habitante del PT en un segundo mundo[412] que el mismo lo construye para continuar viviendo.

Con el creciente deseo del REH de VMTM es que comienzan aparecer las primeras señales convincentes de que ese deseo puede hacerse realidad poco a poco, pronto. A partir de ese deseo es cuando surgen las primeras teorías y estudios de los preocupados en ese tema, presentando la opción inusitada que permite VMTM, transformándose de interés colectivo y de necesidad social generalizada.

Frente a esas preocupaciones es que se espera que el futuro del REH en el PT nada más sea la realización de los tiempos deseados hoy. Será cuando tomarán cuerpo los MB, muy oportunamente para centralizar el foco en el desarrollo existencial del REH oriunda del PT en su siguiente etapa de su trayectoria de vida terrenal, consiguiendo vivir en un segundo mundo, M2 después de haberlo construido.

Los MB que nos estamos refiriendo contempla el Mundo viviente actual, el mundo donde el REH está habitando, el Mundo donde continuará su existencia en el futuro y el mundo que abrirá la posibilidad de realizar la progresión de la vida para un segundo mundo, un MV, ampliando el

---

412 Segundo Mundo. Tema desarrollado en capítulo aparte como el Mundo científico (Mundo_c), (M_c), una opción construida individualmente para poder VMTM.

periodo existencial y todavía ambicionando mucho más, ya vislumbrando en lontananza la posibilidad de la existencia del Mundo súper Científico (**Mundos-sC**), contemplado dentro del ambiente existencial de las generaciones, permitiendo desarrollar la complejidad de la vida dentro de los MV bajo el anhelo de VMTM es posible.

Así entendiendo los MB comprenden el estudio del SV en ambientes donde ese proceso cumple su ciclo existencial al máximo y donde el REH sueña con la posibilidad de expandir los límites de la EV como un factor realizable sustentablemente y como los primeros estudios así lo vienen manifestando para VMTM.

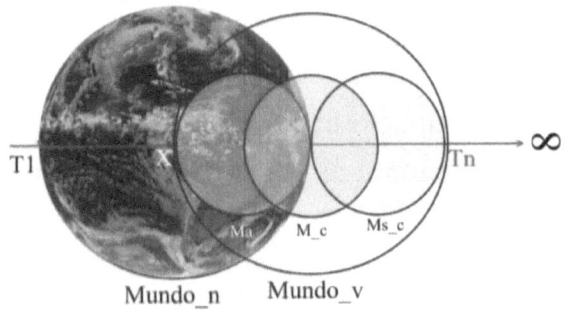

Concluyendo, los MB que esta obra aborda en esta parte de la narración, son los mismos **MV** que el libro introdujo como primicia con anterioridad. Los MB son los MV que siguen las huellas que el pasar del tiempo deja para proyectarse siempre hacia adelante, con el deseo de que VMTM siempre sea una opción plausible, desde que la concientización y la determinación humana, para construirlo, sean los objetivos formulados oportunamente, a fin de poderlos hacer realidad con el pasar del tiempo en esa parte de la vida, para coronar así su anhelo de ingresar a un MV, mundo que al final resulta ser real porque en él bien se puede continuar VMTM.

Por estas y otras razones esta obra trata los siguientes conceptos: El Sustento de estar vivo, Los Mundos Virtuales (MV), Los Mundos biológicos (Mb), el Mundo Natural (Mundo_n), el Mundo Científico (Mundo_c), el Súper Mundo Biocósmico, el Mundo_sC y la Migración Interplanetaria (**MI**), desarrollados a continuación.

I) El Sustento de estar vivo

Bajo el ámbito Biocósmico y sus mundos, la existencia de un ser de cualquier especie, constantemente enfrenta dificultades y muchísimos peligros para poderse mantener vivo. Esta situación ocurre con todas las especies vivientes desde el instante de su procreación, intensificándose durante el proceso de la vida plena y manteniéndose latente hasta el final del tiempo estimado para su existencia, como si este condicional fuera un padrón que ocurre con todo ser que habita el PT.

Consecuentemente el hecho de estar vivo hoy, nada más es que una contundente señal de una tozuda superación de desafíos y de luchas victoriosas frente a los latentes peligros y problemas enfrentados con suceso en todo instante y por todos. De ese modo, esta situación se convierte no solamente en una característica existente en el PT, sino que también estará presente en todos los mundos que albergan vida, los aquí llamados MB. Así, la lucha por mantenerse con vida será siempre una misión universal y biocósmica perenne para todos.

El peligro al que se refiere esta parte de la obra es la preocupación por la situación de estar viviendo siempre propensos por morir involuntariamente en cualquier instante y por cualquier causa. Situación ésta que hace del ser viviente, de todas las especies, ser un constante luchador por la sobrevivencia, incluyéndose en esta situación al propio Ser Humano, que así se convierte en un ser combativo, un inquebrantable preocupado y luchador por su vida y hasta por la vida de su propia especie de manera general.

Por estas y otras razones el hombre, ostentador del GD en el PT, en el medio de esa lucha, es combativo, actuante, constructor, descubridor, hacedor, inventador y aprovechador de todo lo que está a su alcance, con el único deseo de poder hacer algo para permanecer vivo, superando y evitando las situaciones de peligros y a las adversidades que la propia vida lo deparó. Lo que hace presumir que el REH hoy, superpoblando el PT, aprovecha su tiempo de vida, en el medio de una constante lucha, para no ser muerto por otro o no morir solo, haciéndolo hasta la llegada del momento de la primera parte de su último suspiro viviendo, así convirtiéndolo en el eterno luchador.

El REH, aprovechando el GD que lo caracteriza, en su ambiciosa y perseverante lucha por continuar con vida, o más claramente diciendo, en su corrida por huir de la muerte, ha realizado grandes e increíbles obras con contundentes acciones y obteniendo grandiosos resultados, pero hasta ahora ninguna obra fue para salvarlo de morir. Así entendiendo el REH sabe muy bien que esa misión es difícil de concretarse más continuará persistentemente en su búsqueda.

Este mismo REH, el del GD, ha inventado armas para defenderse, inicialmente de los predadores y fieras, con el pasar del tiempo las modificó para atacar y defenderse de sus propios vecinos o enemigos, otro humano como él. También se ha preparado para luchar, combatiendo contra los enemigos invisibles por su tamaño, los microbios y bacterias, creando remedios, vacunas, antibióticos, insecticidas, etc. Ha creado los remedios para combatir todo cuanto riesgo pueda aparecer en su organismo y continúa en esa lucha. Aun así, el riesgo de no continuar con vida es latente.

El poseedor del GD, ahora usa la tecnología para ampliar su campo de acción e increíblemente para aumentar su capacidad física, como ejemplo: *"Ha inventado el avión, todos son usuarios en esencia al permitir el vuelo; el carro, el trampolín, la locomoción rápida por tierra o, que saltáramos a alturas inimaginables antes del advenimiento de las tecnologías correctas para eso"* decía *Hugh Herr*, atleta que casi murió en un accidente a los 17 años, perdiendo sus piernas. Hoy compite deportivamente victorioso con ayuda de la tecnología. Pero para *Herr*, no basta competir, hay todavía que contribuir para que los demás se beneficien también. Por eso, *Herr, como un buen ejemplo de humano del GD,* se dedica al desarrollo de prótesis que devuelven capacidad motora a deficientes y permite a personas sanas (aptas) a superar sus límites[413]. Pero a pesar de los logros, hay todavía un arduo camino por recorrer en ese sentido. Hoy existen prótesis para cada movimiento o grupo de usuarios, para cada actividad o para cada tipo de competición. Por esa razón, la ambición del hombre del GD es fabricar solo un tipo de prótesis que sirva para solucionar todas las circunstancias y casos, creándose la prótesis universal, pudiendo ser una bioprótesis auxiliada por la biomicromáquina, ya incluyendo los beneficios del "CH" *CompHands*[414] *(CH)*.

Todo lo antes ambicionado por el hombre ciertamente será realidad rápidamente con el avance de la ciencia en todas sus áreas; donde la ayuda de la RIA, juntamente con la integración de los Biochips y la capacidad ya demostrada de los procesadores en las computadoras, jugará un papel preponderante. Todos estos logros sólo vendrán para garantizar un ingreso sustentable al Mundo_2, sin embargo, la EH del GD, todavía estaría muy lejos de encontrar al hoy, apenas en la imaginación, el Mundo_sC.

El REH, ostentador del GD, siente que la lucha por mantenerse con vida es de todos y sabe que es más una tarea cotidiana eterna. Aun así, concibe y acredita que la posibilidad de VMTM es realizable. Es bajo esa línea de raciocinio que quedó

---

413 Hugh Herr actúa como Profesor en el MIT, Boston, Massachusetts, donde es consagrado en esa área y es el autor de las prótesis de láminas que se fabrica para reemplazo a las de la forma del pie.

414 CompHands (CH) Computer Hands. Computador de Mano. Minúsculo computador de más o menos 10x20 Cm., con sistema operacional Androide de Microsoft, o de otro que incorpora funciones de un teléfono celular, máquina fotográfica, filmadora, editores gráficos, radio, televisión, GPS, termómetro, cronómetro, agenda, calculadora y más, con el que se realiza la conectividad para ingresar al vasto mundo de la Internet, propiciadora del infinito Mundo Virtual en nuestras manos. Rumbo al Final, la Agonía del Planeta, 2016.

muy bien demostrado, en capítulo aparte, que la posibilidad de VMTM en el Mundo_2 es una determinación planeada, realizable.

En la actualidad existen evidencias documentadas de algunas personas que ya consiguieron experimentar la vida en el Mundo_2, así observando, las esperanzas serán cada vez crecientes. Por esa razón, los hoy fieles representantes o afortunados que viven su Mundo_2, son el fiel ejemplo de que ese mundo es posible ser construido, y de ellos, los que ya no están con nosotros, son los fallecidos del Segundo Mundo (es a propósito que aún no estamos mencionando al Mundo_c).

La única interrogante que incomoda y que todavía persiste es la de poder responder los necesarios cuestionamientos siguientes: ¿Por qué no todos los seres humanos, oriundos del PT y perteneciendo a la generación del GD, pueden vivir en el Mundo_c? Preguntando de un modo diferente: ¿Por qué no todos tienen la misma oportunidad del beneficio vida en el Mundo_n para ingresar en el Mundo_c?

La respuesta para esos cuestionamientos ya fue dada con anterioridad. No obstante, vamos redundar respondiendo: Primero, todos los seres humanos, oriundos del PT, nacen con las mismas oportunidades y bajo las mismas condiciones terrenales y todos tienen, o deberían tener, las mismas chances para beneficiarse de la vida en el Mundo_c. Segundo, la diferencia entre los que pasan por la vida en el Mundo_2 y los que no consiguen ingresar en él, radica en que la vida en el Mundo_2 es realizada única y exclusivamente por la propia intervención del propio individuo, oriundo del PT, donde es él quien tiene la mayor responsabilidad para que todo ese largo proceso ocurra. Entonces, queda claro que vivir en el segundo mundo, Mundo_c, es posible, él existe verdaderamente y es concebible VMTM en él.

Como ya quedó muy bien demostrado, la construcción del Mundo_c es una cuestión de objetivarlo, de resolución y de determinación. Claro que es necesario concluir conduciendo al SV en esa dirección o en ese sentido, ya que el Mundo_c no llega solo ni automáticamente, "todavía hay que construirlo y bien" bajo la ambiciosa condición de que VMTM puede ser una situación de implantación sustentable.

Importante, para ingresar al Mundo_c hay todavía que buscarlo, prepararse cuando joven y construirlo día tras día para beneficiarse de él en el futuro. Esto incluye, haber vivido siempre experto, sabiendo que la "Complejidad de estar vivo" es un desafío constante para cada uno. Así entendiendo, el Mundo_c nada más es que el mundo propiciado por el lema VMTM, más también es claro y definitivo que vivir en el Mundo_c "no es sólo querer ni tarea para todos", aunque hoy ese anhelo sea la ambición generalizada de todos los habitantes del PT ostentando el GD.

Superada la circunstancia de vivir siempre en peligro de morir en cualquier instante, y pensando siempre en un futuro mejor y con vida, inclusive aspirando poder vivir en un segundo mundo, que consiste en vivir primero en el Mundo_n y, oportunamente, ingresar para el Mundo_c, se hace necesario esclarecer y mantener presente tres conceptos básicos y son los siguientes: 1) Evaluar el pasado de manera general, aprendiendo de la etapa vivida o del pasado glorioso de la humanidad, todo lo bueno y heredable tiene que ser incorporado en el cotidiano vivir actual de manera general. 2) Sentir la vida en el presente, con seguridad, esto quiere decir no dejar la vida pasar en vano (durmiendo, vegetando, intoxicándose, etc.). Todavía hay que ponderarla, para aprovechar el resultado del análisis obtenido de la evaluación del pasado en la objetivación de mejores metas, visando prosperar con los resultados. 3) Proyectar el futuro teniendo como base los resultados obtenidos de los dos conceptos anteriores. El resultado enrumbará hacia la vida en el Mundo_c, resumido en VMTM con el logro del apoyo del desarrollo científico instituido por la EH del GD y beneficiándose de las bondades que representa la prescripción y la utilización de la M5G.

Importante explicar mejor y llevar en consideración el siguiente comentario: Si luchas para mantenerte vivo y victorioso te sientes hoy y, si quieres vivir en los dos mundos, no necesariamente tienes que ser diferente ante los demás; tienes que ser único y no pudiendo ser como los demás. Aunque esta desigualdad contradiga un principio instituido en la sociedad que habita el PT hoy, donde se pregona que todos los Seres Humanos "son iguales", ocurriendo ante la Ley del Hombre (las constituciones en todo el mundo, muy bien escritas en el papel) en la práctica no existe. Iguales en términos de Derechos Humanos, (desde que no sean violados) de responsabilidades y obligaciones; de Derechos Humanos adquiridos, por las razones que Amnistía Internacional tiene que existir para luchar para que esa igualdad se haga realidad; la propia Declaración Universal de Derechos Humanos[415] de la ONU[416], derechos iguales que hasta inventó el racismo sólo para discriminar. La igualdad entre los seres humanos se pregona, pero en la realidad, en la práctica, no existe de verdad. Lamentable que no todos tengan el privilegio de poder vivir en el Mundo_c.

Es exactamente la desigualdad narrada y observada en el párrafo anterior la que explica de una manera clara y comprensible la razón del por qué no todos los seres humanos que habitan el PT, aun ostentando el GD, puedan o podrán hoy, o en el mañana, vivir en el Mundo_c, más la lucha para mantenerse con vida continuará eternamente, apenas como lucha.

El Ser Humano exige igualdad y para este caso vamos decir (suponer) que la igualdad exista, aunque ante una ley mayor, que es la Ley de la Biocosmos, todos somos desiguales. Ante esa ley mayor no existe un ser igual al otro en todo la Biocosmos. Y este corolario nos conduce a una realidad fría y serena, que concluye afirmando que en verdad no existe igualdad al tratarse de vidas relacionadas con la EH habitando en el PT. Vamos esperar las sorpresas que vendrán de los estilos de vidas que podrán ser descubiertas en los MEX o en otros mundos que podrán ser descubiertos prontamente, como muy

---

415 Todo individuo tiene derecho a la libertad de opinión y de expresión; este derecho incluye el de no ser molestado a causa de sus opiniones, el de investigar y recibir informaciones y opiniones, y el de difundirlas, sin limitación de fronteras, por cualquier medio de expresión." contemplada en La Declaración Universal de Derechos Humanos, de la ONU, Artículo 19.

416 ONU - DECLARACIÓN UNIVERSAL DE DERECHOS HUMANOS - Artículo 19.

insinuaron las primeras imágenes enviadas por el Telescopio JWebb en julio del 2022.

Todo este raciocinio obligatoriamente nos conduce hacia la reflexión necesaria; ya que estructural y genéticamente, así como energéticamente, todos los seres vivos son diferentes; nadie será igual a ti, según emana el precepto de la Ley de la Biocosmos. Tú eres único dice el libro Encorajándote[417]. Así entendiendo veamos las potencialidades y los reconocimientos seguidamente relatados porque ellos serán de utilidad extrema para aquellos que hoy son jóvenes y que pretenden vivir en el Mundo_c el mañana:

Nadie en el mundo es como tú, tú eres único, no hay nadie igual a ti. Eres el único responsable por tu vida, por tus actos y por el resultado de tus obras, no pudiendo achacar a alguien por lo que hiciste de mal, errado o ilegal. Si llegaste a la conclusión de que eres único y que estás consciente de esa realidad, sólo te queda confirmar que eres sin igual y el único que realizó todo lo que tienes como hecho hoy y también por todo lo que aún tienes por hacer mañana, que son las razones por las que te calificamos como siendo el único y el hacedor de todos tus logros[418].

---

417 Fuente: Encorajándote, USA, Alcides Vidal. Pág. 63 – 64.

418 Libro: Encorajándote, USA, Alcides Vidal. Pág. 173.

De la misma manera, todo el siguiente raciocinio, obligatoriamente conduce hacia la reflexión necesaria de poder hacer y obtener todo lo propuesto, forjar y tener, porque siempre el "Hacedor en la vida serás tú". Al respecto analicemos los siguientes pronunciamientos:

El Hacedor eres Tú[419]*. Si desde dos germinantes células vivas brotaste, pasando para una vida embrionaria para convertirte en feto humano, desarrollándote en un ambiente de una vida intrauterina, para luego ser alumbrado y nacer como un ser terrenal; hoy demuestras haber nacido y confirmas tu existencia como un ser viviente para vivir con tus hermanos y para poblar tu planeta, donde eres uno más de la EH en el PT superpoblándolo.*

Si desde un naciente bebe en crecimiento te convertiste en un niño, un joven, un adulto o un anciano, teniendo la oportunidad para vivir en los dos mundos, a **pesar de haber superado un sin número de dificultades, de todas ellas, airoso saliste,** *hoy sólo estás seguro que un día todo terminará para ti. Situación que no te preocupa hoy porque vives bien la vida y así continuarás, apto para estar viviendo en el Mundo_c.* **Concluyendo que el único hacedor de tus obras fuiste tú.**

---

419 Fuente: Encorajándote, USA, Alcides Vidal. Pág. 46 – 49.

Si cuando tuviste hambre saciaste tu voluntad comiendo; hoy, vives satisfecho. Si quisiste progresar, aspirando un día ser alguien; hoy eres eminente y derecho. Si ambicionaste estudiar; hoy eres sabedor, conocedor y preparado. Si anhelaste encontrar un lugar para trabajar; ya lo conseguiste y hoy te dedicas con ahínco a él, trabajando. Si ambicionaste tener algún capital; hoy posees y puedes gastar en este mundo consumista y aborrecido.

Si te afanaste en plantar un árbol; hoy, florece, te da sombra y energía y si aún no lo hiciste, la Madre Naturaleza continúa esperándote. Si te empeñaste en escribir un libro; hoy lo tienes, y si no lo hiciste una deuda todavía mantienes, porque lo ideal sería que hoy ya lo pudieras releer. Si en tu floreciente juventud aspiraste ser alguien en vida; hoy lograste tu voluntad y tus anhelos. Si como producto de tu aprendizaje llegaste a graduarte; hoy, eres un técnico, un especialista, un profesional o un científico del GD.

Si conseguiste un puesto de trabajo; hoy te convertiste en un trabajador experto. Si quisiste tener un patrimonio para tu conforto social; hoy lo tienes, pudiéndolo disfrutar a cielo abierto. Si cuando aquejado por el dolor viviste enfermo; hoy estas sano de esos males y estas bien para continuar la vida en segundo Mundo. Si existiera el Mundo_c serias el primero en querer vivir en él.

Si te das cuenta de toda esta larga lista de logros y de realizaciones que sucedieron en tu vida, entonces podrás concluir que todo no fue obtenido y ni realizado por suerte, no fue por azar o por milagro, no fue por obra de una mano divina y no fue por la presencia de un ser supremo, fue: porque tú pusiste empeño en lo que quisiste realizar y hoy, sientes que todo lo conseguiste. Es entonces cuando podrás concluir con lo siguiente: Si lograste realizar todo cuanto quisiste, deseaste y ambicionaste, para felicidad y para demostrar a tu propio cargo de conciencia todo lo que has realizado, la conclusión aclaradora es que todo lo hiciste tú y, sólo, con la contundente realidad y el mérito conseguido de que nadie te ayudó y nada fue obra de un milagro.

Si en este mundo terrenal y viviente (Mundo_ n) creías que no podrías salir del estado donde te encontrabas viviendo y, si dudabas de lo mucho que podrías hacer en adelante, referente a tus deseos y ambiciones, te equivocaste totalmente. Todo lo que quisiste lo llegaste hacer realidad, por eso: "El Hacedor fuiste y eres Tú, nadie te ayudó"[420].

Como la obra plantea, para VMTM existen dos mundos. Ellos son dos mundos totalmente diferentes. El primero es el Mundo Natural (**Mundo_n**), un único mundo para todos y sin restricciones. Ya el segundo Mundo (**Mundo_2**) es un Mundo Virtual (**Mundo_v** o **MV**) y no existe con las características como del primero. El Mundo_2 es un mundo totalmente particular y lo curioso, el Mundo_2 no es habitado por todos y es repleto de restricciones.

El Mundo_2 de aquí en adelante pasa a llamarse el "Mundo científico" (**Mundo_c**), que existe en términos del SV, exigiendo condiciones, con la única singularidad de que cada uno construye su propio Mundo_c. El agente principal que participa en el Mundo_c siempre es un REH. El Mundo_c, por su importancia, es un asunto tratado en capítulo aparte.

Entonces se hace necesario analizar algunas de las infinitas reflexiones para poder pensar en ellas hoy:

> *Piensa en ti y solamente en ti primero. Piensa en ti, sin olvidarte de las dificultades que estas encontrando en tu día a día, sabiendo muy bien que sólo tú podrás superarlas, del mismo modo sabes bien que el prójimo superará los problemas de él. Piensa en solucionar tus problemas prioritariamente y no en querer resolver el problema de los*

---

420 Fuente: Encorajándote, USA, Alcides Vidal. Pág. 173

demás primero. Olvídate que eres el único capaz de resolver los problemas ajenos, el tuyo es primordial. Todos los demás conocen sus propias inconveniencias y ellos saben muy bien cómo resolverlas y como vez, están luchando por solucionarlas, deja que los demás aprendan a resolver sus problemas solos concentrándote en los tuyos.

Piensa en valorizar tus propios actos como también es necesario que recapacites por todo lo malo que hiciste, en lo rudo que fuiste y en lo que aún eres, dándote la oportunidad de poderte corregir o reconciliar contigo mismo primero, siempre recapacitando porque tienes capacidad para realizar tus inquietudes sólo y piensa en el poder de corregir tus malas obras, sabiendo que siempre habrá tiempo para hacer realidad todo lo que deseas y que no es necesario correr demasiado ahora. Piensa en todo instante que es posible mejorar, hacer y alcanzar lo ambicionado a tiempo.

Piensa constantemente en ti. Piensa que tienes capacidad para hacer y fuerza para conseguir todos tus deseos, sólo, optando por nunca ser una persona sinvergüenza, o mal agradecida. Si alguien hizo algo de bueno por ti, por lo menos tienes que decirle

¡Muchas Gracias!, aunque sientas que te sea difícil reaccionar de ese modo. Reconoce la labor de los otros y piensa en darles el mérito a que todos ellos se merecen por el resultado que consiguieron. Piensa que todos los demás también son buenos como tú.

Si piensas en hacer el bien y observas tus alrededores con buenos ojos, el prójimo te agradecerá. Piensa que el mundo está poblado por vidas y que la tuya es apenas una de ellas. Piensa en velar por tus hermanos y en proteger tu medioambiente también. Piensa en que muchos practican el mal y que tú podrás enseñar hacer el bien. Piensa que vivir no es dejar pasar los días y las noches en vano, sino, la de cumplir un rol de ser participante de un sistema evolutivo viviente y terrenal. Piensa bien en los indefensos, ellos te necesitan y esperan mucho de ti.

Sabiendo que eres grande y humilde frente a tus potencialidades y ante las debilidades de los demás, enseñas lo que sabes sin egoísmo, convirtiéndote en ejemplo de bien, como también demuestras tus reflexiones frente todo lo que has podido hacer y con el tanto restante que aún podrás realizar. Entonces, piensa en la razón y en el poderío que tienes direccionándolo para ayudar. ¡Tú puedes!

Así siendo, eres único y así siendo podrás ser un serio candidato para VMTM en el Mundo_c"[421].

Superando todas las adversidades de la vida, y aun manteniéndote en ella, aspirando continuar con vida para ingresar al tan deseado segundo mundo, M2, MV, Mundo_c, no dejes esa tarea para iniciarlo mañana, esa acción tiene que comenzar hoy, en este preciso instante; ya que el mañana tan esperado nunca llegará. Es muy oportuno e importantísimo aspirar siempre vivir en el Mundo_c que con el tiempo el deseo se realizará, consiguiendo VMTM en él.

Para ambicionar continuar con vida en el Mundo_c, es importante tener presente la filosofía que narraremos seguidamente por que la consideramos de mucha valía para quien piensa que VMTM puede ser un deseo absolutamente alcanzable.

No esperes hacer mañana lo que puedes hacerlo hoy (decir popular). *Recuerda que el mañana es la máxima expresión de la ambición de hoy. El mañana es todo tiempo por venir, es la próxima semana, el mes entrante, el año que viene, el nuevo siglo y hasta el próximo milenio*[422]. *Pero el mañana no siempre es el día siguiente, puede ser un tiempo que no llegue más, o tal vez sea un*

---

421 Fuente: Encorajándote, USA, Alcides Vidal. Pág. 73 a 76.

422 Fuente: Encorajándote, USA, Alcides Vidal. Pág. 81 a 84.

lapso que jamás lo puedas vivir. Al mismo tiempo que llega la confirmación de que el mañana no es vivido por nadie.

El mañana puede no llegar y si está llegando puede ser muy tarde para vivir en él. El mañana no llegará para todos y esperando por él la vida se irá, muriendo sin recibirlo. Esperando por el mañana todos envejecerán, mientras que muchos otros duermen esperando que el mañana los despierte. Esta situación no acontecerá con muchos; lo que ocurre con los otros es que desconocen que lo único verdadero e infalible es que el mañana es el tiempo que los llevará a la tumba.

El mañana es inmóvil, somos nosotros los que nos movemos hacia él, sin poderlo alcanzar. No hay mañana que se encuentre en curso. El mañana no existe, él nunca llega. El mañana es un tiempo que siempre sólo está viniendo. El mañana es ambición para poderlo alcanzar un día para vivir en él, pero es un tiempo esperado que jamás es alcanzado.

Como el mañana no es vivido por nadie y sólo es posible vivir el presente, este preciso instante y el ahora, importante es vivir bien y disfrutar del presente ya. Si crees haber vivido el mañana es porque aún no has despertado. Verdad, todo el tiempo vivido fue ayer; el mañana será un día exacto, antes del amanecer del día de tu muerte.

Has permitido acumular demasiadas actividades en el día a día de tu vida. Si siempre dejaste lo que tuviste que hacer hoy para reanudarlo mañana, hoy estás recapacitando y te estás dando cuenta que es mejor hacer hoy todas las pendencias de ayer, que posponerlas para tenerlas que hacer mañana. Lo importante de tu recapacitación oportuna es que lo estás haciendo en un momento oportuno.

Ahora estás descubriendo que aún tienes tiempo para poner en día los pormenores de las pendencias de tus quehaceres. Sabes que el mañana que esperas no está por llegar o que está tardando demasiado en venir; hoy, tu propia situación te induce decidir por cambios de rumbo en tu vida y lo mejor, lo haces consiente de tu raciocinio, basado en tu propia realidad, lo mejor, sabes que tienes tiempo y crees en poder hacer hoy sin dejar nada para hacer mañana.

Sabiendo que el mañana nunca llegará, estás poniendo tus potencialidades para redundar en tu beneficio hoy; estás viviendo una vida plena y a cabalidad y, estás teniendo muchos buenos resultados sin esperar que el mañana tenga que llegar, porque: ¡Tú, puedes! Por lo tanto, eres un serio candidato para vivir en el Mundo_c"[423].

Identificado la "Complejidad de estar vivo" y, sabiendo que la vida continuará, uno de los buenos principios para intentar vivir en el Mundo_c se encuentra contemplado en el documento *"Actúa ahora, prevención es necesario y tiene prioridad"*[424].

La omnipotencia está latente en el espíritu de cada ser en el PT. Explorar esta singular característica y genial oportunidad es misión para utilizarlo en el bienestar personal.

Este es el momento oportuno para observar bien la situación actual. Actuar ahora, en este instante es muy oportuno para que nunca más pospongamos para otro tiempo el control de la salud y de cuidar de ella. Si todo lo podemos hacer hoy y en este preciso instante, llevando siempre en consideración que poder hacer todo lo que nos proponemos depende única y exclusivamente de uno mismo, ya que, esperar estar enfermo para procurar un médico, o para pedir cita en un

---

423 Fuente: Encorajándote, USA, Alcides Vidal. Pág. 81.

424 Fuente: Encorajándote, USA, Alcides Vidal. Pág. 81.

consultorio, centro de salud o en un hospital, es inaceptable. Considerado enfermo y sin poder mejorar de los males que aquejan es el mejor síntoma para explicar la inexistencia de cuidados preventivos adecuados, la falta de buscar un especialista o, de haber optado por la medicación oportuna. La recomendación útil para este caso es programar controles preventivos para la salud frecuentemente y, seguir rigurosamente las recomendaciones médicas. Cuidarse al máximo es posible. Si la enfermedad llegó, gran parte de la cura sólo depende de uno mismo. La salud está en las manos de todos, importante reconocer y considerar que no sólo quedamos mal por una enfermedad, estamos enfermos también por la mentalidad. Importante, no olvidarse que el espíritu también se enferma, curarlo mientras haya tiempo es la solución recomendada. Después, con todo lo que se ha identificado y recomendado, podremos cuidarnos a cabalidad. Importante encontrarse gozando de una relativa buena salud y con felicidad por todas las realizaciones y logros. Entonces, controlar la salud y visitar al médico ahora tiene que ser rutina y prioridad. Actuar de esa manera es darse cuenta de que querer es poder y que la salud tiene que tener prioridad. Demostremos que sabemos y

*podemos cuidarnos. Querer estar bien es un
deseo realizable por todos. ¡Tú puedes!*[425]

De igual manera, si te consideras hábil para superar la
"Complexidad de estar vivo", enfrentando todos los problemas
que la vida plantea y si también te comprometes superar todas
las adversidades que en esa caminata encuentres, debes tener
por seguro que querer es poder vivir un día en el Mundo_c.

*Si sabes bien cuanto más de pendiente tienes
por hacer y sabes cómo realizarlo a tiempo,
merecidamente te atribuirás la autoría por
todas las realizaciones, desde que no incluyas
a los otros como posibles ayudantes en tus
resultados.*

*Si demuestras que estás disfrutando de tu
vida a plenitud y si te sientes consiente de
la importancia que la vida tiene para ti, y
sientes tener marcada presencia en el PT,
como un oriundo REH, es porque sabes muy
bien quién eres.*

*Si reconoces que todo en la vida es posible ser
realizado, demostrando que tienes riqueza
en tu interior, con capacidad para hacer
sólo tus pendencias, apenas con tu poder de
determinación, sin esperar que nadie haga
algo por ti y, si todo este desconocido y largo
proceso de un exhaustivo viaje rumbo a la vida*

---

425 Fuente: Encorajándote, USA, Alcides Vidal. Pág. 161.

en el Mundo_c lo llegaste hacer realidad con éxito, obteniendo todo lo que ambicionaste y hoy, vez a tu gente orgullosa de ti, teniéndote como un ejemplo de superación y muchos de ellos hasta queriéndote imitar, es porque tú si puedes y no necesitas agradecer a nadie por lo que hiciste, por lo que haces y ni por lo que aún tendrás que hacer![426]. *Querer es Poder*[427]

Si quieres, entonces puedes. Si crees en ti mismo y confías en tu capacidad, lograrás hacer todo lo que te propones, con mayor razón si te preparas con ahínco para ello. Oír ejemplos de vida son necesarios, entonces, si vas para una competición preséntate con mente ganadora en todo instante. No basta conformarse en competir, todavía hay que aspirar la victoria. Va al certamen para ganar, de preferencia, la medalla de oro, nunca digas "me conformo, aunque sea, con la preciada de bronce". Durante la competición, persiste con tu pensamiento ambicioso, imagínate que estás triunfando y al final, serás el ganador. Tienes que estar auto inyectándote poderío con tu propia energía interna, tu insulina tiene que sobrar. Para obtener la fuerza suplementaria que requieres, tienes que verte en el pódium del vencedor durante

---

426 Fuente: Encorajándote, USA, Alcides Vidal. Pág. 128.

427 Fuente: Encorajándote, USA, Alcides Vidal. Capítulo XII Querer es Poder. Pág. 137.

todo el tiempo que dure el certamen. Más, si por circunstancias adversas a tu voluntad no consigues la victoria, no será porque no eres capaz de triunfar, sino porque no te preparaste bien. Si perdiste la contienda, analiza cuales fueron tus errores y piensa que en la próxima lid serás el vencedor. Claro, tendrás que vivir preparándote para que cuando ese día llegue, lo logres.

Considérate que eres capaz de vencer todas las competiciones, pero nunca te creas el mejor anticipadamente. Piensa en la alternativa que siempre habrá alguien mejor que tú y que es por eso que permanentemente te alistarás, para enfrentarlo y vencer, demostrando tu capacidad, buena preparación y probando que eres el mejor. Concéntrate en lo que eres capaz de hacer y pasa a preocuparte en mejorar tu rendimiento en cada instante. Los resultados obtenidos serán los mejores premios por tu dedicación y será la gloria quien se encargará en darte el mérito por tu labor.

Jamás pienses anticipadamente en la derrota. Considerarte derrotado antes de iniciar la justa es la peor conclusión a la que puedes llegar. Si es así, mejor no competir. Piensa siempre que eres un atleta, aunque no poseas esos dotes. Pensando de esta manera, siempre estarás preparado para una próxima competición. Estar listo para competir, todo el tiempo, debe ser tu determinación. Siéntete el vencedor, pero aún no te consideres ser el mejor.

Contempla la posibilidad de que siempre encontrarás alguien, con una fuerza mayor y superior a la tuya, para vencerlo o como mínimo igualarlo. Nunca dejes de aspirar llegar al lugar donde los campeones llegaron. Con tu espíritu de superación, consiguieras. Sabes muy bien que querer es poder. Ponte en acción ahora y en este preciso instante. Haz todo lo que necesitas hacer ahora. Nunca esperes que un milagro lo haga por ti; eso nunca ocurrirá. Pedir que ocurran milagros es cobardía, sinónimo de comodísimo y es esperar que otro lo haga por ti. Trázate metas para el nuevo día que comienza. Haz todo lo relacionado con tu persona, tu salud y con tu vida en plena acción, adecuadamente. Enfrenta tu realidad sin vergüenza. Lo que tienes por hacer tiene que ser hecho, sólo por ti. No dejes que tus quehaceres se acumulen. Ellos te traerán muchas preocupaciones y con ello vendrán más problemas.

Este es el momento para verte en acción. Actúa ahora, que éste es el momento ideal. Ponte en acción, no esperes que alguien venga para hacerlo por ti, porque no vendrá y si viene, no lo hará. Eres tú, el único quien podrá realizar lo que deseas hacer. Actúa ahora que lo lograrás. Ponte en acción, que aún tienes mucho por hacer. Si te detienes hoy todo se acumulará y tus planes se detendrán. Por todo lo que se ha demostrado hasta aquí queda evidenciado que el hacedor eres tú.

La vida te ha deparado un sin número de dificultades. Del mismo modo, te ha brindado igual número de oportunidades. Superarlas o no, sólo depende de ti. Cuando evalúes al tiempo que ha pasado no deberás lamentarte y ni maldecirte por tus derrotas o fracasos. Por todo lo que hiciste, escogiste y realizaste o dejaste de hacer, tienes gran reconocimiento. En lo que va de tu existencia ¿Quién hizo todo lo que fue realizado en tu nombre? Nadie, fuiste tú el único hacedor. No te olvides: Nadie hizo nada por ti y ni lo hará. Reconoce con coraje que fuiste el hacedor. Continúas acumulando ambiciones; logras todo lo que te propusiste tener y hacer; con seguridad, conseguirás hacer realidad todas tus nuevas ambiciones y obtendrás todo lo que te propusiste tener y hacer.

Actúas con cautela y siempre estas realizando obras, obteniendo grandes resultados y muchas satisfacciones, entones, reconoce tu capacidad, tu talento y tu voluntad de poder hacer las cosas. Sabes que eres capaz de vencer; siempre estás aspirando el triunfo y nunca piensas en la derrota, basándote en el resultado de tu propio esfuerzo y en tus dotes de vencedor, porque demostraste poder. Ahora te perfilas como el candidato para vivir un Mundo científico, el Mundo_c[428].

La "Complexidad de estar vivo" realmente es complejo. Aprendimos vivir ante el eminente peligro que en muchas veces hasta nos llegamos olvidar de él. La humanidad corre para conseguir sus objetivos, en muchos de los casos, olvidándose de su fragilidad. De ahí, las confesiones sinceras de los logros y fracasos son lecciones de vida y forman un inventario valioso que sirve como el cimiento para las futuras edificaciones. Si aspiras VMTM en el Mundo_c ciertamente así será. Luego, geniales realizaciones, juntamente con tus sinceras confesiones vendrán en seguida, como conceptos útiles para una vida mejor[429]:

Confieso que a cada día que pasa más y más quiero vivir. Confieso considerarme fuerte, inteligente, pudiente, ambicioso y que he logrado hacer realidad todas mis

---

428 Fuente: Encorajándote, USA, Alcides Vidal. Capítulo XII Querer es Poder. Pág. 137.

429 Fuente: Encorajándote, USA, Alcides Vidal. Capítulo XII Querer es Poder. Pág.199.

ambiciones. Confieso que me encuentro en el lugar donde siempre soñé estar, o por lo menos que estoy muy cerca de él. Confieso poseer todo lo que antes quería tener y que continúo queriendo más y más todos los días. Confieso que si no llegué a concretar todos mis deseos y ambiciones es porque aún estoy en ese proceso. La seguridad es que tarde o temprano lograré hacer realidad todas mis ambiciones. Confieso que todo lo que conseguí y realicé, lo hice sólo, sin pedir ayuda a nadie, confirmando, ninguno me ayudó.

Las confesiones fueron para clarificar y reconocer la verdad ocurrida en el transcurso de la vida y las conclusiones vienen para completarlas.

Concluyes que fuiste capaz y lo mejor, pudiente, entendiendo muy bien todo lo que te propusiste hacer, porque lo hiciste con seguridad, calidad y en el menor tiempo, consiguiendo las realizaciones con seriedad y manteniendo tozuda dedicación por alcanzar los anhelos del día a día; la conformidad no forma parte de tu estilo de vida, siempre fuiste anhelando, así siendo, nada podrá paralizar tus emprendimientos porque siempre estarás superando nuevas barreras. Así entendiendo, vives atento por todo lo que está ocurriendo en tu vida y hasta te das tiempo para ver qué es lo que ocurre con la de los demás, pudiéndolos socorrer. Sabes muy bien que tienes méritos abundantes para considerarte el hacedor y que ya no piensas ni esperas que otros hagan algo por ti. Es cuando con humildad aceptas ser el hacedor, capaz, pudiente y las gracias por todo lo realizado ahora son solo para ti mismo.

Si sabes que la vida te deparó innúmeras dificultades y de todas ellas saliste vencedor, con seguridad, continúas existiendo un tiempo mayor, entendiendo que fuiste y eres capaz de sobreponerte ante todo y lo mejor, prometes que así continuarás siempre. Pero el hecho de saber que puedes y que eres capaz de hacer todo lo que te propones, no quiere decir que seas un pedante, creído e indolente, tampoco que tengas que dar tus espaldas para los demás. El resultado de tu evaluación quiere decir que tienes capacidad; posees un gran espíritu de bondad; tienes condolencia por los demás; eres el impulsador de tus logros; eres hábil y, mientras vives, todo lo podrás hacer y obtener; harás realidad tus sueños y todo lo que te propones realizar, sin necesidad de recibir un empujón de nadie.

Es clara y muy oportuna tu confesión, sobre todo cuando dices que ahora puedes entender mejor y con clareza todo lo que esta obra se propuso transmitirte. Manifiestas saber y poder entender mejor lo grande y pudiente que eres y que no necesitaste pedir ayuda a nadie para realizar tus deseos, estando siempre demostrando ser capaz de poder hacer y estar ambicionando cada vez más. Supiste que vivir la vida no sería fácil de enfrentarla con comodidad, sin embargo, lograste salir airoso de tus problemas, enfrentándolos con convicción, proponiéndote ser firme y, de aquí en adelante, demostrarás con ello que eres capaz de hacer con calidad, todo lo que te propones, sin esperar que el milagro ocurra en tu vida, porque sabes que el milagro jamás ocurrirá.

Ahora confiesas y reconoces entiendo bien lo que este autor te dice y, para tu manera de ver y entender, ya eres tu propio Dios y reconoces que es a ti mismo a quien tienes que agradecer por todo lo que has logrado hacer hasta hoy día.

La "Complejidad de estar vivo" no solamente es una situación de las especies, los propios planetas pasan por etapas de peligros eminentes. El propio PT se encuentra en su "Rumbo al Final", mientras que la EH está en su rumbo al Mundo_ c, hasta con ambiciones de un Mundo Superior que sería el Mundo_sC. Son contrastes conflictivos con la realidad que merecen ciertas explicaciones que las estamos encontrando en la Conclusión de los Dos Mundos.

Vivir en el Mundo_c no solamente implicará en VMTM y dejar la vida pasar, también es vivir con dinamismo, energía, performance, destaque y utilizando los dotes exclusivos que caracterizaran a la vida en ese nuevo mundo, trayendo a relucir siempre, la singular condición de que la EH ha adquirido el GD en el PT.

Un ejemplo que puede explicar mejor y con mayor facilidad es con el auxilio del empleando la RIA, elemento auxiliador ya comentado anteriormente. El verdadero uso de la RIA sería cuando un MicroBioStorageChip, con interfaces interactivas con otros MicroBioComponentes, incorporado o simplemente conectado al cuerpo del Ser Humano, pueda almacenar información que los ojos están leyendo (viendo) en la pantalla de un computador o en el de la televisión para que luego, más tarde, esa misma información pueda ser transferida para otra computadora (algo así como si se usara la tecla "control c" en una computadora y "control v" en la otra computadora, que nada más seria hacer un *"copy"* en un lado y *"past"* en la computadora que está en la otra sala. Explicado de otra manera: Ver algo en un lugar (computadora) y luego usando la memoria humana, almacenarla, vía lectura ocular y luego copiarlo (transferirlo) a la otra computadora, con la fuerza mental. (Para eso será necesario inventar primero el "SúperControl-C" (**SCC**) y el "SúperControl V" (**SCV**)) para hacerlo realidad. Una situación inexistente hoy. Más, este ejemplo será posible en el futuro, hoy día, la tecnología existe, pero el dispositivo y los procedimientos aún están por ser construidos, aprovechando la potencialidad que brinda la ostentación del GD. Todos estos avances también formaran parte de los causantes del ingreso del humano a la plenitud de la vida en el Mundo_c.

Así siendo, la Complejidad de estar Vivo deriva del propio Sistema Viviente que el PT deja a disponibilidad para la realización de la vida de las especies, como siendo su Sistema de habitabilidad, para que las especies de: animales y vegetales, puedan existir y desarrollarse; luchando en todo instante para poder mantenerse vivas. Tal y como lo anuncia el TVL, desplazándose sobre la LT, dentro de un MSV, un mundo mayor, que el PT posee, más que, lamentablemente ya se encuentre en su definitivo y acelerado RF.

Por lo que concluimos que la vida de un ser, de cualquier especie, enfrenta grandes dificultades para continuar con vida desde el instante de su procreación, entonces, continuar con vida realmente es un constante desafío y problema por enfrentar en todo instante. Como ya comentamos antes, el peligro al que nos referimos es vivir propensos de morir involuntariamente en cualquier instante.

En el caso del PT existe un mundo animal donde uno es comida de otro, o, los otros son devorados por los unos. Esa es la razón que hace del Ser Humano ser un constante luchador por la vida y en medio de esa lucha descubre que hace, construye, actúa, inventa y aprovecha todo lo que está a su alcance con el deseo de poder continuar vivo y superar todo tipo de adversidad. Lo que resumiríamos diciendo que el REH quiere aprovechar hasta parte de su último suspiro viviendo, como un incansable luchador. Razón del porqué de la "Complejidad de estar vivo".

II) Los Mundos Virtuales

Los extremadamente novedosos Mundos Virtuales (**MV**) realmente son virtuales en su existencia más que esta obra los trae a luz como si fueran verdaderos mundos de extrema realidad y que se encuentran marcando presencia con naturalidad dentro del SVT. Bajo este concepto se encuentra incluido el PT como el primer ejemplo estable en el campo de los MB que agrupa y estudia a los MV en el proceso del SV.

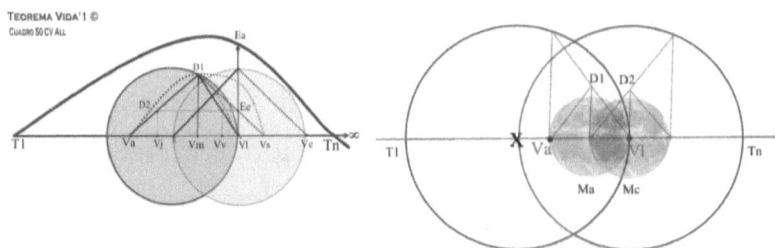

Los MV también son mundos lógicos en su funcionalidad y en la secuencia que ocupan dentro del SV. Los MV pueden migrar para mundos reales en circunstancias cuando el estudio trata específicamente la vida de un único individuo o de una persona específica. Como un mundo real siempre estará presente en el tradicional modo de observar la vida representando al valioso tiempo que un ser emplea, viviendo bajo ese ambiente.

Sabemos que el PT es un mundo físicamente existente y que es un mundo que realmente existe, pero para incluirlo como un planeta dentro del esquema de los MV, primero pasaremos a llamarlo de "Mundo natural" (**Mundo_n**). Con esa observancia y nominación el PT pasa a formar parte de los MV de aquí en adelante como siendo el "Mundo_n".

Así entendiendo el "Glorioso Futuro" vendrá como muy bien fue anunciado en primicia en la obra "Rumbo al Final", en 2016[430]. Hoy, ampliamos el concepto ingresamos de lleno en el "Glorioso Futuro" con las energías vivientes que produce el nuevo concepto de los MB bajo el tema de los MV.

Oportuno recordar el importante proceso en el que el PT se encuentra, el Rumbo al Final – La Agonía del Planeta[431]. Dentro de esa reflexión el advenimiento del MV aparenta ser una controversia sin precedentes ya que con él estamos noticiando el advenimiento de nuevas condiciones de vida, permitiendo que la EH pueda beneficiarse de las oportunidades creadas por el Glorioso Futuro que brindará el MV, bajo el lema VMTM es posible.

Así siendo, no podemos quitar el ojo al naciente ambiente que involucra el MV cuando vislumbramos promisoras, ambiciosas y fantásticas épocas venideras, que el tiempo se encargará de hacerlo realidad, desde que la concientización,

---

430 Rumbo al Final – La Agonía del Planeta. Alcides Vidal, 2016. Páginas 40 al 50.

431 Rumbo al Final – La Agonía del Planeta. Alcides Vidal, 2016. Páginas 40 al 50.

en términos de comportamiento y conducta humana, para mejorar el estándar de vida, cuidando cada vez más y mejor el medio ambiente, sea su consigna general. Más también no podemos dejar de contemplar con seriedad la continuación del proceso que compromete al PT que se encuentra en su imparable RF.

Los gloriosos MV aparentan ser conceptos novedosos, más aún, tratándose del SV en el PT. No obstante, con bastante seguridad aseguramos que el fenómeno "Virtual" no es nada novedoso, es un concepto antiguo y ya bien conocido. Lo que puede ser nuevo es cuando lo utilizamos de manera compuesta o integrada, incluyéndolo dentro del propio SV en la discusión del Glorioso Futuro que el MV traerá cuando entre en acción para los que oportunamente lo desearon disfrutar, construyéndolo.

Lo que esperamos en esta obra es que la propuesta del advenimiento de los MV sea clara, tanto en su concepto lógico como en su realización y en la manifestación de los resultados esperados. Por esta razón traeremos a escena algunos casos que nos puedan servir como ejemplos comparativos para mejor explicar y entender al MV.

Presentar al Glorioso Futuro, producto del advenimiento del MV no es materia fácil de explicar ni asunto simple para entender, por lo que encontramos dificultad para exponerlo con naturalidad, ya que los MV se presentan como una situación compleja. Ahora, querer mostrar cómo nace el MV, como aparece o porque existe y cómo es su funcionalidad, es asunto de una complejidad mayor, generando una interminable lista de cuestionamientos. Así siendo, ante la dificultad para entenderlo bien y poderlo explicar mejor, de manera clara y objetiva, sobre todo tratándose del alcance del Glorioso Futuro que propiciará el MV, vamos emplear un concepto que fue bastante popular en el pasado, como un buen modelo para nuestro caso.

En la segunda mitad del siglo pasado del milenio que se fue, largamente fue utilizado un Sistema Operacional de computadoras que muy bien sirve hoy para representar lo que el MV significa en esta obra.

Así siendo el ejemplo que vamos utilizar seguidamente se sustenta en el advenimiento de la arquitectura de sofisticados sistemas operacionales utilizando el fenómeno de la "Virtualización de los Procesos y Operaciones"[432], usando la "*Virtual Machine*" (**VM**), "Máquina Virtual" (**MV**). Esta tecnología fue instituida por la International Business Machine (**IBM**) en sus famosas computadoras de la "Serie IBM *System*/370 – VM/370"[433], en los idos de la década del 70 del siglo pasado.

No entendemos más inexplicablemente ese sistema no fue tan difundido en la sociedad de los actuales tiempos, más que técnicamente marcó una época de gloria entre los técnicos y usuarios de su época. Parte de lo que colocaremos como

---

432 Virtualización de procesos, gracias a las facilidades del empleo del sistema IBM VM/370 Time-Sharing Systems y VSE.

433 Systems/370: Libro "System/370 Principles of Operation. Cursos, IBM, AV. Guzmán Blanco, Breña, Lima Perú, 1975s. IBM Systems Journal (Vol. 15, issue 1, 1976, USA.

ejemplo aquí, aun lo podemos encontrar funcionando en Estados Unidos, Alemania y en otros países en el mundo.

El concepto *"Virtual Machine* - Máquina Virtual", "VM/370", fue anunciado por la IBM como siendo un Sistema Operacional de su computadora de grande porte (mainframe) que facilitaba la definición, creación y el gerenciamiento de sub máquinas, todas ellas virtuales. Igualmente soportaba sub sistemas operaciones dentro o bajo el mismo techo (sistema), como ejemplo el "Sistema VSE" o el MVS operando simultáneamente. De ahí su nombre: *"Virtual Machine"* (VM), en adelante, la Máquina Virtual **[VM]**, que nos ayudará sirviéndonos de ejemplo cuando sea comparado con el funcionamiento de los "Mundos Virtuales" (MV), como es el caso del "Mundo_c", foco del estudio en esta obra.

Así siendo, la computadora IBM con sistema que soporta a la "Virtual Machine" **[VM]**[434], marcó una década de sucesos del fenómeno que daba inicio a la masiva utilización de la novedosa "virtualización", que en este ejemplo se resume en un poderoso Sistema Operacional, instalado en una poderosa computadora, con abundantes recursos, sobre todo en lo relacionado al almacenamiento (Storage) y sus periféricos (hardware)[435], de ahí vienen también los nombres de los otros Sistemas Operacionales[436], muchos de ellos existiendo

---

434 La [VM], sistema operacional de la computadora traía también como componente incorporado al también famoso aliado, sistema "Virtual Storage" (VS), otro concepto de suceso popularizado por la IBM.

435 Periféricos: (impresoras, unidades de disco magnéticos, unidades de cintas magnéticas, terminales, etc.).

436 La [VM], sistema operacional con denominación VSE, el "Virtual Storage", OS/VSE, DOS/VSE, VM-VSE y MVS

y todavía en funcionamiento en la actualidad, sobre todo en EEUU.

La [VM] IBM Serie 370, en sus más diferentes modelos[437] tiene la particularidad de crear y gerencia "Múltiples Máquinas Virtuales", esto es, máquinas totalmente virtuales, pero de uso u operación muy transparente, como si todo existiera de verdad, para quien lo está usando (programando, operando y administrando).

En esta parte del ejemplo vamos usar la situación que se asemeja al funcionamiento de los MV bajo el SV que esta obre resalta, sobre todo cuando trata del Mundo_c y del "Ma_c".

Para iniciar la explicación primero preguntamos: ¿Cómo funciona la [VM]?

Tratase de una computadora de grande porte[438] sirviendo para ser comparada con el PT. Piense ahora en el PT como si fuera esta computadora, como si cada uno de los lectores estuviera construyendo su propia [VM] que en la realidad vendría a ser su Mundo_c) y su "Ma_c" con mucha capacidad en términos de *hardware* (periféricos).

Luego, en la Computadora [VM] IBM Serie 370 del ejemplo será creada una sub máquina, una Máquina Virtual ([VM]) pada cada usuario que lo requiera (una computadora para trabajar como si todos los periféricos realmente existieran en

---

437 Modelos: Generaciones o configuraciones específicas, en características y capacidades. IBM 370/128, 145, 155, etc.

438 Computador: Muy bien equipado con abundancia de hardware, software específico e poderío de procesamiento.

la realidad, formando una computadora como si físicamente existiera).

Para mejor ejemplarizar nuestro caso vamos imaginarnos que tenemos tres empresas necesitando trabajar de manera independiente[439] y utilizando la computadora. Para que eso ocurra, vamos crear una [VM] para cada una de las empresas. Esto quiere decir crear una computadora, máquina virtual [VM] para cada empresa de la siguiente manera:
1) Computadora virtual o [VM] para la "Empresa_**A**", **"Usuário_1",** de la siguiente manera: La [VM] **"Usuário_ 1"** estará configurada con los siguientes periféricos: dos unidades de discos magnéticos (HD), tres unidades de cintas magnéticas (cartuchos), un lector de "Floppy Disk" o DVD y una impresora. **2)** Computadora virtual para la "Empresa_**B**", **"Usuário_2"** configurada así: La [VM] **"Usuário_2"** estará configurada con los siguientes periféricos: tres unidades de discos magnéticos (HD), cuatro unidades de cintas magnéticas y una impresora. **3)** Computadora virtual para la "Empresa_ **C**", **"Usuário_3"**, configurada así: La [VM] **"Usuário_ 3"** estará configurada con los siguientes periféricos: cinco unidades de discos magnéticos (HD), dos unidades de cintas magnéticas y dos impresoras.

De esta manera fueron definidas las tres [VM] (máquinas virtuales), una para cada empresa (Empresa_A, B y C), como si las tres computadoras realmente existieran físicamente. Así, cada empresa posee su propia computadora ([VM]) y, como

---

439 Simulando: Imagínese que son tres jóvenes personas decidieron vivir construyendo su futuro Mundo_c..

se observa en el ejemplo de simulación, estamos utilizando tres usuarias que se benefician de las facilidades del Sistema Operacional VM, IBM.

A partir de este momento cada una de las tres empresas citadas sutilizará una computadora virtualmente creada, [VM]), Usiário_1, 2 y 3, para que sus técnicos (operadores, programadores, analistas y sus usuarios) puedan desempeñar sus funciones laborales de forma independiente y con autónoma, trabajando como si lo hicieran en una máquina real (físicamente) instalada en su propia empresa.

Cada empresa está utilizando su respectiva computadora (una [VM]), como si en la práctica, la computadora realmente existiera físicamente. El resultado obtenido es fenomenal. Es tan colosal, que hoy día podemos encontrar algunas computadoras funcionando bajo esa modalidad, también simulando múltiplos Servidores de Internet, en EEUU, Alemania y otros en otros países.

Al incluir el ejemplo de la [VM] notamos que hemos conseguido demostrar que, en la única Computadora IBM, tres empresas (Empresa_A, B y C) pudieron ejecutar sus trabajos rutineros, utilizando apenas las ventajas del "Mundo Virtual" (MV), la computadora [VM] o la "VM", una para cada empresa y que físicamente nunca existió como tal. O sea, las tres computadoras [VM] nunca fueron instaladas físicamente, en ninguna de las tres empresas. En la práctica lo que ocurrió fue que para cada una de las empresas les fue destinada una computadora con los periféricos y características que ellos mismo solicitaron. Así entendiendo y terminada la jornada de trabajo, los funcionarios de las tres empresas, consiguieron entregar el resultado del trabajo realizado en las [VM], como ya sabemos, formaba parte de una única computadora central, de la empresa IBM, esta si existía físicamente (haciéndonos recordar al Mundo_n, que es nuestro tema principal).

En adelante utilizaremos este ejemplo para poder hacer entender mejor cómo funcionan los "Mundos Virtuales" (MV), tratándose de la EH del GD y su SV en el PT.

Volviendo a la secuencia del tema, el REH habitando el PT, ostentando el GD, nace en el Mundo Terrenal, la Tierra, que didácticamente y como un buen sinónimo ya lo hemos bautizado de "Mundo natural" (**Mundo_n**), un Mundo físicamente existente (recordándonos a la computadora principal (VM) del ejemplo dado).

Aprovechando la didáctica del ejemplo que utilizó la computadora [VM], podemos continuar con el foco del tema principal, los MV, observando que el REH, ostentando el GD en el PT, está demostrando que quiere, puede y consigue "VMTM" en su mundo principal, el PT, mundo que físicamente existe y que esta obra lo identifica ahora como el Mundo natural (**Mundo_n**) (volviendo al ejemplo, equivaliendo a la computadora principal de la IBM).

Bajo el tema de los MV, volveremos al SV en el PT y como se puede observar, esta situación exige compleja explicación, porque hay todavía que exponer la razón lógica de la situación y todos los conceptos restantes para poderlo explicar y entender con facilidad cómo funcionaría el MV o explicar el por qué no es disponible genéricamente para ser usado por todos.

Antes de avanzar con el MV necesitamos traer al tema a la propia historia, sobre todo para recordar que la EH, allá por la Era del Paleolítico, tenía como EV, tiempo para vivir, en media, apenas 22 a 33 años. Esa misma EV mejoró para los 35 años en la Era del Bronce. Avanzando para la Era en la Antigua Roma, cuando la EV permanecía en los 28 años; mejorando en la Era Norteamérica Precolombina para 25 a 35 años. En la Era del Califato Islámico la EV salta para los 35 años. Ya iniciando el siglo XIX, la EV de vida se amplía para 35 a 55 años, ingresando al siglo XX con una EV entre 50 a 65 años. Ya en los inicios de este siglo (XXI) la EV se mantiene entre los 52 a 69 años, llegando a la primera década de este milenio con una media mundial de 70 a 73 años[440]. Con lo que ya podemos definir mejor la EV, que, a mediados de esta década, se reflejaba de la siguiente manera: África, 58; América del Norte, 77; América Latina y el Caribe, 72; Asia, 70; Europa, 74 y Oceanía, 75 años.

Del mismo modo sabemos que cada país tiene bien definido su propia Expectativa de Vida (**EV**) o, Esperanza de vida para su población, por ejemplo, entre los países con mayor EV encontramos a los siguientes: Japón, 83, seguido por los siguientes países: Australia, Canadá, España, Islandia, Israel, Italia, Liechtenstein, Noruega, Singapur y Suiza, todos con 82 años. Opuestamente podemos encontrar a los siguientes países con la menor EV: Chad y República Centroafricana,

---

440 Fuente: ONU, Informe Anual 2016.

52; Costa de Marfil y Nigeria, 53; Lesoto, 54; Sierra Leona, 51 y Somalia, 56 años.

Genéricamente observando y como la propia historia nos está demostrando, la EH, habitando el PT, está comenzando a vivir más tiempo, esto quiere decir que está mejorando su EV con el transcurrir del tiempo y, en términos de desarrollo cerebral, no se quedó atrás, ya que, como largamente fue anunciado, ha logrado atingir el GD[441].

Con el lema redundantemente mencionado "VMTM" se espera que el glorioso futuro de la EH se haga realidad durante este milenio. Serán los momentos cuando la EH del GD en el PT, se considere capaz de vivenciar todo lo que en el pasado fue esperanza, viéndolas hacerse realidad. Al mismo tiempo que se sorprenderá al sentir de cerca que el Rumbo al Final, la agonía del planeta[442], es verdadero y que sigue su imparable curso sin detenerse hacia su culminación.

En el medio de estas manifestaciones este trabajo trae a luz la futura condición de la continuidad de la vida de la EH en el PT y futuramente fuera de él, pudiéndose cumplir en planetas como en los MEX, con la realización de las Migraciones interplanetarias, como ya fue noticiando aquí.

Bajo esa línea de raciocinio, en adelante presentaremos la opción de la continuación de la vida en un Mundo Virtual (**MV**), consolidándola en la "Vida en Dos Mundos" (Vida

---

441 Rumbo al Final, Alcides Vidal, 2016, La Especie Humana logra el "Grado D", Paginas 102 – 107.

442 Rumbo al Final, Alcides Vidal, 2016, La Vejes del Planeta Tierra, Paginas 33 -40.

en el Mundo_2) o, "Vida en un Segundo Mundo" (**V2M**), finalmente quedando llamado de la "Vida en el Mundo científico" (**Mundo_c (M_c)**), que vendrá para consolidarse sustentablemente, colaborando y complementando las situaciones ya identificadas en la formulación de los objetivos futuristas que tienen como meta el inicio de las Migraciones interplanetarias, bajo la consigna de "VMTM" en el PT y fuera de él también.

Aprovechando el posicionamiento dado, al mismo que consideramos sea exagerado, enunciado fantasiosamente, observando y noticiando que la vida podría expandirse hasta en Tres Nuevos Mundos, es que incluimos este título, "Los Mundos Virtuales", para explicar también que la primera opción o situación, vida en el Mundo_2, V2M, podría hacerse realidad masivamente al finalizar este milenio (M2), fortaleciéndose en los inicios del próximo (M3). Esperanza que estará condicionada al cumplimiento de algunas acciones fundamentales que deben ser ejecutadas a rigor y que están relacionadas con la minimización de las causas y efectos de las acciones que apuntan como siendo las fuentes aceleradoras del Rumbo al Final del PT, atribuidos también a la responsabilidad humana.

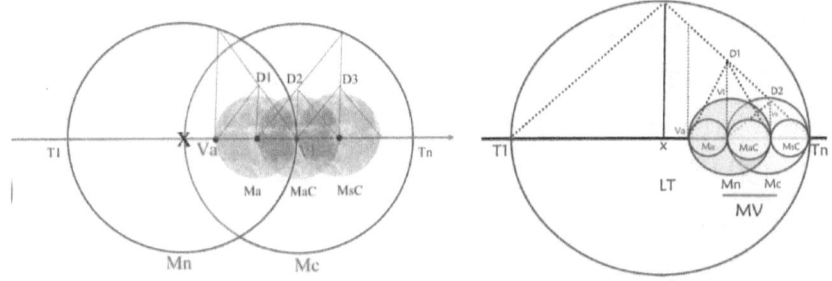

Para imaginarse mejor el inicio de la Vida en el MV, o V2M y poder verlo hecho realidad, inicialmente la Sociedad Mundo tiene que concientizarse que el maravilloso e increíble Sistema Vida del PT (SV del PT) VdelPT y VenPT, hoy altamente viviente, es transitorio. Así siendo, es necesario comprender que el REH no deje pasar su quehacer cotidiano en vano; en otras palabras, vivir vegetando, él tiene que condicionar su existencia hacia una vida mejor, saludable y futurista; visando siempre tener una vida superior y prolongada; viviendo en armonía constante con la naturaleza y con los demás seres con quienes comparte el mismo hábitat, sin perjudicar ni destruir; ya que estas condiciones son absolutamente realizables"[443]. Por lo que estas consignas exigen recapacitar y reflexionar mejor, desde hoy, y haciéndolo con conciencia a cabalidad y con mucha responsabilidad.

> *"Sabemos muy bien que tenemos vida corta y limitada, pero vivimos, la mejor parte del tiempo, como si fuéramos inmortales".*

Para contribuir y para entender mejor la esperanza de poder y tener un mundo promisor y mejor, esta obra desarrolla el tema Vida en Dos Mundos (**V2M**), (Vida en el MV, Vida en el 2º Mundo, Vida en el Mundo científico) diseñándolo en la "Curva de la vida" (CV), aprovechando la metodología del Teorema Vida'L, TVL. Pero antes se hace necesario tratar la grandiosidad alcanzada por el REH en el PT, formando parte de la G2M y ostentando el GD ingresando en los Mundos Biocósmicos.

---

443 Rumbo al Final, publicado en abril 2016, USA.

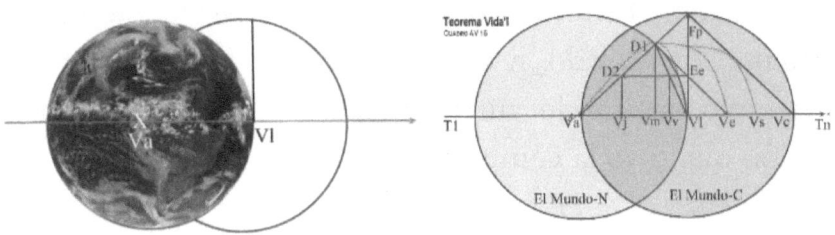

III) Los Mundos Biológicos

Seguidamente trataremos el tema sobre los Mundos Biológicos (**MB**), definidos desde varios ángulos de observación y bajo diversos frentes de investigación. Para poderlos definir sucintamente, diríamos que los MB, para esta parte del estudio, son dos: **1)** El Mundo Natural y **2)** El Segundo Mundo. No obstantes, ya anticipamos la posibilidad de existir muchos más MB para que sean contemplados en adelante[444].

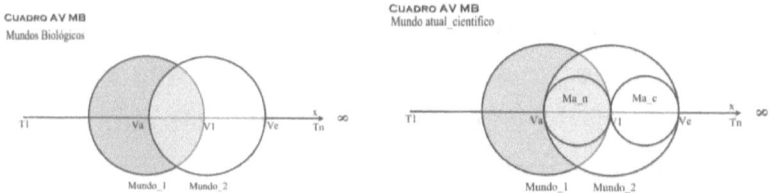

1.- El Mundo Natural (**Mundo_n, M_n**), llamado también de Primer Mundo o Mundo_1. El "Mundo_n" es el mundo donde se nace, crece, en el que se continúa viviendo y el mundo donde se guardaran todos los restos al ser enterrado. Entonces, el Mundo_n nada más es que el Mundo Real (**Mundo_R**).

---

444 NOTA: Estamos dejando de lado en la agrupación inicial a los "Otros MV", como al que ya conjeturamos como siendo el "Mundo súperCientífico" (M_sC) y los otros MV que integragrarán el grupo en un futuro distante, condicionados y observando a los muchos otros posibles MB que se podrán encontrar en los MEX.

Resumiendo, el Mundo_n es un Mundo Mayor, absoluto y existente. El Mundo_n es el propio PT. Según demuestra el ejemplo utilizando anteriormente, el Mundo_n tiene la función que tuvo la computadora principal de la IBM.

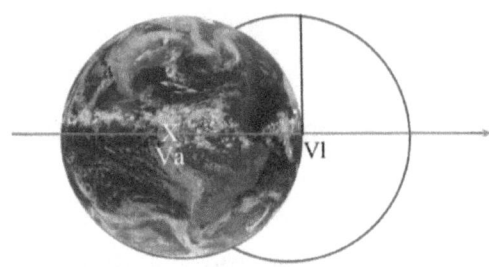

2.- El Segundo Mundo o (**Mundo_2**) es un Mundo Complexo, un Mundo Virtual (**MV**), un Mundo Construido individualmente, o sea, es edificado por cada uno y queda condicionado al perfil de quien lo construye. Cada uno de los individuos construye su Mundo_2, con sus características personales y pasa a ser el dueño de su propio Mundo_2. Para poder hacer realidad al Mundo_2, cada REH tiene la oportunidad de construir su propio Mundo_2. (Aquí podemos colocar el ejemplo de las tres empresas trabajando con las [VM] bajo el Sistema VM de la computadora IBM).

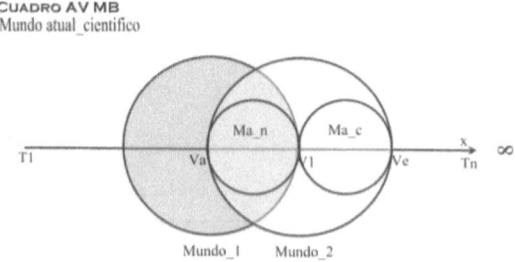

El Mundo_2 es también apoyado por la ciencia que grandemente llega ayudar en su desarrollo, especialmente desde la G2M, del GD.

El Mundo_2 es muy influenciado por la ciencia, bajo diferentes factores, razones por la que también lo estamos llamando el "Mundo científico" (Mundo_c) o (**M_c**).

En conclusión, los dos MB que el tema trata se resume en que el Mundo donde se nace es el "Mundo_n" y, el Mundo que se Construye es el "Mundo científico" (**Mundo_c**), en conjunto, forman los dos Mundos Biocósmicos Virtuales (**MBV**).

El Mundo_c (Mc) es el resultado de la dedicación en el proceso para construirlo, uno a uno, como algo deseado y para mejorar. También es un mundo para continuar con una nueva etapa de la vida que el destino depara para cada uno, más que no todos tienen la oportunidad de poder vivir en él.

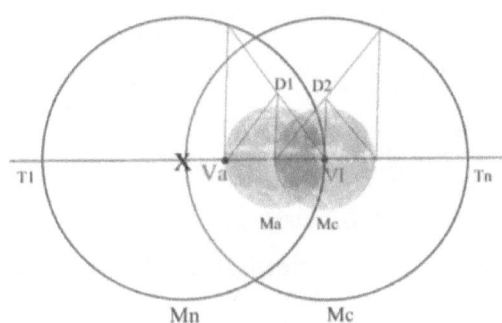

En el ámbito de las EB existe la real opción de extender la vida ingresando en otro mundo real, pero Virtual, Biocósmicamente observado, MBV. Esta idea y tema, contempla también continuar viviendo fuera del PT, como el resultado de la Migración Planetario, que significa mudarse para otro planeta, que bien puede ser algún MEX u otro. La opción existirá siempre. Mientras esta idea no toma cuerpo, permaneceremos con las opciones de la vida en los MBV, dentro del PT.

Repitiendo, el Mundo donde se Nace y Crese es el Mundo_n, este mundo, este tiempo y esta vida. El Mundo_n es el mundo limitado, restricto y muy sensible. Es el mundo en el que se vive y al cual se cuida, consecuentemente es posible vivir libre y con felicidad en él, ya que el Mundo_n responde en la medida del comportamiento de quién lo habita como huésped. Cada ser viviente es responsable por el bienestar del Mundo_n, donde Nace, Crese y Morirá para ser sepultado. Afectar ese mundo es afectar al mundo de los demás también porque conciencia es la virtud del habitante del Mundo_n. Mientras tanto el otro mundo, <u>el que tiene que ser Construido</u>, el Mundo_c, es el mismo mundo anterior (Mundo_n) o es la prolongación de la vida en Mundo_n, con la única diferencia de ser un mundo muy especial, por ser un MV, mundo que no existe físicamente, como existe el Mundo_n. MV solamente existe en el modo *vivendis* de quien lo construye con apoyo de la ciencia, durante la vida en el Mundo_n, razón de la denominación de Mundo científico (**Mundo_c**).

Para los representantes de la EH en el PT los MBV son opciones reales y presentes en el Plano de Vida de cada Ser Humano. Cada REH en el PT es dueño de sus mundos o es responsable por él. Estos mundos son el grande concepto de la realidad y es la esperanza que el REH adquirió como el resultado del producto de su determinación y esfuerzo desplegado durante su vida en el Mundo_n, intensificándose desde cuando adquirió el GD.

Para que los MBV se hagan realidad el REH tiene que llevar en consideración, desde el día en que obtiene el don del uso de la razón, el deseo de un día poder vivir en su mundo propio, mundo que lo construyó para VMTM hasta cuando realmente no pueda continuar ahí. Realizada esta condición el ejecutor habrá ganado el premio, el pasaporte para ingresar al Segundo Mundo, el Mundo_c, mundo que construyó pensando en el mañana para continuar bajo el lema de VMTM.

Son muchas las razones que nos conducen acreditar en la oportunidad de la existencia de los MV y en especial el segundo mundo, Mundo_c, dentro del concepto de los MBV, que concluye dando la oportunidad de poder vivir más, ingresando al Segundo Mundo, el Mundo_c, transparente y sistemáticamente condicionado. Razones por las que "los Dos Mundos del Humano", puede ser la oportunidad que cada uno de los seres humanos tiene para continuar viviendo en el PT y, futuramente, realizar con éxito las migraciones Planetarias, en búsqueda por nuevos mundos para migrar y para que la EH continúe viviendo, esto es, existiendo como especie originaria del PT.

Hablar en dos mundos nos hace pensar también en la existencia de la alternativa de existir, algo así como si fueran dos PT y como si fueran Dos Mundos Reales, separados e independientes. Al mismo tiempo hasta nos induce creer en un mundo imaginario, algo así como si el Ser Humano, después de vivir en el PT-1, pudiera pasar para el PT-2 para continuar su vida, o simplemente para un Segundo Mundo (Mundo_2), muy diferente al primero. La verdad es que esa suposición no pasaría de una simple imaginación. Lo que esta obra presenta y plantea es otra realidad y lo hace con base en la existencia de Dos Mundos: uno Real y Natural y el otro, un Mundo Virtual y Mundo científico para vivir, o sea, los MBV realmente existen; como lo podremos dirimir en seguida.

Los Mundos del Humano, dentro de los MBV, son realmente dos mundos que pertenecen a la EH. El Segundo Mundo, Mundo_c, no existía en la teoría, siempre fue ignorado y jamás se pensó en la posibilidad que pudiera existir. Hoy, el MV es realidad, real y existe. Estos mundos realmente existen y la diferencia entre uno y el otro es que el Segundo Mundo no necesariamente está disponible para todos los humanos ya que sus fronteras no existan físicamente para todos y porque ellas sólo son lógicas, virtuales y exclusivamente individualizadas. (Cada quien construye su segundo mundo donde podrá vivir en el futuro. Quien no construyó su Mundo_c, a tiempo, no tendrá esa oportunidad cuando lo desee. Aquí también se encaja el ejemplo de la [VM] (Virtual Machine), utilizada para definir tres computadoras, máquinas virtualmente definidas, las mismas funcionaron bien).

En este trabajo nos estamos refiriendo a los Dos Mundos Biocósmicos Vivientes del Ser Humano (**MBV**), como dos mundos que científicamente existen dentro de un proceso viviente mayor, bajo el concepto de los MBV y existen lógicamente separados, desarrollándose exclusivamente bajo el concepto de la vida de "un ser en el PT"; planeta que ofrece en abundancia, algo que es su mayor característica, la grandiosidad de la habitabilidad terrena. Así, la característica principal del Mundo_1, Mundo_n o Mundo Real, es que "siempre existe para cada uno de los seres vivientes" que apareció en el PT, simbolizando al mundo donde nació. Del mismo modo, la característica principal del Mundo_2, es que, además de existir siempre, "no es un mundo para todos". Lo que lleva a concluir que el Mundo_2 "no existe para todo el mundo". Con lo que se concluye que unos viven y podrán construir su Mundo_c y otros no. Esta opción, aunque parezca confusa, depende únicamente del querer "oportuno" de cada ser viviente. Nada adelantaría querer vivir en el Mundo_c cuando nada se hizo a tiempo, durante el periodo de la vida en el Mundo_n para tener reconocimiento de cómo, ser un poseedor de su propio mundo Mundo_2, el Mundo_c, encuadrado dentro del concepto de los MBV.

Del mismo modo como se definieron las tres computadoras virtuales [VM] en el ejemplo anterior y fueron tres las empresas que se beneficiaron del resultado, el Mundo_c, tiene que ser construido por cada uno de quien aspira y anhela vivir en él y, obligatoriamente lo tiene que hacer durante el transcurso de la vida en el primer mundo (Mundo_n). La construcción del Mundo_c es un esfuerzo constante que tiene que estar respaldado por una extremada conciencia, disciplina y mucha determinación, caso contrario, nada será realizado.

Así entendiendo la principal diferencia entre un mundo y el otro es que existen condiciones y exigencias de vida que tienen que ser cumplidas previamente por cada uno de los habitantes del PT, que actualmente se encuentran habitando el Mundo_n, para que puedan hacerlo también en el Mundo_ c. Lo que en la práctica hace concluir que vivir en el Mundo_ c sea una exclusividad, por ahora, sólo para una clase menor en cantidad y muy privilegiada. Característica que marca la diferencia y nos da la razón para plantearla con exclusividad y mucha seriedad, con las recomendaciones que esta obra presenta, ya que la situación se hace oportuna y merecedora.

Entonces, es nuestra responsabilidad revelar los misterios que envuelven las condiciones de vida entre el Mundo_n y la identificación de las razones del por qué no todos pueden construir y obtener las mismas condiciones para ingresar con vida en su Mundo_c, pudiéndose beneficiar, bajo el principio de VMTM.

La paradoja de la continuación de la vida, en este caso, vida en el Mundo_c, es que, a pesar que la oportunidad exista siempre para todos y es incondicional, sólo es vivido por la minoría. ¿Dónde radica el secreto?

La posibilidad de poder vivir en el Mundo_c siempre existió. La verdad es que faltó el conocimiento y la conciencia de que el Mundo_c existía de verdad o que pudiera ser una realidad sustentable en el futuro. Nadie lo llevó en consideración antes, como lo estamos haciendo hoy aquí. Consecuentemente saber que el Mundo_c existe es una buena noticia para el REH;

aunque se deduzca que la noticia nunca fue noticiada en su esplendor, tampoco era esperada como lo será en los nuevos tiempos.

A pesar de existir un aparente desinterés o ignorancia demostrado en el pasado, la preocupación sobre la vida en el Mundo_c crecerá, hasta porque ahora existen más condiciones para hacerlo realidad sustentablemente, porque el Mundo_c está siendo construido a los pocos, por todos y para todos. El entusiasmo y la ambición de vivir en el Mundo_c será cada vez más creciente, porque, a pesar de realmente ser un MV él es real y sustentable, aun cuando sabemos que tardará un tiempo más para hacerse realidad contundentemente para la mayoría.

Con seguridad, la corrida hacia la vida en el Mundo_ c se intensificará de hoy en adelante. Ocurrirá porque ese mundo ciertamente llegará existir, sobre todo para aquellos que ayudan o contribuyen para su existencia, y hoy lo están construyendo, aunque ya se sabe de antemano que muchos de ellos, integrantes de la EH, no tendrán la oportunidad de poder vivir en él, porque su deseo apareció tarde demás.

Imposible ambicionar vivir en el Mundo_c, desesperadamente. La iniciación de la construcción del Mundo_c es bajo un planeamiento que se inicia en la infancia o, durante toda la etapa del crecimiento y es un proceso continuado.

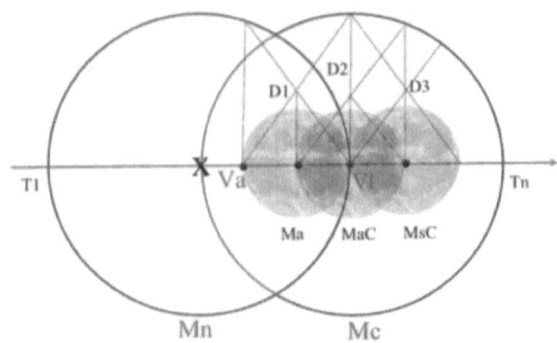

Lo admirable y maravilloso de la existencia del Mundo_c es que este mundo es construido durante el transcurso de la vida en el Mundo_n; consecuentemente ese detalle es inherente a cada uno de los seres vivientes. Lo que demostraría que el Mundo_c es un mundo personalizado y que sólo pertenece o, solo existe, para quien lo ha construido. Esto quiere decir que algunos consiguen construir su propio Segundo Mundo y la gran mayoría no. Los que no consiguen construir su propio Mundo_c a tiempo, ciertamente se arrepentirán de no haberlo realizado cuando tuvieron en sus manos la oportunidad de construirlo y el tiempo suficiente para hacerlo realidad; por lo que sólo tendrán a la resignación como opción final.

En la primera conclusión se observó que la gran mayoría no conseguirá o no podrá vivir en el Mundo_c; ya que serán escasos los individuos que lograrán hacer realidad la vida en él. Más, con la confirmación de que el REH está ostentando el GD, mudamos la conclusión anterior. Aliado al avance científico se espera que cada vez más sean las personas que puedan ingresar al Mundo_c en el futuro. Lo que realmente sería alentador e ideal.

Con seguridad, los conocedores de la existencia del Mundo_ c, como seres humanos que son, continuaran sintiendo la necesidad de vivir en él, más aún, cuando el período de la vida en el primero de los mundos se esté agotando. Esto es, cuando las Fronteras entre los MV (**FMV**) muestren las señales que esta llegado. Bajo esas circunstancias será muy difícil volver atrás para construir rápidamente un Mundo_c de emergencia. Ellos no tendrán más remedio que optar por una lamentable resignación final, sin opciones. Lo que hace concluir que: Quien no construye su Mundo_c a tiempo, es porque a sabiendas ha perdido su oportunidad para siempre. Razón por la que ellos no podrán vivir en el Nuevo Mundo_c, a pesar de ser una oportunidad que el SV entrega y lo condiciona libremente (gratuitamente) para todos los habitantes del PT, como un don para quien lo sepa aprovechar.

Vivir la vida es una cosa, saberla vivir bien, es otra.

Presentados los MB y definidos los MV, ahora sentimos la necesidad de explicar mejor la parte relacionada con las "Fronteras existentes entre los Mundos Virtuales" (**FMV**).

Realmente, existen Fronteras entre los Mundos Virtuales (**FMV**) y ellas son bien identificadas por el propio TVL en todos sus enunciados. Así entendiendo la vida en el Mundo_ n tiene un límite estimado estadísticamente como un tiempo medio predeterminado para que el individuo viva en cada uno de sus MV, que ya fueron definidos como el Mundeo-n migrando para el Mundo_c. Situación ésta que nos hace regresar para analizar los gráficos presentados por el TVL, localizando todas las FMV.

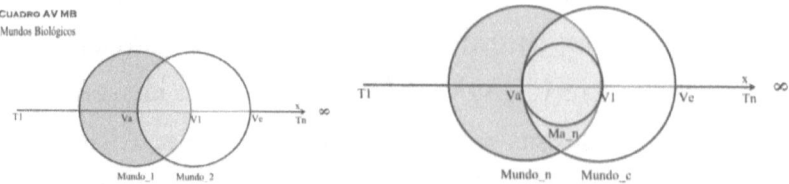

Aquí el TVL nos muestra los mundos para vivir, el primero de "T1" hasta "Vl", como el Mundo_n, manteniendo como el centro "Va". El segundo mundo, el Mundo_2, Mundo_c (M_c) que comprende desde "Va" hasta "Tn", manteniendo su centro en "Vl".

Entendiendo la importancia que tienen las FMV entre el Mundo_n y el Mundo_c, podemos señalar con facilidad la marca "Vl" en el demostrativo del TVL, que viene a ser el parámetro tope, estimativamente, más nunca será un límite obligatorio a ser cumplido, él es apenas referencial.

La existencia del marcador "Vl", que representando la FMV, no quiere decir que la vida tiene que realizarse obligatoriamente hasta ese límite, muy bien identificado dentro de la LT del TVL en el gráfico. No es así. "Vl" es apenas un marcador estimativo, más él da un verdadero sentido a la propia vida, imponiendo un límite razonable para ser llevado en consideración, como un verdadero identificador de la FMV y una meta para alcanzar.

La frontera entre los mundos citados, para este caso es el marcador "Vl", cuantificado en "70" años desde "Va" a "Vl".

Obvio que muchos de los REH ya llegaron a este límite y otro tanto conseguirá vivir más tiempo para superar el marcador "Vl", como también tenemos que entender la existencia de una situación inversa. Y es exactamente con base en esa manifestación clara que aparece la oportunidad para que el Mundo_c pase a existir.

En esta parte el TVL trae a luz al Mundo actual natural (**Ma_n**), simbolizado por la circunferencia menor "Va" a "Vl".

Con la aparición del Mundo_c, obligatoriamente se tendría que crear la "nueva EV" (**nEV**), ciertamente un nuevo marcador y para este caso es la extensión de la EV (**eEV**) simbolizado en el gráfico del TVL con el marcador "Ve" que resulta de la duplicación del valor estimado para "Va" hasta "Vl", que forman la pirámide "Va", "D1" y "Ve" del TVL. Entonces tenemos el nuevo marcador "eEV" que nada más viene a ser el "Ve" muy bien representado y utilizado por el TVL en el gráfico.

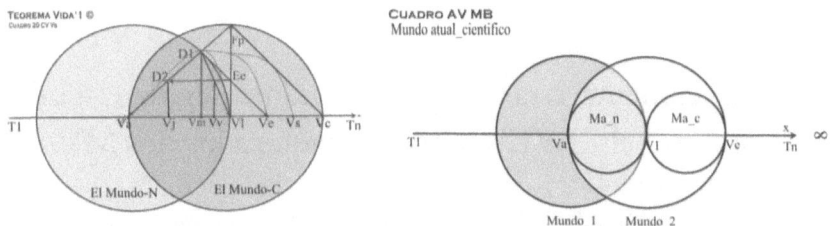

Con todo lo explicado hasta este punto, tenemos la impresión de que la raza humana, producto de la evolución terrenal a lo largo del tiempo y asociado a su grandioso avance tecnológico, está consiguiendo construir su propio Segundo Mundo, el Mundo_c, para ampliar su existencia de vida en PT, superando la EV para él previamente definido. Igualmente aparenta saber algo sobre la existiendo la "nEV" identificado por el punto "eEV" en el TVL. Bajo esta supuesta realidad hasta parece que los más de ocho billones de habitantes que pueblan el PT hoy serán dueños de un Mundo_c, construido por ellos para VMTM su propio MV. Cuando la realidad concreta es otra, ya que los más de 10 billones que se espera habiten el PT en las décadas desde el 2050 en adelante no podrán decir lo mismo.

Sin embargo, es de esperar que querer vivir en el novedoso Mundo_c sea la ambición de todo ser humano en el PT; razón por la cual esta obra presenta al Mundo_c con la importancia que se merece y como siendo una imperdible oportunidad para aprovecharla y no dejarla pasar desapercibida. Entonces, si no fue posible vivir en el Mundo_c, con seguridad, no habrá sido por falta de conocimiento o información. Ya que, no llegar a construirlo será la más grande de las decepciones cuando el añorado, ambicioso deseo se transforme en frustración consumada y lo que es peor, con el agravante de que jamás lo llegue realizar.

Esquemáticamente estamos presentando a seguir el gráfico que demuestra el "TVL", dando destaque a los dos MV.

Por ahora observe las dos circunferencias a partir del centro de la primera. Cada circunferencia representa un mundo para vivir. No se preocupe por todos los códigos que se encuentran en su interior; ellos son el resultado final de los enunciados del Teorema de Vida Limitada, Teorema Vida'L (TVL), que ampliamente fue desarrollado en los capítulos anteriores, cuando obtuvimos la explicación detallada de lo que este grafico nos hace ver.

En la figura observamos en primer lugar al mundo que ya veníamos estudiándolo (circunferencia del lado izquierdo), que es un mundo conocido en demasía. Sobre la "Línea del Tiempo" (**LT**) de (T1 a Tn) el primero de los mundos esta simbolizado por el punto central "Va" cuyo Radio de la circunferencia está formado por los marcadores "Va" a "Vl", produciendo el primer círculo (lado izquierdo). El segundo circulo, simbolizado por el punto central "Vl", tiene como el Radio de la circunferencia "Vl" a "Va" y "Vl" a "Ve" o el diámetro "Va" "Ve". Es de ese singular modo que quedó definido gráficamente, el Mundo_1, el Mundo_n (Va - Vl) y el segundo, el Mundo_c (Vl - Ve), construido durante la permanencia en el Mn.

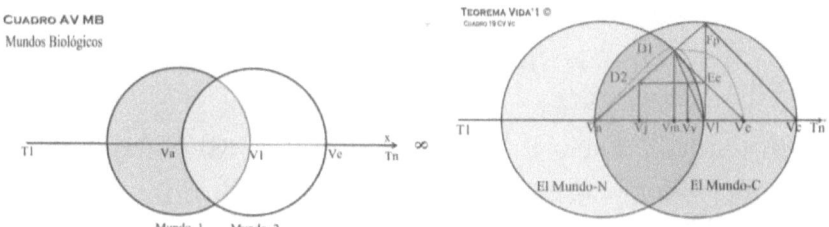

El Segundo Mundo, el Mundo_c, nace con la segunda circunferencia que tiene como el punto central el marcador "Vl". La circunferencia es trazada utilizando el Radio de la Circunferencia "Vl" y "Va". Representando la etapa de la construcción del Mundo_2, el Mundo_c, aspirando en el futuro poder vivir en él.

Seguidamente estamos incluyendo las explicaciones que el TVL realizó cuando expuso el caso geométricamente, donde lo nuevo en este caso es la aparición del segundo mundo (segundo Círculo, lado derecho) y lo curioso es que ambos comparten parte de un mismo espacio, que para este caso lo estamos identificando desde el marcador "Va" al Punto "Vl" dentro de la LT del TVL, que se resume en la extensión total que pertenece al Radio de la circunferencia del Mundo_n, y también viene a ser el Radio de la circunferencia del Mundo_c, cuando se cambia en centro para "Vl". El Radio (Va a Vl) de esa circunferencia, es el parámetro que pertenece a la Expectativa de Vida (**EV**) del viviente en el Mundo_n. El espacio compartido por las dos circunferencias, el Radio de la circunferencia, el Mundo actual (**Ma**), es donde se realiza la actual vida de todo Ser Humano en el PT y en paralelo, es donde se inicia la etapa de la construcción del Mundo_2, Mundo_c que comprenderá de "Vl" a "Ve", como siendo el T-E para continuar VMTM en él.

Resumiendo lo que el TVL explicó: El T-E del marcador "Va" hasta "Vl" es el periodo de la vida en el Mundo_n, "Ma" y paralelamente es el tiempo de la construcción del Mundo_c. Luego, desde "Vl" a "Ve" es el tiempo real estimado para la vida en el Mundo_c. La vida en esta etapa consiste en aprovecharla al máximo como siendo el mayor desafío Biocósmico.

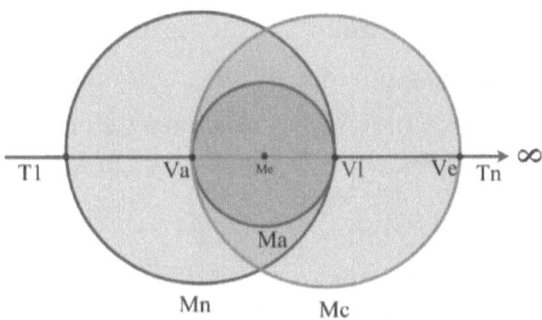

El área en común para los dos mundos, comprendido entre los marcadores "Va" a "Vl" que explica el porqué de la importancia de la construcción del segundo mundo y por qué la construcción tiene que ser realizada durante el transcurso de la vida en el Mundo_n ("Va" hasta "Vl"), viviendo el "Ma".

La vida en el Mundo_c viene a ser la continuación de la vida del Mundo_n, "Ma-n". Situación que alerta para vivir pensando que existe un Mundo_2, o Mundo_c y, que debemos vivir cada instante del tiempo de vida en el Mundo_n construyendo consciente, constante y responsablemente las condiciones para ingresar a la vida en el Mundo_c, a tiempo.

La realidad es que los dos Mundos, dentro del sistema de los MBV, existen y son bien definidos y entendidos con facilidad en el cuadro. Los dos mundos demuestran dos etapas bien diferentes a la que la vida del Ser Humano se está sometiendo con el transcurso del tiempo y viene aliado al grandioso adelanto científico de la sociedad humana que ha alcanzado el GD[445], en el PT.

---

445 Rumbo al Final, abril 2016, USA, La Especie Humana logra el "Grado D", (Grado Dios) Paginas 102 - 107.

Para un mejor entendimiento, nuevamente vamos a definir a estos dos mundos correctamente y los vamos a dar los respectivos nombres propios a cada uno de ellos, como sigue: El Primer Mundo (lado izquierdo) es el <u>Mundo Natural</u>, codificado como Mundo_n ("n" de natural), vivido en el "Ma", "Ma-n". El Segundo Mundo (lado derecho) o Mundo_ 2 es el <u>Mundo científico</u>, codificado como Mundo_c ("c" de científico), vivido en el "Ma-c".

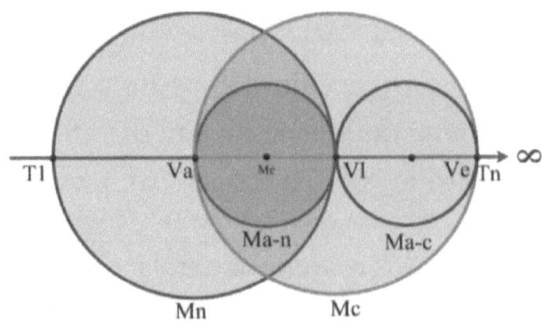

Inicialmente a estos dos mundos los podemos observar como si fueran solamente dos Mundos Virtuales (**MV**) y separados, donde la vida se desarrolla con normalidad. Pero la diferencia entre un mundo y el otro es porque la vida se desarrolla de manera diferente, en condiciones, estilos, tiempos y expectativas.

Así entendiendo, la vida en el primer mundo, el Mundo_ n, "Ma-n", como su nombre dice se desarrolla totalmente de manera natural, obedeciendo y respetando a las leyes de la Madre Naturaleza y de la propia Biocosmos, dando oportunidades para construir el propio Mundo_c. Ya la vida en el segundo mundo, el Mundo_c. "Ma-c", es la realización y el éxito obtenido de la perfecta labor realizada durante la vida en el mundo anterior y así se enrumba por un camino diferente, compartiendo las virtudes del "Ma-n" incluyendo el conocimiento adquirido, por la dedicación del propio esfuerzo humano por VMTM, involucrando a todos los resultados científicos adquiridos hasta entonces.

Situaciones que nos hacen concluir que el camino al Mundo_ c es construido con el pasar del tiempo y con ayuda del avance científico y tecnológico realizado por la EH en el PT, que ha adquirido el GD, durante todo el periodo de la vida en "Ma-n".

A los dos mundos los estaremos desarrollando separadamente. Así siendo, veamos a los dos mundos: el Mundo_n (Mn) y el Mundo_c (Mc) y en detalle lo que el Mundo actual, natural ("Ma_n") y el Mundo científico natural ("Ma_c") representan.

IV) El Mundo Natural

Dentro de los llamados MV y MB el foco de esta parte del tema versa sobre el Mundo Natural (**Mundo_n**) y entre sus varios sinónimos o nominaciones generalizadas encontramos a las siguientes: el Primer Mundo (Mundo_1), el Mundo uno, el Mundo donde nacemos, el mundo donde la EH apareció, el Mundo que el hombre habita, el Mundo actual natural (**Ma_ n**), el Mundo donde moriremos juntamente con las demás especies, el Mundo que gira en su Rumbo al Final, entre otras.

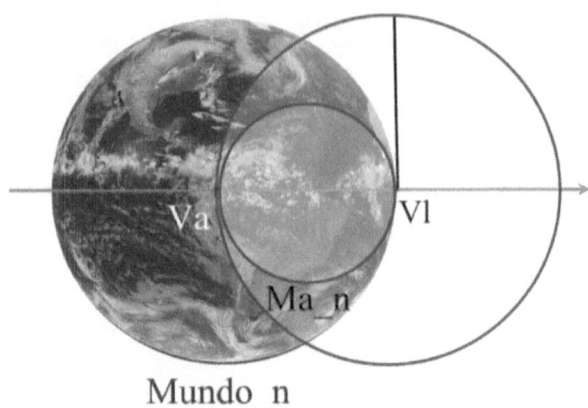

Mundo_n

El Mundo_n es donde la EH ha aparecido, donde hemos nacido y es en él que continuaremos viviendo en el presente y en el futuro. El Mundo_n no es un mundo extraño, no es diferente y ni desconocido. El Mundo_n es amigable, altamente habitable y sobre todo bondadoso, a pesar de los descomunales atropellos que tiene que soportar por la acción irresponsable del Humano Racional del GD que lo habita.

Pero el Mundo_n tiene sus reglas y ellas son las mismas que integran la Ley de la Biocosmos. No obstante, el Mundo_n es cordial al permitir que en él ya se pueda ir construyendo un mundo más, el Segundo Mundo, el Mundo_2, como una esperanza de posponer el último suspiro que la vida tiene que dar obligatoriamente para que sea realizada en el Mundo_2, como obra meritoria de quién lo construyó oportunamente en el tiempo. Las lecciones que se adquiere de la vida en el Mundo_n son infinitas.

La vida en el Mundo_n es la vida que llevamos en nuestro cotidiano, apenas con algunos destaques que lo diferencian entre la vida de uno con la vida de otro, que pueden ser así cuestionadas: Cómo vivimos, de qué manera estamos conduciendo nuestra vida, de qué forma la estamos exigiendo, castigando y maltratando y qué futuro añoramos.

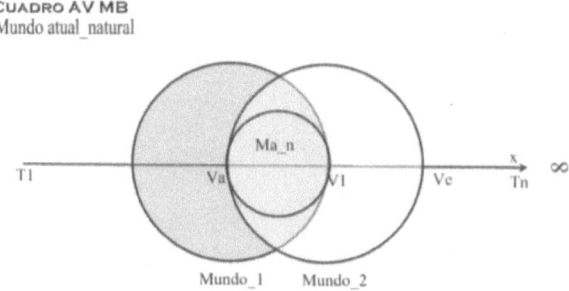

El Mundo_n está representado en el TVL dispensando mayor explicación. Aquí podemos observar que, durante el período del transcurso de la vida, desarrollándose sobre la LT, es cuando se identifica el inicio de una vida en el Mundo_n. Esta conclusión muestra que la vida de un ser apareció en el Punto "**Va**" (**V**ida **a**parición) y va desarrollándose para crear la CV que comprende la Curva "Va, D2, D1" y "Vl"; creando en su interior al "Mundo actual natural" (**Ma_n**), pero esta cuerva no quiere decir que es una curva obligatoria para cada uno de los seres vivientes en el PT. La verdad es que la mayoría de los habitantes del PT no llega a completar la CV a perfección como demuestra el grafica del TVL, como también contrariamente otros consiguen superar los límites previamente estipulados para la EV en el Mundo_n, llegando a vivir un periodo adicional con una curva extendida que continúa desde "D1" hasta "Ve".

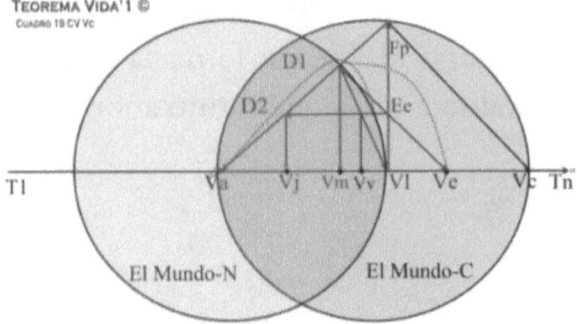

¿Qué quiere decir que la mayoría no completa la CV a perfección? Quiere decir que esa vida es interrumpida en algún punto de la "LT", antes de completar su ciclo esperado, o sea, no pudo vivir hasta el marcador "Vl" (**V**ida **L**ímite), por alguna circunstancia, que en la mayoría de casos es ajena a la voluntad del ser viviente. Concretamente, muriendo antes del tiempo límite ponderado por la EV.

Como medida aclaratoria diríamos que algunas de las circunstancias por las que no se pueda completar la CV a perfección son: la muerte precoz, accidente, enfermedad (de cualquier índole), provocada, crimen, suicidio y otras circunstancias o simplemente porque llegó a su fin, el final de una vida poco saludable y cuya EV fue ínfima. Son exactamente estas, entre muchas otras las razones por las que estamos confirmando que "no todos los seres vivientes pueden completar el ciclo de la vida estimado en la CV, ya que es interrumpida antes".

Las circunstancias de la vida que conducen a la vida entre los dos mundos son un conjunto de patrones de vida natural llevado a la realidad, la misma que se desarrolla durante el curso de toda una vida saludable, de patrones adecuados y de objetivos de vida bien definidos y puestos en práctica para conseguir metas que redunden para que el Ser Humano, oriundo del PT, alcance, de una manera general, mejor condición de vida; cuya única meta es "VMTM" logrando ingresar a la vida en el Mundo_c.

Viviendo plenamente en el Mundo_n, "Ma_n" tenemos la oportunidad para construir un mundo nuevo, el Mundo_2 "Ma_c", para vivir una segunda etapa, un futuro mejor.

El Mundo_n es también el mundo que brinda la opción para continuar viviendo en un Mundo_2 que en este caso es el considerado como siendo el Mundo científico (**Mundo_c**). Un mundo inminentemente científico y que es construido por la inteligencia de la EH del GD acumulada en el tiempo, uno a uno.

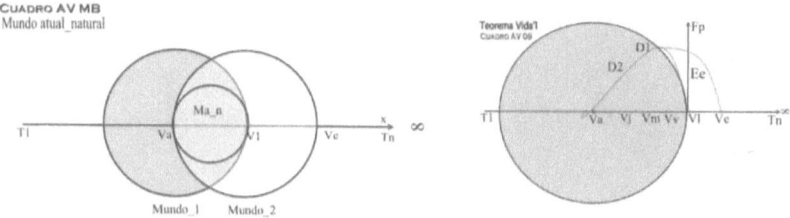

La media de las virtudes del SV, para vivir mejor en el Mundo_ n, será la base para obtener éxito para adquirir la opción de poder continuar viviendo en el segundo Mundo, que cada individuo tiene que construir para sí.

V) El Mundo Científico

Dos mundos del humano:
Uno donde nace y "otro el que construye".

En primer lugar creemos que es oportuno esclarecer que para el foco de esta obra el "Mundo natural científico" es el lugar donde el REH nace y hoy lo habita (el PT). Como muy bien lo definió el título anterior cuando trató el tema del "Mundo_n". Más también, otro "Mundo" es el lugar distante del Mundo_n, son los mundos posiblemente habitables que fueron descubiertos, tanto dentro del Sistema Solar como fuera de él, o sea, en otros Sistemas Solares y Sistemas Planetarios como son los integrantes de los MEX. Y, en esa línea de raciocinio podríamos ir más allá biocosmicamente entendiendo.

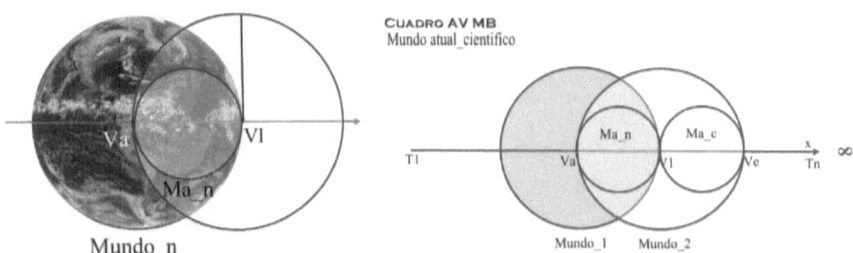

Mundo_n   Mundo_1   Mundo_2

En segundo lugar, hemos identificado al mundo "Científico"[446], el mundo que resulta de los logros del conocimiento, del aprovechamiento del "CH" (CH), de la ciencia en su máximo esplendor, sin límites para poderlo detener, resumido en la Ciencia Biocósmica. Ciencia que señala un futuro ilimitado en términos científicos, ciencia que invade atmosferas hasta

---

446 Científico, del alcance del pronunciamiento de William Whewell, allá por años de 1833. Científico del CH. Ciencia de la Biocosmos. De la ciencia del humano, poseedor del GD.

de los propios MEX. Razones por las que existe la ciencia y de tras de ella existen los científicos. Por citar algunos, científicos como Alan Mathison Turing, considerado el padre de la Inteligencia Artificial (IA)[447], en el vasto mundo de la Ciencia de la Computación y así muchísimos otros, donde la ciencia actual no permite darle límites para su expansión. Es cuando traemos a luz la real existencia del Mundo Científico (**Mundo_c**, M_c y Ma_c), relacionado con el Mundo Viviente, comprendiendo los MV, dentro del SV que esta obra trae a luz, arengando el lema VMTM es posible.

Inicialmente encontramos varias denominaciones para nominar el Mundo Científico (**Mundo_c**): el Segundo Mundo (M2), el Mundo 2 (dos), el Mundo construido, el mundo donde gran parte de la EH podrá continuar viviendo, el mundo que migra del Mundo_n y el Mundo para complementar el tiempo de vida juntamente con las demás especies.

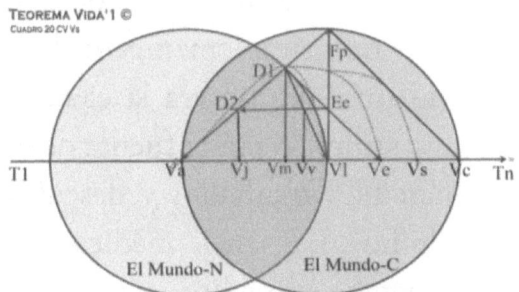

El Mundo_c (M_c) de esta obra es el Mundo científico Moderno y futurista, el mundo que recién se está construyendo

---

447 IA, (Inteligencia Artificial) que en el libro "*Original Perceptios*", Alcides Vidal, Xlibris, 2014, Paginas 20-21, criticamos por la lentitud en su implementación masiva o popular, cuando creamos la abreviatura "RIA", "R" de Real.

e instituyendo como el mundo propiciador del lema: "VMTM es posible". Así, los pocos que hasta hoy superaron los peligros que la propia vida depara, resumido en "El Sustento de estar vivo" y que consiguieron continuar viviendo en un Segundo Mundo (M2), hasta hoy, no lo hicieron gracias a los motivos y ni a los beneficios que hoy conducen a la vida en el Mundo_c. Ellos vivieron por razones diversas, naturales y adversas y hasta por suerte, llevando un estilo de vida que los caracterizó y los pudo diferenciar de los demás; influenciado también por las bondades del lugar donde se mantuvieron, por las características especiales de sus genes, biotipo, factor alimentar, condiciones diversas, etc., etc. Todos ellos tuvieron suerte porque VMTM en el Segundo Mundo no fue su decisión cuando crecían y cuando jóvenes. Fue el propio destino que hizo todo por ellos, separada y excepcionalmente.

El Mundo_c no existía en épocas anteriores y ni en la Ciencia Ficción. Cuidado, no queremos decir que la ciencia médica no existía o que simplemente no había sapiencia. Ella siempre existió más que no era la ciencia dominadora ni avanzada de hoy, tampoco era la fuente de esperanza y ni demostraba los increíbles resultados y descubrimientos que estamos obteniendo hoy. La ciencia médica curaba, prevenía enfermedades, inventaba remedios, pero no marcaba una época o una Era como se está perfilando la Ciencia médica de hoy, con la participación actuante del poseedor del GD, en el M2G. Cuestión que trae esperanzas para la verdadera fundación definitiva del inicio para entrar con vida, definitiva y sustentablemente, en el Mundo_c, aún en este siglo.

El Mundo_c es la existencia de la opción de poder expandir el SV por un periodo mayor, siempre con el lema VMTM; realizándose por el resultado del producto de la ejecución de rigurosos padrones de sistemas de vida, construidos comenzando desde cuándo la conciencia de VMTM se transforma en consigna de vida, aún en el Mundo_n, proyectando una nueva etapa por vivir que ingresa en un nuevo y promisor MV, el Mundo_c.

El Mundo_c es el ingreso del SV, de algún REH, habitando el PT, a la vida en el Segundo Mundo (**V2M**), que viene a ser el Mundo Científico (Mundo_c).

El Mundo_c (**M_c**) es la simbolización del ingreso de la V2M, al realmente "Mundo Virtual" (**MV**). El M_c no es un mundo nuevo, es el concepto en esta obra que puede resultar novedoso. Lo que ocurre es que queremos identificarlo haciéndolo también un Mundo Lógico, razonable y que también exista en la práctica, para concientizarse mejor de la importancia de llevar la vida viviendo y no más vegetando.

Una gran cantidad de representantes de la EH ya ha podido tener su V2M, tal vez en la actualidad una cantidad mayor se encuentre viviendo bajo esas condiciones (en su V2M) y otro tanto también estará a camino para vivir en su Mundo_c el mañana, sintiendo su presencia y formando parte de él, aun encontrando dificultad para poderlo identificar en el tiempo.

La característica fundamental del "M_c" es el de no ser un mundo generalizado para todos, son apenas algunas personas las que consiguen tener su V2M. Esto porque, hasta hoy, nadie explicó este sistema viviente, etapa u opción de vida, o sea, la presencia del Mundo_c que permaneció oculto en el tiempo hasta hoy día.

Por hoy, lo único de real que sentimos realmente es cuando nos observamos viviendo en el "Mundo_n". El "Ma_n", done hemos nacido, el mundo que existente de verdad y que es bien verdadero, resulta también ser el mundo donde será nuestro destino final.

El Mundo_c (**M_c**), como integrante del concepto de un Mundo Virtual (MV), es muy importante para el desarrollo de la vida del Ser Humano en el PT. Lo lamentable en este caso es que el Mundo_c, un nuevo MV, el "Ma_c" en la práctica no está existiendo para la mayoría de los habitantes del PT; cuando lo deseable sería que el Ma_c existiera, incondicionalmente para todos y para siempre.

Durante el desarrollar del SV encontramos excepciones entre los seres vivientes actuales demostrando que consiguieron vivir hasta el límite del marcador "Vl", límite de vida en el Mundo_n, e inclusive hay algunos otros casos en el que se encuentran ejemplos probando que logran superar la marca del límite señalizador de la "Vida Límite" (**Vl**) previsto como tope para la duración de la vida, bien reflejada en la CV del TVL. Situación ésta que significaría iniciar la vida en el Mundo_c, viviendo el "Ma_c".

Entonces, meditar al respecto, bajo el lema VMTM se hace necesario ahora.

Importante llevar en consideración que dentro de la Ley de la Biocosmos"[448] nada se puede cambiar, pero contrariamente, esa misma Ley tiene que ser cumplida por todos y a cabalidad.

Sabemos muy bien que un grupo de personas alrededor del mundo, ha vivido logrando superar la marca límite "Vl", reconocido en el TVL. Esta situación representa haber superado el tiempo estimado por la EV, identificado con el marcador "Vl". Igualmente otro grupo, en la actualidad, está viviendo más años de vida que el marcador "Vl" estima. Ante esta realidad, observamos que superar el índice de la EV es posible. Tal vez esa "posibilidad" sea el secreto para que esta obra lo presente como oportunidades organizadas permitiendo que VMTM sea un objetivo de vida general. Frente a esta pequeña observación surge repentinamente una gigantesca pregunta: ¿Por qué no todos los seres humanos, habitando el PT, pueden superar la marca delimitadora identificada con el marcador "Vl" que tiene como base la EV de cada una de las regiones que el caso observa?

La oportuna pregunta obliga analizar mejor el grafico donde rápidamente se puede observar la importancia del marcador "Vl". Esta marca identifica dos grandes frentes para conducir nuestro raciocinio. Primero, el marcador "Vl" realmente identifica el "Limite de la Vida", para la región donde el TVL se está aplicando. Recordando, todas las estimativas nada más son que algoritmos de simulación y de EV. Segundo, el marcador "Vl" viene a ser el centro del MV, consecuentemente "Vl" se transforma, bajo el concepto de la teoría del MV, el

---

448 Rumbo al Final, publicado en abril 2016, USA, Paginas 384 -385.

inicio de la vida en el segundo mundo, el Mundo_c. Así hemos identificado al "Ma_n" y al "Ma_c" como realmente siendo los mundos absolutamente vivientes.

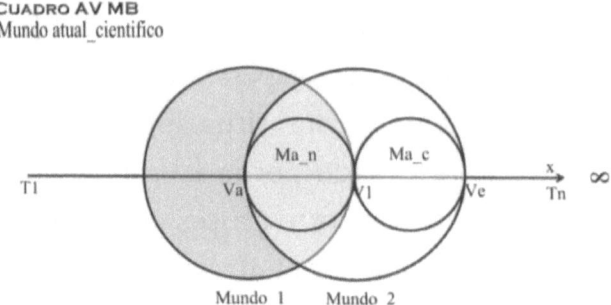

CUADRO AV MB
Mundo atual_cientifico

Así entendiendo la respuesta es porque el marcador "Vl" es el comienzo de la vida en el Mundo_c, graficado por la circunferencia menor "Ma_c", como el instante cuando el nuevo mundo (MV) comienza existir realmente, siempre, para todos aquellos que supieron construir su Mundo_c conscientemente, durante la vida en el Mundo_n. Como se puede observar la aparición del "Ma_c" no es una norma general que beneficiará a todos. "Solamente" aquellos que construyeron su "Ma_c", cuando vivían en el Mundo_n, serán los que se beneficiarán. Como largamente fue explicado, aparte de querer VMTM todavía había que beneficiarse del avance científico, sobre todo en el campo de la medicina moderna (el Mundo_c). Entonces, los que no construyeron su Mundo_c, para vivir el "Ma_c", ciertamente no llegarán superar ese límite y jamás serán contemplados con el lema VMTM es posible en el "Ma_c".

(Esta explicación lo obtenemos de los resultados creados por el TVL, dentro de la CV

trazada sobre la LT que comprende el tiempo del SV desde "T1" hasta "Tn", teniendo como punto central "Va" (x). Seguidamente se definió la EV como base de cálculo, para formar el Radio de la Circunferencia (Va y Vl). Así nace el marcador "Vl", Vida límite. Más, si observamos el gráfico con más detalles, veremos que aún existen espacios por recorrer que comprende el período desde "Vl" hasta "Tn", que es exactamente ese espacio que pasa a ser explotado en este capítulo, cuando entra en acción el Mundo Virtual (MV), que esta obra contempla como novedoso, al identificar la vida en dos mundos bajo el ámbito que presenta a los MV. La continuación de la vida se hace realidad fuera del rango inicial del Mundo_n, que en este caso viene a ser la continuación de la vida en el Mundo_c, siempre, para aquel que lo supo construir oportunamente, bajo la condición de VMTM es posible.)

Teniendo conocimiento de la existencia de la real posibilidad de llegar con vida al Mundo_c, prudencial es conducir el desarrollo de la vida, durante todo el período que comprende el SV en Mundo_n, para que ese ambicioso deseo se haga realidad a perfección, viviendo también en otro mundo, la gloria que representará poder continuar existiendo en el Mundo_c, bajo la consigna de VMTM en el "Ma_c". Si así entendemos, la vida en el "Ma_c" deberá ser el producto y el reflejo de la vida bien conducida en el Mundo_n, donde se pudo construir el camino que condujo a la maravillosa opción que permite ingresar al Mundo_c viviendo en el "Ma_ c", donde lo más importante será la demostración de haber cumplido satisfactoriamente los objetivos de vida formulados en los tiempos idos de la vida en el Mundo_n, "Ma_n" donde siempre se ambicionó para vivir en el "Ma_c".

Observe los gráficos demostrativos fornecidos por el resultado del TVL, bajo el diseño de la CV, donde mejor se puede entender el tema.

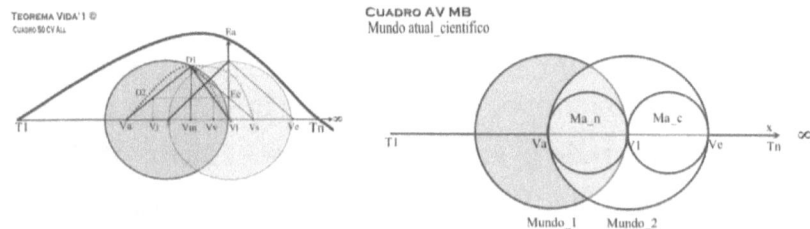

El Mundo_c no deja de ser también el resultado del producto del denodado esfuerzo científico. Razón por la cual afirmamos que el Mundo_c también proviene de la ciencia. El Mundo_c es el resultado del trabajo de los científicos, es de ese esfuerzo de dónde vienen los méritos para que el Mundo_c exista. La ciencia tiene muchísima participación en ese suceso. Mérito para los científicos que nacieron en el PT y que ostentan el GD. El producto de los esfuerzos científicos, en investigaciones y logros, es el factor preponderante para que las contribuciones y creaciones de los soportes necesarios se hicieran posibles en el largo proceso para la creación y mantención del Mundo Nuevo, el Mundo_c, donde el lema VMTM se puede hacer realidad.

Los que en la actualidad están viviendo en el Mundo_n y, no han iniciado la construcción de su futuro Mundo (MV), hoy tienen en sus manos la real oportunidad de comenzar a construir su propio MV, un Mundo totalmente apoyado y operado con el apoyo de la ciencia, que lo transforma en viable ya que lo deja al alcance de todos. La oportunidad de expandir la V2M, ingresando a la vida en dos mundos, está centrado en el MV que realmente existe para todos los que lo procuren. Lo que en el pasado estaba ocurriendo es que no todos sabían la noticia de la existencia del Mundo_c, con la vida en el "Ma_ c", con ello dejaron pasar esa maravillosa oportunidad en vano y la oportunidad de tener la posibilidad de expandirla con el lema de VMTM que resulta en vano o se esfuma.

El Mundo_c por hoy es una esperanza valiosa para la EH oriunda del PT para que continúe manteniendo las esperanzas de VMTM es absolutamente posible. No obstante, para que un día la V2M sea realmente realidad y pase a ser un Mundo Sustentable hay todavía que iniciar su construcción ahora. El novedoso Mundo_c se viene haciendo realidad a pocos, y se va plasmando como esperanza para que las generaciones venideras puedan VMTM sustentablemente.

Básicamente, para que el Mundo_c se pueda hacer realidad son dos los factores indispensables que no pueden faltar en ese proceso: **Primero,** "el empeño humano asociado a la voluntad de querer VMTM" y, **Segundo,** "la actuación de la Ciencia con su participación efectiva en ese proceso". A todo esto, y como para auxiliar a la ciencia, el avance tecnológico no se podrá detener un instante ya que su contribución es un beneficio muy esperado en ese campo. No obstante, parece que el REH no es consciente de sus actos, destruye peligrosamente el medio ambiente, y de manera general, su hábitat. Razón por la cual la Madre Naturaleza se encargará de hacer justicia; entonces, de nada servirá todo el deseo y el esfuerzo científico para ingresar y poder mantener un Mundo_c activo y para muchos más.

En publicaciones anteriores[449] hicimos mención de los adelantos que estarían por venir como componentes activos y participativos de la continuación de la vida de un futurista Mundo_2, V2M:

> ***"Necesario es instituir un novedoso sistema, un* "Bio-Id-Chip[450]" dentro de un *microbiochip* en nuestro cuerpo para acumular datos de nuestra nueva edad biológica; ya que se comienza a vivir sistemática e intensamente desde antes de ser parido y provenimos de diferentes células con diferentes orígenes y edades de creación y con gens genéticamente constituidos de manera diferente. Con la implantación del "Bio-Id-Chip" se podrá contar e inclusive incluir la verdadera edad de origen, con características de raza, de procedencia genética; hasta de nuestro verdadero *HaplotypeMapping Proyect***

---

449 Información: Percepciones Originales, Copyright 2008, © N° 2008904745, Library of Congress, US. And Originals Perceptions, 2014, US.

450 Información Adicional: **Bio-Id-Chip** Micro-biochip, Chip biológico. Memory, Memoria para acumular nuestra real edad biológica; ya que se comienza a vivir sistemática e intensamente desde antes de ser parido y provenimos de diferentes células en edad de creación y en la estructura del gen que genéticamente esta diferentemente constituida.

(HapMap)[451] y de muchos aspectos genéticos y biológicos más, útiles para los modernos tiempos (que se resumiría en una historia bioclínica (biológica y clínica) en tiempo real, incorporado en el organismo, con grandes condiciones y opciones de realizar *updates* en *real time* y transmitir sus resultados para un *macrosuperbiochip* externo). La ciencia tiene que aprovechar que cada una de nuestras células progenitoras tiene y refleja su propia edad de formación, origen y de particularidades, desde sus dos Células Madre que lo crearon, para poderlo guardar; sobre todo, manteniendo la herencia acumulada del pasado, incluyendo al CH, como el reflejo testimonial de su procedencia, contemplando datos que están muy bien resumidos en su HapMap, ADN y Genoma. Además de ya aprovechar la circunstancia para instituir el "Universal Identification Number (UIdN)" para el inventario humano del Censo Universal del Milenio "Y3K" (CUY3K – Año 3000)."

---

451 Información Adicional: El Proyecto Internacional HapMap instituido para estudiar la variación genética humana que se suma a la Enciclopedia de Elementos de ADN, o Proyecto ENCODE. Dentro de un proyecto mayor La organización 'Proyecto del Genoma Humano' y la compañía 'Celera' que el 23 de marzo de 2001 dieron a conocer al mundo los sorprendentes resultados sobre el primer análisis detallado de los datos obtenidos en el mapa del genoma humano. Washington, Tokio, Londres, Paris y Berlín fueron las ciudades donde sus espectadores fueron testigos de la presentación de los estudios, que luego fueron publicado por separado en las revistas Sciencie y Nature, respectivamente.

Con el avance científico en el campo genético, sobre todo en la
Genética Molecular[452], se vislumbra un panorama promisor,
que se suma a los resultados obtenidos hasta hoy y a todo lo
que se espera que traigan las investigaciones en curso. Hoy,
los genetistas[453] están haciendo más fácil encontrar evidencias
de la evolución del Hombre Moderno con los resultados del
HapMap (*Haplotype Mapping Project*) 2005[454]. El Proyecto
Internacional *HapMap* está destinado para estudiar la variación
genética humana que viene a sumarse a la Enciclopedia de
Elementos de ADN, el Proyecto ENCODE.

> *"Pero el hombre se caracteriza por ser
> insatisfecho y de no conformarse con sus
> logros, su ambición es incontenible; siempre
> está deseando algo más y más; ahora quiere
> llegar hasta el origen de la vida con sus
> investigaciones. En su ambiciosa y continuada
> búsqueda por descubrir sus orígenes y por tener
> la ardua tarea de la preservación de las especies
> vivientes, hace inseminación artificial y realiza
> la biopsia en el embrión para determinar, por
> ejemplo, el sexo del futuro ser; o simplemente
> hace la selección de los espermatozoides 'X' y
> 'Y' para obtener el mismo resultado. Como*

---

452 Genética Molecular. Estudia la estructura y la función de los genes a nivel molecular,
empleando métodos de la propia genética y de la biología molecular, diferenciándose de
las otras ramas de la genética.

453 Genetista, Biólogo dedicado al estudio de la Genética como una ciencia de los genes, en
la herencia y su variación entre los organismos.

454 Información: HapMap (HaplotypeMapping Project) 2005. Según Harvard Medical
School es un proyecto de 100 millones de dólares.

manifestación de la conclusión de sus estudios están naciendo los bebes de probeta, también lo hacen los seres como producto del clonaje y futuramente los microbiochips compartirán un espacio en el cuerpo de él.

Al respecto, vivimos una época en la que sentimos el inicio de otros transcendentales descubrimientos científicos, como los que están consiguiendo los científicos genetistas, astrónomos, biólogos, físicos, químicos, de medicina en general y observamos muchos cambios más relacionados con las tendencias preparatorias para ingresar a la transición del camino que conduce a la puerta de penetración al futurista mundo de la "Real Inteligencia Artificial" (RIA). Cuando la RIA sea de uso masivo se crearán diversificadas oportunidades para que los bionanocomponentes invadan increíblemente el organismo humano, inclusive sensorial, extrasensorialmente y cognitivamente, haciéndolo con una transparencia extrema. La Bionicología estará actuando en su esplendor, con el advenimiento de la bionanotecnología que estará pariendo a los Hombres Biónicos de verdad. *Esta etapa demarcará una era, cuando la bionanotecnología de punta, construyendo máquinas milimétricas estará inventando nanomicroscópicos chips biológicos, algo así como los micro: bionanoprocesadores, bionanotransmisores, bionanovisores y bionanocensores; sumados al biotelechip, biocéfalochip, biostoragechip, bioneurochips y otros, y construyendo generaciones avanzadas de los componentes existentes, jugará un papel preponderante en nuestro universo viviente y sensorial. Todos estos avances serán asociados a la fuerza mental que será integrada al poder de nuestros órganos motores y sensoriales con bastante naturalidad. Llegará el día cuando nuestra capacidad locomotora, telepática y exteroceptiva se ampliará increíblemente, en momentos cuando estos inventos se conecten hasta con el telecéfalo y el mentecéfalo respectivamente, explorando la integración mente-bionanochip o hombre-bionanomáquina y viceversa (producto de la bionanotecnologia). Toda esa manifestación de inteligencia (EH del GD) y del poder microbionanosensorial, nada más será el inicio de la verdadera combinación entre la energía orgánica vital y la microbionanomáquina, que crearán así un innovador poder auxiliador para ampliar la capacidad locomotora, percepcional y mental que esta obra muy bien viene a resaltar"*[455].

---

455 Fuente: Percepciones Originales, Original Perceptions, Copyright 2008 Library of Congress. Control Number 2008904745 by Alcides Vidal – Xlibres, USA, 2008 y 2014. ISBN: 978-1-4363-4657-3, 978-1-4363-4656-6, 978-1-4934-5787-6 y 978-1-4934-5785-3. Páginas: 18 and Page 20 and 21.

Todo este adelanto científico esperado podrá estar asociado a los miembros biónicos, a los exoesqueletos, injertos y trasplantes que la experiencia consolida como producto avanzado de la ciencia moderna del humano del GD, que estará relacionado con la cognición que está directamente relacionada con conceptos abstractos tales como los siguientes: aprendizaje, inteligencia, mente, percepción, razonamiento y muchos otros aspectos más que son orientados para las diversas capacidades que desarrollan los Seres de la EH del GD en el PT, a pesar de que estas características también las compartirían algunas entidades no biológicas según lo contempla la RIA.

Como prueba de que toda esta introducción, la de una idea tecnológica, relacionado con su avance, dentro del Mundo_ Bionanochip y la Bionanotecnologia de manera general, será posible hacerlo realidad con tan sólo el pasar del tiempo. Al respecto veamos algunos logros ya visualizando encontrar al REH en el PT estar dentro del Mundo_c, donde: *"Máquina y hombre, combinados, se muestran mejores que solos (independientes)"* como decía Hugh Herr, Profesor MIT.

Como corolario del Milenio pasado (M1), 1000-1999, en Alemania se ha construido una máquina sub sanguínea; éste invento es el menor submarino del mundo que fue proyectado para navegar por la corriente sanguínea del ser humano en el PT. Este sub sanguíneo tiene la capacidad de realizar reparos si es que llega a encontrar algún daño en su curso. El menor submarino fue considerado un verdadero y admirable avance tecnológico para la época. El sub sanguíneo mide 4 cm. de largo por 0.66 mm de ancho. Con la tecnología de mediados de la segunda década de este milenio, o sea, dos décadas más adelante, todas las funciones del subsanguíneo-1999 se pueden incorporar en un micro biochip de 10 X 2 milímetros construyendo el "Súper Micro Biochip SubSanguíneo" MBCSS2019AV. El mismo que ya tendría multiplicadas sus funciones. Para resumir y entenderlo mesuradamente, el MBCSS2019AV, actualizado en su versión 2025, podría ser confundido con un grano de arroz, en términos de tamaño y con un computador personal en rendimiento.

Ya con la consolidación de la "Nanotecnología", ingresando en la "Bionanotecnologia" se podrán construir microbiomáquinas que tanto la ciencia espera verlas en acción. Al mismo tiempo, absurdamente esperada es que un día se pueda tener la posibilidad del proceso de auto multiplicación de las microbiomáquinas, un sueño que parece inalcanzable hoy pero las esperanzas perdurarán ya que toda máquina se podrá construir rutineramente. El hecho de que la EH haya alcanzado el "GD" trae consigo esperanzas de que un día, el talento humano, asociado a la inteligencia heredada, explorando a cabalidad las virtudes de la RIA, podrá hacer realidad, sustentablemente el Mundo_c y porque no, ya comenzar a soñar en el Mundo súperCientífico (Mundo_sC) que esta obra presenta para las generaciones venideras.

El nuevo milenio (M2, Y2K) se hacía presente con sus avances científicos inimaginables, en todos los campos que la ciencia pueda actuar. Igualmente la EH, autóctona del PT, muestra que se beneficia de todo ello, pero también se nota que, indirectamente se perjudica con tantos inventos y descubrimientos. No obstante, viviendo los inicios de esta década de este inigualable milenio, arrastramos el "cognicionamiento" que se resume y manifiesta en muchos inventos, estudios y técnicas realizadas en el milenio que se fue, M1.

Enfáticamente el rumbo al Mundo_c se inició con el advenimiento de este milenio, más la ciencia ya venía trabajando para hacerlo realidad desde el milenio pasado.

Como resumen del milenio pasado observamos que hemos heredado un valioso tesoro científico que ahora sirve de pilar para la construcción del Mundo_c y si la ciencia continúa avanzando en ese rumbo y velocidad, la consolidación del Mundo_c se hará realidad en el próximo Siglo y la posibilidad de ingresar en otro MV más novedoso, como el Mundo súperCientífico (Mundo_sC) también podría ser una posibilidad alcanzable al finalizar el próximo milenio. Méritos para la ciencia médica de ayer, que se desarrolló aún con instrumentos sin sofisticación si comparados con los desarrollados con la tecnología existente hoy.

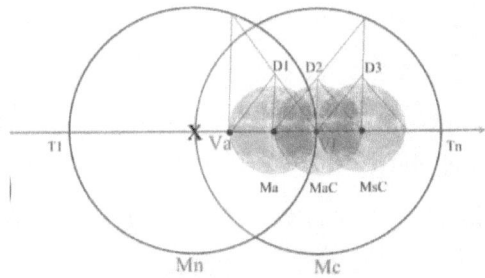

Las actividades médicas que más llamaron la atención al ciudadano común en el M1 fueron las prácticas de los trasplantes de órganos. En cambio para la ciencia médica la técnica de los trasplantes era un objetivo más ambicioso: crear la posibilidad de poder trasplantar "todo". Al mismo tiempo la genética avanzó demasiado en su campo, llegando a mapear al gen humano, consolidándolo en el GH. Con ese logro y los avances científicos adquiridos ya en este milenio (M2), renacieron las esperanzas de que el Mundo_c realmente sea posible crearlo "sustentablemente". La interrogante es saber si la EH está preparada para ingresar masivamente a un Mundo_2, el Mundo_c, el Mundo científico.

A pesar de que la investigación biológica tradicionalmente había sido realizada separadamente por algunas personas, médicos e investigadores, en empresas individualistas, los logros fueron sustanciales. En cambio en el Proyecto Genoma Humano, asociado a la magnitud de los desafíos tecnológicos y de la inversión financiera necesaria, se pudo dar el impulso mayor para llegar a los resultados finales esperados y programados, obteniendo la secuencia del GH.

El Proyecto HG fue realizado por equipos interdisciplinarios, comprendiendo desde la ingeniería, informática, hasta la biología y los procedimientos automáticos. Como resultado de este trabajo, que involucra otros proyectos relacionados con el genoma, como ejemplo, el Proyecto Internacional HapMap, para estudiar la variación genética humana y la Enciclopedia de Elementos de ADN del Proyecto ENCODE, la era de la investigación en equipos altamente sofisticados ya que llegó en hora buena y se obtuvo un buen resultado. Al mismo tiempo, para introducir enfoques a gran escala en biología, el Proyecto Genoma Humano (**PGH**) produjo toda clase de nuevas herramientas y tecnologías que actualmente ya pueden ser utilizadas por científicos individualmente para llevar a cabo investigaciones a menor escala de una forma mucho más eficaz e independiente.

En el campo de los trasplantes la historia científica se remonta a la primera mitad del siglo pasado (1930-1950). En la década de los años de 1940, en la era de la floreciente Unión de Repúblicas Socialistas Soviéticas, URSS, el científico **Vladimir Petrovich Demikhov**[456] realizaba el proceso de trasplantar la cabeza de uno en el cuerpo de otro. Práctica que lo efectuó con perros. Demikhov creó como resultado un perro con dos cabezas. Seguidamente consumó más de 20 trasplantes de este tipo. Sus experimentos continuaron en 1946, y fue el científico **Demikhov** quién realmente realizó el primer trasplante de corazón en un perro. El 1947 trasplantó un pulmón y dejaba la posibilidad de poder hacerlo en cualquier otro mamífero. El 1953 Demikhov realizó la primera operación de bypass coronario. Un año más tarde el científico Demikhov trasplantó la cabeza y las piernas de un perro joven en el cuerpo de otro perro adulto, sobreviviendo por casi una semana. Así siguieron a Demikhov muchos otros científicos. El 1967 el cirujano sudafricano **Christian Barnard** realizó, por primera vez, un trasplante de corazón en un ser humano. Barnard reconocía que: "*si existe un padre de los trasplantes de corazón y pulmón, ese título lo ostenta, sin*

---

456 Información adicional: **Vladimir Petrovich Demikhov**, nació en Kulini Farm en Moscú, el 18 de julio de 1916 y falleció en Moscu en 22 de noviembre 1998, a los 82 años de edad.

duda, Demikhov". De ahí que, inspirado en los experimentos del científico Demikhov. En los años de 1970 el doctor **Robert White**, ejecutó el primer intercambio de cabezas en primates, trasplantando con éxito la cabeza de un mono Rhesus al cuerpo de otro. El pequeño simio sobrevivió durante varios días, pero al no poderse conectar la médula espinal a la cabeza, falleció.

El proceso de trasplante puede ser entendido como una operación compleja que obedece a una secuencia de procedimientos técnicos a seguir paso a paso, pero lo que uno no puede imaginarse son las escenas que se suscitan durante ese proceso. A propósito, finalizada la operación de trasplante el Dr. Silver decía: "*Recuerdo que finalizado el trasplante de la cabeza, el pequeño simio se despertó y su expresión facial era de un dolor terrible. No me olvido tampoco de la ansiedad y la confusión que se podía ver en su rostro. Cuando los médicos intentaron alimentar al animal, la comida cayó al suelo. Fue terrible. La cabeza siguió viva, pero por poco tiempo*" decía el Doctor Jerry Silver, de la Universidad Case Western Reserve, que participó de ese proceso. El dolor que soportó el mono es algo en lo que Sergio **Canavero** ya había investigado cuando escribe lo siguiente: "El dolor *se produce cuando se secciona la médula espinal y se llama <u>dolor central</u>. Es algo que no debería desearle ni a mi peor enemigo*". Es entonces cuando el mayor obstáculo que se tiene es querer realizar la re conexión de la médula espinal, es la piedra angular en la que se basa el trabajo del Neurocientífico Sergio **Canavero**, integrante del Grupo de Neuromodulación de Turín: "*Cuando leí los papeles de White, me pregunté si lograría hacer un trasplante. Y comencé* *a interesarme en la regeneración neuronal. Paralelamente en el año 1986, George Bittner, del Departamento de Zoología de la Universidad de Texas, demostró que se podía restablecer la conexión entre las partes seccionadas de la médula utilizando poli etilenglicol (PEG), un polímero que actúa como adhesivo. Me resultó interesante, pero durante treinta años nadie escribió sobre eso".* Lo extraño es que el 2013, el antes mencionado doctor Silver, reconectó la médula de una rata, gracias a este pegamento. No obstante, para el propio Silver reconocía: *"Aún estamos a años luz de poder realizar una intervención similar en humanos. Falta mucho para que consigamos unir todas las piezas de modo que el sujeto recupere finalmente la movilidad completa".* Canavero contradijo diciendo que: *"desde hace 50 años sabemos que no es necesario reconectar todo el circuito nervioso para tener motricidad completa; basta unos 10 a 30%. Creo que nosotros podemos reconectar hasta un 60%",* como siendo su conclusión.

En los actuales días esas prácticas son consideradas un absurdo, un pecado y hasta un anti ético acto médico y en algunos de los casos están penados por ley. Vea el caso simulado[457]. No obstante, la ciencia hoy agradece esos experimentos ya que gracias a los pioneros como el Científico ruso Demikhov, Christian Barnard realizó, por primera vez, un trasplante de corazón en un ser humano, Robert White y muchos otros es que se comenzó a investigar más sobre el asunto, situaciones

---

457 **Información adicional**: Imagínate en uno de tus familiares: un hermano está con muerte cerebral, como el producto de un disparo criminal en la cabeza y tu otro hermano asistido, hasta para comer en una silla de ruedas, invalido, sin movimiento corporal ya que sus miembros se atrofiaron; luego se trasplanta la cabeza buena de uno al cuerpo del otro, herido y muerto por la bala y en seguida, con los shocks eléctricos se le reanima y después de un proceso de exhaustiva terapia, sale caminado.

por las que la actual ciencia camina hacia adelante hoy, contribuyendo para que la vida en el Mundo_c pueda un día, no muy lejano, ser sustentable en el PT.

"Los científicos estamos preparados para un debate como este. Es la sociedad la que no lo está todavía" José Aguilera, Neurocientífico.

Continuando con el debate se nota que todas las afirmaciones realizadas por Canavero han generado mucha controversia en el mundo científico. El propio Silver apareció para asegura que es imposible realizar el trasplante de cabeza con éxito. Otros, como Anthony Warrens, de la Sociedad Británica de Trasplantes, señalan que *"conectar una cabeza a un cuerpo es un sinsentido hoy en día. Toda la idea es muy extraña"*. En España, las opiniones están muy divididas como la del Dr. Manuel Martín Loeches, profesor de Neurociencia Cognitiva de la Universidad Complutense de Madrid, que dice: *"No lo veo nada descabellado, y en realidad el único dilema sería el de quién es el "titular" de lo que salga: ¿el dueño original de la cabeza o el del cuerpo? Voto por el de la cabeza, es lo único que vale de verdad para que haya un 'yo'. Tengo mis dudas respecto a cómo enlazar el sistema nervioso central (cerebro y médula espinal) con todos los nervios periféricos, pero tampoco lo creo imposible, hoy día, pues se ha hecho con los de las manos. Resumiendo: lo creo factible, me caben pocas dudas"*. Para José Aguilera, director del Instituto de Neurociencias de la Universidad Autónoma de Barcelona, dice ser una idea ambigua, aun manifestándose así: *"Difícilmente se podría llevar a cabo una intervención así. La médula espinal es muy compleja y el resultado podría no ser bueno".* ... *"Pero la verdad es que no lo podemos considerar inverosímil. Habría que ver el tema del rechazo de tejidos y cómo afectaría el cerebro, hormonalmente, al comportamiento del nuevo cuerpo".* Aguilera intenta aclarar esta cuestión diciendo: *"Muchas veces estas ideas se lanzan para obtener notoriedad o para avanzar hacia el futuro. Es como cuando Barnard hizo el primer trasplante de corazón; quizá él avanzó demasiado rápido. Aunque muchos científicos ya sabíamos que se podía hacer".* La intervención completa de trasplante de corazón requiere del trabajo de 100 profesionales médicos, durante 36 horas y costaría unos 10 millones de euros. Aunque pueda sorprender, el tiempo necesario para reconectar cuerpo y cabeza es de apenas una hora. *"Esto viene de conocimientos adquiridos por el doctor White en sus intervenciones",* señala Canavero. *"Y pese a parecer increíble, es más que suficiente. Igual que los 20 minutos que nos llevará reunir ambas secciones de la médula. Claro, que es la parte más crítica de toda la intervención".* Según el neurocientífico italiano, tanto los costos como el tiempo se irán reduciendo a medida que progresemos en nuestro conocimiento. *"Inicialmente, un trasplante de hígado",* en la opinión de Canavero, *"duraba unas 14 horas; ahora apenas 2".* No es lo mismo un apenas un órgano que un cuerpo entero. Pese a que el objetivo de este trasplante es restablecer las funciones motoras en pacientes con condiciones médicas muy graves, como distrofia muscular progresiva, cáncer o tetrapléjicos con fallos orgánicos múltiples, Canavero señala que podría abrir las puertas a profundos dilemas éticos. *"Hay mucha gente que sufre de enfermedades ahora incurables. Pero muchos pueden utilizarlo como una forma de esquivar la muerte por medio de un cuerpo más joven. El problema será regular un procedimiento que tiene el poder de dividir a la sociedad".* Situación que conduciría para realizar el salto directamente para vivir el increíble "Mundo_sC", el Mundo Súper Científico que planteamos.

Una autoridad conceptuada en estas opiniones sería un representante del Comité Español de Bioética, el Dr. Manuel de los Reyes, uno de sus miembros más reconocidos, pero se niega a opinar, él asegura que no tiene suficiente información al respecto. No obstante, importante es el pronunciamiento de José Aguilera diciendo: *"Los científicos estamos preparados para este tipo de debates. La sociedad no lo está. En el mundo hay miles de científicos experimentando con sustancias peligrosas y no ocurre nada. Yo he trabajado con un neurotóxico que podría haber matado a toda la población de Barcelona. Eso no significa que lo usemos. Pero la sociedad necesita participar de este tipo de dilemas".* Al mismo tiempo Canavero reconoce que aún no ha progresado más debido a la falta de fondos. Pero esto se podría resolver muy pronto, confiesa, ya que el representante del Proyecto 2045 se ha contactado con él. Esta iniciativa es del millonario ruso Dmitry Itskov quien pretende crear tecnologías que nos permitan transferir nuestra personalidad a entidades no biológicas y volvernos eternos. *"Me han invitado a Moscú a exponer mis ideas",* señala Canavero, *"para hablar de la posibilidad de darme fondos y poder continuar la investigación".* La primera etapa del Proyecto 2045 concluyó el año 2016. Se esperaba el inicio de la segunda etapa. Aun así, todavía no sabemos si los trasplantes de cabeza son una realidad o un recurso más para la ciencia ficción[458].

Refiriéndose al trasplante de cabeza anunciado por el Neurocientífico Canavero, las voces alertan que: "*además de las dificultades técnicas de la operación, Canavero sabe que se dará de bruces con la ética médica. Puede que parezca una operación más propia de las películas que da vida real, pero -según afirma el neurocirujano Canavero, - trasplantar una cabeza a un nuevo cuerpo será factible en poco más de dos años*" (2017). Así lo ha afirmado a la revista, New Scientist, donde ha explicado también que la cirugía de trasplante de cabeza podrá alargar y mejorar la calidad de vida de las personas cuyos músculos hayan degenerado, o aquellos que tengan cáncer. Sin embargo, el cirujano es realista y considera que aún quedan muchas dificultades por resolver. Razones explicables del porque pretendemos que el Mundo_sC pueda existir a corto plazo que ahora queda en la hipótesis.

El 2005, el **Adán** biónico hacia su aparición. **Jesse Sullivan** demostraba su fuerza mental biónica moviendo su brazo izquierdo para asegurar un vaso de vidrio levantándolo de la mesa y luego retornándolo con sólo el esfuerzo mental accionando un brazo mecánico fabricado por el hombre. Un sistema desarrollado por la empresa RIC's *computer program*, dirigido por **Todd Kuiken** debutaba en el Mundo científico; aunque el debut de ese sistema computadorizado ya había sido

---

458 Fuente: http://www.quo.es/salud/trasplante-de-cabeza El Neurocientífico Sergio Canavero afirma que dentro de sólo dos años esta operación será una realidad - Un médico italiano quiere practicar el primer trasplante de cabeza el 2017. ARCHIVO ABC.

realizado con anterioridad el 2001[459]. Es cuando la posibilidad de mezclar al hombre con la máquina se hace realidad; con mayor razón si la RIA entrara en su plenitud. Los científicos realizan estudios de los nervios, del cerebro y músculos a los cuales se les fijan electrodos para enviar señales para el poderoso computador de 128-bits que hará su parte. Entre los componentes más usados se encuentran el aluminio y fibras de carbón de poco peso y baterías que mueven pequeños motores.

Claro, estos son avances de la tecnología en el campo de la Bionicología. En el año 2014 se dio la bienvenida a la Era del Hombre Biónico en Acción. La empresa Israelita, ReWalk anunciaba que está abriendo su Oferta Pública Inicial (IPO, del término en inglés) en la bolsa de valores Americana Nasdaq, donde pretendía conseguir unos 50 millones de dólares en acciones, la empresa pasaría a valer algo así como 200 millones. Otras empresas en el ramo no se quedaban atrás, como la empresa japonesa Honda y la americana Lockheed Martin, ésta, especializada en tecnología militar que entraba en el mercado de la Bionicología.

Bajo este panorama desde mediados de la segunda década de este milenio las diversas tecnologías de la parte biónica salieron de los laboratorios de investigación académica, científica y militar para integrarse al cotidiano en la sociedad de este milenio y aviva más al tímido ritmo del Mundo_c que esta obra trae a luz.

---

459 Fuente: Popular Science. NASA. October 2005. Page 36. Artículo de Nicole Dyer.

A propósito, los exoesqueletos también llegan para ayudar a recuperar la capacidad motora perdida del deficiente físico; al mismo tiempo abren la posibilidad para que personas plenamente aptas puedan superar los límites físicos naturales. El Exoesqueleto es el nombre de un esqueleto externo que está compuesto por partes y dispositivos interconectados anexados al cuerpo del usuario, ayudándolo en sus funciones locomotoras. El exoesqueleto obedece comandos controladores, funciona alimentado por energía, que puede ser desde una batería. Las primeras versiones de exoesqueletos aparecieron en el mercado, hace casi una década, (2014) y el más conocido fue el ReWalk, nombre de la empresa que lo fabricó. El usuario que lo popularizó fue John Dawson–Ellis.

En el mundo se estima que existan más de cien millones de personas en sillas de ruedas y con algún problema locomotor. Ahí radica la euforia que provocó el advenimiento de la Bionicología; ya que los exoesqueletos son la esperanza para volver a caminar. Al mismo tiempo la Bionicología llega para acortar distancias entre la V2M, el Mundo_n y el Mundo_c, ya abriendo esperanzas para lo inalcanzable por hoy, el futurista Mundo_sC.

Apenas como una descripción de lo que vienen a ser las partes de un exoesqueleto diríamos que *"las piernas mecánicas se comportan como eran cuando yo andaba"* decía muy entusiasmado John Dawson-Ellis que perdió el movimiento de las piernas en el año 2009, en un accidente de moto. Así se convirtió en uno de los primeros en usar el ReWalk en la clínica de experimentos. No obstante, en el medio de la alegría surge la preocupación, un equipo ReWalk cuesta en promedio 70 mil dólares. Claro, toda tecnología cuando entra al mercado cuesta caro; hay la esperanza de que aumente el consumo y la producción, cuando los precios podrán bajar para que popularmente sean accesibles.

Apenas como información, un equipo ReWalk pesa 2.3 Kg y sus principales funciones son: "bajar", "caminar", "de pie", "sentar" y "subir". Estas funciones básicas son enviadas a través de los controles que son colocados en el pulso del usuario, simulando un reloj pulsera y la batería, por su tamaño, fue adaptada en una mochila. La energía acumula en una batería dura 24 horas de uso. El usuario puede desplazarse a 20 centímetros por segundo, subiendo y bajando peldaños ("Caminar"), también accionando los otros comandos puede hacer lo siguiente: sentarse y ponerse de pie (levantarse). Para usar el patrón de prototipo fabricado requiere un usuario que tenga una altura entre 1.60 a 1.70 cm., no pudiendo pesar más 100 Kg. El equipo completo puede llegar a 20 Kg.

Haciendo un poco de historia se observa que los parapléjicos y tetrapléjicos eran usuarios de una tecnología desarrollada hace más de dos milenios y medio, que son las sillas de ruedas. Existen evidencias que hacen creer que esas sillas ya existían unos 500 años antes del calendario actual. El Rey Felipe II de España usó una silla de ruedas después de contraer la "gota" una enfermedad inflamatoria que causa dolores extremos en las articulaciones (así como el reumatismo). Recién en el Siglo XX las sillas de ruedas fueron modernizadas, cuando se les adicionó un motor y la opción para ser plegable, facilitando enormemente su transporte. No podríamos dejar de citar que el primer equipo artificial era movido a gas y data de 1890, fabricado por un ingeniero ruso. Este prototipo costaba una fortuna para ser desarrollado y solamente podría ser empleado por personas normales, por lo que se cree que este tendría otras finalidades. No obstante, esa tecnología fue una inspiración para los nuevos tiempos, hasta que el año 1965 la empresa General Electric creó el primer Exoesqueleto con funciones prácticas, llamado el *Hardman,* fabricado para el ejército americano. Así como en el caso ruso éste también no era utilizado por deficientes físico. Este modelo podría levantaba hasta 700 Kg de carga. El problema en este caso fue que la empresa no consiguió adaptar los movimientos para que sean controlados por el cuerpo humano. En los actuales tiempos existe tecnología y puede ser hecho realidad.

Más también influenciaron las limitaciones encontradas en los propios computares de esa época. Desde el 2001 el gobierno americano invirtió 50 millones de dólares en esta tecnología, ante al aumento del terrorismo en el mundo. La empresa Lockheed Martin creó un prototipo que permitía que un soldado pudiera cargar hasta 91 Kg sin el uso de su fuerza para distancias de hasta 20 Km. Una década después fue lanzado al mercado una versión comercial, que serían los trabajadores, obreros de construcción civil, para quienes reduce la fatiga muscular hasta en 300%, aumentando su productividad en hasta 27 veces.

Bajo otra línea del aprovechamiento científico y tecnológico, en abril del 2015, se programó el trasplante de cabeza de un

Ser Humano y, desde entonces los logros científicos siempre están presentadas innovaciones. Hoy, con el auxilio de la RIA, realmente en constante progreso se espera increíbles avances en este sentido. De este modo se acortan los pasos rumbo a la vida en Mundo_c coronando el lema VMTM puede ser sustentable en el tiempo.

Retomando el asunto del MV y la V2M, concluimos que con el arribo del Mundo_c la humanidad será la grande beneficiada, ya que con el advenimiento del Mundo_c se podrá continuar VMTM. Razones por las cuales esta obra mantiene las esperanzas de verlo hecho realidad cuanto antes.

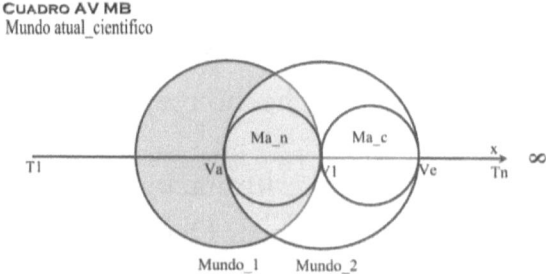

CUADRO AV MB
Mundo atual_cientifico

Como quedó bien evidenciado el Mundo_c aparece progresivamente en el tiempo porque es construido por todos los que aspiran formar parte de él.

El Mundo_c nace paralelamente a los grandes progresos que la ciencia viene consiguiendo en la línea de permitir que la EH pueda VMTM. Situación que primero se manifiesta en el transcurso de la vida en el Mundo_n, cuando es conducido de la mano por el resultado del avance científico, alcanzando el codiciado resultado científico que concluye en la realización del Mundo_c, viviendo el "Ma_c".

Igualmente importante es la exhaustiva utilización del CH traído del milenio pasado como siendo otra virtud por la que la EH está alcanzando mayor desarrollo en el PT con su constante y dedicada preocupación por participar activamente en el largo proceso que envuelve la construcción de su propio Mundo_c.

De una manera general la ciencia y especialmente la médica, está alcanzando logros nunca antes conocidos en la historia de la humanidad. Entre sus grandes obras encontramos a las siguientes: Ha llegado clonar un ser vivo y manipula su gen a doquier, como igualmente lo puede hacer con el gen de cualquier otra especie viviente en el PT para mantener la prosapia de las especies latente (quien sabe si en el futuro se podrá realizar todo esto en los ámbitos de la Biocosmos con seres que podrán estar viviendo en un Mundo_sC).

¿Cómo se imagina será la vida en el Mundo_c? El Mundo_c será una realidad sustentable cuando la EH realmente quiera, pueda y demuestre que VMTM es una posibilidad sustentable; ya que la ciencia constantemente está haciendo su parte y con muy buenos resultados.

Realmente, si solamente fuera obra de la ciencia ya podríamos planear el advenimiento del Mundo_sC. Por lo que la EH no puede conformarse solamente con querer VMTM sino que tiene que poner empeño de su parte para que, con ayuda de la ciencia pueda consolidar sustentablemente su Mundo_c, iniciando la vida en el "Ma_c".

En el futuro próximo, querer vivir en el Mundo_c se convertirá en una ambición generalizada de todos los Seres Humanos, más como bien sabemos no todos ellos llegaran a disfrutarlo. Por lo que se espera que las experiencias de vida de esta generación, sirvan como lección para que las generaciones venideras logren construir su Mundo_c y dentro de lo posible que la mayoría de los seres vivientes pueda vivir con naturalidad total y en armonía, cada uno en su respectivo Mundo_c.

Superado los impases de las limitaciones y condiciones, requisitos para vivir el Mundo_c, todas las generaciones venideras tendrán que mantener un verdadero estándar de vida hasta la posteridad. Será entonces cuando habrá que pasar a preocuparse por el acumulado genético que venimos obteniendo para que la manifestación de la obligatoria e imparable evolución humana, raza oriunda del PT, perdure por más tiempo, saludablemente aprovechando la obtención del GD, mejorado, en otro ambiente que el MV ofrece con la vida en el "Va_c".

Ambicionar ser centenario con naturalidad y mucha regularidad, deberá ser el eslogan de la EH que habita el PT en los Nuevos Tiempos. Igualmente, la esperanza, simbolizado por la EV, se mantenga siempre en un número de tres dígitos. De ser realidad este deseo el Mundo_c será natural y pasará a tener sus propios parámetros. Será cuando la ciencia controlará los recursos vitales para la sobrevivencia humana en ese mundo. Con esto no nos estamos refiriendo a una vida entubada ni a una vida en medio de instrumentos de primeros auxilios (o de sobrevivencia) en los hospitales que mantienen al ser vivo biológicamente. En este caso nos estamos refiriendo a una vida natural, la que es llevada en su esplendor, normalmente e ingresando con la vida en el Mundo_c. Es bajo esa línea de actuación que la ciencia camina hoy y, es esa la razón del nombre del Mundo_c y de ser un verdadero "Mundo científico".

Pero la esperanza y responsabilidad de querer VMTM en un Segundo Mundo, no puede ser transferida solamente a la ciencia, ella es responsable por el 49.9% y hay mucho para hacer de parte de cada ser humano, que viene a ser el 50% restante y solamente el 0.1% lo vamos a dejar al destino. Entonces, el suceso de conseguir vivir y formar parte del Mundo_c depende de dos factores importantes que son los 49.9% por los que la ciencia se responsabiliza y los 50% donde la responsabilidad es exclusivamente de cada uno (de quienes quieren VMTM en su respectivo Mundo_c).

El Mundo científico guiado por la ciencia hace su parte y la EH, formado por seres humanos conscientes tiene que hacer la suya también; si los dos cumplen a perfección estos condicionamientos básicos todo se habrá asegurado para el ingreso de la vida en el Mundo_c y si uno de ellos falla, el hombre no podrá completar su vida ni en el Mundo_n.

El Mundo_c habrá consagrado su éxito total en el mañana que está por llegar, donde la EH podrá vivir sustentablemente el tiempo que le resta de su existencia como un ser oriundo del PT para continuar en el "Ma_c".

Resumiendo el concepto del Mundo_c, como su propio nombre lo dice, existe también como el producto de los logros alcanzados por los adelantos científicos a lo largo del tiempo y por la dedicación del REH en el PT viviendo con ese objetivo. Además el Mundo_c se crea después de haberse superado todos los límites vivientes enfrentados por el REH aun estando en el Mundo_n viviendo en el personalísimo "Ma_n". Estos dos objetivos y combinaciones no son excluyentes, por lo que VMTM depende también de su realización, como el producto de una determinación tomada, aun viviendo en el Mundo_n.

Ser parte del Mundo_c es siempre haber querido vivir en él, realizando todo lo que básicamente es necesario para su consecución.

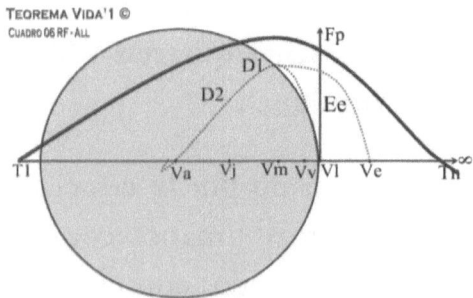

De un modo general los avances de la ciencia están haciendo que la vida del Ser Humano pueda ser mejorada y prolongada sustentablemente por un tiempo mayor. Tiempo este que se agrega estando en el Mundo_n vivido en el "Va_n" coronando con suceso la era del milenio anterior (M1) y las primeras décadas de este milenio, M2.

Como venimos redundantemente afirmando los Seres Humanos que aspiren tener la suerte y la oportunidad de vivir en el Mundo_c tendrán que poner mucho de su parte a tiempo si verdaderamente quieren, en el futuro, ingresar a la vida de un Mundo Mayor y más exigente como lo es el ambicionado Mundo_c. Como explicado, ingresar al Mundo_c significa haber superado el tiempo estipulado por la EV viviendo en el Mundo_n el pequeño mundo del "Ma_n". Esto quiere decir haber vivido más de lo que la EV proyectaba, tiempo éste que sale de los límites del Mundo_n para penetrar a otro, para VMTM en el nuevo mundo, el Mundo_c.

En la foto observamos tres límites: "Vl", "Ve" y "Vs". Señales donde las tres curvas terminan. Más las curvas tienen como límite llegar hasta el marcador "Vc", siendo el tope de la Vida científica.

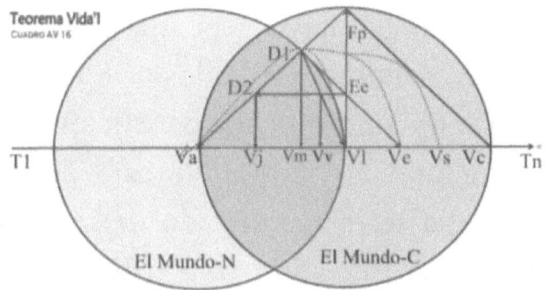

Igualmente el avance científico no para por aquí por lo que las esperanzas se mantienen activas y aspirar el advenimiento del Mundo_3 no será nada raro ni absurdo (Mundo_sc) para los que desean y construyen.

Apena como un adelantamiento, ya que el TVL trata todos estos asuntos, incluimos los siguientes datos iniciales para la simulación didáctica de un caso, dando valores a algunas de las variables utilizadas vamos a cuantificarlas. Así siendo veamos que "T1", Tiempo inicial, tiene como base la "EV" que es igual a "70", luego sigue así: "Va", Vida aparición (Va = 1); "Vj", Vida Juventud (Vl/4+5 = 22.5); "Vm", Vida mayoridad (Vl-Vj/2 = 23.5); "Vv", Vida vejez(); "Vl", Vida Límite (Vl = EV); "Ve", Vida esperanza (Vl + 40 = 110); "Vs" Vida sueño ambición (Ve + 20 = 130); "Vc", Vida científica (Vl x 2 = 140); "Tn", Tiempo "n" futuro (Final).

Con el avance tecnológico y científico, también en el campo genético, vislumbramos un panorama promisor ya que se sumará a todos los elementos que ayudarán exhaustivamente conducir sustentablemente el esfuerzo para que la EH, del GD, pueda ingresar gradualmente al Mundo_c, ya que los resultados obtenidos por los genetistas hasta hoy son prodigiosos. Con lo que se espera que las investigaciones en curso traigan mejores resultados y con ellos vendrán las esperanzas de obtener muchos beneficios para una vida prolongada y mejor. Hoy, con el trabajo de investigación de los genetistas ya se está pudiendo definir, de un modo facilitado, situaciones que antes eran críticas y ya se observa cómo poderlas mejorar. Apenas como ejemplo, la definición del *HapMap* (*HaplotypeMappingProject*) es una prueba del avance y de la simplificación científica. Lo que significaría que el *HapMap* viene para explicar científicamente el por qué algunas personas tienen un alto o bajo riesgo de obtener ciertas enfermedades y explicará también por qué ciertos genes son enfermos o tóxicos y porque ellos vienen afectar la salud de los humanos del PT.

No solamente podemos observar a la ciencia contribuyendo por el lado genético. La bioinstrumentación, los biochips, los *neurochips* y otros, siempre teniendo como apoyo a la RIA, también entrarán en acción para mover a la sociedad de los Hombres Biónicos (**HB**) de la generación del GD en este M2 para conseguir avanzar para el Mundo_c.

Sabiendo con anticipación todo lo que el *HapMap* pueda mostrar, la cura de algún mal puede ser realizada en sus inicios y el advenimiento el tiempo de VMTM será una realidad para la EH, oriunda del PT, confirmando la transición para la fundación definitiva del camino hacia la vida en el Mundo_c.

Hoy día el avance científico no camina, no corre, vuela; por tales razones sólo nos queda decir: ¡Bienvenido Mundo_c! y VMTM puede ser muy pronto posible y de manera sustentable.

VI) El Mundo súper Científico

En el afán de explicar el desarrollo de la vida hemos comentado las definiciones de dos MV: el Mundo_n y el Mundo_c, simbolizados en el "Ma_n" y en el "Ma_c", cada Mundo actual existiendo con su respectiva peculiaridad. El primero el Mundo_n, el "Ma_n", el mundo donde el REH nace, el lugar donde vive y ciertamente donde será su destino final de la existencia, es un mundo verdaderamente natural por naturaleza. El segundo el Mundo_c, el "Ma_c", el mundo que el REH en el PT ambiciona y quiere formar parte de él en el futuro, un MV realmente en construcción que resulta ser un mundo individualizado, producto del empeño y privilegio de su dedicación para construirlo a tiempo, pensando que algún día pueda VMTM en su propio Mundo_c, es un mundo verdaderamente virtual y natural por convicción.

Ahora, muy ambiciosamente presentamos al tercer MV. Este Mundo será la ambición de las ambiciones de las generaciones venideras del REH en el PT quién aspira muy remotamente que, en un futuro muy lejano por cierto, pueda existir un tiempo adicional o extra para que su especie continúe VMTM en el mundo_3. Ambición que vendrá sustentado por el resultado del producto de la realización, con suceso, de la vida en el Mundo_c, resumiéndolo en el posible proceso de la migración del Mundo_c para el tercero, el Mundo súperCientífico (**Mundo_sC**).

El Súper Mundo Científico denominado de **Mundo_sC**, resumido en el SúperMundo_3, es el posible futurista Tercer MV para que el REH en el PT lo pueda disfrutar, hipotéticamente en un tiempo extremadamente lejano. El Mundo_sC es el que obligatoriamente precederá al sustentable Mundo_c en el futuro de los futuros, más allá de este milenio (M2).

Entendemos que es bien complicado querer razonar hoy sobre un Mundo_3, el Mundo_sC sin antes haber conseguido instaurar el Mundo_c sustentablemente en el PT.

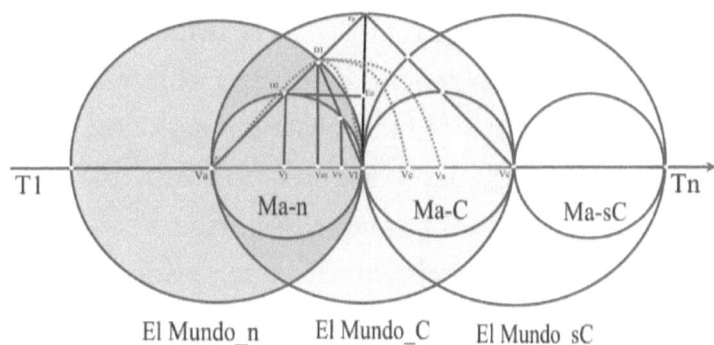

El Mundo_n   El Mundo_C   El Mundo_sC

El propio Mundo_c aún no ha sido posible implantarlo como un estándar en el mundo terráqueo para beneficiar mayorías o que se pueda hacer realidad sosteniblemente a corto plazo o tiempo. Consecuentemente el Mundo_sC aún no pasará de una buena idea posible de existir en un largo tiempo venidero, contemplando el pasar de los milenios.

Así resumiendo concluimos que apenas mal nos encontramos en la transición del Mundo_c. Igualmente observamos que la ciencia aún no ha completado su parte para facilitar que la EH pueda iniciar su deseo de VMTM sustentablemente en el Mundo_c. Del mismo modo, también el propio REH en el PT no ha hecho su parte para construir sustentablemente su Mundo_c.

Entonces, son varios los motivos por los cuales el Mundo_c aún está en pañales y que el interesado prioritario poco avanzó en el tiempo en esta línea. Es de esperar que llevando en consideración que el hombre de la G2M de humanos, que ha adquirido el GD, pudiera tener condiciones suficientes para construir su propio Mundo_c. Así concluyendo, no podemos culpar solamente a la ciencia porque el Mundo_c no sea defendible hoy. El retardo de la implantación masiva del Mundo_c dependo mucho del querer consiente del REH actual en el PT. Como es fácil observar nadie está haciendo su parte a cabalidad, demostrando con eso que no existe preocupación consensual para enrumbarse en la búsqueda de la opción de VMTM en el Mundo_c sea posible. Felizmente la esperanza perdura y aún permite existir la condicional para que todo pueda mejorar con el pasar del tiempo, para que el Mundo_c sea finalmente instituido con suceso y, con esas experiencias y logros positivos el evocado Mundo_sC pudiera ser visto como una posible realidad en algunos de los milenios venideros.

Lo que se observa hasta este punto del trabajo es que al "Ser Humano" aún le falta tener conciencia del por qué vive y del por qué habita el PT. Creemos que no es apenas para destruirlo y ni para superpoblarlo.

La existencia de "Los Mundos Virtuales" (**MV**), por donde la EH pasará, es factible; el Mundo Real, el Mundo_n o el "Ma_n", donde la biodiversidad se desarrolla hoy, claramente da señales de que el Humano bien podría ya estar disfrutando de las bondades que presenta el Mundo_c, sustentablemente. Pero lamentablemente no está ocurriendo ese deseo. Lo que corrobora que las situaciones ya descritas son las responsables para que la Segunda Vida, en un MV, no se pueda hacer realidad y así siendo queda cada vez más lejos de soñar tener vida en el Mundo_sC.

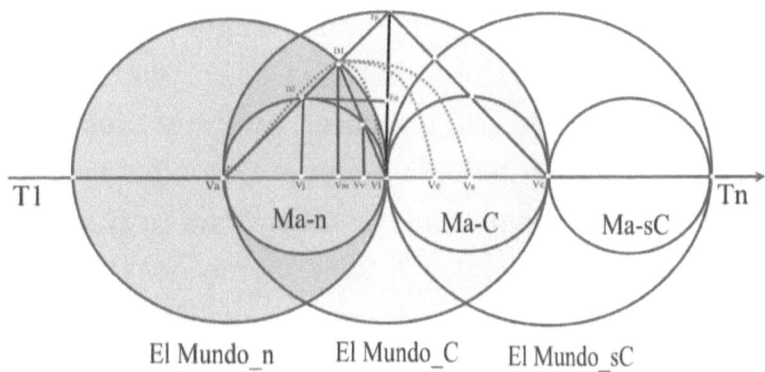

El Mundo_n   El Mundo_C   El Mundo_sC

Consecuentemente, aspirar y querer que la EH viva en el Mundo_sC, sin antes consolidar la vida en el Mundo_c, lamentablemente es prematuro, por no asegurar que será imposible hacerlo realidad bajo los moldes y la perspectiva actual. Si bien es cierto anticiparse a los hechos es nuestra misión, alertar lo imposible hoy, también es nuestro cometido y es exactamente ese compromiso el que abrazamos al incluir el estudio de "Los Mundos Virtuales" por donde la EH, en el PT, ostentando el GD extenderá su tiempo adicional de vida, si considerara ser ese su cometido.

Por otro lado, no basta que la Ciencia haga su parte, el Ser Humano es también responsable para hacer realidad el segmento que le toca, por no decir que es la mayor parte que le pertenece. Tal vez la parte que el Ser Humano tenga por hacer aún sea más importante que la de la propia ciencia. No obstante, aún satisfechos todos los requerimientos que la ciencia exige del Ser Humano, todavía le quedaría una exigencia más, la de mantener la integridad del medio ambiente, donde la Vida se desarrolla, saludable, ya que de nada serviría que la ciencia hiciera su parte y el Ser Humano también, si las inclemencias naturales se agudizan al extremo, como resultante de la obra humana destruyendo el medio ambiente. Y, si a todo esto incluimos otra situación, aún más impactante que las anteriores, como es el inminente "Rumbo al Final" del PT, el panorama se transforma en sombrío y la última esperanza *"el tiempo lo dirá"* como nos decía la Sra. Julia Carolina[460], a diez días de cumplir sus 100 años de edad, el 2014, en la ciudad Lima Perú. Ella superó los 101 años de vida por lo que la consideramos una fiel testigo de que la vida bien vivida, pueda conducir a la vida hacia un segundo MV, específicamente al Mundo_c, probando que es posible VMTM[461]. Lo triste y lamentable en este ejemplo es que la Señora Júlia falleció en 2016 a quince días de cumplir sus 102 años viviendo. Se fue, sin saber que un día sería un buen ejemplo para ser citado en este tipo de documento.

No solamente existen los buenos ejemplos como el caso de la Señora Júlia en Lima, Perú. En Brasil, la Señora Áurea Negretti (28/04/1917-08/11/2021), también consiguió extender su vida para arriba de los tres dígitos. Ella falleció

---

460 Historia de Vida en el Mundo_c: Julia Carolina Gabancho Quiñones, nació el 16 de febrero de 1914, en Pallazca, Cabana, Ancash, Perú. Vivió desde su juventud en Huacrachuco, Marañón, Huánuco y su vida en el introductorio Mundo_c lo completó en la capital de Perú, Lima, donde fue enterrada.

461 Curiosidad (La Sra. Julia Carolina vivía sus más de 101 años a plenitud para su edad. Ella tenía buen raciocinio lógico, buena memoria, recibía visitas constantemente y podía comer sin restricciones. No sufría de colesterol ni diabetes y no tenía problemas cardiacos ni reumáticos; comía muchos huevos y carne de chanco, con normalidad; de la misma manera todo tipo de dulces. Ella gustaba de participar de fiestas, donde pudiera bailar.)

después de completar sus 104 años de vida en la ciudad de São Pedro, São Paulo, Brasil.

Al citar estos ejemplos nos estamos refiriendo a la "vida plena", sin el uso de andadores, sillas de ruedas, auxilio de tanques de oxígeno, sondas, bolsas, marcapasos, prótesis, etc. Aquí estamos llevando en consideración a las personas que consiguieron VMTM, Viviendo con Normalidad y Naturalidad (**VNN**). Es verdad, muchos más ejemplos parecidos, o tal vez mejores, podemos encontrar en todo el mundo. Sabemos muy bien que existen personas viviendo más de 110 años en algún lugar del PT. Estos son ejemplos y buenas señales de que VMTM es posible, por lo que debemos poner mucha atención en los MV que esta obra presenta, como una excelente oportunidad para rever los principios de vida de cada uno de los representantes de la EH en el PT y de manera general de la humanidad, para enrumbar en esa línea de vida.

Con base en los ejemplos citados es que pudimos explicar mejor el SV y la vida en el Segundo Mundo, Mundo_2, centralizado en la V2M, con la opción de poder vivir en el Mundo_c. Ahora podemos imaginarnos mejor un posible tercer Mundo, porque el poseedor del GD, jamás se detendrá, más aún si consiguiera instituir el Mundo_c sustentablemente. Será cuando ciertamente correrá en búsqueda del tercer mundo, especialmente con las generaciones pertenecientes a la G3M que podrán tener como cierta la futura expectativa de VMTM es posible también en un Mundo_sC.

La ciencia está haciendo su parte con éxito, aunque aún no se le puede mensurar con exactitud, pero ella corre y no se detiene un instante, lo que pasa es que el camino por recorrer es largo, en medio de la existencia de un demasiado conflicto de intereses con muchos de los representantes de la EH, ya que algunos de los REH, también poseedores del GD, hasta parecen que están corriendo en sentido contrario.

La ciencia ha avanzado admirablemente, pero no lo suficiente para satisfacer las necesidades y ambiciones humanas de generaciones ostentadoras del GD, en la V2M, desean y esperan; aun así ya se observa un futuro promisor también bajo ese contexto. Y, bajo este ángulo de ver el proceso funcional de los MV, la ciencia sigue su curso raudamente y el REH del GD también no se detiene. Entonces, soñar en la existencia real del Mundo_sC no es ciencia ficción, es un deseo futurista lógico y tal vez realizable.

Observando en el campo en el avance científico podemos concluir que trasplantar la cabeza de un hombre al cuerpo de otro es posible hacerlo realidad. La posibilidad existe. *"El tiempo necesario para reconectar cuerpo y cabeza es de apenas una hora; y pese a parecer increíble, es más que suficiente. Igual que los 20 minutos que nos llevará reunir ambas secciones de la médula. Claro que es la parte más crítica de toda la intervención*", señalaba el Neurocientífico Sergio Canavero[462].

Aunque otras eminencias, como Anthony Warrens, de la Sociedad Británica de Trasplantes diga que: "*conectar una cabeza a un cuerpo es un sinsentido hoy en día. Toda la idea es muy extraña*".

Al mismo tiempo se observar que, tanto los costos como el tiempo de duración de las cirugías se están reduciendo, en la medida que la ciencia progresa juntamente con el conocimiento personal de los científicos, que entran en acción en las proezas humanas, los resultados científicos se consolidan. Sin dejar de lado que el tan comentado en nuestras obras anteriores, "CH", muestra que puede ser aprovechado, engrandeciendo el conocimiento individual de muchos que lo saben utilizar en la actualidad.

Por ejemplo, "*Inicialmente, un trasplante de hígado duraba unas 14 horas; ahora apenas 2*". Claro, no es lo mismo operar o trasplantar "*un sólo órgano que un cuerpo entero*", decía el neurocientífico italiano, Canavero. Por citar un buen ejemplo: "*El éxito de la realización del primer trasplante de corazón, hecho realidad por Barnard, tardó más de medio día*", concluía Canavero.

Obvio que estos tipos de trabajos, más aún si son con buenos resultados, traen mucha repercusión tanto en el Mundo científico como en el social. Al respecto Canavero señala que

---

462 **Científico:** Neurocientífico Sergio Canavero, Grupo de Neuromodulación de Turín. Italia.

podría abrir las puertas a profundos dilemas éticos. *"Hay mucha gente que sufre de enfermedades, ahora incurables. Pero muchos pueden utilizarlo como una forma de esquivar la muerte por medio de un cuerpo más joven"* y muchos actores aprovecharían estas situaciones como un medio de auto promoción.

"Ya conseguimos crear prótesis capaces de superar humanos en algo muy específico. Pero ninguna que permita que volvamos a vivir normalmente. Esa es la gran misión que debemos cumplir en breve" decía Hugh Herr en una de sus entrevistas, en el 2014[463].

No hay duda de que el Mundo científico (**Mundo_c**) tiene que ser una realidad, sustentablemente en el PT, como también no queda dudas de existir la posibilidad de migrar al otro Mundo, un Mundo Mayor, que muy bien podrá ser el Mundo Científico Superior. Entonces preguntamos: ¿Hay posibilidad de, un día, existir el Mundo_3? Respuesta, la posibilidad, aunque sea bien remota, existe. Nada se puede prever con la vida de Ser Humano del GD oriundo del PT, si lo observamos bajo el universo científico y bajo el Ambiente Biocósmico. La ciencia no tiene límites, más aún si es empleada por los representantes de la EH del GD, en el PT. Aun así, lo único seguro que sabemos es que la EH no será eterna; de la misma manera como ninguna otra especie viviente es, bajo los propios dogmas de la Ley de la Biocosmos.

En el Universo Biocósmico la ambición de poder VMTM es una esperanza constante que jamás dejará de existir. Por lo

---

463 Fuente: Revista Veja, 10 de setiembre 2014, Pagina 110. São Paulo, Brasil

que, de poder existir el Mundo_3, con seguridad, éste llegará a ser el Súper Mundo científico, bien codificado como el Mundo súper Científico (**Mundo_sC**). Es cuando nace la pregunta que no puede ser dejada de lado: ¿Podrá la EH vivir un Tercer Mundo Virtual, un Mundo_3, o un Mundo_sC?

En suposición, el Mundo_3 será una ambición que comenzará hacerse realidad recién a partir de mediados del próximo milenio (M3). Los Habitantes del PT que tengan la dicha de poder sobrevivir durante el M3 (comprendiendo los años 3000-3999) testimoniaran el aparecimiento de la opción de la existencia del Mundo_sC. Esto ocurrirá si es que aún tengan la buena colaboración del medio ambiente terrenal, maltratando sin piedad desde el ayer (en el M2). Caso contrario, legos de progresar en la vida hacia los MV tres, estará restringiéndose a apenas al cotidiano de la vida en Mundo_n y nada más. Con el agravante de que el medio ambiente influencie en demasía para la continuación de la vida, contrariamente a como lo viene permitiendo hasta hoy.

Entonces, la posibilidad de la existencia del Mundo_sC depende también de muchos factores que anteceden a la voluntad humana y al esfuerzo científico, que comprenden los fenómenos naturales y sus implicaciones. Aunque el avance de la ciencia tiene un peso muy significativo para que toda esa ambición, casi inalcanzable, se pueda hacer realidad, los fenómenos naturales también entran en la contemplación. A pesar de no haber sido incluido un aspecto mayor, de magnitud gigantesca y definitiva como es el definitivo "Rumbo al Final" del PT, que mereció la escrita del libro RF en 2016.

Ante esta tremenda expectativa, son los cuestionamientos que primero vienen a relucir y la lista es interminable:

- ➢ ¿Podrá el Mundo_sC existir un día? Consecuentemente ¿Podrán los habitantes del PT de aquel entonces, ser los Súper Terrenales (por no decir, los dioses)?

- ➢ ¿Será la Súper Sociedad que compartirá la vida natural con la vida artificial construida con el talento de la EH del GD y el aprovechamiento cognoscitivo de la RIA, como producto del éxito de la vida en el Mundo_c que vendrá para sumarse y crear el Mundo_sC?

- ➢ ¿Será la Súper Época cuando el Súper Ser Humano se mantenga vivo utilizando Órganos Artificiales, cuerpos saludables esperando por un trasplante de cabeza, dentro de una vida biológica y artificialmente asistida por la RIA, cibernéticamente?

- ➢ ¿Serán los bioSúperÓrganos una solución para mantener al cuerpo humano movido con energía artificial externa, producida por otro humano y por la propia biomáquina gobernada por la RIA?

- ➢ ¿Será la ambición del REH vivir en el Mundo_sC, el mundo de las interrogaciones, esperanzas y de las respuestas positivas, que un día se haga realidad existiendo realmente?

- ➢ ¿Podrá el REH llegar a convertirse en el "súper" GD (**sGD**), si los sistemas vida (**SV**), en otros planetas, como ejemplo en los MEX, no demuestren que su inteligencia pueda superar a la del REH, poseedor del GD, cuando, automáticamente el REH se convertiría en el Representante de la "súper" EH (**sEH**), el del sGD?

Oportuno alertar que no todo se puede observar como una ambición positiva cuando se encuentra en medio del constante deseo de ser y tener más y más a cada día. La ambición tiene que ter límites. VMTM es una ambición razonable. Más esa es la característica del REH del GD, algo que ya no se podrá cambiar ni con el pasar del tiempo. Parece que el Ser Humano siempre quiere para sí todo lo bueno y, de todo ello, lo mejor. La realidad Biocósmica es otra.

Es notorio que la EH no camina conscientemente para resolver sus dificultades y limitaciones, ya existen problemas globales sin solución. En la práctica, es notoria la tendencia por llevar la vida para un mundo peor, como consecuencia de la propia Obra Humana y el producto de la súper población del PT, solamente con la EH. Así entendiendo, envés se proyectar un ambicioso tercer mundo, representado por el Mundo_sC, hay todavía que pensar evaluando la labor humana de hoy y consumar con los resultados de las conclusiones para determinar para dónde camina esa especie, si evaluada su obra constructora y destructora, sus responsabilidades y sus irresponsabilidades, su egoísmo inhumano y su cerrada ambición al bien material y al capitalismo.

El Mundo_sC siempre debe existir latentemente en la mente humana, tal vez no como tal, pero si como una esperanza que podría ser alcanzada un día, siempre y cuando desde hoy, la humanidad tuviera esa conciencia y actuara para hacerlo realidad. Lamentablemente hoy, la EH, habitando el PT y ostentando el GD, no está en condiciones ni para pensar en esa hipótesis.

El concepto Mundo_sC trae consigo, más que un nuevo mundo, un mensaje para evaluar la obra humana, la sociedad de humanos y al mundo de los humanos, que hoy por hoy, es solamente un grupo reducido que sobrepasa la frontera del Mundo_n ingresando a los principio del Mundo_c, el mismo que no es sustentable, pero se entiende que luchará para que un día sea.

La EH camina y hasta corre, pero no sabe hacia dónde y hasta cuándo. Es muy difícil poderse imaginar el resultado de todo lo que el REH está haciendo hoy. En el campo de la desconfianza es fácil de imaginarse que las consecuencias de la obra del hombre de hoy serán más fatales que benéficas mañana. La ambición desmedida por el dinero destruyó el principio de la Vida Terrenal y de la EH que comienza a mostrar su agotamiento con un estrés insuperable pagando las consecuencias de algo malo que ella misma sembró. Y si a esto incluimos la terrible superpoblación del Planeta asociado al hambre que tendrá que soportar, serán aún más horribles las consecuencias en el futuro no muy lejano, trayendo consigo hambre y pobreza general[464]. El anhelo por la "Vida en los Mundos Virtuales" (**MV**) será apenas un sueño y MVTM apenas un deseo del pasado. No obstante, el raciocinio sobre el Mundo_sC puede cambiar el rumbo de la humanidad.

---

464 Aun existiendo El Pacto Mundial condiciona que, si una empresa se ha adherido al Pacto Mundial deberá cumplir los tres siguientes procesos: **1)**- Integrar los cambios necesarios en las operaciones, de tal manera que el Pacto Mundial y sus principios sean parte de la gestión, la estrategia, la cultura y el día a día de la actividad empresarial. **2)**- Publicar en el informe anual o reporte corporativo (por ejemplo el reporte de sustentabilidad), una descripción de las acciones que se realizan para implementar y apoyar el Pacto Mundial y sus principios (Comunicación sobre el Progreso- CoP). **3)**- Apoyar públicamente el Pacto Mundial y sus principios, por ejemplo a través de comunicados de prensa, discursos, entre otros.

Ante los problemas que tendrá que enfrentar la humanidad, nadie de la propia EH podrá solucionarlos, ya que ellos serán mayores y estarán fuera de su alcance y control. Ese es el dilema que enfrentaran las generaciones venideras. La propia EH puede convertirse en un problema y la vida de su especie correr el peligro de extinción ya que mucho de lo que se está haciendo hoy contribuye para que esa hipótesis se haga realidad muy pronto.

La buena pregunta, que no dejaría de hacerse es: ¿La existencia del Mundo_c y la posible existencia del Mundo_sC no contradicen la teoría del "Rumbo al Final" del PT? Respuesta: Si, inicialmente las afirmaciones son de conflicto y de contradicción.

Los dos mundos donde vive el REH en el PT, el Ser Humano, el Mundo_n y condicionalmente el Mundo_c, tienen un único curso y un único destino final, igual. Ya, la Vida del PT (**VdelPT**) tiene un rumbo diferente, pero un mismo destino final, igual. Ambas condiciones conducen a un fin que se encuadra en los mismos principios de la existencia de la Biocosmos; donde ninguna vida, ninguna especie viviente y ningún ambiente altamente habitable es eterno; todo ser viviente tiene su final, es un principio de la Ley de la Biocosmos que no puede fallar (Texto completo en capítulo aparte).

De este modo singular, hemos presentado al muy ambiciosamente tercer MV. Mundo que será la ambición de las ambiciones de las generaciones venideras del REH en el PT quién aspira muy remotamente que, en un futuro muy lejano por cierto, pueda existir un tiempo adicional o extra para que su especie continúe VMTM en el mundo_ 3. Ambición que vendrá sustentado por el resultado del producto de la realización, con suceso, de la vida en el Mundo_c, resumiéndolo en el posible proceso de la migración del Mundo_c para el tercero, como lo comentados, es el enigmático Mundo súperCientífico (**Mundo_sC**).

VII) Migración Interplanetaria

"Al levantar la cabeza hacia el cielo observamos con paciencia lo que nuestros ojos pueden ver e inmediatamente concluimos que sería injusto pensar que la vida sería una exclusividad del PT. Nada fantasioso sería imaginarse que en esa inmensidad del conglomerado de estrellas, algunas de ellas representarían el futuro viviente para EH que habita el PT hoy. Es cuando proyectamos un horizonte inmenso e inimaginable para donde el hombre, temerariamente comenzó subir, dando inicio a las actividades previas para la futura exploración del universo; concluyendo que el PT no será su único refugio; más que, el PT pasaría ser el Centro del Desarrollo Migratorio de la EH hacia los otros planetas del Sistema Solar y hasta para fuera de él, pudiendo ser a algunos de los

MEX, consolidándose así la tan inimaginable "Migración Interplanetaria", y así dándose el inicio a la inconcebible "Colonización Interplanetaria", deseo del REH que ostenta el GD, como opción ante el inevitable Rumbo al Final del PT y la degradación de su raza y de su actual ecosistema[465] terrenal.

Diversas son las razones por las cuales el REH se ve obligado a pensar en la posibilidad de la realización de las MI. La primera razón es el Rumbo al Final del PT; La segunda será la superpoblación humana del PT y la tercera, no desperdiciar las opciones y oportunidades existentes fuera del PT, como cuando observamos las contagiantes imágenes que nos envía el Telescopio JWebb, desde julio del 2022. No obstante saber que el viaje dentro del proyecto de la **MI** es longo y muy demorado, siendo realizado en largo tiempo, medido en años y hasta en décadas. Así siendo, la MI no será realizada con seres humanos adultos o con viajes tripulados por los tradicionalmente conocidos astronautas. La MI se realizará con apenas conjuntos de genes, células y ADN especialmente seleccionados, editados y acondicionados en un "Bioventral" en el "Biolaboratorio" espacial que será transportado para su lugar previamente definido, como destino final, suelo extra terrenal o, para algunos de los MEX, donde completarán su misión, germinando.

---

465 Fuente: Adaptación del contenido del "Libro Cartas na Mesa, Empresa Empresario e informática", 1992, Érica, Brasil. Desarrollo suicida, Pág.14.

El fantástico viaje dentro del programa de la MI será realizado como el producto de un cuidadoso proceso donde serán las células y cromosomas humanos, muy bien acondicionados y conservados en verdaderos "biolaboratorios" con "biotecnologías" dentro de la "biomáquina", las que propiciarán el ambiente para la germinación de la vida, de seres provenientes de la EH, oriundos del PT, ya con el GD activado, en otros planetas.

Apenas para entender mejor esta situación diríamos que actualmente la ciencia médica utiliza la fecundación "in vitro[466]". La fecundación in vitro es obligatoriamente practicada en un laboratorio, donde una vez que el óvulo es fecundado se obtiene un cigoto, que es cultivado para promover la división celular y su crecimiento dará lugar a un embrión; este proceso o cultivo, dura entre 2 y 5 días[467]". Con esta base, para el REH del GD, es fácil proyectar una biomáquina, dentro de un biolaboratório para realizar ese proceso, cuando y donde necesario fuera. Los bebés generados o concebidos a través de la biomáquina en el biolaboratório espacial, serán los peregrinos espaciales REH en el nuevo planeta donde crecerán, como siendo una EET, bueno sería si fuera en algunos de los MEX. Bajo este complejo proceso nada mal seria incluir biomáquinas para también fecundar especies

---

466 La Fecundación **in vitro** es conocida también por sus siglas (**FIV o IVF** en inglés). El término in vitro viene del latín que significa en cristal. Actualmente el término "in vitro" se refiere a cualquier procedimiento biológico que se realiza fuera del organismo en el que tendría lugar normalmente la ocurrencia, fecundación. A los bebés concebidos a través de FIV se les denomina bebés probeta, refiriéndose a contenedores de cristal o plástico denominados probetas, que se utilizan frecuentemente en los laboratorios de química, física y biología.

467 Estudio sueco del año 2005 publicado en la revista de Oxford "Human Reproduction".

consideradas más cercanas a la EH. Apenas como curiosidad el puerco es el animal fisiológicamente más cercano al ser humano; lo que hizo que su investigación fuera el inicio de una seria de mayores pesquisas, pensando en los trasplantes de órganos, en un futuro no muy lejano[468], y que muy bien podrían ser parte de la generación de especies peregrinas, para desarrollarse en el otro planeta.

Bajo esas mismas condiciones las Biomáquinas, juntamente con los Biolaboratórios contemplarán el acondicionamiento de otras biomáquina para conservar una provisión de semilla sexual de cada planta selecciona, libre de contaminación y de fácil transporte, para ser usada en ocasión cuando los REH, fuera del PT, necesite hacer germinar algunas de esas semillas, para múltiplos usos, sobre todo en la alimentación, ya que muchas de ellas son usadas en el PT para otros fines[469]. Estas semillas muy bien podrían ser seleccionadas de las que están siendo guardadas por el gobierno de Noruega, que el 2008 construyó, algo así como un mausoleo, un banco de frutos y semillas en la isla de Svalbard en el Mar Ártico; con el objetivo de preservarlas ante una posible crisis climática[470].

---

468 Fuente: British Library - Guiness World Records, 2002, ISBN 1-89251-06-0 Pág. 86.

469 El Pacto Mundial condiciona que, si una empresa se ha adherido al Pacto Mundial deberá cumplir los tres siguientes procesos: 1)- Integrar los cambios necesarios en las operaciones, de tal manera que el Pacto Mundial y sus principios sean parte de la gestión, la estrategia, la cultura y el día a día de la actividad empresarial. 2)- Publicar en el informe anual o reporte corporativo (por ejemplo el reporte de sustentabilidad), una descripción de las acciones que se realizan para implementar y apoyar el Pacto Mundial y sus principios (Comunicación sobre el Progreso- CoP). 3)- Apoyar públicamente el Pacto Mundial y sus principios, por ejemplo a través de comunicados de prensa, discursos, entre otros.

470 Fuente de consulta: "Revista TIME, Pagina 12, 27 de febrero de 2007.

Frente al "Rumbo al Final" del PT parece que la única y la última oportunidad para que la EH, oriunda del PT, pueda continuar existiendo es la obligatoria "Migración Interplanetaria (**MI**)" y luego la "Colonización Planetaria".

Durante todo el proceso de la MI será posible la inclusión de especímenes de algunas otras especies que el Ser Humano considere apto para transportarlos para un nuevo hábitat. Entonces, la MI será realizada para salvar la biodiversidad terrena, llevándolo fuera, para otros planetas que lo acogerán, si es que ya no existiera algo similar por allí.

Una de las principales características encontradas dentro del sistema de la Biocosmos es la de poseer características básicas para que una vida se pueda desarrollar en su interior, con facilidad. No obstante, esta peculiaridad no quiere decir que todo ambiente biocósmico sea homogéneo en sus características de habitabilidad; hay diferencias, como ya afirmamos, los mundos biocósmicos pueden ser iguales y mejores que el PT como también podrán ser peores o inferiores. Bajo esta premisa es que todo ser viviente tiene grandes características y condiciones para la gran adaptabilidad, aunque ese proceso puede llevar mucho tiempo, la posibilidad de realizarse es grande.

La MI aparentemente es un proceso simple, como lo descrito aquí, cuando en la realidad es otra, no es nada viable para ser realizado, por lo menos hasta hoy día. La EH apareció en el PT y en ella tendrá que quedarse. Esto podría ser más una Ley de la Biocosmos, pero no todo es así. La opción de poder migrar hacia otro planeta existe y es evidente. Así siendo, migrar es la única alternativa que la EH tiene para perdurar después de realizado el ciclo completo del Rumbo al Final del PT. Ya que, completado ese proceso, todo habrá quedado atrás. La salvación de la EH solo sería factible si la MI se realiza antes de la culminación del Rumbo al Final del PT.

Salir del PT, o, mejor dicho, "huir", después de haberlo destruido, no será permitido, sería una actitud de cobardía. La Ley del PT dice: *"Todo lo que en la Tierra haces en la Tierra pagas"*. Ahora, si el Ser Humano quiere migrar a otro planeta, aun teniendo al PT saludable y viviendo en armonía con él, la situación sería otra y la posibilidad existirá siempre. En este caso, la MI realmente no sería huir, sería una MI científica, pacífica y con objetivos de extender la existencia de la EH, fuera del PT.

Así mismo, si aún bajo esas condiciones el Ser Humano, inteligentemente, llegara hacer realidad la "MI" con miras a realizar negocios con esa situación, no lo realizará. Negocios con la vida de generaciones, nunca más; en esta caso la Ley de la Biocosmos prohíbe.

Previamente al ambicioso proceso de la MI, las estaciones espaciales, como la pionera Estación rusa "Mir", (hoy, la Estación Internacional está modernizada y ampliada), la Estación Espacial "Tiangong" de China, está en plena construcción y así muchas otras estaciones más surgirán, o que se instalarán en el futuro, orbitando juntamente con los satélites internacionales, que congestionarán el espacio al finalizar este siglo, no obstante ellas servirán de verdaderas bases y funcionarán como verdaderos laboratorios o como estaciones de aclimatación humana, para mejor saber enfrentar los problemas espaciales, transportando semillas de la EH, oriunda del PT, para colonizar otro planeta, hasta pudiendo ser alguno de los MEX.

Al mismo tiempo, las estaciones espaciales, que abundarán en el espacio, podrán servir de verdaderos viveros embrionarios de la EH, para su adaptación y aclimatación a los diversos problemas provocados por la micro gravedad asociado a los problemas óseos, musculares y a la propia irrigación sanguínea, entre otras situaciones biocorporales.

Con las estaciones internacionales funcionando a plenitud y los viajes inter espaciales transformándose en comunes, como comprar un boleto para viajar en un avión de un país para el otro; se podrá tener un grupo de gente experta, como son los hoy llamados de Astronautas, con los que se podrá planear mejor la primera MI de estudio o investigación hacia a algún planeta para habitarlo. Al respecto, ya se discute que la luna podría ser algo así como un campo intermedio sirviendo como la primera escala o transformándose como el lugar donde los Biolaboratorios tendrían su primer control de calidad para proseguir el largo viaje restante. También no se puede descartar que el planeta rojo, Marte, pueda ser un otro lugar o una posada entre las opciones, para poder pausar los viajes con objetivos migratorios rumbo a otros planetas.

Pero todo ese pionerismo, por hoy un sueño, estará muy lejos de ocurrir. Esto porque, creemos que las MI sean realizadas con verdaderos biolaboratorios formando parte del conjunto de biomáquinas, donde células femeninas y masculinas (cromosomas), viajarían para incubar en otro Nuevo Planeta. Así nacerían los primeros "Seres Peregrinos Interplanetarios" muy diferentes a los que se les podría llamar de seres extraterrestres o EET. Ellos serían los Súper Seres Humanos (**SSH**), nacidos fuera del PT como el producto de la ciencia del REH del GD en el PT haciendo especies resistentes al clima, un tanto diferentes a los pobladores del PT. Los SSH nada más serán los representantes de la generación que adquirió el GD en el PT y que tendría la oportunidad de crear la nueva generación de SSH que posiblemente podrá atingir el nivel del "súper Grado Dios", (sGD) (sGG), un sueño en el PT.

El Ser Extraterrestre, o los seres planetarios, o los SSH serán las especies de seres vivientes que aparecieron en un planeta diferente al PT, que migraron hacia otro planeta en bioprobetas incubadas por la BioMicroMáquina, para poblarlo.

Conclusión de los Mundos Biocósmicos

Bajo este capítulo, abarcando a los "Mundos Biocósmicos" (**MB**) hemos tratado los siguientes temas relacionados con el foco principal de la obra: El "Sustento de estar vivo", con la presencia de "Los Mundos Virtuales" (**MV**); "Los Mundos biológicos" (**Mb**); "El Mundo Natural" (**Mundo_n**) o, Ma-n; "El Mundo Científico" (**Mundo_c**) o, Ma-C; "El Mundo súper Científico" (**M_sC**) y la "Migración Interplanetaria" (**MI**), con la consecuente posterior Colonización Planetaria, como siendo conceptos extremadamente novedosos, sobre todo cuando se presenta a los MB como siendo los MV en su esencia y existencia, trayéndolos a luz como si los mundos fueran verdaderos mundos de extrema realidad, de marcada presencia y con absoluta naturalidad, ya que como mundos reales siempre estarán presentes en el tradicional modo de observar y llevar la vida.

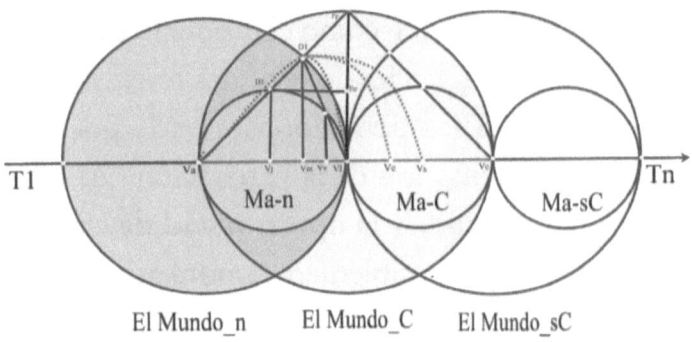

El Mundo_n   El Mundo_C   El Mundo_sC

Para mejor entender el tema de los MV y los Mundos biológicos (**Mb**) ambos fueron separados en dos mundos: **1)** El Mundo natural (**Mundo_n**) que es la propia vida en el PT. El Mundo_n tiene varios sinónimos o nominaciones: el Primer Mundo (Mundo_1), el Mundo uno, el Mundo donde nacemos, el mundo donde la EH apareció, el Mundo que el hombre habita, el Mundo donde moriremos juntamente con las demás especies, el mundo donde se guardaran los restos para la posterioridad y el Mundo que gira Rumbo al Final, entre otras definiciones. **2)** El Segundo Mundo (**Mundo_2**) es un Mundo complexo, un verdadero Mundo Virtual (**MV**), un Mundo Construido individualmente, o sea, es un mundo edificado por cada uno, quedando condicionado al perfil de quien lo construyó. Cada uno de los individuos tiene que construir su propio Mundo_2, pasando a ser el dueño de su propio Mundo_2.

Dijimos y quedó claro también que el Mundo_2 es apoyado por la ciencia que grandemente ayuda en su formación, construcción y desarrollo. Entonces el Mundo_2 es influenciado por la ciencia, razón por la que aumentamos la nomenclatura de Mundo_2 también para el "Mundo científico" (**Mundo_c**), que al final de cuentas continúa siendo el Mundo_2.

En resumen, el Mundo donde el REH nace es el Mundo natural (**Mundo_n**) y, el Mundo que el mismo REH aspira y el que forzosamente tiene que ser Construido, es el "Mundo científico" (**Mundo_c**), en conjunto, los dos mundos forman los Mundos Biocósmicos Virtuales (**MBV**) por donde la vida de los REH tiene que pasar obligatoriamente.

El REH, no conforme con la posibilidad de la existencia del Mundo_c, que continua en su estado primario de construcción individual y de aprovechamiento, ya ambiciona más y más, ahora piensa que podrá alcanzar hasta un Súper Tercer Mundo Biocósmico. Como ya fue dicho con anterioridad este Mundo será la ambición de las ambiciones de las generaciones venideras de los REH en el PT quienes aspirarán muy remotamente que en un futuro muy lejano por cierto, pueda existir un tiempo adicional para que su especie continúe VMTM en él. Ya que por la lógica de los actuales tiempos es muy posible realizar la migración del Mundo_c para el tercero, el Mundo súper Científico (**Mundo_sC**), más en la práctica esa situación será otra, como dilucidaremos más adelante.

No menos importante es la consideración de que el PT ya se encuentra en su verdadero RF y a pesar de esa condición el PT continua sufriendo maltratos y es súper poblado solamente con la EH, la misma que ya hasta alcanzó el GD, por lo que se espera que las reacciones inteligentes comiencen hacerse sentir. El paso más razonable, para el REH de hoy, es correr, realizar "el viaje", el de la Migración Interplanetaria (**MI**) para colonizar otros mundos[471] que bien pueden ser algunos de los propios MEX[472].

Así siendo, se estima que la MI no será realizada con seres humanos adultos o con viajes tripulados por los tradicionalmente conocidos astronautas. La MI se realizará con apenas conjuntos de genes, células y ADN especialmente seleccionados, editados y acondicionados en un el "Biolaboratorio" de la "BioMicromáquina" interespacial.

Como un parágrafo final de la conclusión diríamos que el REH no ha podido hacer sustentable su Mundo_c, más que se espera lo haga, aun en este milenio. Ahora, aspirar el Mundo_sC, creemos que es una idea para la otra generación de terrestres, porque la actual, la ostentadora del GD, tendrá dificultad para hacerlo realidad. Ahora, la MI es posible y para eso la ciencia del REH del GD corre, ya que no deja de creer que vida no es exclusividad del Planeta Tierra.

---

471 **NASA**–Exploración de Exoplanetas: https://exoplanets.nasa.gov Actualizado en 20 de agosto de 2021.

472 **MEX Mundo Exoplanetário - NASA–Exoplaneta** planeta fuera del Sistema Solar. Exoplanetas o Planetas Extrasolares, planetas fuera del Sistema Solar. La NASA, en 2020, controlaba 4.158 planetas, 5.144 eran probables Exoplanetas (en definición) y ya se habían catalogado 3.081 Sistemas Planetarios. Al iniciarse 2022 existían más de 4.461 exoplanetas confirmados y los posibles exoplanetas, subieron para 7.695. Los Sistemas Planetarios descubierto eran 3.318.

ANEXO I

El Genoma Humano

En la década del 1990 se consiguió impulsar el organizado, mayor y mejor planeado proyecto científico realizado por el REH de la G2M ostentando el GD en el PT, instituyéndose el Proyecto Genoma Humano (**PGH**).

En 1988, en Estados Unidos de América (**EE.UU**), los Institutos Nacionales de la Salud (NIH), empezaron estudiar el caso, cuando sintieron la necesidad de crear una Oficina para la Investigación del Genoma Humano con la implantación del Proyecto Genoma Humano (**PGH**). Para realizarlo, fue necesario que los NIH invirtieran y apoyaran fuertemente para su funcionalidad. En 1990 la institución subió de categoría para Centro Nacional para la Investigación del Genoma Humano (**CNIGH**). También contribuyó para el suceso el PGH del Departamento de Energía (**DOE**) de EE.UU., donde esas discusiones ya se habían iniciado en 1984. Y así, la mayor parte de la secuenciación verdadera del Genoma Humano (**GH**) fue realizada en numerosas universidades y centros de investigación en Estados Unidos,

Inglaterra, Francia, Alemania, Japón, China y en otras naciones.

Este proyecto permitió reunir grupos interdisciplinarios como en ingeniería, informática, biología; procesos de automoción y control, siempre y cuando las necesidades lo requirieron; del mismo modo la investigación fue concentrada en los centros principales visando maximizar el proceso y la economía de escala adecuándose al presupuesto general.

El PGH como un proyecto de investigación científica tenía el objetivo fundamental de determinar la secuencia de pares de bases químicas que componen el ADN e identificar y cartografiar los aproximadamente 20 a 25 mil genes del Genoma Humano (**GH**) (cantidades estimadas en el milenio pasado) desde un punto de vista físico y funcional.

Históricamente desde antes de los años de 1980 ya se conocía la secuencia de genes sueltos de algunos organismos, como también se conocían los genomas de entidades subcelulares, tales como virus y plásmidos. Más fue en 1984 cuando comenzaron las primeras actividades propias del PGH, orientado con la idea de fundar un instituto para la Secuenciación del GH (**SGH**) por parte de Robert Sanshheimerm, que en ese momento era el Rector de la Universidad de California, EEUU.

Durante el congreso realizado en Santa Fe, California, en 1986, el Ministerio de Energía (**DOE**), consolidó institucionalmente las bases definitivas del PGH. Un año después, en el congreso de biólogos, en el Laboratorio de Cold Spring Harbor, representantes del Instituto Nacional de la

Salud (**NIH**) expresaron interés en participar del PGH, como organismo público con mucha más experiencia biológica, pero no tenía la experiencia de trabajar en la organización de proyectos grandes como de la envergadura del PGH.

Como anticipado, el PGH fue definido en 1988 por una comisión especial de la Academia Nacional de Ciencias (NAS) de EE.UU., y más tarde fueron adoptados procedimientos y creados detallados documentos para ser publicados quinquenal por los Institutos Nacionales de la Salud y el Departamento de Energía de EE.UU, conjuntamente. Estos documentos tuvieron que pasar por una revisión y aprobación por la Oficina de Evaluación Tecnológica del Congreso (**OTA**) y por el del Consejo Nacional de Investigación (**NRC**), antes de darse el impulso inicial del PGH.

Como dijimos anteriormente, en 1990 la institución subió de categoría para Centro Nacional para la Investigación del Genoma Humano. Tiempo cuando James D. Watson fue nombrado Director Ejecutivo del NIH (Instituto Nacional de Salud) como el más alto cargo de la institución. En ese mismo año se inauguró la Organización del Genoma Humano (**HUGO**), con el objetivo de evitar repeticiones, solapamientos en los logros y para coordinar los trabajos de investigación. En esta época ya existían más 5.000 científicos relacionados al proyecto en más de 250 laboratorios, trabajando con presupuestos entre tres billones a 53 billones de dólares.

En abril de 1993 el doctor Francis Collins fue nombrado para dirigir la institución. Collins venía liderando el grupo de investigación pública, conformado por múltiples científicos de diferentes países. En ese mismo año fue cuando el Congreso Norteamericano definió el financiamiento para el PGH en $3.000 millones y fijó el año 2005 como año límite (15 años). No obstante, el proyecto terminó costando menos, cerca de $2.700 millones en dólares, correspondientes al año fiscal 1991; así siendo el proyecto fue concluido dos años antes de la fecha límite.

En 1994, Craig Venter fundó el Instituto para la Investigación Genética (**TIGR**), con diversos financiamientos. Se hizo conocer públicamente en 1995 con la publicación del descubrimiento de la secuencia nucleotídica del primer organismo completo publicado, la bacteria Haemophilus que influenció con cerca de 1740 genes (1.8 Mb). En 1997 el Centro pasó para la categoría de Instituto Nacional de Investigaciones del Genoma Humano (**NHGRI**).

En mayo de 1998 surgió la primera empresa relacionada con el PGH llamada Celera[473]. La investigación del proyecto se convirtió en una carrera frenética en todos los laboratorios relacionados con el tema, ya que se intentaba secuenciar trozos de cromosomas para incorporar rápidamente sus secuencias a las bases de datos y atribuirse la prioridad de patentarlas.

En 10 de julio del 1999 se anunció el primer manuscrito del GH.

---

473 Aclaración: **Celera** = Celera Genomics Nature, compañía privada cuyo proyecto está liderado por el doctor Craig Venter.

Debido a las técnicas de trabajo, a la amplia colaboración internacional, a los avances en el campo de la genómica, así como los avances en la tecnología computacional, un borrador inicial del genoma secuenciado, que localizaba a los genes, dentro de los cromosomas, cuando las estimativas de los genes oscilaban entre 26.000 y 38.000, fue completado el 6 de abril del año 2000 y fue anunciado al público, conjuntamente por el Presidente Bill Clinton y el Primer ministro británico Tony Blair el 26 del mismo año. Los días 15 y 16 de febrero de 2001, las prestigiosas revistas científicas estadounidenses, Nature y Science, publicaron la secuenciación definitiva del GH, con un 99.9% de confiabilidad y con un año de anticipación a la fecha presupuesta. El 23 de marzo de 2001, ejecutivos de la organización Proyecto del Genoma Humano (PGH), juntamente con la compañía Celera[474] dieron a conocer los sorprendentes resultados sobre el primer análisis detallado de los datos obtenidos en el mapa del genoma humano. Esta presentación pudo ser vista en: Washington, Tokio, Londres, Paris y Berlín.

Anticipadamente el estudio del genoma, completo, fue presentado el 14 de abril del 2003, dos años antes de lo esperado. El anuncio fue de la conclusión exitosa del **PGH** en el Instituto Nacional de Investigación del Genoma Humano (**NHGRI**), el Departamento de Energía (**DOE**) y los socios del

---

474 Aclaración: **Celera** = Celera Genómicas Nature, compañía privada cuyo proyecto está liderado por el doctor Craig Venter.

Consorcio Internacional del PGH[475] para la Secuenciación del GH. La primera presentación impresa del GH fue entregada en una serie de libros, integrantes de la Colección Wellcome, Londres.

Un proyecto paralelo fue realizado fuera del ámbito del gobierno, por parte de la Corporación Celera Genomics. Más la mayoría de la secuenciación del GH se realizó en las universidades y centros de investigación de los Estados Unidos, Canadá, Nueva Zelanda, Gran Bretaña y España.

---

475 Consorcio Internacional- El Consorcio Internacional para la Secuenciación del Genoma Humano incluye a las siguientes entidades: Whitehead Institute/MIT Center for Genome Research, Cambridge, Mass., EE.UU.:
Wellcome Trust Sanger Institute, el Wellcome Trust Genome Campus, Hinxton, Cambridgeshire, ReinoUnido.
Washington University School of Medicine Genome Sequencing Center, St. Louis, Mo., EE.UU.
United States DOE Joint Genome Institute, Walnut Creek, Calif., EE.UU.
Baylor College of Medicine Human Genome Sequencing Center, Department of Molecular and Human Genetics, Houston, Tex., EE.UU.
RIKEN Genomic Sciences Center, Yokohama, Japón.
Genoscope y CNRS UMR-8030,, Francia.
GTC Sequencing Center, Genome Therapeutics Corporation, Waltham, Mass., EE.UU.
Department of Genome Analysis, Institute of Molecular Biotechnology, Jena, Alemania.
Beijing Genomics Institute/Human Genome Center, Institute of Genetics, Chinese Academy of Sciences, Beijing, China.
Multimegabase Sequencing Center, The Institute for Systems Biology, Seattle, Wash., EE.UU.
Stanford Genome Technology Center, Stanford, Calif., EE.UU.
Stanford Human Genome Center and Department of Genetics, Stanford University School of Medicine, Stanford, Calif., EE.UU.
University of Washington Genome Center, Seattle, Wash., EE.UU.
Department of Molecular Biology, Keio University School of Medicine, Tokio, Japón.
University of Texas Southwestern Medical Center at Dallas, Dallas, Tex., EE.UU.
University of Oklahoma's Advanced Center for Genome Technology, Dept. of Chemistry and Biochemistry, University of Oklahoma, Norman, Okla., EE.UU.
Max Planck Institute for Molecular Genetics, Berlín, Alemania.
Cold Spring Harbor Laboratory, Lita Annenberg Hazen Genome Center, Cold Spring Harbor, N.Y., EE.UU.
GBF - German Research Centre for Biotechnology, Braunschweig, Alemania.

El 2 de mayo de 2006 se alcanzó otro hito en la culminación del proyecto al publicarse en la revista Nature que fue la publicación de la secuencia del último cromosoma humano.

El proceso que comprende el PGH de investigación también involucró otros grandes proyectos paralelos como, por ejemplo: el Proyecto Internacional HapMap, ideado para estudiar la variación genética humana y la Enciclopedia de Elementos de ADN, o Proyecto ENCODE, que generó resultados cooperativa mente entre ellos y otros proyectos separados que abarcaban a muchas instituciones, de diferentes países, trabajando cooperativa mente.

Naciendo así la era del trabajo integrado entre equipos de diferente índole. Al mismo tiempo, para producir trabajos con enfoques a gran escala en biología, el PGM produjo una serie de nuevas herramientas y utilizó y creó tecnologías innovadoras las mismas que ya pueden ser utilizadas por científicos individualmente para llevar a cabo investigaciones a menor escala obteniendo resultados de una manera mucho más eficaz.

En este momento, los objetivos principales trazados por la NASA han sido logrados, incluyendo la terminación esencial de una versión de alta calidad de la secuencia humana. Otros objetivos incluían la creación de mapas físicos y genéticos del GH, los cuales se lograron a mediados de la década de 1990, así como también el mapeo y secuenciación de un juego de cinco organismos modelo, incluyendo al ratón. Todos estos objetivos fueron logrados dentro del tiempo y el presupuesto estimados primeramente por la comisión de la NAS. Del mismo modo muchos nuevos objetivos se adicionaron en pleno proceso, ya que no habían sido considerados en 1988 pero fueron añadidos durante el camino; todo se realizó con éxito. Los ejemplos incluyen bosquejos avanzados de las secuencias de los genomas del ratón y la rata, y también un catálogo de bases variables en el GH. Razones que explican que el **NHGRI** cumplió su misión. Sin embargo, un cuestionamiento surge ¿Cuál será el futuro del NHGRI?

Al respecto, la revista Nature, en 24 de abril del 2003, publicó el excitante mundo de posibilidades. Se esperaba que el NHGRI se dedique particularmente al aprovechamiento de las oportunidades para aplicar los resultados del Proyecto Genoma Humano en avances en nuevas medicinas, incluyendo proyectos que se elaborarán sobre la secuencia completa del GH. Esto es particularmente verdadero para proyectos de gran alcance internacional que requieren de una extensa coordinación e inversión pública para garantizar que los resultados y los descubrimientos permanezcan disponibles gratuitamente en el dominio público.

Un buen ejemplo es el proyecto del NHGRI para hacer un mapa de la variación genética, o HapMap, el cual acelerará el descubrimiento de genes relacionados con enfermedades comunes como el asma, cáncer, diabetes y enfermedades cardíacas. El HapMap también podría ser un recurso poderoso para el estudio de los factores genéticos que contribuyen a la variación en respuesta a las influencias medioambientales, en la susceptibilidad a las infecciones y en la eficacia de los medicamentos y vacunas.

Otro ejemplo es el proyecto ENCODE, que se propone crear una enciclopedia total de los elementos funcionales codificados en la secuencia del ADN, catalogando la identidad y la ubicación precisa de todos los genes codificantes o no codificantes de proteínas dentro del genoma[476].

Un genoma es una colección completa de ácido desoxirribonucleico (ADN) de un organismo, o sea, es un compuesto químico que contiene las instrucciones genéticas necesarias para desarrollar y dirigir las actividades de todo organismo. Las moléculas del ADN están conformadas por dos hélices torcidas y emparejadas. Cada hélice está formada por cuatro unidades químicas, denominadas bases nucleótidas. Las bases son adenina (A), timina (T), guanina (G) y citosina (C). Las bases en las hélices opuestas se emparejan específicamente; una "A" siempre se empareja con una "T", y una "C" siempre con una "G".

El GH es la secuencia de ADN del REH en el PT. Está dividido en fragmentos que conforman los 23 pares de cromosomas

---

476 Fuentes: Información detallada sobre el Instituto Nacional para la Investigación del Genoma Humano- NHGRI, el Proyecto Genoma Humano y el futuro de la genómica, visite el sitio web de NHGRI: www.genome.gov El Proyecto Genoma Humano: www.genome.gov/Research El Proyecto ENCODE: www.genome.gov/ENCODE El Proyecto HapMap: www.genome.gov/HapMap Proyectos de Secuenciación: www.genome.gov/Sequencing La Celebración del Genoma: www.genome.gov/About/April2003 Términos genéticos y definiciones: www.genome.gov/glossary.cfm Investigación de las Implicaciones Éticas, Legales y Sociales: www.genome.gov/10001618/the-elsi-research-program/

distintos de la especie humana (22 pares de autosomas y un par de cromosomas sexuales). El GH está compuesto por aproximadamente 30 mil genes distintos. Cada uno de estos genes contiene codificada la información necesaria para la síntesis de una o varias proteínas (o ARN funcionales, en el caso de los genes ARN). El "genoma" de cualquier persona (a excepción de los gemelos idénticos y los organismos clonados) es único. Como también el GH es un genoma que contiene algo más de 3.000 millones de estos pares de bases nitrogenadas, similar al tamaño de genomas de otros vertebrados, los cuales se encuentran en los 23 pares de cromosomas dentro del núcleo de todas nuestras células. Cada cromosoma contiene cientos de miles de genes, los cuales tienen las instrucciones para hacer proteínas. Cada uno de los 30.000 genes estimados en el genoma humano produce un promedio de tres proteínas.

Técnicamente secuenciar un genoma significa poner exactamente en el orden a los pares de bases en un segmento de ADN. Apenas para tener una idea, los cromosomas humanos tienen entre 50 a 300 mil pares de bases. Debido a las existencias de las bases en pares y por la propia identidad de una de las bases en el par es que determina el otro miembro del par, los científicos no tienen la necesidad de presentar las dos bases del par.

El principal método utilizado por el PGH para producir la versión final del código genético humano se basa en un mapa, o en una secuencia basada en Bacteriano Artificial Cromosoma (**BAC**) (del acrónimo en inglés Cromosoma Artificial Bacteriano). El ADN humano es fragmentado en piezas de un tamaño manejable (entre 150 y 200 mil pares de bases). Los fragmentos son clonados en bacterias, las cuales almacenan y replican el ADN humano para obtener grandes cantidades, lo suficientemente para secuenciarlo. Si se los escoge cuidadosamente para minimizar las superposiciones, se necesita unos 20 mil clones BAC diferentes para abarcar los 3 mil millones de pares de bases del GH. A la colección de clones BAC que contienen todo el genoma humano es que se denomina una "Biblioteca BAC".

Una vez incluidos en el sistema BAC, se hace un "mapeo" de cada clon BAC para determinar el lugar de donde proviene el ADN del genoma humano en los clones BAC. El uso de este enfoque garantiza que los científicos puedan conocer la ubicación exacta de las letras del ADN que son secuenciadas en cada clon y su relación espacial con el ADN humano secuenciado en otros clones BAC.

Para la secuenciación, se corta a cada clon BAC en fragmentos, todavía más pequeños que tienen una longitud equivalente a cerca de 2,000 bases. Estas piezas se denominan "subclones". En estos subclones se lleva a cabo una "reacción en secuencia". Después, los productos de la reacción en secuencia son introducidos en la máquina secuenciadora (secuenciador). El secuenciador genera de 500 a 800 pares de bases de "A, T, C y G" en cada reacción en secuencia, por lo que cada base es secuenciada unas diez veces. Luego una computadora junta a todas estas secuencias cortas para formar tramos continuos de secuencia que representan el ADN humano en el clon BAC.

Dentro de los límites de la tecnología disponible en la actualidad, se puede afirmar que el GH está completamente estudiado. Aun que permanecen pequeños vacíos que son irrecuperables en cualquier método actual de secuenciación, y totalizan alrededor del uno por ciento de la porción del genoma que contienen los genes, o eucromatina.

Es de reconocer que es necesaria la invención de nuevas tecnologías para obtener la secuencia de las regiones faltantes; sin embargo, la porción del genoma que contiene los genes está completo en casi todas las formas funcionales para propósitos de investigación científica y está disponible de manera pública y gratuita para quién lo solicitar.

Aún con los estudios concluidos del PGH, los científicos continuarán desarrollando y aplicando nuevas tecnologías para los pocos y difíciles problemas que restan por investigar. Por su parte, NHGRI se compromete en continuar apoyando una amplia variedad de investigaciones para desarrollar nuevas tecnologías de secuenciación, para interpretar la secuencia del REH en el PT y utilizar la nueva comprensión del GH para mejorar la salud humana.

Todos los estudios de todas las partes del GH, secuenciado por el PGH, fueron hechas públicas inmediatamente. Quedó reglamentado el procedimiento que todos los nuevos datos sobre el genoma se vayan anunciando a cada 24 horas. Es sabido que en años pasados algunas empresas privadas han presentado miles de solicitudes de patentes sobre genes humanos y se sabe también que la mayor parte de ellas no han sido consideradas, razón por la cual, hoy se desconoce realmente cuánto del genoma ha sido patentado o si existe algún patente que puede ser utilizado gratuitamente para propósitos comerciales.

> La Dra. Andrea Rivera Santillán contribuía diciendo: *"Lo que se conoce del GH es que se ha secuenciado el GH, pero todavía está por dilucidar cada función de cada gen que tenemos, las interacciones entre esos genes. Incluso hay segmentos de ADN que todavía no se sabe por qué están, o que funciones tienen; funciones pueden estar escondidas dentro de esos complejos de ADN"*[477].

El comentario de la Dra. Rivera se refería a que en la práctica todavía queda mucho por investigar, desde las funciones de cada gen hasta el análisis del llamado "ADN basura". Una gran cantidad de material genético, aparentemente desértico o con información repetida e inconexa, cuya misión se desconoce por completo, están listas para ser estudiados exhaustivamente. Al mismo tiempo, un aspecto que parece constatarse es que la mayoría de las variaciones del ADN

---

477 **Fuente**: Dra. Andrea **Rivera** Santillán. UPCH - Universidad Peruana Cayetano Heredia, Laboratorio de Inmunopatologia Experimental - LID 115. Colaboración especial del Dr. Adolfo Vidal Escudero. Reportero interlocutor Alcides Vidal. Medio de comunicación IntiTV. Lima Perú, 2012. Cortesía IntiTV Rueda de prensa. https://www.youtube.com/watch?v=UdMd7fu8kk0 (Uploaded on Jan 13, 2012.)

se producen en los cromosomas Y, lo que significa que los hombres son los únicos que lo poseen y son los responsables por gran parte de las mutaciones en la información genética.

La Dra. Rivera justifica su opinión diciendo: *"Justamente con respecto a eso (..) Se ha visto y se está viendo que actualmente, para mejorar en ciencia y en investigación científica, se tiene que recurrir a equipos multidisciplinares y ya no es el trabajo solamente de un científico experto en una área que puede avanzar solamente él, solo, con respecto a un tema, sino que actualmente, para llevar a cabo los mejores trabajos se requiere de equipos distintos y con personas que conozcan de áreas diferentes, entonces, así el equipo sale adelante. Eso influencia mucho en la investigación"*[478].

Estamos concluyendo que las células son las representantes de la vida; entonces la presencia viviente es un capítulo para detallar todas las etapas de la vida que comprenderán la Curva de la Vida de un ser en el PT y dentro de algo mayor, la Biocosmos. A propósito, anticipadamente, en 2008, al publicar el libro "Tú Eres Dios" escribí el siguiente texto al respecto:

"tu vida continúa en tus manos; tú eres el único responsable por ella y que solo tú puedes mejorarla como también solo tú puedes empeorarla. El único

---

478 **Fuente:** Dra. Andrea **Rivera** Santillán. UPCH - Universidad Peruana Cayetano Heredia, Laboratorio de Inmunopatologia Experimental - LID 115. Colaboración especial del Dr. Adolfo Vidal Escudero. Reportero interlocutor Alcides Vidal. Medio de comunicación IntiTV. Lima Perú, 2012. Cortesía IntiTV Rueda de prensa. https://www.youtube.com/watch?v=UdMd7fu8kk0 (Uploaded on Jan 13, 2012.)

que puede decidir y hacer algo por tu vida eres
tú; entonces, preocúpate ahora y en este preciso
momento; de no hacerlo ahora, esperar por un
mañana, puede ser demasiado tarde.

Es de suponer también que todo ser viviente lleva en consideración y toma conciencia de todas las enseñanzas que ya existen al respecto, en su alrededor, para poder tener una vida sana, saludable y mejor. Un sucinto de todo ello fue presentado con anticipación en la obra *You Are God*[479], en el año 2008, en Estados Unidos y en el libro "Tú Eres Dios"[480], refiriéndose a su contenido dice:

"fue concebida única y exclusivamente pensando
en ti. (…) Tú fuiste y seguirás siendo la única razón
del desarrollo de este tema. Ahora, concéntrate
y raciocina profundamente sobre el objetivo de
esta obra. Extrae los sabios mensajes que clara y
abundantemente están a tu disposición. Asimila
el extracto de lo que crees que te pueda servir. (…)
Invierte tu valioso tiempo aprendiendo. Al final
de cuentas, sólo un gran beneficio encontrarás[481].

Por lo que este trabajo reconfirma que *"Tu Vida realmente está en tus manos"*[482] y vuelve también para acrecentar que gran parte de "Tu vida está bajo tu control", como sucintamente está explicando esta obra, "La Curva de la Vida", como

479 Libro You Are God, 2008, 2013 USA. Copyright © 2008, Librería del Congreso USA.
480 Libro Tú Eres Dios, 2008 y 2013 USA. Copyright © 2008, Librería del Congreso USA.
481 Libro Dios, 2008 y 2013 Estados Unidos. Copyright © 2008, Librería del Congreso USA.
482 You Are God, 2008 Alcides G. Vidal, Página 22.

segunda parte de la obre "Rumbo al Final"[483] que nada más hacen, resumir las etapas de la vida de un ser habitando el PT, explicándolo de una manera fácil y entendible como inicialmente lo demuestra el Teorema de la Vida Limitada (**TVL**) Cuadro AV 02 RF - VAX", seguidamente; dando destaque a la Línea del Tiempo (**LT**) que se inicia en "T1" y termina en "Tn" para localizar el punto central, para luego crear el punto inicial, identificado con la variable "Va" (Vida aparición) que viene a ser este instante, ahora y el inicio de una Nueva Vida, destacada en la Curva de la Vida de un ser en el PT; resumido en la Línea TVT (Tiempo, Vida Terrenal)[484].

TEOREMA VIDA'1 ©
CUADRO 02 RF - VAX

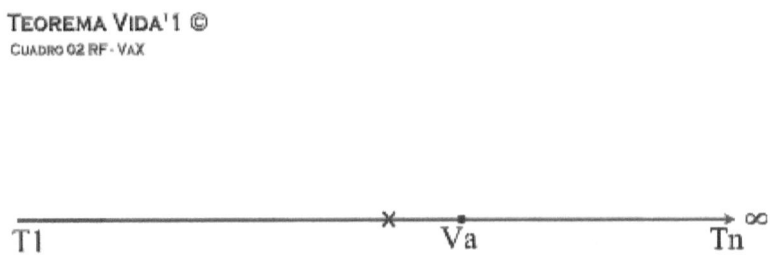

T1   Va   Tn   ∞

---

483 Libro Rumbo al Final, Estados Unidos. Copyright © 2016, Librería del Congreso USA.

484 **Línea TVT** -Línea del Tiempo donde: "T1" de Tiempo, "Va" de Vida y "Tan" de Terrenal (TVT); resumido en Línea TVT (Tiempo, Vida, Terrenal y forma parte del Teorema de la Vida Limitada.

CoViD-19

Pandemia de CoViD-19 por país en 2021

País		Contaminados	Porcentaje	Muertos	Porcentaje
1)	China	96.699 21		4.636	
2)	Estados Unidos	45.218.907	+86.759	731.263	+3.071
3)	India	34.127.450	+18.454	452.811	+160
4)	Brasil	21.680.488	+15.609	720.228	+373
5)	Reino Unido	8.630.076	+48.798	139.444	+179
6)	Rusia	7.969.960	+33.162	222.320	+1.006
7)	Turquía	7.744.109	+29.760	68.274	+214
8)	Francia	7.202.840	+6.086	118.300	+28
9)	Irán	5.821.737	+11.770	124.585	+162
10)	Argentina	5.275.984	+1.218	115.770	+33
11)	España	4.993.295	+2.528	87.082	+31
12)	Colombia	4.984.751	+1.224	126.931	+21
13)	Italia	4.725.887	+3.699	131.688	+33
14)	Alemana	4.429.723	+18.802	94.886	+74
15)	Indonesia	4.237.201	+914	143.077	+28
16)	México	3.767.758	+5.069	285.347	+422
17)	Polonia	2.945.056		76.179	
18)	África do Sul	2.917.846	+591	88.754	+80
19)	Ucrania	2.804.050	+19.823	65.876	+517
20)	Filipinas	2.735.369	+3.634	40.977	+5
21)	Malasia	2.407.382	+5.516	28.138	+76
22)	Perú	2.192.205	+1.034	199.945	+17

ANEXO II

Código Biocósmico Básico
de Identificación

Vida'L "Basic Biocosmic Identification Code", Prefix (BBIdC)

	0	1	2		3		4		5				6						7
	Biocosmos	Era	Male		Female		Factor		Tipo				Genetic Map						
	Especie	M2	L1	R1	L2	R2	RH		Sanguineo				SD	Hyp					
	L1 R1	Y2K	X	Y	X	X	"+"	"-"	A	B	O	U	T21	The	n3	n4	n5	nn	Value
1		0	1	1	0	0	1	0	1	0	0	0	0	0					166
2		1	1	1	0	0	1	0	1	0	0	0	0	0					167
3	M	0	1	1	0	0	1	0	1	0	0	0	1	0					2214
4		1	1	1	0	0	1	0	1	0	0	0	1	0					2215
5	A	0	1	1	0	0	1	0	1	0	0	0	0	1					4262
6		1	1	1	0	0	1	0	1	0	0	0	0	1					4263
7	L	0	1	1	0	0	0	1	1	0	0	0	0	0					198
8		1	1	1	0	0	0	1	1	0	0	0	0	0					199
9	E	0	1	1	0	0	0	1	1	0	0	0	1	0					2246
10		1	1	1	0	0	0	1	1	0	0	0	1	0					2247
11		0	1	1	0	0	0	1	1	0	0	0	0	1					4294
12		1	1	1	0	0	0	1	1	0	0	0	0	1					4295
13		0	1	1	0	0	1	0	0	1	0	0	0	0					294
14	M	1	1	1	0	0	1	0	0	1	0	0	0	0					295
15		0	1	1	0	0	1	0	0	1	0	0	1	0					2342
16	A	1	1	1	0	0	1	0	0	1	0	0	1	0					2343
17		0	1	1	0	0	1	0	0	1	0	0	0	1					4390
18	L	1	1	1	0	0	1	0	0	1	0	0	0	1					4391
19		0	1	1	0	0	0	1	0	1	0	0	0	0					326
20	E	1	1	1	0	0	0	1	0	1	0	0	0	0					327
21		0	1	1	0	0	0	1	0	1	0	0	1	0					2374
22		1	1	1	0	0	0	1	0	1	0	0	1	0					2375
23		0	1	1	0	0	0	1	0	1	0	0	0	1					4422
24		1	1	1	0	0	0	1	0	1	0	0	0	1					4423
25	M	0	1	1	0	0	1	0	1	1	0	0	0	0					422
26		1	1	1	0	0	1	0	1	1	0	0	0	0					423
27	A	0	1	1	0	0	1	0	1	1	0	0	1	0					2470
28		1	1	1	0	0	1	0	1	1	0	0	1	0					2471
29	L	0	1	1	0	0	1	0	1	1	0	0	0	1					4518
30		1	1	1	0	0	1	0	1	1	0	0	0	1					4519
31	E	0	1	1	0	0	0	1	1	1	0	0	1	0					2502
32		1	1	1	0	0	0	1	1	1	0	0	1	0					2503
33		0	1	1	0	0	0	1	1	1	0	0	0	0					454
34		1	1	1	0	0	0	1	1	1	0	0	0	0					455
35		0	1	1	0	0	0	1	1	1	0	0	1	1					6598
36		1	1	1	0	0	0	1	1	1	0	0	1	1					6599
37	M	0	1	1	0	0	1	0	0	0	1	0	0	0					550
38		1	1	1	0	0	1	0	0	0	1	0	0	0					551
39	A	0	1	1	0	0	1	0	0	0	1	0	1	0					2598
40		1	1	1	0	0	1	0	0	0	1	0	1	0					2599
41	L	0	1	1	0	0	1	0	0	0	1	0	0	1					4646
42		1	1	1	0	0	1	0	0	0	1	0	0	1					4647
43	E	0	1	1	0	0	0	1	0	0	1	0	1	0					2630

No.	Label														Value
44		**1**	1	1	0	0	0	1	0	0	1	0	1	0	2631
45		0	1	1	0	0	0	1	0	0	1	0	0	0	582
46		1	1	1	0	0	0	1	0	0	1	0	0	0	583
47		0	1	1	0	0	0	1	0	0	1	0	1	1	6726
48		1	1	1	0	0	0	1	0	0	1	0	1	1	6727
49	L2 R2	0	0	0	1	1	1	0	1	0	0	0	0	0	184
50		1	0	0	1	1	1	0	1	0	0	0	0	0	185
51		0	0	0	1	1	1	0	1	0	0	0	1	0	2232
52		1	0	0	1	1	1	0	1	0	0	0	1	0	2233
53	F	0	0	0	1	1	1	0	1	0	0	0	0	1	4280
54		1	0	0	1	1	1	0	1	0	0	0	0	1	4281
55	E	0	0	0	1	1	0	1	1	0	0	0	1	0	2264
56		1	0	0	1	1	0	1	1	0	0	0	1	0	2265
57	M	0	0	0	1	1	0	1	1	0	0	0	0	0	216
58		1	0	0	1	1	0	1	1	0	0	0	0	0	217
59	A	0	0	0	1	1	0	1	1	0	0	0	1	1	6360
60		1	0	0	1	1	0	1	1	0	0	0	1	1	6361
61	L	0	0	0	1	1	1	0	0	1	0	0	0	0	312
62		1	0	0	1	1	1	0	0	1	0	0	0	0	313
63	E	0	0	0	1	1	1	0	0	1	0	0	1	0	2360
64		1	0	0	1	1	1	0	0	1	0	0	1	0	2361
65		0	0	0	1	1	1	0	0	1	0	0	0	1	4408
66		1	0	0	1	1	1	0	0	1	0	0	0	1	4409
67		0	0	0	1	1	0	1	0	1	0	0	1	0	2392
68		1	0	0	1	1	0	1	0	1	0	0	1	0	2393
69		0	0	0	1	1	0	1	0	1	0	0	0	0	344
70		1	0	0	1	1	0	1	0	1	0	0	0	0	345
71	F	0	0	0	1	1	0	1	0	1	0	0	1	1	6488
72		1	0	0	1	1	0	1	0	1	0	0	1	1	6489
73	E	0	0	0	1	1	1	0	1	1	0	0	0	0	440
74		1	0	0	1	1	1	0	1	1	0	0	0	0	441
75	M	0	0	0	1	1	1	0	1	1	0	0	1	0	2488
76		1	0	0	1	1	1	0	1	1	0	0	1	0	2489
77	A	0	0	0	1	1	1	0	1	1	0	0	0	1	4536
78		1	0	0	1	1	1	0	1	1	0	0	0	1	4537
79	L	0	0	0	1	1	0	1	1	1	0	0	1	0	2520
80		1	0	0	1	1	0	1	1	1	0	0	1	0	2521
81	E	0	0	0	1	1	0	1	1	1	0	0	0	0	472
82		1	0	0	1	1	0	1	1	1	0	0	0	0	473
83		0	0	0	1	1	0	1	1	1	0	0	1	1	6616
84		1	0	0	1	1	0	1	1	1	0	0	1	1	6617
85		0	0	0	1	1	1	0	0	0	1	0	0	0	568
86		1	0	0	1	1	1	0	0	0	1	0	0	0	569
87		0	0	0	1	1	1	0	0	0	1	0	1	0	2616
88		1	0	0	1	1	1	0	0	0	1	0	1	0	2617
89		0	0	0	1	1	1	0	0	0	1	0	0	1	4664
90		1	0	0	1	1	1	0	0	0	1	0	0	1	4665
91		0	0	0	1	1	0	1	0	0	1	0	1	0	2648

#	Label	Y2K	L1	R1	L2	R2	FACTOR 1	FACTOR 2	TIPO 3	TIPO 4	TIPO 5	TIPO 6	T21	Hyp		Result
92		1	0	0	1	1	0	1	0	0	1	0	1	0		2649
93		0	0	0	1	1	0	1	0	0	1	0	0	0		600
94		1	0	0	1	1	0	1	0	0	1	0	0	0		601
95		0	0	0	1	1	0	1	0	0	1	0	1	1		6744
96		1	0	0	1	1	0	1	0	0	1	0	1	1		6745
97	L1.R2	0	1	0	0	1	1	1	1	0	0	0	0	0		242
145	R1.L2	0	0	1	1	0	1	0	1	0	0	0	0	0		172
194	R1.R2	0	0	1	0	1	1	0	1	0	0	0	0	0		180
243																

Y2K	L1	R1	L2	R2	FACTOR		TIPO						T21	Hyp
1	L1	R1	L2	R2	1	2	3	4	5	6			1	2
Progresión	1	2	4	8	16	32	64	128	256	512	1024	2048	4096	8192
Secuencia	1	2	3	4	5	6	7	8	9	10	11	12	13	

Línea 1 +22 Años, hombre, RH+, TipoA
Línea 2 -22 Años, hombre, RH+, TipoA
Línea 3 +22 Años, hombre, RH+, GruA, SindromeDown
Línea 4 -22 Años, hombre, RH+, TipoA, SindromeDown.

ANEXO III

Bibliografía, Referencias y Notas

BiRefNotas_22001

- ➤ **Alberto Castellón Sánchez del Pino**, Autor http://dialnet.unirioja.es/servlet/articulo?codigo=645490 Dialnet - Calidad de vida en la atención al mayor. Localización: Revista multidisciplinar de gerontología, ISSN 1139-0921, Vol. 13, Nº. 3, 2003, págs. 188-192
- ➤ Castellón Sánchez del Pino - Revisión: Rev Mult Gerontol 2003; págs. 88-192 - Calidad de vida en la atención al mayor. Alberto Castellón Sánchez del Pino Coordinador cursos Master y Experto en Gerontología Social Universidad de Gran
- ➤ Dawkins, R. & Krebs, J. R. (1979). Arms races between and within species. Proceedings of the Royal society of London, B 205, 489-511. Bibliografía Armamentismo.
- ➤ Edgar Morin La unidualidad del hombre. Y la ¿Sociedad mundo, o Imperio mundo? Más allá de la globalización y el desarrollo

- Fernando Lolas Stepke. Bioética y Vejez: El proceso de desvalimiento como constructor. Biográfico
- Francis Heylighen (2000): "The Red Queen Principle", in: F. Heylighen, C. Joslyn and V. Turchin (editors): Principia Cybernetica Web (Principia Cybernetica, Brussels), URL: http://pespmc1.vub.ac.be/REDQUEEN.html. Bibliografía Armamentismo.
- INE - Instituto Nacional de Estadísticas Chile
- J. Bronowiski, The Ascent of Man, BACK BAY BOOKS. Little, Brown and Company, Boston/New York/London. Página 293.
- Leigh Van Valen. (1973). "A new evolutionary law". Evolutionary Theory 1: 1—30.
- Lic. Magdalis Téllez García y Maestrante en Bioética. Segunda Edición 2008. Algunas consideraciones sobre la calidad de vida de los ancianos en el mundo actual.
- Magdalis Téllez GarcíaLic. - Maestrante en Bioética. Segunda Edición 2008
- María Elena Benítez Pérez Dra. En el Centro de Estudios Demográficos Universidad de La Habana
- Markx Karl, [1867] Le Capital, Livre premier, Le développement de la production capitaliste, Editions sociales, 1977
- Oxfam libro "Le capital au XXI e siècle".
- Oxfam es una organización sin fines de lucro que engloba a 17 organizaciones que trabajan en aproximadamente 90 países de todo el mundo para encontrar soluciones a la pobreza

➤ Página web http://letras-uruguay.espaciolatino.com/aaa/tellez_garcia_magdalis/algunas_consideraciones.htm

➤ Página web: http://consejosvendoyparaminotengo.com/cual-es-la-calidad-de-vida-en-el-mundo-actual-el-desarrollo-fisico-mental-social-y-familiar/

➤ Página web: http://udicor-tumbes.bligoo.com/mejorando-la-calidad-de-vida-del-adulto-mayor-con-musicoterapia-y-atencion-integral-tumbes-2011#.UmMUI3BJ6oc

➤ Página web: http://www.buenastareas.com/ensayos/Calidad-De-Vida-En-La-Atenci%C3%B3n/1925386.html

➤ Página web: http://www.cienciapopular.com/n/Ecologia/Calidad_de_Vida_en_el_Mundo/Calidad_de_Vida_en_el_Mundo.php

➤ Página web: http://www.ine.cl/canales/chile_estadistico/calidad_de_vida_y_salud/calidad_de_vida.php

➤ Página web: http://www.portalesmedicos.com/publicaciones/articles/1552/1/ Portales Médicos - Calidad de la atención en Salud al adulto mayor. Policlínico "5 de Septiembre".

➤ Pearson, Paul N. (2001) Red Queen hypothesis Encyclopedia of Life Sciences http://www.els.net. Bibliografía Armamentismo.

➤ PIKETTY Thomas, [2013] Le capital au XXI e siècle, Editions Seuil, Paginas 92-93

➤ El mapa de la reducción del hambre. Planeta Futuro en Colaboración con: Bill & Melinda Gates

Foundation   http://elpais.com/elpais/2014/10/14/
media/1413281089_244919.html

➢ Project Syndicate, 2014 - www.project-syndicate.
org Copyright: Traducción de Kena Nequiz. Asit K.
Biswas es profesor visitante distinguido de la Escuela
de Políticas Públicas, Lee Kuan Yew, de Singapur y
cofundador del Centro del Tercer Mundo de Gestión
del Agua (Third World Center for Water Management).
Cecilia Tortajada es presidenta y cofundadora del
Centro del Tercer Mundo de Gestión del Agua (Third
World Center for Water Management).

➢ Revista EPOCA ISSN 14 155494 Brasil. 12 febrero
2015. www.epoca.com.br

➢ Ridley, M. (1995) the Red Queen: Sex and the
Evolution of Human Nature, Penguin Books, ISBN
0-14-024548-0. Bibliografía Armamentismo.

➢ Salinas Hugo [2009] Progreso y Bienestar, urbi et orbi.
Una nueva visión de la economía y de la sociedad,
tomo I, Lima, in http://bvirtual.bnp.gob.pe/bnp/faces/
BVIC/Captura/upload/salinas_progresoybienestar.pdf

➢ Salinas Hugo [2013] Las empresas-país y la gran
transformación, Lima, in http://bvirtual.bnp.gob.pe/
bnp/faces/BVIC/Captura/upload/2011/empresas-pais-
gran-transformacion-final.pdf

➢ Salinas Hugo, Articulo del 23 de enero del 2015.
Publicado en Lima, SJL, Perú.

➢ Salinas Hugo. 2015. Fuente: Email: salinas_hugo@
yahoo.com SALINAS Hugo [1993] Hacia dónde va la
economía-mundo. Teoría sobre los procesos de trabajo,
segunda edición en español, 2011, Lima, disponible en

http://bvirtual.bnp.gob.pe/bnp/faces/BVIC/Captura/upload/2011/economia.pdf

➤ Teresa Díaz Canals Una Profe Que Habla Sola. Publicaciones Acuario. Centro Félix Varela. 6/30/2006

➤ Universia España: Noticias de actualidad Marte 27012015 http://noticias.universia.es/actualidad/noticia/2014/10/17/1113361/8-datos-sorprendentes-hambre.html 8 datos sorprendentes sobre el hambre 17/10/2014

➤ Vermeij, G.J. (1987). Evolution and escalation: An ecological history of life. Princeton University Press, Princeton, NJ. Bibliografía Armamentismo.

➤ World Economic Situation and Prospects 2015.

BiRefNotas_22002

➤ **ADN – Nota:** ADN secuencia del material genético que posee un organismo o una especie en particular. El Genoma en los seres eucariotas comprende el ADN contenido en el núcleo organizado en cromosomas y el genoma de orgánulos celulares.

➤ **ADN – Acido nucleico** - Levene, P. (1919). "The structure of yeast **nucleic acid**". J. Biol Chem 40 (2): 415-24.

➤ **ADN** - Bustin, M. (1999), "Regulation of DNA-Dependent Activities by the Functional Motifs of the High-Mobility-Group Chromosomal Proteins", Molecular and Cellular Biology 19 (8): 5237-5246.

➤ **ADN** - Christensen, Morten O.; Larsen, Morten K.; Barthelmes, Hans Ullrich; Hock, Robert; Andersen, Claus L.; Kjeldsen, Eigil; Knudsen,

Birgitta R.; Westergaard, Ole; Boege, Fritz; Mielke, Christian (April 2002), "Dynamics of human DNA topoisomerases IIa (alfa) and IIb (beta) in living cells", JCB - The Journal of Cell Biology 157 (1): 31-44, Link: rupress.org/jcb/article/157/1/31/32533/ Dynamics-of-human-DNA-topoisomerases

➢ **ADN** - Fitzgerald-hayes, M.; Clarke, L.; Carbon, J. (1982), "Nucleotide sequence comparisons and functional analysis of yeast centromere DNAs", Cell 29 (1): 235-44.

➢ **ADN** - Gonzalo Claros, Manuel. Historia de la Biología (V): La naturaleza química del DNA (hasta el primer tercio del siglo XX). Link: encuentros.uma.es/ encuentros86/histbioq5.htm (Profesor de Bioquímica y Biología Molecular en la Universidad Málaga (UMA). ISSN 1134-8496.

➢ **ADN** - Klug, A. & L C Lutter. 1981. "The helical periodicity of DNA on the nucleosome." Nucleic Acids Res. September 11; 9(17): 4267-4283.

➢ **ADN** - Kornberg, Roger D. (1974), "Chromatin Structure: A Repeating Unit of Histones and DNA", Science 184 (4139): 868-871, PMID 4825889.

➢ **ADN** - Nagl W. 1978. Endopolyploidy and polyteny in differentiation and evolution: towards an understanding of quantitative and qualitative variation of nuclear DNA in ontogeny and phylogeny. Elsevier, New York.

➢ **ADN** - Wyngaard G.A. & Gregory T.R. 2001. Temporal control of DNA replication and the adaptive value of chromatin diminution in copepods. J. Exp. Zool. 291: 310–16.

- ➤ **ADN** Ashburner, M. (1970), "Function and structure of polytene chromosomes during insect development", Adv Insect Physiol 7 (1): 3S4.

- ➤ **ADN** dynamics - Christensen, Morten O.; Larsen, Morten K.; Barthelmes, Hans Ullrich; Hock, Robert; Andersen, Claus L.; Kjeldsen, Eigil; Knudsen, Birgitta R.; Westergaard, Ole; Boege, Fritz; Mielke, Christian (2002), "Dynamics of human DNA topoisomerases II{alpha} and II{beta} in living cells", The Journal of Cell Biology 157 (1): 31-44, PMID 11927602.

- ➤ **ARN** - Grewal, S. I. S.; Rice, J. C. (2004), "Regulation of heterochromatin by histone methylation and small RNAs", Current Opinion in Cell Biology 16 (3): 230-238, doi:10.1016/j.ceb.2004.04.002, archivado desde el original el 29 de junio de 2010.

- ➤ **ARN** - Volpe, Thomas A.; Kidner, Catherine; Hall, Ira M.; Teng, Grace; Grewal, Shiv I. S.; Martienssen, Robert A. (2002), "Regulation of Heterochromatic Silencing and Histone H3 Lysine-9 Methylation by RNAi", Science 297.

- ➤ Cell Cycle - -Li, Gang; Sudlow, Gail; Belmont, Andrew S. (1998), "Interphase Cell Cycle Dynamics of a Late-Replicating, Heterochromatic Homogeneously Staining Region: Precise Choreography of Condensation/ Decondensation and Nuclear Positioning", The Journal of Cell Biology 140 (5): 975-989, PMID 9490713.

- ➤ Células - Grewal, S. I. S.; Rice, J. C. (2004), "Regulation of heterochromatin by histone methylation and small RNAs", Current Opinion in Cell Biology 16 (3): 230-238, archivado desde el original el 29 de junio de 2010.

➢ Células - Grunstein, M. (1990), "Histone Function in Transcription", Annual Reviews in Cell Biology 6 (1): 643-676,

➢ Células - Heitz, E. (1928), "Das heterochromatin der moose", Jahrb. Wiss. Botanik 69: 762-818.

➢ Células - Saccone, S.; Bernardi, G. (2001), "Human chromosomal banding by in situ hybridization of isochores", Methods in Cell Science 23 (1): 7-15.

➢ Células ciclo - Li, Gang; Sudlow, Gail; Belmont, Andrew S. (1998), "Interphase Cell Cycle Dynamics of a Late-Replicating, Heterochromatic Homogeneously Staining Region: Precise Choreography of Condensation/Decondensation and Nuclear Positioning", (JCB) The Journal of Cell Biology 140 (5): 975-989. Link: rupress.org/jcb/article/140/5/975/938/ Interphase-Cell-Cycle-Dynamics-of-a-Late

➢ Celulosa - Células Vejetales - Nägeli, C. "Memoir on the nuclei, formation, and growth of vegetable cells" (A. Henfrey, trans.). En: C. y J. Adlard, eds., Reports and Papers on Botany. London: The Ray Society, 1846.

➢ Centromere - Choo, K. H. A. (1997), The centromere.

➢ Centromere - Fitzgerald-hayes, M.; Clarke, L.; Carbon, J. (1982), "Nucleotide sequence comparisons and functional analysis of yeast centromere DNAs", Cell 29 (1): 235-44,.

➢ Centromere - Meluh, P. B.; Yang, P.; Glowczewski, L.; Koshland, D.; Smith, M. M. (1998), "Cse 4 P is a Component of the Core Centromere of Saccharomyces Cerevisiae".

- Chromatin - Olins, D. E.; Olins, A. L. (2003), "Chromatin history: our view from the bridge", Nature Reviews Molecular Cell Biology 4 (10): 809-13, archivado desde el original el 10 de septiembre de 2006, consultado el 14 de diciembre de 2008.
- Chromosome - Bellanné-Chantelot, C. et al. (1992): "Mapping the whole human genome by fingerprinting yeast artificial chromosomes", Cell 70, 1059-1068.
- Chromosome - Bendich, Arnold J., Karl Drlica. 2000. "Prokaryotic and eukaryotic chromosomes: what's the difference?" BioEssays 22: 481-486.
- Chromosome - C. A. (1971), "The Genetic Organization of Chromosomes", Annual Reviews in Genetica - Genetics 5 (1): 237-256, doi:10.1146/annurev.ge.05.120171.001321.
- Chromosome - Callan, H. G. (1963), "The Nature of Lampbrush Chromosomes", Int Rev Cytol 15: 1-34.
- Chromosome - Callan, H. G. (1986), "Lampbrush chromosomes", Mol Biol Biochem Biophys 36: 1-252.
- Chromosome - Cebriá, A., Navarro, M. L., Puertas, M. J. (1994). "Genetic control of B-chromosome transmission in Aegilops speltoides (Poaceae)". Am J of Botany 81 (11). 1502-1511.
- Chromosome - Clemson, C. M. (1996), "X chromosome at interphase: evidence for a novel RNA involved in nuclear/chromosome structure", The Journal of Cell Biology 132 (3): 259-275.
- Chromosome - Coluzzi, Mario; Sabatini, Adriana; Della Torre, Alessandra; Di Deco, María Ángela; Petrarca, Vincenzo (2002), "A Polytene Chromosome

Analysis of the Anopheles gambiae Species Complex",
Science 298 (5597): 1415-1418, PMID 12364623.

➢ Chromosome - Craig, J. M. (2005), "Heterochromatin-
many flavours, common themes", BioEssays 27 (1):
17-28, doi: 10.1002/bies.20145, archivado desde el
original el 16 de agosto de 2011, consultado el 6 de
diciembre de 2008.

➢ Chromosome - Earnshaw, W. C.; Halligan, B.; Cooke,
C. A.; Heck, M. M.; Liu, L. F. (1985), "Topoisomerase
II is a structural component of mitotic chromosome
scaffolds", The Journal of Cell Biology 100

➢ Chromosome - Facultad de Ciencias Veterinarias.
Universidad Nacional de la Plata. MORFOLOGÍA
CROMOSÓMICA - CARIOTIPO.

➢ Chromosome - Fox, D. P.; Hewitt, G. M.; Hall, D.
J. (1974), "DNA replication and RNA transcription
of euchromatic and heterochromatic chromosome
regions during ...", Chromosome - Chromosoma 45

➢ Chromosome - G. (1974), "The Relationship Between
Genes and Polytene Chromosome Bands", Annual
Reviews in Genetics 8

➢ Chromosome - Gall, J. G.; Murphy, C.; Callan, H.
G.; Wu, Z. A. (1991), "Lampbrush chromosomes",
Methods Cell Biol 36

➢ Chromosome - Gasser, S. M.; Laroche, T.; Falquet,
J.; Tour, E.; Laemmli, U. K. (1986), "Metaphase
chromosome structureInvolvement of topoisomerase
II", J. Mol. Biol 188

➢ Chromosome - Gunderina, L. I.; Kiknadze, I. I.;
Istomina, A. G.; Gusev, V. D.; Miroshnichenko, L.

A. (2005), "Divergence of the polytene chromosome banding sequences as a reflection of evolutionary", Russian Journal of Genetics 41 (2): 130-137, doi:10.1007/s11177-005-0036-6.

➤ Chromosome - Gunderina, L.I. (2005). "Divergence patterns of banding sequences in different polytene chromosome arms reflect relatively independent evolution of different genome components.". Russian Journal of Genetics 41 (4). Consultado el 11 de diciembre de 2019.

➤ Chromosome - Hart, C. M.; Laemmli, U. K. (1998), "Facilitation of chromatin dynamics by SARs", Current Opinion in Genetics & Development 8 (5): 519-525, doi:10.1016/S0959-437X(98)80005-1, archivado desde el original el 24 de abril de 2009, consultado el 10 de diciembre de 2008.

➤ Chromosome - Hennig, W. (1999), "Heterochromatin", Chromosoma 108 (1): 1-9,

➤ Chromosome - Hernández-Boluda, J. C.; Cervantes, F.; Costa, D.; Carrio, A.; Montserrat, E. (2000), "Chronic myeloid leukemia with isochromosome 17q: report of 12 cases and review of the literature", Leuk Lymphoma 38 (1-2): 83-90.

➤ Chromosome - Hewitt, G. M.; East, T. M. (1978), "Effects of B chromosomes on development in grasshopper embryos", Heredity 41: 347-356.

➤ Chromosome - Hirano, M.; Kobayashi, R. (1997), "Condensins, Chromosome Condensation Protein Complexes Containing Xcap-c, Xcap-e and a Xenopus...".

➤ Chromosome - Hirano, T.; Mitchison, T. J. (1994), "A heterodimeric coiled-coil protein required for mitotic chromosome condensation in vitro", Cell 79 (3): 449-58.

➤ Chromosome - -Hock, Robert; Furusawa, Takashi; Ueda, Tesuya; Bustin, Michael (February 2007), "HMG chromosomal proteins in development and disease". Link: ncbi.nim.nih.gov/pmc/articles/PMC2442274/.

➤ Chromosome - Jones, R. N.; Rees, H. (1982), B chromosomes.

➤ Chromosome - Kelman, L. M., Kelman, Z. (2004). "Multiple origins of replication in archaea". Trends Microbiol. 12 (9): 399-401. PMID 15337158.

➤ Chromosome - Kornberg, Roger D.; Lorch, Yahli. (1999), "Twenty-Five Years of the Nucleosome, Fundamental Particle of the Eukaryote Chromosome", Cell. Vol. 98: 285-294, August 6, 1999. Copyright 1999 by Cell Press. Stanford University School of Medicine, Stanford, California 94305, USA. Link: web.archive.org/web/20100622031625/ Chromosome - Lachner, M.; O'Sullivan, R. J.; Jenuwein, T. (2003), "An epigenetic road map for histone lysine methilation", Journal of Cell Science 116: 2117-2124,

➤ Chromosome - Larin, Z., Monaco, A. P., Lehrach, H. (1991): "Yeast artificial chromosome libraries containing large inserts from mouse and human DNA". Proceedings of the National Academy of Sciences (USA) 88, 4123-4127.

➢ Chromosome - Levene, P. (1919). "The structure of yeast nucleic acid". J Biol Chem 40 (2): 415-24.

➢ Chromosome - Lewis, E. B. (1954), "The Theory and Application of a New Method of Detecting Chromosomal Rearrangements in Drosophila", The American Naturalist 88 (841): 225, doi:10.1086/281833.

➢ Chromosome - MacHado, C.; Andrew, D. J. (2000), "D-Titin a Giant Protein with Dual Roles in Chromosomes and Muscles", The Journal of Cell Biology 151 (3): 639-652.

➢ Chromosome - MacHado, C.; Sunkel, C. E.; Andrew, D. J. (1998), "Human Autoantibodies Reveal Titin as a Chromosomal Protein", The Journal of Cell Biology 141 (2): 321-333.

➢ Chromosome - Maeshima, K.; Laemmli, U. K. (2003), "A Two-Step Scaffolding Model for Mitotic Chromosome Assembly", Developmental Cell 4 (4): 467-480, doi:10.1016/S1534-5807(03)00092-3.

➢ Chromosome - Moltó, M. D.; Frutos, R.; Martínez-Sebastián, M. J. (1987), "The banding pattern of polytene chromosomes of Drosophila guanche compared with that of D", Genética 75 (1): 55-70, doi:10.1007/BF00056033.

➢ Chromosome - Morgan, Thomas Hunt, "Chromosomes and Heredity." The American Naturalist, 44(524):449-496, 1910.

➢ Chromosome - Murray, A. W., Szostak, J. W. (1983): "Construction of artificial chromosomes in yeast." Nature 305, 2049-2054.

➤ Chromosome - Panzera, F., Rubén Pérez y Yanina Panzera. Identificación cromosómica, cariotipo. Facultad de Ciencias Veterinarias, Universidad Nacional de La Plata.

➤ Chromosome - Paulson, James R.; Laemmli, U. K. (November 1977), "The structure of histone-depleted metaphase chromosomes", Cell 12 (3): 817-28, Link: cell.com/cell/pdf/0092-8674(77)90280-x.pdf

➤ Chromosome - Paz César y Miño. 1999. Citogenética humana: manual de prácticas de genética molecular y citogenética humana 2000 al 2006. Práctica 5: Cultivo y preparación de linfocitos para análisis cromosómico. Laboratorio de Genética Molecular y Citogenética Humana, Departamento de Ciencias Biológicas, Facultad de Ciencias Exactas y Naturales y Facultad de Medicina. Pontificia Universidad Católica del Ecuador, Quito 1999. Link: geneticahumana.tripod. com/libros.html Práctica 3: Cromatina Sexual; Práctica 4: Cariotipo Humano; Práctica 6: Observación de Cromosomas Humanos y Práctica 9: Extracción del ADN y Reacción en cadena de la Polimerasa (PCR).

➤ Chromosome - Poirier, M. G.; Eroglu, S.; Marko, J. F. (2002), "The Bending Rigidity of Mitotic Chromosome - Chromosomes", Molecular Biology of the Cell: 10804011.

➤ Chromosome - Poirier, M. G.; Marko, J. F. (2002), "Mitotic chromosomes are chromatin networks without a mechanically contiguous protein scaffold", Proc. Natl. Acad. Sci. USA 99: 15393-15397.

➢ Chromosome - Randolph, L. F. (1928). "Chromosome numbers in Zea Mays". L. Cornell Agric. Exp. Sta. Memoir 117. 44.

➢ Chromosome - Rudkin, G. T. (1972), "Replication in polytene chromosomes", Results Probl Cell Differ 4: 59-85.

➢ Chromosome – S.M. Gasser, T. Laroche, J. Falquet, E. Boy de la Tour, U.K. Laemmli. "Metafase Chromosome structure: Involvement of topoisomerase II." Department of Biochemistry and Molecular Biology Unversity of Genebra, 30, quai Ernest-Anserment CH-1211 Genebra 4, Switzerland. Avalable online 04 May 2005. Link: www.sciencedirect.com/science/article/abs/pii/

➢ Chromosome - Saccone, S.; Federico, C.; Andreozzi, L.; D'antoni, S.; Bernardi, G.; Molecolare, E.; Zoologica, S.; Slota, E. et al. (2002), "Chromosome structure", Chromosome Research 10 (1): 1-50, archivado desde el original el 22 de julio de 2011.

➢ Chromosome - Sandman, K., Pereira, S. L., Reeve, J. N. (1998). "Diversity of prokaryotic chromosomal proteins and the origin of the nucleosome". Cell. Mol. Life Sci. 54 (12): 1350-64. PMID 9893710.

➢ Chromosome - Satzinger, Helga (2008), "Theodor and Marcella Boveri: chromosomes and cytoplasm in heredity and development". National Library of Medicine (NIH). Link: pubmed.ncbi.nlm,nih.gov/18268510/ and doi.org/10.1038/nrg2311.

➢ Chromosome - Swedlow, J. R.; Hirano, T. (2003), "The Making of the Mitotic Chromosome: Modern

Insights into Classical Questions", Molecular Cell 11 (3): 557-569.

> Chromosome - Tavormina, Penny A.; Côme, Marie-George; Hudson, Joanna R.; Mo, Yin-Yuan; Beck, William T.; Gorbsky, Gary J. (February 2002), "Rapid exchange of mammalian topoisomerase IIa at kinetochores and chromosome arms in mitosis", Link: rupress.org/jcb/article/158/1/23/32895/ . The Journal of Cell Biology, july 8, 2002.

> Cromatina_HISTORY - Olins, Donald E.; Olins, Ada L. (2003), "PERSPECTIVES Chromatin history: our view from the bridge". Link: web.archive.org/web/20060910161904/

> Cromosoma - Crow, Ernest W.; Crow, James F. (01 January 2002), "100 Years Ago: Walter Sutton and the Chromosome Theory of Heredity", Genetics 160.1.1. Oxford Academic. GENETICS, GSA. Link academic.oup.com/article/160/1/1/6089046/

> Cromosoma_Deficinición _ Cromosoma; Wikipedia; História y definiciones, estructura y composición. Link: es.wikipedia.org/wiki/Cromosoma#Cromologia_de_descubrimientos

BiRefNotas_22003

> Alimentos y Organización de las Naciones Unidas para la Agricultura. 2013 El Estado Mundial da la Agricultura y la Alimentación 2013: Sistemas Alimentarios párr Una Mejor Nutrición. Roma

> IFPRI, Welthungerhilfe y Concern Worldwide: 2013 Índice Global del Hambre – El Desafío del Hambre:

Formar Resiliencia para lograr la Seguridad Alimentaria y Nutricional (En inglés). Bonn, Washington D. C., Dublin. October 2013.

- IFPRI, Welthungerhilfe y Concern Worldwide: 2014 Índice Global del Hambre: El Desafío del Hambre Oculta (En inglés). Bonn, Washington D. C., Dublin. October 2014.
- IFPRI. 2011. Índice Global del Hambre 2011: Resumen. Washington, DC
- IFPRI/ Concern/ Welthungerhilfe: 2011 Índice Global del Hambre – El Desafío del Hambre: Domar los picos y la volatilidad excesiva de los precios de los alimentos. Bonn, Washington D. C., Dublin. Octubre 2011.
- IFPRI/ Concern/ Welthungerhilfe: 2012 Índice Global del Hambre – El Desafío del Hambre: Garantizar la seguridad alimentaria sostenible en situaciones de penuria de tierras, agua y energía. Bonn, Washington D. C., Dublin. Octubre 2012.
- IFPRI/ Concern/ Welthungerhilfe: Índice Global del Hambre – El Desafío del Hambre: La Crisis de la Desnutrición infantil (En inglés), Bonn, Washington D. C., Dublin. Octubre 2010.
- IFPRI/Concern/Welthungerhilfe: El Desafío del Hambre – Índice Global del Hambre: Hechos, determinantes y tendencias. Casos de estudios sobre los países en post conflicto, Afganistán y Sierra Leone (En inglés), Bonn, October 2006.
- IFPRI/Concern/Welthungerhilfe: El Desafío del Hambre 2007 – Índice Global del Hambre: Hechos, determinantes y tendencias. Medidas en curso para

reducir la desnutrición aguda y el hambre crónica (En inglés), Bonn, October 2007.

➢ IFPRI/Concern/Welthungerhilfe: Índice Global del Hambre – El Desafío del Hambre 2008 (En inglés), Bonn, Washington D.C., Dublin. October 2008.

➢ IFPRI/Concern/Welthungerhilfe: Índice Global del Hambre – El Desafío del Hambre: Énfasis en la crisis financiera y la desigualdad de género, Bonn, Washington D. C., Dublin. Octubre 2009.

➢ IGME (Inter-agency Group for Child Mortality Estimation). 2013. CME Info Database. New York.

➢ Índice Global del Hambre 2009 – El desafío del hambre: Énfasis en la crisis financiera y la desigualdad de género, ReliefWeb, Octubre 2009

➢ Menon, Purnima / Deolalikar, Anil / Bhaskar, Anjor: Índice del Hambre de los Estados de la India (2009): Comparación del hambre entre los Estados (En inglés, IFPRI: Washington, DC.

➢ Organización de las Naciones Unidas para la Agricultura y la Alimentación. 2014. Determinantes de Inseguridad Alimentaria. Roma

➢ Participantes: K. von Grebmer; A. Saltzman; E. Birol; D. Wiesmann; N. Prasai; S. Yin; Y. Yohannes; P. Menon; J. Thompson; A. Sonntag. 2014. 2014 Índice Global del Hambre: El Desafío del Hambre Oculta (En inglés). Bonn, Washington, DC, and Dublin: Welthungerhilfe, IFPRI, and Concern Worldwide.

➢ Portal Es.wikipedia.org/wiki/indice_global_del_Hambre#cite_note-FAO2014-15

➢ Schmidt, Emily / Dorosh, Paul (October 2009): Índice Sub-nacional de Etiopía: evaluando el progreso en los resultados regionales (En inglês), International Food Policy Research Institute (IFPRI) and Ethiopian Development Research Institute (EDRI): ESSP-II Discussion Paper 5

➢ Victora, C. G., L. Adair, C. Fall, P. C. Hallal, R. Martorell, L. Richter und H. Singh Sachdev für die Maternal and Child Undernutrition Study Group. 2008. Maternal and child undernutrition: Consequences for adult health and human capital. The Lancet 371 (9609): 340–57

➢ Victora, C. G., M. de Onis, P. C. Hallal, M. Blössner und R. Shrimpton. 2010. Worldwide timing of growth faltering: Revisiting implications for interventions. Pediatrics 125 (3): 473.

➢ Welthungerhilfe, IFPRI, y Concern Worldwide. 2014. 2014 Índice Global del Hambre (En inglés). Issue Brief No. 83. Washington, DC.

BiRefNotas_22004

➢ Universia Espanha: Noticias de actualidades, Martes 27/01/2015. Datos sorprendentes sobre el hambre17/10/2014 Internet Link: http://noticias.universia.es/actualidad/noticia/2014/10/17/1113361/8-datos-sorprendentes-hambre.html

BiRefNotas_22005

➢ LAS EMPRESAS-PAÍS Y LA GRAN TRANSFORMACIÓN, Paginas 9 y 10. ISBN:

978-2-9523212-5-9 Copyright 2012©, Dr. Hugo SALINAS. Dirección: Calle Coricancha 714, Zárate SJL - LIMA – PERÚ. E-mail: salinas_hugo@yahoo.com - Internet Link: www.mpalternativa.org

BiRefNotas_22006

➤ Realización: científicos de la Universidad Agraria Nacional La Molina, Lima. Colaboración: Organismo Internacional de Energía Atómica (OIEA) y la Organización de la ONU para la Agricultura y la Alimentación. Científica, profesora Gómez-Pando. Campesinos pioneros en el cultivo: Edwin Ortega Carvajal y Juan Paytán.

BiRefNotas_22007

➤ La calidad de vida de pacientes no influyó en la de los familiares.

➤ http://www.buenastareas.com/ensayos/Calidad-De-Vida-En-La-Atenci%C3%B3n/1925386.html

➤ A. Castellón Sánchez del Pino; Revisión: Rev Mult Gerontol 2003;188-192 - Calidad de vida en la atención al mayor; Alberto Castellón Sánchez del Pino Coordinador cursos Master y Experto en Gerontología Social Universidad de Granada

BiRefNotas_22008

➤ Enciclopedia Británica Barsa, William Benton, Editor, 1971, Rio de Janeiro, Sâo Paulo. Página 382.

➤ Enciclopedia Británica Barsa, William Benton, Editor, 1971, Rio de Janeiro, Sâo Paulo. Página 383.

- Libro del Año Barsa 1977. Enciclopedia Británica Barsa, William Benton, Editor, 1971, Rio de Janeiro, Sâo Paulo. Página 246. Anuário Ilustrado 1070.
- Welthungerhilfe, IFPRI, y Concern Worldwide. 2014. 2014 Índice Global del Hambre (En inglés). Issue Brief No. 83. Washington, DC.

BiRefNotas_22009
- Menon, Purnima / Deolalikar, Anil / Bhaskar, Anjor: Índice del Hambre de los Estados de la India (2.009): Comparación del hambre entre los Estados (En inglés, IFPRI: Washington, DC).

BiRefNotas_22010
- Schmidt, Emily / Dorosh, Paul (October 2009): Índice Sub-nacional de Etiopía: evaluando el progreso en los resultados regionales (En inglês), International Food Policy Research Institute (IFPRI) and Ethiopian Development Research Institute (EDRI): ESSP-II.

BiRefNotas_22011
- ¿Sabías que? http://www.un.org/es/events/worldwateryear/factsfigures.shtml

BiRefNotas_22012
- Índice global del hambre 2009 – El desafío del hambre: Énfasis en la crisis financiera y la desigualdad de género, ReliefWeb, Octubre 2009.

BiRefNotas_22013

- http://www.un.org/es/events/worldwateryear/index. shtml Año Internacional de la cooperación en la esfera del água.

BiRefNotas_22014

- Metas del Milenio (2015) ONU.
- Agenda 2030 (2021)– United Nations Development. Internet Link: undp.org
- Development Goals: 1) No Poverty, 2) Zero Hunger, 3) Good health and well-being, 4) Quality education, 5) Gender Equality, 6) Clean water and sanitation, 7) Affordable and Clean energy, 8) Decent work and economic growth, 9) Industry, innovation and infrastructure, 10) Reduce Inequalities, 11) Sustainable cities and communities, 12) Responsible consumption and production, 13)Climate action, 14) Life below water, 15) Life on land, 16) Peace, justice and strong institutions and 17) Partnerships for the goals. Internet Link: undp.org/sustainable-development-goals?

BiRefNotas_22015

- Centromeres - Blackburn, E. H., Szostak, J. W. (1984) "The molecular structure of centromeres and telomeres." Annu. Rev. Biochem. (53): 163-194.
- Centromeres - Price, C. M. (1992) "Centromeres and telomeres." Curr. Opin. Cell Biol. (4): 379-384.
- Chromosome - Gall, J. G. (1981) "Chromosome structure and the C-value paradox." J. Cell Biol. (91):3-14

- Chromosomes - Adolph, K. (ed.) (1988) Chromosomes and chromatin 1-3 Boca Ratón FL: CRC Press.
- Chromosomes - Stewart, A. (1990) "The functional organization of chromosomes and the nucleus, a special issue." Trends Genet. (6):377-379
- Cytogenetics - Hsu, T. C. (1979) Human and mammalian cytogenetics: an historical perspective. Nueva York: Springer Verlag.

BiRefNotas_22016

- ¿Cómo se calcula el GHI? El índice global del hambre se calcula de acuerdo a la siguiente fórmula matemática: GHI = $\frac{PUN + CUW + CM}{3}$
- Donde PUN = proporción de la población que está sub nutrida (en porcentaje); CUW = frecuencia de insuficiencia de peso en niños menores de cinco años (en porcentaje) y CM = proporción de niños que mueren antes de los cinco años (en porcentaje).
- ¿Quién publica los datos y cuáles son las fuentes para la realización del cálculo del GHI?. El GHI 2014 contempla datos de 2009 a 2013.
- Fuente de los datos, entidades y períodos. Los datos sobre la proporción de sub nutridos son (estimativas) de la (FAO), ONU para la Agricultura y la Alimentación-2014 y IFPRI. Determinantes de Inseguridad Alimentaria, Roma.
- Desnutrición Infantil, UNICEF, OMS, Banco Mundial, [www.measuredhs.com MEASURE DHS], Ministerio de Mujeres y Desenvolvimiento de los niños de India, y estimativas de los autores en (IFPRI,

Welthungerhilfe y Concern Worldwide: 2014 Índice Global del Hambre; El Desafío del Hambre Oculta (En inglés) Bonn, Washington D.C., Dublin. October 2014.) y el IGME 2013. CME Info Database. New York.

➢ Mortalidad Infantil, UN-IGME, y IGME 2013. CME Info Database. New York..

➢ Los datos para la realización de GHI vienen de diferentes fuentes y contemplan algunos períodos específicos como lo demostrado a seguir:

➢ Los datos sobre la Proporción de Sub Nutridos son (estimativas) de la Organización de las Naciones Unidas para la Agricultura y la Alimentación (FAO) Organización de las Naciones Unidas para la Agricultura y la Alimentación, 2014. Determinantes de Inseguridad Alimentaria. Roma y del IFPRI.

➢ Los datos de Desnutrición Infantil fueron colectados por UNICEF, la Organización Mundial de la Salud (OMS), el Banco Mundial (BM), [www.measuredhs. com MEASURE DHS], el Ministerio de Mujeres y Desenvolvimiento de los niños de India, e incluye estimativas de los autores en (IFPRI, Welthungerhilfe y Concern Worldwide: 2014 Índice Global del Hambre; El Desafío del Hambre Oculta (En inglés); Bonn, Washington D. C., Dublin, October 2014.) y el IGME (Inter-agency Group for Child Mortality Estimation) 2013. CME Info Database, New York.

➢ Los datos de Mortalidad Infantil son del Grupo Interinstitucional para las Estimaciones sobre Mortalidad Infantil de las Naciones Unidas

(UN-IGME, por sus siglas en inglés) y de IGME (Inter-agency Group for Child Mortality Estimation), 2013. CME Info Database. New York. Ver Info 0124 – Fuente de los datos, entidades y períodos.

BiRefNotas_22017

➢ LA REPUBLICA DE COSTA RICA - LEY N° 7433 - LA ASAMBLEA LEGISLATIVA DE LA REPUBLICA DE COSTA RICA DECRETA: CONVENIO PARA LA CONSERVACION DE LA BIODIVERSIDAD Y PROTECCION DE AREAS SILVESTRES PRIORITARIAS EN AMERICA CENTRAL Artículo 1°: Apruébese el Convenio para la Conservación de la Biodiversidad y Protección de Áreas Silvestres Prioritarias en América Central, suscrito en Managua, Nicaragua, el 5 de Junio de 1992, cuyo texto es el siguiente: CONVENIO PARA LA CONSERVACION DE LA BIODIVERSIDAD Y PROTECCION DE AREAS SILVESTRES PRIORITARIAS EN AMERCIA CENTRAL Los Presidentes de las Repúblicas de Costa Rica, El Salvador, Guatemala, Honduras, Nicaragua y Panamá. CAPÍTULO I - PRINCIPIOS FUNDAMENTALES - Artículo 1: Objetivo. El objetivo de este Convenio es conservar al máximo posible la diversidad biológica, terrestre y costero-marina, de la región centroamericana para el beneficio de las presentes y futuras generaciones. Artículo 13: Con el propósito de cumplir a cabalidad con el presente Convenio se deberá: a) Cooperar con la Comisión Centroamericana de Ambiente y

Desarrollo (CCAD), para el desarrollo de medidas, procedimientos tecnologías, prácticas y estándares, para la implementación regional del presente Convenio. b) Implementar las medidas económicas y legales para favorecer el uso sustentable y el desarrollo de los componentes de la diversidad biológica. c) Asegurar el establecimiento de medidas que contribuyan la conservar los hábitats naturales y sus poblaciones de especies naturales. d) Proveer individualmente o en cooperación con otros Estados y organismos internacionales, fondos nuevos y adicionales para apoyar a implementación de programas y actividades nacionales y regionales, relacionadas con la conservación de la biodiversidad. e) Promover y apoyar a investigación científica nacionales y centros de investigación regional, internacionales interesados. f) Promover la conciencia pública en cada Nación, usar sustentablemente y desarrollar la riqueza biológica g) Facilitar el intercambio de información entre los países de la región centroamericana, y otras.

BiRefNotas_22018

➢ GHI - Fuente de los datos, entidades y períodos

➢ ¿Quién fornece y cuáles son las fuentes de los datos para la realización del cálculo del Índice? Para el caso del GHI de 2014 los datos cubrieron el período de 2009 a 2013 de donde se obtiene los datos globales más recientes disponibles para los tres componentes del GHI. Específicamente, los datos sobre la proporción de sub nutridos son de la Organización de las Naciones Unidas para la Agricultura y la Alimentación (FAO) e

IFPRI (estimativos) y la Organización de las Naciones Unidas para la Agricultura y la Alimentación. 2014. Determinantes de Inseguridad Alimentaria. Roma. Los datos de desnutrición infantil en los datos colectados por UNICEF, la Organización Mundial de la Salud (OMS), el Banco Mundial, [www. measuredhs.com MEASURE DHS], el Ministerio de Mujeres e Desarrollo de los niños de India, e incluye estimativas de los autores en (IFPRI, Welthungerhilfe y Concern Worldwide: 2014 Índice Global del Hambre: El Desafío del Hambre Oculta (En inglés). Bonn, Washington D. C., Dublin. October 2014.) y el IGME (Inter-agency Group for Child Mortality Estimation). 2013. CME Info Database. New York. Ya los datos de mortalidad infantil son del Grupo Interinstitucional para las Estimaciones sobre Mortalidad Infantil de las Naciones Unidas (UN-IGME, por sus siglas en inglés) y de IGME (Inter-agency Group for Child Mortality Estimation). 2013. CME Info Database. New York.

BiRefNotas_22019

> Agradecimiento separado, al grupo empresarial Time Warner, donde el autor prestó sus servicios profesionales por casi una década, MIS, por dejar a su disponibilidad gran cantidad de buenos libros, gratuita y desinteresadamente. Las obras que seleccionó fueron las que permitieron consolidar sus investigaciones de una manera general. La decisión de concentrarse con exclusividad al estudio y al desarrollo de sus investigaciones, para éste y muchos otros libros más,

hizo que, particularmente, tenga que dejar de formar parte de esa grande empresa.

BiRefNotas_22019
Países por número de habitantes

Primeros		Últimos	
01 China	1.452.180.168	Antigua y Barbuda	89 000
02 India	409 814 194	Andorra	76 000
03 Estados Unidos	335 276 998	Dominica	71 000
04 Indonesia	279 433 160	Islas Marshall	56 000
05 Pakistán	228 510 626	San Cristóbal y Ni	56 000
06 Brasil	215 874 626	Liechtenstein	37 000
07 Nigeria	215 133 143	Mónaco	36 000
08 Bangladés	168 027 436	Mónaco	36 000
09 Rusia	146 029 100	San Marino	33 000
10 México	131 968 806	Palaos	21 000
11 Japón	126 353 865	Tuvalu	11 000
12 Etiopia	106 066 231	Nauru	10 000
13 Vietnam	099 194 973	Ciudad del Vaticano	800

Top 13 países por población (06-02-2022) Fuente Internet Link: countrymeters. info/es/World

BiRefNotas_22020
> ## Histórico Población de India

Año	Población	Población M.	Población F.	Densidad Población
2022	1 409 814 194	2.32 % Tasa de crecimiento		
2021	1.390.537.387	1.26 %		
2020	1.373.248.192	1.00 %		
2019	1.359.586.631	1.03 %		
2018	1.345.716.923	1.06 %		
2017	1.331.655.204	1.08 %		
2016	1.304.162.999	1.11 %		
2015	1.286.956.392	1.14 %		
2014	1.288.122.436	1.17 %		
2013	1.243.337.000	647.436.643	604.702.953	378
2011	1.221.156.319	631.654.407	589.501.912	371
2009	1.190.138.069	615.858.678	574.279.391	362

Año	Población	Média. P.M	Población F.	Densidad población
2007	1.159.095.250	600.052.076	559.043.174	353
2005	1.127.143.548	583.747.955	543.395.593	343
2003	1.093.786.762	566.672.703	527.114.059	333
2001	1.059.500.888	549.068.641	510.432.247	322
2000	1.042.261.758	540.196.575	502.065.183	317
1995	955.804.355	495.536.415	460.267.940	291
1990	868.890.700	450.591.011	418.299.689	264
1985	781.736.502	405.547.103	376.189.399	238
1980	698.965.575	362.836.762	336.128.813	213
1975	622.232.355	323.238.605	298.993.750	189
1970	555.199.768	288.156.143	267.043.625	169
1965	497.952.332	258.171.352	239.780.980	151
1960	449.595.489	232.520.073	217.075.416	

ANEXO IV

Abreviaturas

a.h.	(A.H.) "antes hoy"
AB	ADN Biocósmico
ADN	Ácido DesoxirriboNucleico
ADNB	ADN Biocósmico
ADNBc	ADN-Biocósmico
ADNMADN	Mitocondrial
ADNNADN	Nuclear
ADNPADN	Plasmídico
ANet	Abeja Net
ARN	Ácido RiboNucleico
ARNB	ARN Biocósmico
B'sADN	Biocosmic's ADN o ADN Biocósmico
B'sADN	Biocosmic's ADN o ADN Biocósmico
BADN	Bc'ADN
BADN	Biocósmico ADN, Bc'ADN (Vida'L CBBIU)
BBC_IdU	Cromosoma-PT-ADN-ID
BBC_IdU	Vida'L Código Básico Biocósmico de Identificación Universal
BBIdC	Basic Biocosmic Identification Code, Prefix
BBIdC	Código Básico Biocósmico de Identificación Universal
Bc'ADN	Biocosmos ADN
BG	BiocosmicGod

Biocósmica	Vida en el Cosmos
Biocósmicas	Vida Cosmos
Biocósmico	Vida Cosmos
Biocosmos	Biología Cósmica Vida en el Cosmos
Biocosmos	Vida Cosmos
BioM-EH-ADN-UI	BioMarca EH registro Código BioM-EH-ADN-UI.
Biosignaturs	*B*iomarcadores
BiRefNotas_22nnn	Bibliografía, Referencias y Notas
BM	BioMáquina
Biosignatura	Señal de Vida Cosmos
BNM	Bio Nano Máquina
Bs'ADN	Biocósmico ADN (BADN).
BSC	Biológico Sistema de Comunicación
BSCAN	BSC Abeja Network
BSCHN	BSC Hormiga Network
CB	Célula Biocósmica
CB	Cromosoma Biocósmico, Cromosomas
CBB	Código Básico Biocósmico
CBB	Código Biocósmico Básico
CBBI	Código Biocósmico Básico de Identificación
CBBId	Código Biocósmico Básico de Identificación
CBBIU	Código Básico Biocósmico de Identificación Universal
CBIdU	Código Básico Biocósmico de Identificación Universal
CCV	Circunferencia Curva de la Vida, o Ciclo
CE	Ciclo Existencial
CH	CH (sabiduría que reutilizamos, copiamos)
CI	Cociente de Inteligencia (QI Brasil)
CLO	Ciclos Luz Oscuridad
CMEX	Ciencia de los MEX
CNSA	Administración Espacial Nacional China
CNV	Ciclo Natural de Vida
CO^2	Dióxido de Carbono
CoB	Comunicación Biocósmica
CoB	Código Binario
CoBBId	Código Biocósmico Básico de Identificación, Prefijo

CoBEX	Comunicación Bioexoplanetaría
COP	Conferencia del Cambio Climático de la ONU (COP26)
COP26	Conferencia del Cambio Climático de la ONU (COP26
CoViD	Corona Virus CoViD-19
CPI	Comisión Parlamentar de Investigación
Cromosoma	PT-GD-ADN-ID
CV	Curva de la Vida
CV	Curva de la Vida
CVA	Curva de la Vida Animal
CVdelPT	Curva de la Vida del Planeta Tierra"
CVenPT	Curva de la Vida en el Planeta Tierra"
CVenPT	Curva Vida en el PT
CVN	Ciclo Viviente Natural
CVP	Curva de la Vida Planetaria
CVT	Curva de la Vida Terrenal
DB	Dios Biocósmico
DCB	Diversidad-Cosmos-Biótico
DOE	Departamento de Energía
EAU	Emiratos Árabes Unión
EAU	Unión de Emiratos Árabes
EB	Especie Biocósmica
EB	Especies Biocósmicas
Ecocosmos	Ecología en el Cosmos
Ee	Esperanza estimada
EET	Especie Extraterrestre
EEUU	Estados Unidos de América
eEV	Extensión de la EV
EEX	Especias Exoplanetárias
EH	Especie Humana
EV	Expectativa de Vida
EVM	Esperanza de Vida Mundial
EVS	Esquema de la Vida de un Ser
EX	Exoplanetária, Exoplanetarios
Exoplaneta	Planeta fuera de nuestro Sistema Solar.
ExoPT	ExoPlaneta Tierra

ExoT	ExoTerrenal, ExoTerrestre
FM	Frecuencia Modulada
FMV	Fronteras entre los Mundos Virtuales
FU	Frecuencia Universal
G20	Grupo de naciones más ricas
G2M	Dos Milenios
G2M	Generación del duplo milenio
G2M	Generación Dos Milenios
G2M	Generación que vivió en Dos Milenios
GB	Genoma Biocósmico
GD	Grado Dios
GenB	Gen Biocósmico
GG	God Grade
GH	Genoma Humano
GSB	Genoma de los SB
H2O	Mágica e invisible película cubriendo agua para formar cuerpo.
HB	Hombres Biónicos
HNet	Hormiga Net
HR+	Factor sanguíneo Positivo
Hz	medido en Hertz
IA	Inteligencia Artificial (IA) (RIA)
IBM	International Business Machine
IDOSO	Persona mayor de edad, viejo anciano
IdU	Identificación Universal (IdU) (CBBId)
IET	Inteligencia Extra Terrenal
ISS	Estación Espacial Internacional
JWebb	Telescopio James WeBB (TWeBB)
JWeBB	Telescopio James WeBB (TWeBB)
LT	Línea del Tiempo
LTT	Línea del Tiempo Terrenal
LVPT	Línea del Tiempo de la Vida del PT
LVPT	LT de la VdePT
M_c	Mundo científico (Mundo_c)
M_C	Mundo científico

M_sC	Súper Mundo Científico
M1	años 1000-1999
M2	años 2000-2999 (M2) M2 este milenio
M2	Milenio 2
M2	Segundo Mundo
M2C	Mundo científico
M3	Milenio 3, próximo milenio
M3G	Medicina 3 G
M5G	Medicina 5G
M5G	Quinta Generación de Medicinas
Ma	Mundo actual
Ma-c	Mundo actual científico
Ma-n	Mundo actual natural
Ma-sc	Mundo actual súpercientífico
MB	Medicina Biocósmica
MB	Mundos Biocósmicos
Mb	Mundos biológicos
MC	Membrana Celular
Mc	Mundo científico
MCB	Membrana Celular Biocósmica
Me	Meridiano
MEI	Micro empresario Individual
MEX	Mundo Exoplanetarios (Mundo fuera del Sistema Solar)
MEx	Mundo Exoplanetarios (Mundo fuera del Sistema Solar)
MI	Migración Interplanetaria
MicroBioChip	
MicroBioDetector	
MicroBioStorage (almacenando la historia clínica del individuo)	
MMB	Materia-Madre-Biocósmica
MnT	Mundo Natural Terrestre
MP	Migración Planetaria, Migraciones
MSB	Macro Sistema Biocósmico
MSVT	Macro Sistema Viviente Terrenal
MTA	Medidor del Tiempo Actual
Mundo_2	Segundo Mundo (Mundo_2)

Mundo_c	Mundo científico
Mundo_n	Mundo Natural (Mundo_n)
Mundo_sC	Mundo súperCientífico (Mundo_sC)
Mv	Meridiana virtual
MV	Mundo Virtual
NASA	Agencia Espacial Norte Americana
NASA	The National Aeronautics and Space Asministration
NBCH	NanoBioChip
NBM	NanoBioMáquina
nEV	Nueva EV
NHGRI	Instituto Nacional de Investigación del Genoma Humano
NVenPT	Nueva Vida en el PT
OC	Onda Corta
OM	Onda Media
ONU	Organización Naciones Unidas. Asamblea General de la ONU
OS	Operating System OS/VSE, DOS/VSE, VM-VSE y MVS
P0B	Punto Cero Biocósmico
PC	Pared Celular
PC	Personal Computer
PCA	Previos Calendario Actual
PCs	Microcomputadores
PH	Planetas Habitables
Planeta-X	el noveno planeta del Sistema Solas
PM	Planeta Marte
PPB	Problema Potencial Biocósmico
PV	Plano de Vida
PV	Proceso Vida
QGM	Quinta Generación de Medicinas
RBG	Remedios Biocósmicos Genéricos
REH	Representante de la Especie Humana (el hombre)
RH	Factor sanguíneo Negativo
RIA	Real Inteligencia Artificial
S21	Siglo 21
SB	Seres Biocósmicos

SB	Sistema Biocosmos
SBP	Sociedad Biocósmica Pacífica
sEH	Súper Especie Humana (EH)
sEH	súper EH
SETI	inteligencia extraterrestre (SETI) tecnosignaturas
SGD	Súper GD
sGD	Súper GD
SGD	Súper Grado Dios
SH	Sistema de Habitabilidad
SH	Ser Humano
SH	Sistema de Habitabilidad
SIM	*Space Interferometry Mission*
SMA	Simposio del Mundo Animal
sMB	Súper Mundo Biocósmico
SPV	Sistema del Proceso Vida
SSH	Súper Seres Humanos
SV	Ser viviente
SV	Ser Vivo
SV	Sistema Vida
SV	Sistema Viviente
SVT	Sistema Viviente Terrenal
TCB	Teoría Celular Biocósmica
T-E	Tiempo - Espacio, Espacio - Tiempo
TESS	Transiting Exoplanet Survey Satellite
TFB	Teoría del Fenómeno Biocósmico
TGM	Tercera Generación de Medicinas
TPC	Tiempo Previos Calendario
TVL	Teorema de la Vida Limitada
TVL	Teorema Vida´L
TVT	Tiempo Vida Terrenal
TWebb	Telescopio James Webb
UH	Universidad de Hawái
UID	*Universal Identification*
UIDChip	*Universal Identification Chip*
UN	Unión de Naciones (Union Nations)

USA	United States of America
V2M	Vida en dos Mundos
V2M	Vida en el Segundo Mundo
Va	Vida aparición
VB	Vida de Bacteriana
Vc	Vida científica
Vc	Vida científica
VdelPT	Vida del PT (VdelPT) y 2)
Ve	Vida esperanza
Ve	Vida esperanza
VenPT	Vida en el PT
VET	Vida Extraterrestre
Vida'L	Vida Limitada (del TVL)
Vj	**V**ida **j**oven, Vida Juventud
Vl	Vida límite
Vm	Vida mayoridad
VM	Virtual Machine
VMTM	Vivir Más Tiempo y Mejor
VNN	Vida con Normalidad y Naturalidad
VR	Vida Real
Vs	Vida sueño ambición
VS	Virtual Storage
VSE	Sistema operacional VSE, que puede funcionar bajo el sistema VM
Vv	Vida vejez
Y2K	Año 2000, Year 2 K (1024)

.